Isabel Guerrero Legarreta (coordinadora)

CIENCIA, TECNOLOGÍA E INNOVACIÓN EN LA INDUSTRIA CÁRNICA. II.

Isabel Guerrero Legarreta (coordinadora)

CIENCIA, TECNOLOGÍA E INNOVACIÓN EN LA INDUSTRIA CÁRNICA. II.

PROCESAMIENTO, CALIDAD E INOCUIDAD DE LA CARNE.

Editorial Académica Española

Publisher:
Editorial Académica Española
is a trademark of
International Book Market Service Ltd., member of OmniScriptum Publishing Group
17 Meldrum Street, Beau Bassin 71504, Mauritius
Printed at: see last page
ISBN: 978-620-0-40822-8

CIENCIA, TECNOLOGÍA E INNOVACIÓN EN LA INDUSTRIA CÁRNICA

PROCESAMIENTO, CALIDAD E INOCUIDAD DE LA CARNE

Compiladores:

Isabel Guerrero Legarreta
Departamento de Biotecnología
Universidad Autónoma Metropolitana
Campus Iztapalapa, Ciudad de México

Marcelo Raúl Rosmini Garma
Departamento de Salud Pública Veterinaria
Facultad de Ciencias Veterinarias
Universidad Nacional del Litoral
Esperanza, Provincia de Santa Fe, Argentina.

Daniel Mota Rojas
Departamento de Producción Agrícola y Animal
Universidad Autónoma Metropolitana.
Campus Xochimilco, Ciudad de México

César Aquiles Lázaro de la Torre
Facultad de Medicina Veterinaria
Universidad Nacional Mayor de San Marcos,
Lima, Perú

ÍNDICE

PRIMERA PARTE

CALIDAD E INOCUIDAD

SEGUNDA PARTE

PROCESAMIENTO

PRIMERA PARTE

CALIDAD E INOCUIDAD

CAPÍTULO 1.

ESTIMULACIÓN ELÉCTRICA *POSTMORTEM* Y LA CALIDAD DE LA CARNE

Isabel Guerrero Legarreta [1], Daniel Mota Rojas [2],
Rosy Cruz Monterrosa [3] y Marcelo Ghezzi [4]

[1] Departamento de Biotecnología, Universidad Autónoma Metropolitana, Unidad Iztapalapa, Ciudad de México; [2] Departamento de Producción Agrícola y Animal, Universidad Autónoma Metropolitana, Unidad Xochimilco, Ciudad de México; [3] Departamento de Ciencias de la Alimentación, Universidad Autónoma Metropolitana, Unidad Lerma, Estado de México, México; [4] Facultad de Ciencias Veterinarias (FCV), Universidad Nacional del Centro de la Provincia de Buenos Aires (UNCPBA), Argentina. Autora para correspondencia: Rosy Cruz Monterrosa: r.cruz@correo.ler.uam.mx

INTRODUCCIÓN

El color y la terneza son las características organolépticas más importante en la carne (Sánchez y col, 2016; Bekhit y col, 2014; Polidori y col, 2016). Por lo tanto, la búsqueda de un método de ablandamiento *post mortem* en la carne surge de la necesidad de brindar al consumidor un producto con sabor agradable, calidad uniforme, constante y deseable. Durante las últimas décadas se han estudiado diversos procedimientos para incrementar la terneza de la carne, éstos se clasifican en químicos (infusión vascular *post* desangrado, adición de proteasas exógenas, sales, marinado y la adición de Ca^{2+}), mecánicos (izado pélvico, molienda, uso de alta presión, *pre* o *post rigor* en combinación con o sin calor) y biológicos (control del pH, temperatura, maduración, deshuese en caliente y la estimulación eléctrica de las canales) (Bolumar y col, 2014).

La estimulación eléctrica (EE) de las canales, se caracteriza por acelerar la glucólisis, proteólisis, instauración del *rigor mortis*, disminución del pH_u, reducción de la dureza y de la incidencia del acortamiento por frío y a su vez, se ha encontrado que mejora las características organolépticas de la carne (color, olor, sabor y sobre todo la terneza) (Pophiwa y col, 2016) y las sanitarias al disminuir el crecimiento bacteriano (Guerrero y col, 2004). En el presente capítulo, se dan a conocer los efectos de la EE en la calidad de la carne, además, se recopila información de los estudios realizados sobre el tema y se hace mención de los posibles beneficios en las canales estimuladas eléctricamente en diversos aspectos bioquímicos, organolépticos y en el crecimiento bacteriano de la carne de diferentes especies.

ANTECEDENTES DE LA ESTIMULACIÓN ELÉCTRICA

La EE fue descubierta por Benjamin Franklin en 1749 y se usó para ablandar carne de pavo (Adeyemi y Sazili, 2014). Sin embargo, los primeros estudios se realizaron en 1940 en Estados Unidos sin ningún éxito (Mota-Rojas y col., 2012a) y a partir de 1950 fue usada extensamente en la industria cárnica (Sams, 1999). En 1951, Harsham y Deatherage patentaron esta tecnología como un método de ablandamiento en carne de vacuno (Troy, 2006). Hasta 1970 se utilizó de forma comercial para evitar el acortamiento por frío de la carne de cordero, acelerando la tasa de glucólisis durante el proceso de refrigeración (Strydom y Frylinck, 2014). En 1975, se desarrollaron algunos prototipos de estimuladores en las plantas de sacrificio de Estados Unidos, Canadá, Gran Bretaña, Suecia, Francia y Australia (Li y col., 1993). Estos prototipos han sido mejorados y en la actualidad existen modelos que permiten trabajar hasta con 300 animales por hora (Guerrero y col., 2004).

La EE implica el paso de corriente eléctrica por la canal de los animales recién sacrificados (Mota-Rojas y col., 2012a). Los factores a considerarse en la técnica son el voltaje, la frecuencia, la duración y el método de aplicación (Polidori y col., 2016), aunque también puede afectar el tipo de fibra muscular (blanca o rojas) (Sánchez y col., 2016).

En relación al voltaje, existen dos tipos de EE: una conocida como EE de bajo voltaje (5-120 V, *Low Voltage Electrical Stimulation*) y la segunda, la aplicación de alto voltaje (300-1000 V, *High Voltage Electrical Stimulation*) (Omer y col., 2011; Sánchez y col., 2016). La EE de bajo voltaje es más segura para el personal, ésta se aplica en un intervalo muy corto de 10-20 minutos después del desangrado. Por el contrario, la EE de alto voltaje se aplica en el intervalo de hasta 60 minutos después del desangrado. Sin embargo, se ha mencionado que los mejores efectos se han obtenido entre los 30-40 minutos después del desangrado (Adeyemi y Sazili, 2014; Prändl y col., 1994). En aves se ha aplicado antes o después del desplumado (Fabre, 2014). Una de las prácticas más comunes en Nueva Zelanda y Australia, es la aplicación de la EE inmediatamente después del corte de los principales vasos sanguíneos, ya que también favorece el desangrado (Contreras-Castillo y col., 2016). Un estudio realizado por Bouton y col., (1978) en ocho canales de bovinos machos (2-4 años de edad y 150-180 Kg) observaron que EE a voltajes bajos a 110 V redujeron los efectos negativos asociados al enfriamiento rápido de canales enteras o de cortes deshuesados en caliente y además la EE incrementó la terneza del músculo después de las 22-24 horas después de la de muerte de los animales.

Las principales ventajas de la EE usada inmediatamente en el degüello, es el incremento del sangrado, presentándose un acortamiento del tiempo de la instauración del *rigor mortis* y mejoras en varios parámetros de la calidad instrumental de la carne, como la terneza, la jugosidad, el color y el marmolado de la carne; además se facilita el deshuesado en caliente de las canales (Cross, 1979). El proceso de deshuesado en caliente, mejora la reducción de tiempo, la disponibilidad de espacio para almacenamiento y la capacidad de refrigeración necesaria para producir carne de alta calidad. Por lo tanto, las cámaras de refrigeración serán más eficientes para contener la carne empacada al vacío, debido a que se requiere menos espacio y capacidad de refrigeración (Taylor y col., 1980).

La principales desventajas de la EE en los centros de matanza a pequeña escala son los costos en la instalación y el mantenimiento; el retraso en el enfriamiento de las canales parece ser la única alternativa para evitar los efectos del enfriamiento rápido (Pophiwa y col., 2016). Por otro lado, si la EE es excesiva, se puede presentar carne pálida, suave y exudativa (PSE), específicamente en las especies susceptibles a esta miopatía (Sánchez-López y col., 2015); o bien, causar problemas de calidad debido al acortamiento o endurecimiento por calor (Warner y col., 2014a).

LA EE Y LA CONVERSIÓN DE MÚSCULO EN CARNE

En el animal vivo, los músculos esqueléticos requieren energía para su correcto funcionamiento, la glucosa es el mayor sustrato disponible en el organismo, es metabolizada en piruvato por una serie de 10 reacciones enzimáticas en el citoplasma de las células. Este ciclo de conservación de energía es conocido como glucólisis (ruta catabólica controlada por la actividad de la enzima fosfofructoquinasa e inhibida a su vez por un exceso de ATP o iones de hidrógeno desactivando enzimas glucolíticas) (Hocquette y col., 1998; Mota-Rojas y col., 2011; Mota-Rojas y col., 2012b). El piruvato resultante de la glucólisis es metabolizado en acetil-CoA durante la vía aerobia, cuando ésta molécula entra al ciclo del ácido tricarboxílico y a la fosforilación oxidativa en las mitocondrias, se completa la oxidación en CO_2 y H_2O y se obtiene la energía libre en forma de ATP (Mota-Rojas y col., 2011). La presencia de ATP permite la polimerización de proteínas contráctiles (actina y miosina) responsables de la contracción muscular (Adeyemi y Sazili, 2014).

Cuando el animal muere por desangrado, disminuye el contenido de O_2 en la sangre, órganos y tejidos, generando una serie de cambios físicos, bioquímicos e histológicos importantes a nivel muscular. Se sabe que el proceso de conversión de músculo en carne se divide en tres etapas: a) *pre rigor*, b) *rigor* y c) *post rigor* (Lana y Zolla, 2016). En la primera etapa (duración de 3 a 6 horas, dependiendo de la especie), el tejido muscular mantiene un grado de contracción-relajación, debido a las reservas de ATP, fosfocreatina y O_2 residual ligado a la hemoglobina y mioglobina (aceptor final del NADH y FADH en la fosforilación oxidativa) para la formación de ATP. Pero, cuando el O_2 en los músculos no es suficiente para mantener el metabolismo aerobio de la glucosa, se ocasiona un cambio hacia la ruta anaerobia donde el piruvato producido por glucólisis, se convierte en ácido láctico liberando iones de hidrógeno (responsable de la disminución del pH) con actividad de la enzima lactato deshidrogenasa (oxidando NADH a NAD$^+$, condición necesaria para permitir la progresión de la glucólisis anaeróbica) y convirtiendo el glucógeno almacenado en la única fuente de ATP (Bolaños-López y col., 2014).

Posteriormente, cuando las reservas de glucógeno muscular se agotan, entran a la segunda etapa o fase de *rigor mortis*, se forman puentes cruzados de actina-miosina de forma irreversible a un pH aproximado de 6 (Warner y col., 2014a). A partir de este momento, el músculo se convierte en carne (carne joven con gran dureza diferente a la que se aprecia de forma comercial). Durante esta etapa, el ATP se convierte en ADP (adenosín difosfato) y finalmente en IMP (inosín monofosfato), el *rigor mortis* se presenta cuando existe una conversión completa de ATP a IMP. Este proceso es dependiente de las características bioquímicas de las fibras musculares, ya que la velocidad del metabolismo *post mortem* es mayor en las fibras blancas, comparado con las fibras rojas, por lo que indica que las fibras blancas o glucolíticas no son tan sensibles al acortamiento por frío (Adeyemi y Sazili, 2014).

La tercera etapa o fase *post rigor* se caracteriza por la recuperación de la elasticidad del músculo, posiblemente por desnaturalización de proteínas y por actividad enzimática endógena o bacteriana a través del tiempo; en esta fase la carne se madura y se desarrollan todas las cualidades para llegar a ser un producto comestible (Lana y Zolla, 2016).

Una de las prácticas más utilizadas en la industria cárnica es la disminución rápida de la temperatura de los músculos (10-12°C), manteniendo un pH arriba de 6.0 (Mota-Rojas y col., 2012a), lo cual tiene efectos positivos en la inocuidad y conservación y vida de anaquel de la carne (Choe y col., 2016). Sin embargo, esta reducción de la temperatura puede afectar la correcta actividad metabólica *post mortem* a nivel muscular.

Se ha demostrado que la disminución rápida de la temperatura da lugar a la presencia de un fenómeno físico conocido como "acortamiento por frío" (Pophiwa y col., 2016). No obstante, la gravedad de la dureza se intensifica en un músculo congelado (<10°C) en estado de *pre rigor*, debido a altas cantidades de ATP. La disminución de la temperatura puede inhibir la bomba de Ca^{2+}, la cual cumple la función de reingresar el Ca^{2+} en el retículo sarcoplasmático ocasionando que este mineral se mantenga en el sarcoplasma y favorezca una contracción brusca cuando el músculo se descongela (*rigor* post descongelación), aumentando la dureza de la carne (Adeyemi y Sazili, 2014). En cerdos la refrigeración rápida puede disminuir la incidencia de carne PSE, la pérdida de peso por evaporación y pérdida por goteo (Liu y col., 2015). Otros autores mencionan otras anomalías cuando la temperatura de la canal se mantiene a más de35°C, dando lugar a un fenómeno conocido como acortamiento o endurecimiento por calor (Warner y col., 2014b), debido a una rápida autólisis de las calpaínas (Pouliot y col., 2014). Con base en lo anterior, en Australia, existe especificaciones de la carne (Meat Standards Australia, MSA) donde se señala considerar la relación óptima entre los valores de pH y la temperatura del músculo; ejemplo para canales de bovino, el pH en los músculos *Longissimus lumborum y thoracis* debe mantenerse a 6 y temperatura mayor de 12°C, e inferior a 35°C (Warner y col., 2014a). Para canales de corderos, lo óptimo esta entre 18-35 y 8-18°C para la carne maduradas en 5 y 10 días, respectivamente (Gutzke y col., 2014). Este esquema predice con precisión los efectos perjudiciales del acortamiento por frío y del acortamiento por calor (Warner y col., 2014b).

Los beneficios de la EE pueden ser explicadas por diversos mecanismos, incluyendo el incremento en la tasa metabólica *post mortem* y agotamiento de ATP, el uso de este método asegura la total conversión de ATP a IMP, activación temprana de la μ-calpaína, liberación de enzimas ácidas como catepsinas (por ruptura de las membranas lisosomales), aceleración de la presencia del *rigor mortis* y disminución del pH (Juárez y col., 2016; Li y col., 2015; Sánchez y col., 2016; Smith y col., 2016). Aunque los cambios *post mortem* cruciales son los dos últimos (Adeyemi y Qurni, 2014).

Estudios realizados por Strydom y Frylinck (2014) señalan que la EE (150 V, 17 Hz, pulsos de 5 ms^{-1}) en las canales de ganado vacuno generan la disminución rápida del pH *post mortem,* si es comparada con las canales sin EE. La Figura 1 muestra que la EE aplicada por diferentes tiempos (15, 45 y 90s) ocasionó diferencias en el pH de los músculos a valores menores a 6 después de las 2 h, cuando la EE fue aplicada durante 15 s. Pero cuando la aplicación duró 45 y 90 s se alcanzó el valor de 5.6 desde la primer hora *post mortem*, contrariamente a lo ocurrido en las canales sin EE, donde el pH fue alrededor de 5 en 18 h *post mortem.*

En otros estudios, Ho y col., (1997) aplicaron EE a canales provenientes de novillos mestizos cruza BrahmanxSimmental, una hora después de la matanza- Los autores observaron descenso en el pH de 6.01 comparado con un valor de 6.37 a las 3h en las canales de los animales no estimulados. En otro estudio con canales de Alpacas, se observó que las canales mantuvieron un pH de 6.69 en comparación con las canales sin EE, manteniendo un pH de 6.83 en ambos grupos a 36ºC (Smith y col., 2016).

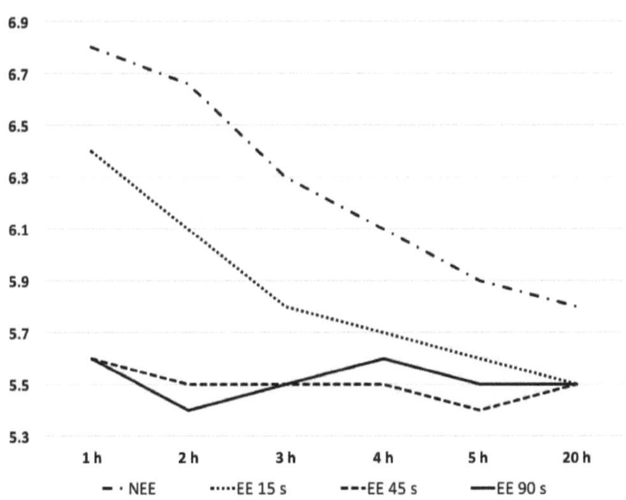

Figura 1. Efecto de la EE aplicada durante diferentes tiempos (15, 45 y 90 s) en el músculo *Longissimus lumborum* de novillos Bonsmara, datos obtenidos de Strydom y Frylinck (2014). NEE= No electroestimulación, EE= Estimulación eléctrica aplicada durante 15, 45 y 90 segundos.

Por otro lado, en el músculo *Longissimus dorsi* de canales de corderos, se observó que la EE generó la caída del pH en 0.59 unidades en las canales estimuladas, comparado con el pH en las canales sin EE a los 45 min *post mortem* (Pouliot y col., 2014); este efecto puede ser explicado por el estudio realizado por Li y col., (2015) donde encontraron que la EE favorece el metabolismo, ya que actúa fosforilando la enzima desramificante del glucógeno (responsable de hidrolizar los enlaces α 1,6 del glucógeno), la glucógeno fosforilasa (hidrólisis de los enlaces α 1,4 del glucógeno) y la 6-fosfofructoquinasa (enzima reguladora en la glucólisis) responsables del metabolismo energético acelerado. Aunque también los autores mencionan la actividad de las enzimas creatinquinasa, betaanolasa, gliceraldehído-3-fosfato deshidrogenasa y Ca^{2+} ATP-asa. Se ha señalado que 50 μmol de glucógeno en musculo, es suficiente para disminuir el pH por debajo de 5.8 después de la EE (Holdstock y col., 2014).

De acuerdo a lo anterior, se sugiere que los efectos deseados de la EE sólo se obtienen si hay suficiente glucógeno muscular antes de la muerte del animal (Adeyemi y Sazili, 2014). Al respecto, en un estudio se utilizó la EE de alta tensión (400 V, pulsos de 5 ms por 30 s) aplicada a las canales de bisontes después de 45 minutos del desangrado, encontrándose que la EE no disminuyó el pH; los autores atribuyeron este resultado a la especie, ya que los bisontes pueden ser susceptible al estrés generado durante las prácticas *ante mortem*, ya que su zona de fuga es relativamente grande, además poseen un fuerte instinto gregario y de naturaleza agresiva comparado con el ganado vacuno. Posiblemente este efecto pudo generar agotamiento de las reservas de glucógeno muscular *ante mortem* y se dio la rápida caída del pH *post mortem* como en otras especies (Ding y col., 2016).

La EE genera ruptura física de la matriz miofibrilar y aceleración proteolítica debido a las contracciones repentinas por el paso de la corriente eléctrica y asociadas a la caída de pH (Hwang, 2003; Lang y col., 2016). Lo anterior, permite que después del sacrificio de los animales, las canales sean sometidas inmediatamente a refrigeración o congelación (Prändl y col., 1994), previniendo el acortamiento por frío ya que se usa energía elevada (ATP) antes de iniciar la etapa de *rigor mortis* (Savell y col., 2005).

EFECTO DE LA EE EN LAS CARACTERÍSTICAS ORGANOLÉPTICAS DE LA CARNE

Las características organolépticas determinan en gran medida la calidad de la canal y la carne; si éstas no son las adecuadas, la calidad de la carne se afecta por varios factores, incluyendo el manejo del animal antes y después de la matanza para el abasto; esto a su vez ocasiona pérdidas económicas para el productor y de ahí la importancia del estudio en la aplicación de EE *post mortem*. La Tabla 1 muestra los resultados de diversos estudios sobre las características fisicoquímicas de la carne en diferentes especies.

Tabla 1. Efecto de la EE sobre las características fisicoquímicas y organolépticas de la carne de diferentes especies.

Especie	Tratamiento	Efectos	Referencia
Machos cabríos, raza Boer y cabras nativas de Sudáfrica (30-40 kg).	EE durante 30 s usando 220 V a 9.5 pulsos / segundo, posteriormente refrigeradas a 4°C/24 h.	Prevención del acortamiento por frío (manteniendo longitud de los sarcómeros > 1.9 mm). Disminución del pH a las 6 h (5.84). Mejoró la fuerza de corte en el músculo *semimembranosus*. Incrementó las pérdidas por cocción, pero no tuvo efecto en la capacidad de retención de agua.	Pophiwa y col., (2016)
Burros machos mestizos (Martina Franca x Ragusana) de 8 meses de edad con peso 106 kg.	EE a través de una sonda rectal y aplicación en las fosas nasales, con un equipo comercial (Mitab, Simrishamm, Suecia).Aplicación por 1 minuto, salida fija de 28 V y 60 Hz. Almacenadas a 2°C (velocidad del aire de 0.5 ms^{-1})	La EE causó disminución del pH y de las concentraciones de ATP durante las primeras 6 horas en el músculo *Longissimus thoracis* y *lumborum*. La EE generó disminución de la actividad de μ-calpaina y calpastatina en las primeras 6 h. La EE mejoró la terneza de la carne a los 4 y 7 días *post mortem*. Los valores de luminosidad fueron inferiores (35.3 vs. 33.2)	Polidori y col., (2016)
Bisontes (26-30 meses de edad) con un peso de 450 kg.	Después de 45 minutos post mortem las canales fueron EE (400 V, pulsos de 5 ms por 30 segundos).	No se encontraron efectos sobre la calidad de la carne, las características de venta al consumidor, ni en los metabolitos sanguíneos, excepto en lactato.	Ding y col., (2016)
Toros Angus de 24-30 meses de edad, con un peso de 260 a 300 kg.	EE a baja tensión 30 min. post mortem después del deshuese en caliente, frecuencia 13.3 Hz, pulso = 5.4 ms., pico de tensión = 104 V.	Incremento de los niveles de αβ-cristalina y HSP20 con concentraciones más altas de sHSP en los músculos EE, en comparación con los músculos NEE. La EE no tuvo efectos observables sobre la degradación de la titina y desmina.	Contreras-Castillo y col., (2016)

Tabla 1. (continúa)

Especie	Tratamiento	Efectos	Referencia
Toros Yak de 6-7 años de edad, con un peso de 330 kg.	EE a los 5 minutos después del sacrificio a 21 V, 50 Hz, 0.25 A (Jarvis, modelo ES-4, EUA), almacenadas a 2°C.	EE aumentó la tasa de disminución del pH y la mejora de la terneza de la carne.	Lang y col., (2016)
Bovinos mestizos.	EE 3 minutos después del sacrificio, usando Jarvis EE-4 *Electric Stimulator*. Descargas entre 15-17 V, durante 15 segundos, aplicada con electrodos a cada lado de la cabeza.	Disminución de 0.2 unidades de pH, así mismo, disminución de las coordenadas de a*, b*, C* y H*.	Sánchez y col., (2016)
Alpacas (14, 20, 32 meses)	Antes de ingresar a las cámaras de refrigeración se EE (300 V, con un pico de 600 mA., con un intervalo de 68 ms. y una amplitud 1000 µs., aplicada en pulsos por 40 segundos.	Mejoró la aceptación sensorial de terneza, jugosidad, sabor y calificación global en los músculos *longissimus thoracis, lumbar* y el músculo *semitendinoso*.	Smith y col., (2016)
Ganado bovino suizo de 18-36 meses.	EE con Micro Technic and DMRI, Dinamarca,. Aplicada en pulsos de 5 ms de duración e intervalos de 65 ms, el pico de voltaje fue de 80 V por 35 segundos.	Fosforilación de las proteínas sarcoplásmicas y miofibrilares. Así mismo, se observó activación de las enzimas desramificantes del glucógeno, glucógeno fosforilasa y 6-fosfofructoquinasa.	Li y col., (2015)

Tabla 1. (continúa)

Especie	Tratamiento	Efectos	Referencia
Corderos machos con peso entre 38 y 52 kg.	EE 5-10 minutos después del sacrificio durante 30 s con unas pinzas en el cuello y una sonda rectal (21 V RMS; 0,25 A; pulso 5-ms ancho; Jarvis, Modelo ES-4, Middletown, CT)	Las canales EE tuvieron un pH inferior, menores valores de fuerza al corte, pero mayor longitud del sarcómero comparado con las canales NEE.	Pouliot y col., 2014)
Cabras de raza Dhofari de 12 meses	EE 20 minutos *post mortem* durante 60 s, con un equipo V1.3-R3B (90–95 V con pulsos de 7.5 ms (AgResearch, Nueva Zelanda). Las canales se enfriaron durante 24 horas a 2-3° C.	Las canales EE presentaron disminución del pH, sarcómeros (1,67 vs. 1,46 micras), fuerza al corte (5,05 vs 8,35 kg), mayor liberación de agua (39,5 vs. 37,45 %), mayor índice de fragmentación miofibrilar (77,25 vs. 71,45) y mayores valores de L* comparado con las canales no EE.	Kadim y col., (2014)
Pechugas de pollo (Arbor Acres).	EE inmediatamente después del desplumado (45 V, 50 Hz, en ciclos de 1 segundo de encendido y 1 s apagador por 1 minuto).	No se encontró efecto sobre el pH en los filetes de pechuga. Valores superiores de L* a las 0, 48 y 24 h *post mortem*. Así mismo, altos valores de a* y b* a las 0 horas *post mortem*. La EE mostró menores pérdidas por goteo (%), por descongelación y por cocción.	Fabres, (2014).

Color

El color de la carne es considerado la primera característica que determina la preferencia de los consumidores; el color rojo brillante se asocia con su frescura y mayor apreciación. Contrariamente, la carne con un color oscuro es inaceptable y es visualmente poco atractivo a los consumidores (Holdstock y col., 2014). El color es evaluado de forma objetiva utilizando las coordenadas de la Comisión Internacional de la Iluminación, mejor conocida por sus siglas en francés CIE, donde; L* (luminosidad), a* (cantidad de rojo), b* (cantidad de amarillo), C* (intensidad del color, usando el croma) y H* (el ángulo de tonalidad que mide la proporción entre el rojo y amarillo) (Jacob y col., 2014). El color de la carne depende de las propiedades de dispersión de la luz de la carne, la concentración y el estado químico de la mioglobina (desoximioglobina, metamioglobina y oximioglobina) (Holman y col., 2015; Pophiwa y col., 2016). El incremento de metamioglobina se asocia al mayor tiempo de almacenamiento, debido a la sobreexposición de la carne al O_2.

Distintos estudios mencionan una relación estrecha entre el color de la carne y el pH, cuando el pH de la carne es alto (> 5.8) las proteínas se unen fuertemente al agua, ocasionando que las fibras musculares crezcan y a su vez reduzcan el espacio entre ellas, por lo que la carne se ve más oscura

(Sánchez y col., 2016). Otros estudios señalan que pH ligeramente alto, no necesariamente están directamente relacionado, ya que hay clasificaciones de animales con cortes oscuros atípicos en el músculo *Longissimus thoracis* y los cuales mantienen un pH inferior a 6 con un potencial glucolítico alto para producir carne color rojo brillante, comparado con los animales sometidos a procesos de estrés crónico, donde el glucógeno muscular es bajo (potencial glucolítico inferior a 40 µmol) (Holdstock y col., 2014). El efecto de la EE en el color de la carne aún es discutible (Pophiwa y col., 2016).

La EE constituye una tecnología que puede aplicarse especialmente a los animales cuando la carne es muy dura y con color indeseable (ausencia del color rojo brillante), tales como los toros, animales alimentados con pastos, vacas maduras, entre otros (Ding y col., 2016); de forma general, se asocia un efecto sobre L*, a* y b* en el color con la disminución rápida del pH (Sánchez y col., 2016). Esto es debido al agotamiento rápido de los sustratos y de los intermediarios en los procesos oxidativos de los músculos, a su vez se reduce la utilización del oxígeno del aire, permitiendo una penetración superior del mismo en la carne y se aumenta la profundidad de la capa roja de oximioglobina (Sánchez y col., 2016). Al respecto Adeyemi y Sazili, (2014) mencionan que la rápida caída del pH provoca que las proteínas miofibrilares en la canal lleguen a su punto isoeléctrico, por lo que la apertura al interior de las proteínas miofibrilares causa la oxigenación de la mioglobina, así como, mayor reflexión de la luz en la superficie de la carne, y en consecuencia el desarrollo rápido de color más brillante en las canales EE y sin EE a las 12 - 20 horas *postmortem*; contrariamente, periodos más largos de EE (45 y 90 s comparado con 15 s) producen un color más pálido (valores más altos de L*) (Strydom y Frylinck, 2014). Castañeda y col. (2005) mencionan que un alto voltaje de EE (450 mA, 450 V, en ciclos de 2 segundos encendidos y 2 segundos apagados por 7 pulsaciones), seguido por un enfriamiento rápido (4°C) no se alteró la funcionalidad de las proteínas, ni causó incremento de carne PSE; sin embargo, hay evidencias que el enfriamiento lento después de la EE puede afectar negativamente las propiedades de retención de agua de la carne. Contrariamente, los hallazgos de Young y, (1999), en un estudio realizado con 96 pollos que fueron aturdidos eléctricamente y sacrificados, (algunos recibieron EE durante el desangrado), observándose que la EE produjo una luminosidad significativa más alta y un color rojo más bajo, valorado en la carne del músculo *Pectoralis major*. Respecto al pH, éste disminuyó inmediatamente en los músculos EE, mientras que la muestra testigo (no estimulada) disminuyó al mismo nivel durante 2 horas. El color de las canales estimuladas fue más brillante, quizás porque la rápida acidificación del músculo conduce a la desnaturalización de alguna proteína, causando más reflectancia de la luz en la superficie de la carne (Warriss, 2000).

Roeber y col., (2000) evaluaron 100 canales de bovino para someterlas a EE, el electrodo positivo se colocó en el músculo *Latissimus dorsi* y el negativo en el músculo *Biceps femoris* con un voltaje medio (100 V) o alto (100 y 300 V) y una duración media de11 ciclos de impulsos o larga de16 ciclos; cada ciclo de impulso consistió en 1 segundo por encendido y apagado, con una corriente eléctrica de 60 Hz. Los resultados indicaron que el color en los músculos *Longissimus* de los lados estimulados eran más brillantes, más rojos y menos azules que los músculos no estimulados. Similarmente, estudios realizados por Kerth y col., (1999) con 12 corderos (Hampshire x Rambouillet, de 90-120 días de edad, con 59 Kg de peso a la matanza) sometidos a EE con un voltaje de 550 V y 60 Hz por 15 tiempos de 2 s, indicaron un color rojo brillante en las canales estimuladas.

Terneza

La terneza se define como la *"facilidad (tierna) o dificultad (dura), percibida por el consumidor con la que la estructura de la carne es fragmentada durante la masticación"*. Si bien, no hay una definición estricta en términos físicos, se sabe que esta propiedad se relaciona directamente con las características mecánicas de la carne (Lana y Zolla, 2016). La terneza de la carne es un atributo importante de calidad que garantiza la satisfacción del consumidor y la repetición de compra. La variabilidad en la terneza de la carne depende de tres factores principales: a) el fenotipo del animal, está asociado a factores genéticos, ambientales, cantidad, composición de tejido conectivo y grado de solubilidad, b) el grado de acortamiento de las fibras musculares después de la instauración del *rigor mortis* y, c) el grado de fragmentación de las proteínas musculares o proteólisis durante la maduración (etapa que tiene lugar durante el almacenamiento *post mortem*) (Berkhit y col., 2014; Bolumar y col., 2014; Starkey y col., 2016).

La EE de las canales ha sido utilizada exitosamente para mejorar la terneza y la calidad de la carne de los bovinos (Contreras-Castillo y col., 2016), corderos (Polidori y col., 1999), cabras (Biswas y col., 2007), burros (Polidori y col., 2016), llamas, alpacas (Smith y col., 2016) y yaks (Lang y col., 2016). Según Hedrick y col., (1994), la EE contribuye a mejorar la terneza de la carne debido a tres factores:

a) previniendo el acortamiento por frío por agotamiento de ATP, al disminuir la fase lenta del *rigor mortis* y por ende acelerar su manifestación en el músculo,

b) liberación de Ca^{2+}, se estimula la proteólisis de las proteínas miofibrilares por las enzimas del sistema calpaína, y

c) ruptura o interrupción física de las miofibrillas debido a las contracciones tetánicas musculares provocadas por la corriente eléctrica.

Por efecto de la EE el retículo sarcoplásmico libera iones Ca^{2+}, se activa la miosín ATPasa y se produce la contracción muscular (dando lugar a la fase de *rigor mortis*). El Ca^{2+} liberado durante la contracción muscular estimula la acción enzimática cuando la temperatura del músculo y el pH incrementan, causando mayor hidrólisis proteolítica (Warriss, 2000). De hecho, existe una relación positiva entre la actividad de la μ-calpaína cuando la temperatura es más alta (Choe y col., 2016). Si bien esta activación enzimática es muy rápida, Polidori y col., (2016) señalan que la actividad de la μ-calpaína disminuye de igual forma, aproximadamente a las 3 h *post mortem* posiblemente por desnaturalización proteínica que es ocasionada por la rápida disminución del pH.

Estudios recientes han determinado que la fosforilación de enzimas miofibrilares se asocian al metabolismo acelerado *post mortem*. Sin embargo, la fosforilación y activación de las proteínas de choque térmico (HSPs) pueden modificar este efecto (Li y col., 2015). Las proteínas de choque térmico actúan como chaperonas moleculares, estas tienen la función de ayudar al plegamiento de otras proteínas recién formadas en la síntesis de proteínas, en este caso para prevenir la agregación irreversible de otras proteínas durante los periodos de estrés. Algunos estudios proteómicos recientes se han orientado a identificar y caracterizar las proteínas, sugiriendo que las proteínas HSPs, αβ-cristalina y HSP27 pueden expresarse o activarse en la carne dura, Se tiene la hipótesis que las contracciones musculares generadas por la EE inducen la expresión de proteínas de choque térmico a nivel muscular, lo que a su vez afecta la terneza forzada de la carne (Contreras-Castillo y col., 2016). Otras investigaciones señalan expresión del gen DNAJA1 relacionado con la carne dura, este gen codifica a las proteínas de choque térmico de 40 kDa (Hsp40), que es una proteína co-chaperona de la familia de las proteínas de choque térmico de 70 kDa (HSP 70). El complejo DNAJA1/Hsp70 inhibe la muerte celular o apoptosis, como ya se ha mencionado cuando un animal muere, sus músculos entran en un estado de anoxia y limitación de nutrientes por lo que inicia el proceso de apoptosis (considerada primera etapa de la maduración *post mortem*). Por lo tanto, un retraso o inhibición de la apoptosis por el complejo DNAJ1/HSP70 reduce la terneza de la carne (Sami y col., 2015).

La terneza de la carne se debe a la degradación de las proteínas miofibrilares *postmortem* y de los cambios en la estructura miofibrilar durante la maduración (Starkey y col., 2016). Por ejemplo, con la degradación de las proteínas costámeras (desmina y vinculina), degradación de las proteínas intramiofibrilares (titina y nebulina) o la degradación de aquellas proteínas implicadas en la vinculación de las miofibrillas en el sarcolema (vinculina o distrofina) (Contreras-Castillo y col., 2016). Otras enzimas endógenas que actúan a pH ácido conocidas como catepsinas también tienen participación importante durante esta etapa, aunque se asume que ambos sistemas proteolíticos (calpaínas y catepsinas) están vinculados clásicamente con la terneza de la carne. Los avances en la investigación científica señalan que no son los únicos mecanismos asociados, por ejemplo las caspasas (enzimas clave en la apoptosis celular) hidrolizan proteínas miofibrilares asociadas con el ablandamiento de la carne en pollos y cerdos (Lana y Zolla, 2016). Además, se cree que el músculo esquelético, durante la conversión del músculo a carne, se somete a una fase inicial de muerte celular apoptótica y que los cambios celulares durante este proceso han sido relacionados con la terneza de la carne, además otras enzimas como proteosomas y metalopeptidasas también hidrolizan proteínas miofibrilares (Contreras-Castillo y col., 2016). En relación a lo anterior, se menciona que la diferencia entre los músculos EE y sin EE es debido a la ruptura de los enlaces en algunas de las proteínas antes mencionadas, actividad enzimática o bien a la desnaturalización de la miosina, la cual se da cuando las canales tienen valores bajos de pH (Kadim y col., 2014). Por lo tanto, el pH_u juega un papel crítico en la degradación de proteínas (Wu y col., 2014).

El pH es uno de los indicadores más usados para evaluar la calidad de la carne se ha demostrado que la terneza tiene una relación lineal con el último pH de la carne (pH_u) (Wu y col., 2014). Asimismo, se ha encontrado que algunos de los factores de estrés físico y psicológico *ante mortem* a los que se exponen los animales previo al sacrificio (ayuno, embarque, mezcla social, transporte) resultan en el agotamiento del glucógeno muscular, lo que conduce a un pH_u elevado (Contreras-Castillo y col., 2016) y se conduce a la presencia de carne con características DFD (Sánchez y col., 2016); condición que puede ser inaceptable por los consumidores (Holdstock y col., 2014).

La carne alcanza naturalmente un valor de pH próximo a 6.0 a las 10 o 12 horas *post mortem* en cerdos y rumiantes, pero con la EE este descenso puede producirse en 1 a 2 horas (Mota-Rojas y col., 2012a); por ejemplo en los bovinos la EE produce intensa contracción muscular promoviendo así la glucólisis y el descenso rápido del pH. Sin embargo, el descenso brusco influye en un temprano desarrollo del *rigor mortis,* seguido de una rápida resolución del mismo, de modo que el músculo alcanza apresuradamente la etapa de resolución del *rigor mortis* (Soria y Corva, 2004; Warriss, 2000; Elgasim y col., 1981). Estudios realizados por Castañeda y col., (2005) en pollos de engorda (54 hembras, con un peso de 1500-1600 g) estimulados eléctricamente (450 mA, 450 V, en ciclos de 2 segundos encendidos y 2 segundos apagados por 7 pulsaciones), indican que la EE *post mortem* aumenta la terneza de la carne por la aceleración de la pérdida de ATP, por la disminución del pH y por la ruptura física de las fibras musculares. También mencionan que el desarrollo del *rigor mortis* a temperaturas elevadas, así como el enfriamiento lento, pueden causar que la carne desarrolle color pálido y disminuya la capacidad de retención de agua. Por otra parte, Guerrero y col., (2004), evaluaron un total de 12 canales de alpacas aplicándose la EE en diferentes voltajes (500 y 600 V, durante 30 y 60 s) y midiendo el pH en el músculo *Longissimus dorsi* a diferentes horas *post* EE (1-24 horas), ellos encontraron un efecto significativo sobre el pH de las carnes tratadas con EE *vs.* Las no estimuladas; esta diferencia se debió principalmente al tiempo y voltaje aplicado (500 V/30 segundos) que ocasiona un rápido descenso del pH_{24} (5.27) cuando se comparó con el grupo testigo (pH_{24} de 6.31). En general, las carnes estimuladas registran un pH menor a 6 durante las primeras 24 horas *post* EE, en contraposición con las canales no estimuladas, cuyo pH se mantiene en valor de 6, de acuerdo con los autores, puede deberse a que la EE incrementa el ciclo de contracción de los músculos, acelerando el agotamiento de las reservas de glucógeno y finalmente, ocasionando mayor producción de ácido láctico. Resultados similares se encontraron en los estudios realizados por Byrne y col., (2000) con canales de 47 vaquillas, mencionando que el pH del músculo baja durante el almacenamiento *post-mortem* como consecuencia de la acumulación de ácido láctico durante la glucólisis, obteniéndose además un pH de 6.56 a las 2 horas *post-mortem* y de 5.48 a las 24 horas *post-mortem*.

Por otro lado, los estudios de Soria y Corva (2004) señalan que la EE tiene efecto sobre la aceleración de la glucólisis *post mortem,* las fibras musculares entran en *rigor mortis* antes de que se lleven a cabo los efectos de acortamiento por frío, dando lugar al incremento significativo de la longitud del sarcómero. En un estudio hecho por Strydom y Frylinck, (2014) reportan que las canales de animales finalizados con grano y sin EE, mantuvieron una longitud del sarcómero inferior (1.85 µm) comparada con las canales EE durante 15 segundos (1.87 µm), 45 segundos (1.90 µm) y 90 segundos (1.92 µm). Ellos concluyen que la longitud inferior del sarcómero sugiere que estos músculos fueron susceptibles al acortamiento por frío; aunado a ello, Lang y col., (2016) mencionaron que la EE a baja tensión generó daño físico al 62% de los sarcómeros.

Por otro lado, los resultados de los estudios realizados por Craig y col., (1999) en 72 pollos de engorde, aturdidos eléctricamente antes del sacrificio y después en la canal, muestran que el aturdimiento y la EE afectaron significativamente la pérdida de sangre, el pH, y la longitud del sarcómero, y que el estímulo de 440 V produjo un desarrollo acelerado del *rigor mortis*; coincidiendo con los resultados de Savell y col., (1977) respecto a la longitud del sarcómero. Sin embargo, los datos obtenidos por Elgasim y col., (1981) fueron diferentes con lo anterior, no se encontraron diferencia significativa en la longitud del sarcómero entre tratamientos (EE y No EE con enfriamiento a 2ºC y 6ºC, respectivamente); lo cual refuerza el fundamento que la longitud del sarcómero, como única opción, constituye un ineficiente indicador de la terneza de la carne (Polidori y col., 2016).

El método más utilizado para la evaluación objetiva de la terneza es la fuerza de corte Warner-Bratzler (WBSF, Warner-Bratzler Share Force, por sus siglas en inglés), (Lana y Zolla, 2016), expresada en Newton (N) o en kg de fuerza aplicada por unidad de superficie. En un estudio en canales de burros, se encontró que la EE a baja tensión generó menor fuerza al corte medida a los 4 y 7 días (60.4 y 54.3 N, respectivamente), comparada con las canales no EE (63.5 y 57.4 N, respectivamente) (Polidori y col., 2016). Otros autores señalan que tanto la EE, el deshuese en caliente y el deshuese en frío en canales provenientes de Yaks adultos, tiene efectos sobre los valores de Warner-Bratzler comparado con la carne no EE (77.5 N, 86.2 N, 75.0 N y 83.8 N, respectivamente), aunque esto solo explica entre el 1 y 6 % de la terneza en la carne, no así el proceso de maduración post mortem, la cual explica hasta un 79% de la terneza de la carne (Lang y col., 2016).

Estudios realizados por Davel y col., (2003) indican que la terneza en la muestra estimulada era considerablemente menor a las muestras no estimuladas, ya que la EE con un voltaje bajo (20 V, 45 Hz, por 45 segundos) no aumentó la terneza porque las muestras de carne utilizadas en este estudio fueron más blandas comparadas con las de otros estudios similares. Los resultados indicaron que la EE tiene un efecto positivo reduciendo la variación en la terneza y cualidades de la carne; sugiriendo que la EE puede ser aplicada en canales de animales viejos para reducir las posibles variaciones en terneza, debido a los factores como edad, raza, especie, condición de sacrificio y nutrición. De acuerdo con McKeith y col., (1979) en estudios realizados con 96 cabras de edad similar, indican que los músculos de la canal EE fueron más tiernos que los músculos de la canal sin EE después de 7 días de maduración. Aunado a lo anterior, estudios realizados por Kang y col., (1991) en conejos (japoneses blancos, hembras, de 14-16 semanas de edad) mencionan que la EE inmediatamente después de la matanza (con un voltaje bajo (35-45 V con una corriente máxima de 50 mA, aplicado a la canal en 3 ms con pulsos cada 8 ms durante 15 min, y un voltaje alto a 200 V con una corriente máxima de 80-1000 mA) se incrementó la fuerza de penetración en los musculos con el desarrollo del *rigor mortis,* pero no en los músculos con hueso. Por otro lado, Yanar y col., (2003) en sus estudios realizados con 14 ovinos machos mestizos de raza Western (Negro y Cara blanca) de 3-5 años de edad, encontraron que un voltaje de 350 V por 45 segundos con 15 impulsos (intervalos de 1.5 segundos en el músculo *Longissimus dorsi* y *semimembranoso)* indicaron que la terneza mejoró por la EE. La terneza se puede alcanzar por una variedad de métodos, incluyendo el uso de enzimas, métodos mecánicos y EE, acelerando el inicio del *rigor mortis,* disminuyendo el tiempo de maduración; en estas condiciones se produce carne más brillante y más blanda en canales de diversas especies (Yanar y col., 2003; Soria y Corva 2004). Estudios realizados por Elgasim y col., (1981) en cortes americanos de bovinos estimulados con 600 V, 7 Amp y 7 Hz por 1 min., mostraron que el pH y la temperatura de los músculos que entran en *rigor mortis,* tienen efectos sobre la terneza de la carne y otras propiedades organolépticas. Dichas características fueron evaluadas objetivamente por el método de Warner Bratzler y subjetivamente mediante un panel de degustación, donde los panelistas detectaron diferencias significativas, mejorando el aroma, sabor, apariencia de la carne y jugosidad (Pospiech y col., 2003). En un estudio reciente con carne de Alpacas, se demostró que los panelistas fueron capaces de detectar la diferencia entre la carne EE y la carne sin EE, considerando la terneza, jugosidad, sabor y calificación global (Smith y col., 2016). Contrariamente, Davel y col., (2003) encontraron gran aceptación por el panel de degustación de las muestras EE y sin EE en los músculos *Longissimus thoracis* y *lumborum* de carneros castrados raza Dorper (40-50 Kg), EE con una corriente alterna de 20 V, 45 Hz, por 45 s, refrigerados por 24 horas a 2°C,

Jugosidad

La jugosidad constituye un rasgo percibido por los consumidores, esta se determina predominantemente por la cantidad de grasa y de la capacidad de retención de agua del músculo. Por lo tanto, una puntuación de los consumidores para jugosidad surge de la interacción entre el agua y la grasa, así como de la integridad estructural del músculo (Warner y col., 2014b). Los informes en relación a esta característica son variables, estos resultados podrían estar relacionados con el grado de ruptura miofibrilar, pH y actividad proteolítica, por ejemplo la rápida disminución de pH en conjunto con una canal con una mayor cobertura de grasa incrementa la pérdida de agua (Adeyemi y Sazili, 2014). Estudios realizados por

Channon y col., (2003) mediante la aplicación de 50 a 200 mA por 30 segundos despúes del desangrado de la canal de cerdó, utilizando una corriente constante, señalan aumento en la pérdida de agua y provoca la disminución del pH muscular de 40 min a 8 horas *post-sacrificio* comparadas con las canales sin EE. Por otro lado, den Hertog-Meischke y col., (1997) evaluaron 60 toros (2 años de edad, con un peso promedio de la canal de 368-410 Kg), 8 de los cuales fueron estimulados eléctricamente (85 V, 14 Hz, 15 segundos, inmediatamente después de ser desangrados), sus resultados mostraron que la EE ocasiona una elevada pérdida por goteo, lo cual es posiblemente el resultado de la desnaturalización de miosina, determinada por la disminución del pH y la temperatura *post-mortem*.

Palatabilidad

La EE incrementa la palatabilidad de la carne de bovinos (Stiffler y col., 1982). Warriss (2000) afirma que la EE afecta la palatabilidad de la carne y su sabor. Sin embargo, los estudios realizados por Guerrero y col., (2004), indican que el sabor puede ser mejorado utilizando una EE de 600 V/30 segundos. Es posible que a este nivel de voltaje y tiempo de EE, se logre obtener una mejor movilización de los aminoácidos libres de la carne.

Estudios realizados por McKeith y col., (1981) realizaron evaluaciones en 390 bovinos (novillos castrados y vaquillas) sacrificados y asignados a 5 grupos: a) estimulados eléctricamente después de la exanguinación 5 min *postmortem*, b) estimulados antes de la evisceración 20 min post mortem, c) estimulados después de la evisceración 30 min *postmortem*, d) estimulados después del despiece 40 min *postmortem* y e) no estimulada. El voltaje utilizado para la EE fue de 150 V o 550 V por 1 min (16 impulsos) o 2 min (32 impulsos), los impulsos fueron de 1.8 segundos de duración con 1.8 segundos de intervalo entre impulsos. Los autores encontraron que la EE para 1 o 2 min no tuvo ventaja sobre la palatabilidad de la carne, sin embargo, la canal estimulada eléctricamente con 550 V mostró carne con mejor color, terneza y palatabilidad, en comparación con la que recibió a 150 V; concluyendo que la EE se puede realizar en cualquiera de las fases del faenado de la canal utilizando una corta duración (1 min.) y un voltaje alto (550 V) para mejorar la calidad y palatabilidad de la carne; incluso puede mejorar propiedades como el olor, ya que éste se debe a la impresión sobre la superficie olfatoria que dejan los elementos volátiles que contienen los alimentos. Datos obtenidos por Guerrero y col., (2004), indican que al aplicar 500 V/60 segundos atenúo en forma significativa el olor de la carne. Sin embargo, en aves los estudios realizados por Owens y Sams, (1997) con 36 pavos hembra (peso medio 7 Kg, sometidos a EE en el cuello

570 V, 45 mA, 2 segundos y 1 segundos, de 10 pulsos), indicaron que la EE acelera el metabolismo muscular a 2 horas *post-mortem,* disminuye el pH y previene el acortamiento excesivo del sarcómero. La EE no tuvo efectos sobre el valor de corte, humedad, pérdidas al cocinarse o los valores de color; se sugiere que el sistema de EE *post mortem* no aportó suficientes beneficios como para ser implementado en el procesamiento de pavos.

De acuerdo con los resultados que muestran los diferentes estudios señalados, algunas características organolépticas tales como olor, color, sabor, jugosidad y principalmente terneza se favorecen por el uso de la EE *post-mortem*. Es importante considerar que estas propiedades de la carne también son determinadas por otros factores tales como: especie, genética, edad y raza del animal.

EFECTO DE LA EE EN EL CRECIMIENTO BACTERIANO

La composición química de la carne hace que sea un excelente medio de cultivo para la mayoría de los microorganismos, aunque es aceptado que la masa interna del músculo de un animal recién sacrificado no contiene microorganismos, o estos son muy escasos, es posible que este número inicial se incremente. La contaminación principalmente es de origen externo, como consecuencia de las condiciones sanitarias deficientes durante el sacrificio, desangrado, desuello y deshuesado, aunque también por un almacenamiento inadecuado, la falta de higiene de los utensilios, contaminación del equipo y por los trabajadores. Todo lo anterior puede inducir en un alto riesgo para la salud de los consumidores (Caldara y col., 2014) o la reducción de la vida de anaquel del producto por alteración microbiana.

Los resultados sobre el efecto de la EE en el crecimiento de microorganismos siguen siendo contradictorios, por ejemplo, Slavik y col., (1991) afirman que la EE (8.5 a 14.5 V, frecuencia de 0.33 Hz o 100 Khz) es eficaz para disminuir el número de *Salmonella typhimurium* en la carne de pollo. Aunado a ello, Bawcom y col., (1995) señalan que la EE (620 V por 20-60 s) reduce hasta el 81 % del número de coliformes presentes en la superficie de la carne de bovino. Otros estudios señalan que no existe ningún efecto, por ejemplo, Butler y col., (1981) aplicaron EE a canales de bovino (16 pulsos, durante 1.8 segundos con un intervalo de 1.8 segundos, con 550 V, 5 A), se usaron muestras de carne picada del músculo *Biceps femoral* y músculo *infraespinatus*, EE y sin EE, las cuales fueron inoculadas con *Lactobacillus* spp., *Pseudomonas* spp., *Acinetobacter* sp., *Microbacterium thermosphactum, Erwinia harbicola* y *Moraxella sp.*, los resultados indicaron que los valores de pH después de la EE fueron bajos, sin encontrar diferencia entre las muestras EE y

No EE en el crecimiento de bacterias en las muestras inoculadas. Por otro lado, en un estudio con canales de corderos se evaluó el efecto de la EE (550 V, 20 pulsos de 2 s encendido y 1 s descanso, 50-60 ciclos/s con AC) aplicado 45 minutos *post mortem* (almacenadas a 1°C /24 horas), se encontró que la EE no tuvo efectos en la disminución de psicrótrofos, *Pseudomona spp.*, bacterias lácticas y *Bronchotrix thermosphacta* (Jeremiah y col., 1997). De igual manera, Adeyemi y Sazili, (2014) mencionaron que muestras de carne de bovino con la EE (550 V con 16 pulsos en intervalos de 1.8 s) no hubo diferencia al ser inoculadas con *Pseudomonas* spp, *Moraxella* spp, *Lactobacillus* spp, *Brochothrix thermosphaca, Acinetobacter* y *Erwinia herbicola*. Los resultados positivos de la EE con la disminución o retraso en el crecimiento de bacterias, probablemente es generado por un efecto secundario, ya que la EE ocasiona disminución del pH por incremento del ácido láctico (Guerrero y col., 2004), el cual posiblemente tenga un efecto bacteriostático, más no bactericida (Adeyemi y Sazili, 2014).

CONCLUSIONES

Los estudios señalan que la EE es una técnica efectiva que mejora algunos rasgos de elección para los consumidores. Sin embargo, es una tecnología compleja con factores que deben ser controlados para que los resultados sean exitosos.

El principal atractivo comercial de la utilización de la EE reside en el deshuesado en caliente, procedimiento que resulta en una considerable reducción del tiempo, espacio y capacidad de refrigeración requerida para producir carne de buena calidad alimentaria. Además, la aplicación de EE permite la refrigeración o congelación inmediata de las canales, previniendo el acortamiento por frío generado por las prácticas de rutina en las plantas de matanza; se acelera la glucólisis y las reacciones enzimáticas *post mortem*, favoreciendo la disminución del pH, la instauración del *rigor mortis*, la proteólisis física y enzimática; mejorando la terneza y el color de la carne.

Finalmente, aún no es posible generalizar los resultados en la disminución del contenido de microorganismos contaminantes con el uso de la EE, hasta el momento los resultados siguen siendo contradictorios, por lo que es necesario seguir investigando al respecto.

BIBLIOGRAFÍA

Adeyemi, K.D., Sazili, A.Q. 2014. Efficacy of Carcass Electrical Stimulation in Meat Quality Enhancement: A Review. Asian Australas. Journal of Animal Science, 27, 447-456.

Bekhit, A.E.A., Carne, A., Ha, M., Franks, P. 2014. Physical interventions to manipulate texture and tenderness of fresh meat: A review. International Journal of Food Properties, 17, 433-453.

Biswas, S., Das, A.K., Banerjee, R., Sharma, N. 2007. Effect of electrical stimulation on quality of tenderstretched chevon sides. Meat Science, 75, 332–336.

Bouton, P.E., Ford, A.L. Harris, P.V., Shaw, F.D. 1978. Effect of low voltage stimulation of beef carcasses on muscle tenderness and pH. Journal of Food Science, 43, 1392-1396.

Bolaños-López, D., Mota-Rojas, D., Guerrero-Legarreta, I., Flores-Peinado, S., Mora-Medina, P., Roldan-Santiago, P., Borderas-Tordesillas, F., García-Herrera, R., Trujillo-Ortega, M., Ramírez-Necoechea, R. 2014. Recovery of consciousness in hogs stunned with CO_2: Physiological responses. Meat Science, 98, 193-197.

Bolumar, T., Bindrich, U., Toepfl, S., Toldrá, F., Heinz, V. 2014. Effect of electrohydraulic shockwave treatment on tenderness, muscle cathepsin and peptidase activities and microstructure of beef loin steaks from Holstein young bulls. Meat Science, 98, 759-765.

Butler, J.L., Smith, G.C., Savell, J.W., Vanderzant, C. 1981. Bacterial growth in ground beef prepared from electrically stimulated and nonstimulated muscles. Applied and Environmental Microbiology, 41, 915-918.

Byrne, C.E., Troy, D.J., Buckley, D.J. 2000. Postmortem changes in muscle electrical properties of bovine M.

longissimus dorsi and their relationship to meat quality attributes and pH fall. Journal of Food Science, 43, 1392-1396.

Caldara, F.R., Santos, L.S.d., Nieto, V.M., Foppa, L., Santos, R.D., Paz, I.C., Garcia, R.G., Nääs, I.A. 2014. Microbiological growth in normal and PSE pork stored under refrigeration. Revista Brasileira de Saúde e Produção Animal, 15, 459-469.

Castañeda, M.P., Hirschler, E.M., Sams, A.R. 2005. Research note functionality of electrically stimulated broiler breast meat. Poultry Science, 84, 479-481.

Contreras-Castillo, C.J., Lomiwes, D., Wu, G., Frost, D., Farouk, M.M. 2016. The effect of electrical stimulation on post mortem myofibrillar protein degradation and small heat shock protein kinetics in bull beef. Meat Science, 113, 65-72.

Channon, H.A., Walker, T.J., Kerr, M.G., Baud, S.R. 2003. Application of constant current, low voltage electrical stimulation system to pig carcasses and its effects on pork quality. Meat Science, 65, 1309-1313.

Choe, J.H., Stuart, A., Kim, Y.H.B. 2016. Effect of different aging temperatures prior to freezing on meat quality attributes of frozen/thawed lamb loins. Meat Science, 116, 158-164.

Craig, E.W., Fletcher, D.L., Papinaho, P.A. 1999. The effects of antemortem electrical stunning and postmortem electrical stimulation on biochemical and textural properties of broiler breast meat. Poultry Science, 78, 490-494.

Cross, H.R. 1979. Effects of electrical stimulation on meat tissue and muscle properties - a review. Journal of Food Science, 44, 509- 523.

Davel, M., Bosman, M.J.C., Webb, E.C. 2003. Effect of electrical stimulation of carcasses from Droper sheep with two permanent incisors on the consumer acceptance of mutton. South African Journal Animal Science, 33, 206-212.

Den Hertog-Meischke, M.J.A., Smulders, F.J.M., Logtestijn, J.G., Knapen, F. 1997. The effect of electrical stimulation on the water- holding capacity and protein denaturation of two bovine muscles. Journal Animal Science, 75, 118-124.

Ding, C., Rodas-González, A.R., López-Campos, O., Galbraith, J., Juárez, M., Larsen, I.L., Jin, Y., Aalhus, J.L. 2016. Effects of electrical stimulation on meat quality of bison striploin steaks and ground patties. Canadian Journal of Animal Science, 96, 79-89.

Elgasim, E.A., Kennick, W.H., McGill, L.A., Rock, D.F., Soeldner, A. 1981. Effects on electrical stimulation and delayed chilling of beef carcasses on carcass and meat characteristics. Journal of Food Science, 46, 340-343.

Fabres, R.M. 2014. Efecto de la maduración, estimulación

eléctrica, marinado y congelación sobre la calidad de carne de pechuga de ave. Tesis Doctoral. Universidad Politécnica de Valencia. Valencia, España.

Guerrero, O., Vilca, M., Ramos, D. 2004. Estimulación eléctrica de canales de alpacas para mejorar su calidad organoléptica. Revista de Investigaciones Veterinarias del Perú, 15, 151-156.

Gutzke, D.A., Franks, P., Hopkins, D.L., Warner, R.D., 2014. Why is muscle metabolism important for red meat quality? An industry perspective. Animal Production Science, 54, III-V.

Hedrick, H.B., Aberle, E.D., Forrest, J.C., Judge, M.D., Merkel, R.A. 1994. Principles of Meat Science. Kendall/Hunt Publishing Co, Iowa.

Ho, C.Y., Stromer, M. H., Rouse, G., Robson, R.M. 1997. Effects of electrical stimulation and postmortem storage on changes in titin, nebulin, desmin, troponin-T and muscle ultrastructure in *Bos indicus* crossbred cattle. Journal of Animal Science, 75, 366-376.

Hocquette, J. F., Ortigues-Marty, I., Pethick, D., Herpin, P., Fernández, X. 1998. Nutritional and hormonal regulation of energy metabolism in skeletal muscles of meat-producing animals. Livestock Production Science, 56, 115-143.

Holdstock, J., Aalhus, J.L., Uttaro, B.A., López-Campos, Ó., Larsen, I.L., Bruce, H.L. 2014. The impact of ultimate pH on muscle characteristics and sensory attributes of the longissimus thoracis within the dark cutting (Canada B4) beef carcass grade. Meat Science, 98, 842-849.

Holman, B.W.B., Ponnampalam, E.N., van de Ven, R.J., Kerr, M.G., Hopkins, D.L. 2015. Lamb meat colour values (HunterLab CIE and reflectance) are influenced by aperture size (5 mm v. 25 mm). Meat Science, 100, 202-208.

Hwang, I.H., Devine, C.E., Hopkins, D.L. 2003. The biochemical and physycal affects of electrical stimulation on beef and sheep meat tenderness. Meat Science, 65, 677-691.

Jacob, R.H., D'Antuono, M.F., Gilmour, A.R., Warner, R.D. 2014. Phenotypic characterisation of colour stability of lamb meat. Meat Science, 96, 1040-1048.

Juárez, M., Basarab, J.A., Baron, V.S., Valera, M., López-Campos, O., Larsen, I.L, Aalhus, J.L. 2016. Relative contribution of electrical stimulation to beef tenderness compared to other production factors. Canadian Journal of Animal Science, 96, 104-107.

Jeremiah, L.E., Greer, G.G., Dilts, B.D. 1997. Influence of hot-processing and electrical stimulation on the bacteriology and retail case-life of vacuum packaged lamb. Food Research International, 30, 281-286.

Kadim, I.T., Mahgoub, O., Khalaf, S. 2014. Effects of the transportation during hot season and electrical stimulation on meat quality characteristics of goat *Longissimus dorsi* muscle. Small Ruminant Research, 121, 120-124.

Kang, J.O., Kamisoyama, H., Shigemori, S., Hayakawa, I., Ito, T. 1991. Effect of electrical stimulation on the rheological properties of rabbit skeletal muscle. Meat Science, 29, 203-210.

Kerth C.R., Caín, T.L., Jackson, S.P., Ramsey, C.B., Miller, M.F. 1999. Electrical Stimulation Effects on Tenderness of Five Muscles from Hampshire. Journal Animal Science, 77, 2951-2955.

Lana, A., Zolla, L., 2016. Proteolysis in meat tenderization from the point of view of each single protein: A proteomic perspective. Journal of Proteomics, 147, 85-97.

Lang, Y., Sha, K., Zhang, R., Xie, P., Luo, X., Sun, B., Li, H., Zhang, L,, Zhang, S., Liu, X. 2016. Effect of electrical stimulation and hot boning on the eating quality of Gannan yak longissimus lumborum. Meat Science, 112, 3-8.

Li, Y., Siebenmorgen, T.J., Griffs, C.L. 1993. Electrical Stimulation in Poultry: A Review and Evaluation. Poultry Science, 72, 7-22

Li, C., Zhou, G., Xu, X., Lundström, K., Karlsson, A., Lametsch, R. 2015. Phosphoproteome analysis of sarcoplasmic and myofibrillar proteins in bovine longissimus muscle in response to postmortem electrical stimulation. Food Chemistry, 175, 197-202.

Liu, N., Liu, R., Hu, Y.Y., Zhou, G.H., Zhang, W.G. 2015. Influence of rapid chilling on biochemical parameters governing the water-holding capacity of pork longissimus dorsi. International Journal of Food Science and Technology, 50, 1345-1351.

McKeith, F.K., Savell, J.W., Smith, G.C., Dutson, T.R., Shelton, M. 1979. Palatability of goat meat from carcasses electrically stimulated at four different stages during the slaughter-dressing sequence. Journal of Animal Science, 49, 972-978.

McKeith, F.K., Smith, G.C., Savell, J.W., Dutson, T.R., Carpenter, Z.L., Hammonds, D.R. 1981. Effects of certain electrical stimulation parameters on quality and palatability of beef. Journal of Food Science, 46:, 13-18

Mota-Rojas, D., Orozco-Gregorio, H., Villanueva-Garcia, D., Bonilla-Jaime, H., Suárez-Bonilla, X., Hernández-González, R., Roldan-Santiago, P., Trujillo-Ortega, M.E. 2011. Foetal and neonatal energy metabolism in pigs and humans: a review. Veterinarni Medicina, 56, 215-225.

Mota-Rojas, D., Roldan-Santiago, P., Guerrero-Legarreta, I. 2012a. En: Electrical stimulation in meat processing. Hui Y. H. (Ed.). Handbook of Meat and Meat Processing. CRC. Boca Raton, Fl.

Mota-Rojas, D., Martínez-Burnes, J., Villanueva-García, D., Roldan-Santiago, P., Trujillo-Ortega, M.E., Orozco-Gregorio, H., Bonilla-Jaime, H., López-Mayagoitia, A. 2012b. Animal welfare in the newborn piglet: a review. Veterinarni Medicina, 57, 338-349.

Omer, C., Enver, B.B., Hilal, C., Hamparsun, H. 2011. Effects of Electrical Stimulation on Meat Quality of Lamb and Goat Meat. Scientific World Journal, 2012,1-9.

Owens, C.M., Sams, A.R. 1997. Muscle metabolism and meat quality of pectoralis from turkeys treated with postmortem electrical stimulation. Poultry Science, 76, 1047-1051.

Polidori, P., Lee, S., Kauffman, R.G., Marsh, B.B. 1999. Low voltage electrical stimulation of lamb carcasses: effects on meat quality. Meat Science 53:179–182.

Polidori, P., Ariani, A., Micozzi, D., Vincenzetti, S. 2016. The effects of low voltage electrical stimulation on donkey meat. Meat Science, 119, 160-164.

Pophiwa, P., Webb, E.C., Frylinck, L. 2016. Meat quality characteristics of two South African goat breeds after applying electrical stimulation or delayed chilling of carcasses. Small Ruminant Research, 145, 107-114.

Pouliot, E., Gariepy, C., Theriault, M., Castonguay, F.W. 2014. Use of electrical stimulation and chilling to enhance meat tenderness of heavy lambs. Canadian Journal of Animal Science, 94, 627-637.

Pospiech, E., Grzés, B., Lyczy´nski, A., Borzuta, K., Szalata, M., Mikolajczak. 2003. Muscles proteins and their changes in the process of meat tenderization. Animal Science and Reports, 21, 133-151.

Prändl O., Fisher A., Schmidhofer T., Snell H.J. 1994. Tecnología e Higiene de la Carne. Acribia, Zaragoza.

Roeber, D.L., Cannell, R.C., Belk, K.E., Tatum, J.D., Smith, G.C. 2000. Effects of a unique application of electrical stimulation on tenderness, color, and quality attributes of the beef longissimus muscle. Journal of Animal Science, 78, 1504-1509.

Sami, A., Mills, E., Hocquette, J.F. 2015. Relationships between DNAJA1 Expression and Beef Tenderness: Effects of Electrical Stimulation and Post-mortem Aging in two Muscles. International Journal of Agriculture and Biology, 17, 815-820.

Sams, A. 1999. Commercial implementation of postmortem electrical stimulation. Poultry Science, 78, 290-294.

Sánchez-López, E., Pérez-Linares, C., Herrera-Slim, B., Barreras-Serrano, A., Figueroa-Saavedra, F. 2015. Efecto de la temperatura sobre los valores colorimétricos de la carne de bovino estimulada eléctricamente. Archivos de Medicina Veterinaria, 47, 293-299.

Sánchez, E., Pérez, C., Barreras, A., Figueroa, F., Herrera, B. 2016. Quantifying the differential effect that the electrical stimulation of bovine carcasses has on pH, and color. Veterinarski Arhiv, 86, 149-158.

Savell, J.W., Smith, G.C., Dutson, T.R. Carpenter, Z.L., Suter, D.A. 1977. Effect of electrical stimulation on palatability of beef, lamb and goat meat. Journal of Food Science, 42, 702-706.

Savell, J.W., Mueller, S.L., Baird, B.E. 2005. The chilling of carcasses. Meat Science, 70, 449-459.

Soria, L.A., Corva, P.M. 2004. Factores genéticos y ambientales que determinan la terneza de la carne bovina. Archivos Latinoamericanos de Producción Animal, 12, 73-88.

Smith, M.A., Bush, R.D., van de Ven, R.J., Hopkins, D.L. 2016. Effect of electrical stimulation and ageing period on alpaca (*Vicugna pacos*) meat and eating quality. Meat Science, 111, 38-46.

Starkey, C.P., Geesink, G.H., Collins, D., Hutton Oddy, V., Hopkins, D.L. 2016. Do sarcomere length, collagen content, pH, intramuscular fat and desmin degradation explain variation in the tenderness of three ovine muscles? Meat Science, 113, 51-58.

Stiffler, D.M., Savell, J.W., Smith, G.C., Dutson, T.R., Carpenter, Z.L. 1982. Electrical stimulation: Purpose, application and results. Texas Agricultural Extension Service B-1375.

Strydom, P.E., Frylinck, L. 2014. Minimal electrical stimulation is effective in low stressed and well fed cattle. Meat Science, 96, 790–798

Taylor, A.A., Shaw, B.G., MacDougall, D.B. 1980. Hot deboning beef with and without electrical stimulation. Meat Science, 5, 109-123.

Troy, D. 2006. Hot-boning of meat: A new perspective. En: Advanced Technologies for Meat Processing. Leo. M. L. y Nollet, F. T. (Eds.). CRC Press. Boca Ratón, FL.

Warner, R.D., Dunshea, F.R., Gutzke, D., Lau, J., Kearney, G. 2014a. Factors influencing the incidence of high rigor temperature in beef carcasses in Australia. Animal Production Science, 54, 363-374.

Warner, R.D., Thompson, J.M., Polkinghorne, R., Gutzke, D., Kearney, G.A. 2014b. A consumer sensory study of the influence of rigor temperature on eating quality and ageing potential of beef striploin and rump. Animal Production Science, 54, 396-406.

Warriss, P.D. 2000. An Introductory Text. Meat Science. CABI Publishing. Nueva York.

Wu, G., Farouk, M.M., Clerens, S., Rosenvold, K. 2014. Effect of beef ultimate pH and large structural protein changes with aging on meat tenderness. Meat Science, 98, 637-645.

Yanar, M., Yetim, H. 2003. The effects of electrical stimulation on the sensory and textural quality properties of mutton carcasses. Turkish Journal of Animals, 27, 433-438.

Young, L.L., Buhr, R.J., Lyon, C.E. 1999. Effect of polyphosphate treatment and electrical stimulation on postchill changes in quality of broiler breast meat. Poultry Science, 78, 267-271.

CAPÍTULO 2.
MIOPATÍAS TIPO PSE Y DFD EN CARNE DE CERDO

Isabel Guerrero Legarreta[1], Daniel Mota Rojas [2] y
Marcelo Ghezzi [3] y Rosy Cruz Monterrosa [4]

[1] Departamento de Biotecnología, Universidad Autónoma Metropolitana, Unidad Iztapalapa, Ciudad de México; [2] Departamento de Producción Agrícola y Animal, Universidad Autónoma Metropolitana, Unidad Xochimilco, Ciudad de México; [3] Facultad de Ciencias Veterinarias (FCV), Universidad Nacional del Centro de la Provincia de Buenos Aires (UNCPBA), Argentina;[4] Departamento de Ciencias de la Alimentación, Universidad Autónoma Metropolitana, Unidad Lerma, Estado de México, México. Autora para correspondencia: Rosy Cruz Monterrosa: r.cruz@correo.ler.uam.mx

INTRODUCCIÓN

La creciente demanda de carne en buena calidad a nivel mundial está incrementando, en consecuencia se necesita mejorar el bienestar de los animales. Los atributos de calidad juegan un papel importante en la decisión de compra por parte de los consumidores, los cuales pueden ser alterados como resultado de una compleja combinación de diferentes factores (Barbin y colcol, 2012). Entre éstos se encuentran la genética, época del año, el bienestar durante el manejo *ante mortem* (la manipulación durante la carga y descarga, el transporte, el ayuno y el aturdimiento hasta el sacrificio), metabolismo *postmortem*, condiciones de procesamiento y enfriamiento de las canales (Panella-Riera y col., 2009).

Los procesos bioquímicos que se producen después de la muerte incluyen la velocidad en la que se desarrolla la glucólisis afectando los valores finales de pH, la capacidad de retención de agua, consistencia, terneza, color y apariencia general (Costa y col, 2002). La carne de cerdo presenta dos principales defectos de calidad, la carne "pálida, suave y exudativa" (PSE, por sus siglas en inglés *pale, soft, exudative*) y la "oscura, firme y seca" (DFD, por sus siglas en inglés *dark, firm, dry*). La carne PSE se forma cuando los cerdos sufren de estrés agudo antes del sacrificio. Mientras la carne DFD se da cuando los animales sufren de un estrés crónico (Mota-Rojas y col., 2016). Aunque también existen dos variedades de calidad de carne similares a la carne PSE (Kim y col., 2017).

La incidencia de carne PSE y DFD variar entre los países, en Canadá se estimó entre el 13 y 10 % respectivamente, en otros países se observaron proporciones similares o superiores para carne PSE, por ejemplo; 13 % en Países bajos; 30 % en Estados Unidos de América (Faucitano y col., 2010); 80 % en Alemania y Bélgica; 35-54 % en España; 15 % en Francia y de 2-4 % en Dinamarca (Weaver y col., 2000), lo valores indican un problema de calidad en la carne de cerdo debido a la miopatía PSE. En una auditoria de calidad de carne de cerdo en Estados Unidos de América existieron pérdidas económicas por la miopatía PSE de $0.34/cabeza y por carne DFD de $0.01/cabeza, representando pérdidas anuales de hasta 35 millones de dólares (Cannon y col., 1996). A pesar de la clara comprensión de las anomalías que se pueden encontrar en el músculo, se puede suponer que en la actualidad, es prácticamente imposible eliminar por completo este problema, en consecuencia es necesario favorecer el bienestar de los animales durante el manejo previo al sacrificio (Florowski y col., 2017). El objetivo del presente capítulo consiste en revisar algunos de los factores que inciden en la presencia de las principales miopatías en la calidad de la carne de cerdo.

PRINCIPALES PROBLEMAS DE CALIDAD DE LA CARNE DE CERDO

La carne fresca del cerdo ha sido tradicionalmente clasificada según las mediciones permitidas en color, capacidad de retención de agua o pérdida por goteo y el pH del músculo después del sacrificio (Tabla 1), de forma inicial se mencionan tres principales categorías; RFN (*reddish-pink, firm, non-exudative* o rosada-rojiza, firme y no exudativa), PSE (*pale, soft, exudative* o pálida, suave y exudativa), y DFD (*dark, firm, dry* u oscura, firme y seca) por sus siglas en inglés (Faucitano y col., 2010). La carne RFN tiene el color rosa-rojizo deseable, firmeza, capacidad de retención de agua normal, mínima pérdida por goteo y tasa de disminución moderada de pH (5.6 a 5.8 medido a las 24 h), es considerada ideal para los consumidores (Castro-Giráldez y col., 2010; Barbin y col., 2012). La condición PSE se distingue por un aspecto indeseable, color pálido/gris rosáceo, textura friable y pobre capacidad de retención de agua durante el almacenamiento, cocción y procesamiento. La carne DFD se caracteriza por un color rojo oscuro/púrpura, textura firme y con una superficie seca y pegajosa debido a la alta capacidad de retención de agua (Everts y col., 2010; Flores y Toldrá, 2014). La carne PSE es común en los cerdos, pollos y pavos, mientras que la DFD predomina en el ganado bovino (Webb y Casey, 2010) y poco frecuente en cerdos (Flores y Toldrá, 2014). Esta última, además de tener aspecto indeseable, es más propensa al crecimiento bacteriano durante su almacenamiento (Castro-Giráldez y col., 2010). Recientemente, se han añadido dos nuevas categorías de calidad, debido a las variaciones en color y la pérdida por goteo; RSE (*redish-pink, soft, exudative* o rosada-rojiza, firme y exudativa) y PFN (*pale, firm, exudative* o pálida, firme y exudativa) (Kim y col., 2017), ambas presentan alteraciones en color, firmeza y pérdida de agua.

Tabla 1. **Características de la calidad de la carne de cerdo de acuerdo con** Dokmanovic y col, (2017) y Weschenfelder (2013) medida a las 24 h *post mortem*.

Categorías	Criterios						
	Aspecto			Medición objetiva			Calidad sensorial de la carne
	color	terneza	pérdida por goteo	pH_{24}	Pérdida por goteo	Valor L*	
RFN	rosada-rojiza	firme	no exudativa	5.8 – 5.3	2 - 5	42 < 50	normal deseable
PSE	pálida	suave	exudativa	< 5.3	= 5	> 50	anormal indeseable
PSE moderada	pálida	suave	exudativa	5.6 -5.3	> 5	= 50	Anormal de mala calidad
RSE	Rosada-rojiza	suave	exudativa	5.8 – 5.3	= 5	42 < 50	normal de mala calidad
PFN	pálida	firme	no exudativa	5.8 – 5.3	2 - 5	= 50	normal de mala calidad
DFD moderada	oscura	firme	seca	5.8 – 6	< 5	42 - 45	Anormal de mala calidad
DFD	oscura	firme	seca	= 6.0	= 2	< 42	Anormal indeseable

pH_{24} = pH evaluado a las 24 horas post mortem; L* = Luminosidad

FACTORES QUE INCIDEN SOBRE LA CARNE PSE y DFD

Existen diversas prácticas *ante mortem*, tales como la manipulación durante la carga o descarga de los cerdos desde el lugar de producción, el tipo del vehículo, suelo del camión, densidad de carga, mezcla social, tiempo de transporte, tiempo de estabulación, periodo total de ayuno, comportamiento de los animales, sexo, época del año, incidencia de lesiones cutáneas y la efectividad de los métodos de aturdimiento que pueden influir en la presencia de carne PSE, RSE, PFN, DFD (Guàrdia y col., 2009). La Figura 1 muestra diferentes cerdos sometidos a algunos factores de estrés perjudicial o estrés *antemortem*. Los cerdos presentan características genéticas que los hace más sensibles al estrés perjudicial tanto físico como psicológico (Dokmanovic y col., 2017) y se relaciona directamente con la calidad de la carne. Los avances en la genómica y proteómica han hecho posible tener una mejor comprensión de los procesos biológicos que pueden alterar la calidad de carne (Di Luca y col., 2011).

Genética

Debido a la demanda de los consumidores y a las expectativas económicas en la producción de alimentos de origen animal, los porcicultores han adoptado técnicas productivas novedosas, como seleccionar animales de crecimiento rápido y con mayor rendimiento en carne.; ambos casos están relacionados con animales de mejor conformación muscular y menor deposición de grasa (Alarcón-Rojo y Duarte-Atondo, 2006; Oliveira Silva y col., 2011). Sin embargo, este avance tecnológico ha ocasionado cerdos más sensibles al estrés perjudicial causado por el ambiente y el manejo (Chmiel y col., 2011). Principalmente la calidad de la carne se afecta por dos mutaciones en el genoma del cerdo: el gen halotano (Hal) y el gen rendimiento Napole (RN) (Faucitano, 2010; Silveira y col., 2011).

Aunque también es factible que las canales de los cerdos grasos también pueden dar lugar a carne PSE (Moon y col., 2003), posiblemente por una mayor susceptibilidad al estrés térmico y poca disipación de calor durante la refrigeración. La presencia de carne PSE en un 20-40 % se explica por la técnica de refrigeración de las canales, en comparación con el 10-15% que puede explicar la manipulación de los animales vivos desde la unidad de producción hacia la planta de sacrificio, por lo que el enfriamiento rápido de las canales de cerdos a temperaturas inferiores a cero puede mejorar las características de la calidad de la carne (Rybarczyk y col., 2012).

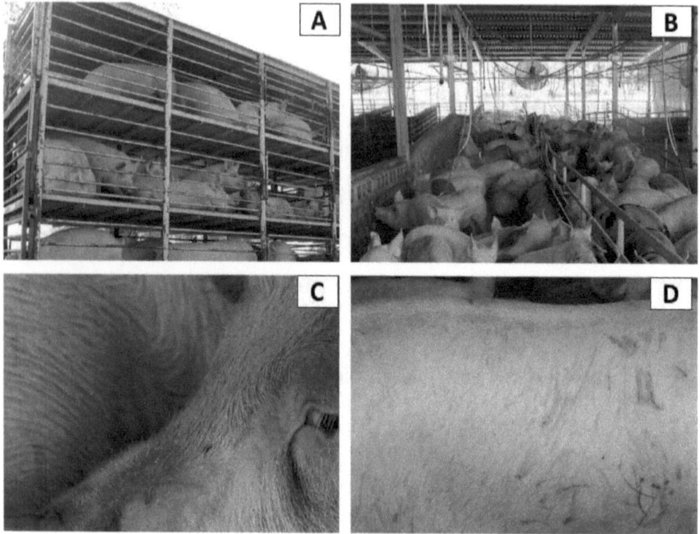

Figura 1. Factores estresantes durante el manejo *ante mortem* de los cerdos destinados a consumo humano. A. Cerdos transportados a la planta de sacrificio en camiones de tres niveles. B. Cerdos mantenidos en corrales de espera previo al sacrificio con un espacio disponible > 0.45 m²/cerdo de 100 kg. C. Cerdo con el síndrome del estrés porcino (hipertermia maligna) durante su traslado a la planta de faena, el animal presenta hipertermia, ptialismo y taquipnea. D) Cerdo con lesiones grado 2 en la piel, generalmente son indicadores de las inapropiadas condiciones de bienestar animal durante las prácticas previas al sacrificio, además se asocian a la presencia de alteraciones en la calidad de carne.

El gen Hal es llamado así porque los animales que lo poseen reaccionan con un estado de hipercontractibilidad e hipermetabolismo mientras son expuestos al gas halotano (Cherel y col., 2010; Popovski y col., 2016). Este gen es determinante de la susceptibilidad al "Síndrome del Estrés

Porcino" o "hipertérmia maligna" (Weaver y col., 2000) y se sabe que origina carne con características PSE (Ferguson y Warner, 2008; Van de Perre y col., 2010a). El gen halotano es conocido como el gen Ryr1, es controlado por un *locus* autosomal único que se encuentra en el cromosoma 6 del cerdo. El gen Ryr1 está constituido por 15,105 nucleótidos y tiene dos alelos: el alelo normal es dominante sobre el alelo mutado. El control genético en estos cerdos implica que la expresión del alelo recesivo tiene la condición homocigótica recesiva, de forma que en condición heterocigótica, el individuo es normal, permaneciendo el alelo mutado oculto y pudiéndose trasmitirse a las siguientes generaciones (Scheffler y col., 2013). Esta susceptibilidad se asocia a una mutación en la posición 1843 de la secuencia de ADN del gen receptor de rianodina (RYR1) del cerdo, donde se presenta una sustitución de una citosina por una timina (Cherel y col., 2010; Golding-Myers y col., 2010; Obi y col., 2010). Esto lleva a una sustitución de la arginina por cisteína en el aminoácido 615 de los canales liberadores de Ca^{2+} del retículo sarcoplasmático (O'Brien y Ball, 2006; De Perre y col., 2010). Este defecto es especialmente importante en el metabolismo muscular, ya que en cerdos positivos se duplica la liberación incontrolada de Ca^{2+} por respuesta al estrés perjudicial (Panella-Riera y col., 2009; Salas y Mingala, 2017), asimismo ocurre liberación K^+ y mioglobina (Popovski y col., 2016). El alto contenido de Ca^{2+} en el sarcoplasma activa rutas metabólicas para la obtención de energía, por ejemplo, el incremento en la velocidad de la glucólisis anaerobia genera acumulación de ácido láctico y subsecuentemente una caída rápida del pH (Liang y col., 2013). Cherel y col., (2010) mostraron que la capacidad de secuestrar Ca^{2+} por el retículo sarcoplásmico del músculo de cerdos Hal^+ fue inferior a los cerdos Hal^-. Por lo anterior, se sabe que la conversión del lactato, alanina y aspartato a la glucosa y a la oxidación de cada una de ellas es por el CO_2 y se relaciona con síndrome de estrés porcino. Además el agotamiento del ATP, CPK y glucólisis se generalizada los músculos (Popovski y col., 2016). El corte de las fibras musculares son de consistencia suave, hundidos y separados entre sí; su color se presenta despigmentado, pálido con tonalidades de gris a blanco y exuda por goteo un líquido rosado, se aprecia menor capacidad de retención de agua y el pH final es de 5.2 a 5.4, muy próximo al punto isoeléctrico de la actomiosina. A este pH la proteína se desnaturaliza con mayor facilidad, resultando un rompimiento de las miofibrillas, lo cual explica el color pálido de la carne, excesiva pérdida por goteo e incremento en la liberación de amonio con olor ácido (Alarcón-Rojo y Duarte-Atondo, 2006; Barbut y col., 2008)

El primer reporte de la miopatía PSE se realizó en 1953 en Dinamarca y fue denominado *"muskel degeneration"*. En años subsecuentes, se reportó en varios países con denominaciones diversas tales como: *myopathie exudative dépigmentaire du porc* en 1950 en Francia; *pale, soft and exudative (PSE) pork* en 1959 en Estados Unidos; *back muscle necrosis* en Bélgica en 1960 y *white muscle condition* en 1960 en Inglaterra (O'Brien y Ball, 2006). En cuanto a la incidencia del síndrome de estrés porcino, diversos estudios han señalado una frecuencia que varía de cero al 89 %, siendo las razas más afectadas: la Pietrain y Landrace Belga. Asimismo, se considera que existe una incidencia de 0.70 % a 1.60 % de muertes de cerdos durante el transporte procedentes de granjas con alta incidencia del Síndrome de Estrés Porcino (Sánchez y col., 2008).

Puesto que todos los genes ocurren en pares (genética mendeliana), uno procedente del padre y otro de la madre, un cerdo puede tener una de tres combinaciones del gen Hal. Si recibe el gen de ambos padres, el animal será positivo; si recibe el gen de uno de los padres, será portador; mientras que si hereda el gen normal de ambos progenitores, el animal será completamente normal o negativo. En el caso de la carne Hal positiva (Nn y nn), a los 45 min *post mortem* el pH disminuye a un valor de pH 5.5 (Cherel y col., 2010). Se ha demostrado que en ciertas razas se han tomado caminos de selección muy estrictos, por los cuales han aislado al gen Hal dentro de las líneas genéticas. Se estima que el 30 % de los animales de raza Landrace y Yorkshire son portadores de dicho gen; estas razas se utilizan en cruzas terminales que se destinan a la cadena de producción, lo que implica que los animales destinados a la engorda son positivos o portadores y por tanto están predispuestos a presentar carne PSE (Shen y col., 2008; Gilbert y col., 2010). Las prácticas de manejo en dichas situaciones tienden a mantener cerdos heterocigotos, los cuales pueden permanecer ocultos y no reaccionan a la prueba de halotano sin presenta Síndrome de Estrés Porcino. Sin embargo, esta población presenta alta incidencia de músculo PSE, por lo cual se requiere identificarlos y tomar medidas que disminuyan los riesgos de pérdidas económicas por baja calidad de la canal (Saintilan y col., 2011; Silveira y col., 2011). Hoy en día existe un método rápido, sencillo y con una precisión de casi el 100 % para distinguir los tres genotipos del síndrome de estrés porcino (NN, Nn, nn) esta puede ser realizada en el ADN extraído del tejido muscular, pelo, tejido adiposo (graso) y sangre (Poznyakovskiy y col., 2015).

Otra mutación que afecta a la calidad de la carne y la incidencia de carne PSE debido a la selección genética, es el gen Rendimiento Napole (RN) (Martinez-Rodríiguez y col., 2011), este provoca disminución en el rendimiento de la carne (Guàrdia y col., 2009). Los cerdos positivos tienen un alto potencial glucolítico que provoca disminución del pH_{24} debido a la producción de ácido láctico *post mortem* (Salas y Mingala,

2017). Éste gen se ubica en el cromosoma 15 del cerdo (Maganhini y col., 2007), provocado por una mutación en el gen PRKAG3, el cual codifica para la subunidad gama de la proteína cinasa activada por AMP (AMPK γ3). Esta mutación se debe a la sustitución de una arginina (R) por una glutamina (Q) en la posición número 200 de la secuencia de dicha proteína (R200Q). Los niveles elevados de glucógeno muscular están ligados a esta mutación, existente en dos alelos: uno dominante (RN-) y uno recesivo (rn+). Los cerdos con esta mutación tienen potenciales glucolíticos altos, el músculo es propenso a tener características PSE (Bowker y col., 1999; Barbut y col., 2008; Hartung y col., 2009).

Lo anterior solo se ha detectado en cerdos con algún componente de la raza Hampshire (Maganhini y col., 2007), debido a que esta raza posee altos niveles de glucógeno muscular *ante mortem*; repercutiendo en mayor glucólisis *post mortem,* con un pH final bajo y palidez en la carne (Bowker y col., 1999; Beaulieu y col., 2010). Así mismo, existe otra mutación caracterizada por la sustitución de valina (V) por una isoleucina (I), lo que genera la mutación (I199V), encontrada en cerdos de diferentes razas (Kauffman y col., 1978). Los animales portadores de este gen, comparados con los animales que no lo presentan, tienen un nivel de glucógeno muscular superior al 70 % (Guàrdia y col., 2004), 7 % menos de proteína y pH final de la carne más bajo que en los animales no portadores de dicho alelo (Mounier y col., 2006). Posiblemente exista otra mutación en el factor de crecimiento insulínico tipo 2 (IGF-2), trazado en el cromosoma 2, ésta mutación podría correlacionarse positivamente con la hipertrofia muscular *post* natal debido a un aumento de las fibras musculares (Webb y Casey, 2010).

Los cerdos con las características genéticas presentan pérdidas económicas en la industria porcina, debido al bajo rendimiento en la carne procesada (O'Neill y col., 2003; Ferguson y Warner, 2008). Los cerdos portadores tienen canales magras, pero una pobre calidad de la carne comparada con las canales de los cerdos negativos (Van de Water y col., 2003; Miranda-de la Lama y col., 2010; Silveira y col., 2011). Lo que lleva a concluir que existe la necesidad de algún incentivo para que los productores depuren sus hatos. Esta tarea no es fácil ni de bajo costo, podría tomar hasta dos años o más y el costo de los animales desechados se eleva. Sin embargo, si se analiza que la mejora proviene de la comercialización de los cerdos, se podría asegurar el retorno de la inversión (costo-beneficio) con ahorro considerable, debido a la menor mortalidad y a la disminución de las pérdidas por incidencia de carne PSE. No obstante, los cerdos negativos o libres del gen Hal que son sometidos a estímulos estresantes agudos previo a su sacrificio también pueden presentar alta incidencia de miopatía PSE (Panella-Riera y col., 2009). También se ha puntualizado que los cerdos positivos al gen Hal no tienen ningún efecto sobre la incidencia de la carne DFD, no así con la exposición crónica a diferentes condiciones de estrés perjudicial o fatiga muscular antes del sacrificio (Webb y Casey, 2010).

Composición de las fibras musculares

El músculo esquelético es un tejido heterogéneo que se compone de diferentes tipos de fibras musculares de acuerdo a sus propiedades estructurales, funcionales y metabólicas (Pette y Staron, 2000). Utilizando técnicas histoquímicas clásicas se clasifican 3 tipos de fibras musculares en el músculo de los cerdos; tipo I (contracción lenta oxidativa), IIA (oxidativa-glucolítica de contracción intermedia) y IIB (contracción rápida glucolítica) (Ryu y Kim, 2006) estas contienen diferentes cadenas pesadas de miosina responsables de su diferente actividad ATP-asa. Los mismos autores encontraron que la RFN tuvo menor porcentaje de fibras IIB contrariamente a lo observado en la carne con calidad PSE.

Por otro lado, con el uso de la inmunohistoquímica utilizando anticuerpos monoclonales ha encontrado seis tipos, incluyendo cuatro tipos puros (I, IIA, IIX, y IIB) y dos tipos híbridos (IIAX y IIXB) (Kim y col., 2013). Esto es importante, ya que se sabe que las fibras musculares esqueléticas son factores importantes que influyen en la calidad de la carne (Xu y col., 2009). Al respecto, en un estudio realizado por Kim y col.. (2013) relacionaron la composición de las fibras musculares con la calidad de carne (DFD, PSE, RFN y RSE) y se encontró que los grupos de carne RFN y RSE presentaron mayor densidad en las fibras IIX y IIA, en contraste con la carne DFD que tuvo mayor densidad de fibras de contracción lenta tipo I, IIA y IIAX; aunque también se informó que el incremento de las fibras IIAX genera mayores valores de pH, disminuye los valores L* y b*, el matiz o tono o tonalidad (*hue* en inglés) y la pérdida de agua por goteo, mientras que el tipo IIXB estuvo relacionado con carne pálida y baja capacidad de retención de agua en la carne cocida y baja solubilidad de proteínas del retículo sarcoplasmático: Estos procesos indican alteración de la calidad en éste último grupo de fibras musculares y otro estudio señala que el porcentaje de fibras IIB es una característica importante, ya que contribuye a un aumento en la masa muscular, mientras que la presencia de fibras oxidativas (tipo I y fibras IIA) se relaciona positivamente con las características de color, mejor capacidad de retención de agua, y mejor terneza de la carne (Wimmers y col., 2008).

La mayor desventaja de la carne PSE producida en los cerdos es que afecta los músculos más valiosos como; *Longissimus dorsi, semimembranosus, semitendinosus y gluteus medius*

(Chmiel y Słowiński, 2016). Contrariamente, los músculos del cuello (*Musculus semiespinosus capits*, *Musculus esplenius*, *Musculus spinalis*); hombro (*Musculus supraespinoso* , *Musculus infraespinoso*) y las inserciones musculares en el hueso del jamón (por ejemplo *Musculus vasto intermedio*) son más propensos a presentar carne DFD después de un inadecuado manejo de los animales antes del sacrificio (Fischer, 2007). Histológicamente, en la sección longitudinal del músculo se observa una distribución alterna de fibras fuertemente contraídas, junto con otras adyacentes pasivamente retorcidas, así como la existencia de bandas irregularmente esparcidas que penetran en la profundidad de la fibra y parecen estar formadas por proteínas sarcoplasmáticas desnaturalizadas, que contienen cinasa de creatina que ha precipitado sobre las miofibrillas, reduciendo la solubilidad de estas últimas (Lawrie, 2007), asociada con una rápida caída de pH en el músculo durante la primera hora después del sacrificio.

Los valores bajos de pH causan disminución en la repulsión electrostática entre los miofilamentos y en combinación con la temperatura cercana a la corporal, provoca la desnaturalización de las proteínas musculares. El resultante de la contracción de las miofibrillas explica el color pálido de la carne y la excesiva pérdida de agua por goteo (Klont y col., 1994).

En resumen, los músculos con mayor cantidad de fibras blancas o de contracción rápida o glucolítica son susceptibles a una rápida glucólisis *post mortem* y desarrollo de PSE (Alarcón-Rojo y Duarte-Atondo, 2006). Mientras que los músculos rojos, con fibras predominantemente oxidativas son mucho menos susceptibles a la glucólisis rápida *post mortem* y al desarrollo de PSE, pero incrementan la susceptibilidad de carne DFD (Weaver y col., 2000; Wulf y col., 2002; Jelenikova y col., 2008).

Transporte

El manejo previo al transporte de los animales somete a diversos factores estresantes como los psicológicos (mezcla social, hacinamiento, contacto humano, exposición a diversos ambientes novedosos), o estresantes físicos (hambre, sed, fatiga, lesiones o cambios extremos de temperatura) (Grandin, 1997; Grandin, 2010). La carga, transporte, descarga y reposo han sido identificados como los principales factores *ante mortem* que generan respuestas negativas al estrés perjudicial en los cerdos (Alarcón-Rojo y Duarte-Atondo, 2006; Mota-Rojas y col., 2009; Mota-Rojas y col., 2011), se ha demostrado que tiene un alto impacto en la calidad de la carne y en la incidencia de lesiones cutáneas (Becerril-Herrera y col., 2010; Martínez -Rodríguez y col., 2011; Roldan-Santiago y col.,

2011; Mota-Rojas y col., 2012). Las lesiones cutáneas en las canales de cerdo representan un grave problema y se relacionan directamente con los inconvenientes de calidad de la carne. En un estudio realizado en 400 cerdos, 50% machos y 50% hembras (Yorkshire x Landrace), se evaluó la incidencia de las lesiones cutáneas en la piel con el uso del protocolo de Welfare Quality® (2009) en relación a los diferentes factores de estrés perjudicial, los autores concluyen que a mayor cantidad y grado de lesiones se generó un incremento en la incidencia de la carne, tanto PSE (31%), como DFD (29%) en comparación con los animales que no presentaron lesiones (4 y 5%, respectivamente) o que las presentaron en menor grado (9 y 10 %, respectivamente) (Cobanovic y col., 2016). La Figura 2 muestra el efecto de diferentes factores de estrés perjudicial y su relación con la incidencia de las lesiones cutáneas; por los consiguiente, se debe prestar especial atención a ésta etapa *ante mortem* para minimizar su efecto negativo en los animales destinados al consumo humano (Lawrie, 2007).

Entre los factores estresantes que afectan el bienestar durante el transporte de los animales están las variaciones en la velocidad como aceleración y desaceleración brusca, la ruta en mal estado, los ruidos, las vibraciones del camión, el ambiente donde van alojados los animales contaminado por humo y/o por excrementos, el contacto con extraños y la inadecuada densidad de carga. La Directiva 95/29 / CE, 1995, relativa a la protección de los animales durante el transporte señala que los cerdos deben al menos ser capaces de acostarse y levantarse en su posición natural. Con el fin de cumplir con estos requisitos mínimos, la densidad de carga de los cerdos de 100 kg no debe exceder de 235 kg por m^2 o con una disponibilidad de espacio de 0.425 m^2 por 100 kg de cerdo. Al respecto, Guàrdia y col.. (2005) mencionan un espacio de 0.42 m^2 para un cerdo de 100 kg, sólo es apropiado para viajes de más de 3 h ya que la sobrecarga de los camiones y la reducción drástica de espacio puede generar problemas durante el viaje (Grandin, 2003; Hoffman y Fisher, 2010).

Este espacio debe incrementarse en 10 % durante la época cálida, así cuando la ruta se afecta por tráfico pesado o por áreas urbanas donde la ventilación puede reducirse, debido a la disminución de la velocidad (Tarrant, 1989). En un estudio realizado en España, se encontró que la incidencia de carne DFD clasificada como grave (pH_{24} >6.2) estuvo entre 1.97 y 25.18 % dependiendo de la planta de sacrificio, así mismo, se determinó que este tipo de miopatía fue mayor en los cerdos que se transportaron en camiones con pisos de metal comparado con los cerdos transportados en camiones con piso de aluminio (8.38 vs 3.31 %). Los investigadores también señalaron que la época del año tiene gran influencia, siendo mayor en invierno comparada con el verano (7.6 vs 6.07 %) en hembras comparada con los machos (8.06 vs 5.01 %) (Guàrdia y col., 2005).

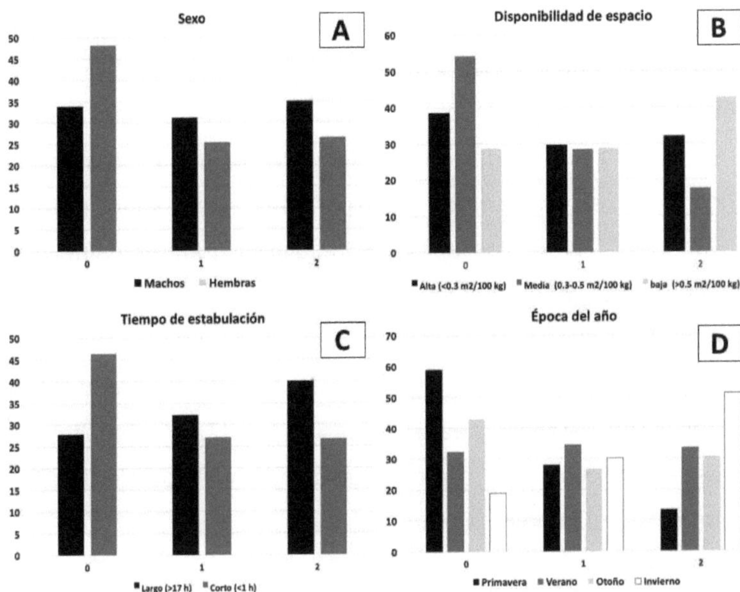

Figura 2. Factores estresantes que incrementan la cantidad de las lesiones cutáneas en los cerdos de acuerdo a los datos de Cobanovic y col. (2016). Lesiones categorizadas de acuerdo a una escala de tres puntos; 0= Sin lesiones o con una lesión menor a 1 cm; 1 = Entre 2 y 10 lesiones en la piel mayores a 2 cm y; 2 = Lesiones que afectan el tejido muscular o más de 10 lesiones en la piel mayores a 2 cm.

Los estudios realizados por Cobanovic y col., (2016) señalaron que la disminución en el espacio disponible durante el transporte aumentó la puntuación de las lesiones (ver figura 2B), el valor del pH final y la incidencia de carne DFD. Contrariamente, la alta disponibilidad de espacio aumentó la incidencia de carne PSE; lo cual indica que las lesiones cutáneas pueden ser un medio importante para predecir defectos de calidad de la carne. Perremans y col., (1998) utilizaron como indicador de bienestar animal la frecuencia cardíaca en los cerdos transportados, esta varió por la vibración, ya que los animales requieren grandes esfuerzos energéticos para mantener el equilibrio, incluso el estrés perjudicial que se observa en la vibración, puede ser mayor al que se presenta en la carga y descarga del vehículo que los transporta (Grandin, 1997). Asimismo la vibración resulta ser estresante para los cerdos, induciendo vómitos durante el transporte (Grandin, 2010).

Otros factores estresantes son la mezcla de animales, el establecimiento de nuevas jerarquías, la resistencia a condiciones tales como humedad y altas temperaturas (Gallo y Tadich, 2005; Tadich y col., 2005; Amtmann y col., 2006; Mota-Rojas y col., 2006; Grandin, 2008; Mota-Rojas y col., 2012), el ayuno, el ejercicio debido a los esfuerzos físicos, el deterioro de su grupo social, el manejo (por ejemplo, durante la carga y descarga) y los eventos desconocidos y recientes;

todos estos factores causan el agotamiento físico o el estrés psicológico (Moon y col., 2003; Marchi y col., 2010).

En relación con la duración del transporte, Mota-Rojas y col.. (2006) concluyen que el incremento en el tiempo del transporte, aumenta la incidencia de los traumatismos en la piel y tejidos subcutáneo y muscular; así como los signos de hiperventilación y de agotamiento. Además, los cerdos transportados en distancias cortas tienden a tener mayor incidencia de PSE, mientras los que se transportan a largas distancias, se incrementa la carne DFD (Gregory, 1996; Grandin, 1997). Los cerdos que se transportan durante el verano en menos de 30 minutos son más agresivos y difíciles de manejar, incrementándose la incidencia de las lesiones y de carne PSE (Ferguson y Warner, 2008; Grandin, 2010; Mota-Rojas y col., 2012). Por otro lado, Sutherland y col., (2009) identificaron el tiempo de transporte y el tiempo de espera para el sacrificio como factores que inciden fuertemente en la mortalidad de los cerdos.

El tipo de piso en el camión transportador puede afectar *per se* la calidad de la carne de cerdo (Guàrdia y col., 2005). De acuerdo con Guàrdia y col., (2004) es importante tomar en cuenta la superficie durante el traslado, se ha observado que cuando ésta es a base de poliéster disminuye el riesgo de la presencia del músculo PSE en alrededor de 1.50 %, esto es debido a que una superficie de poliéster ofrece un ambiente más confortable para el transporte, particularmente porque reduce el ruido y el deslizamiento al ser una superficie rugosa y suave, además de ser un buen aislante térmico comparada con los pisos de aluminio o hierro los cuales dan como consecuencia una alta incidencia de carne PSE. En un estudio posterior Guàrdia y col., (2005) mencionan que el metal- hierro no es el material más apropiado para ser usado como piso; el contacto con este tipo de superficies incrementa el estrés perjudicial para los cerdos debido a que los animales se resbalan y no se mantienen firmes. Por otro lado, el uso de los sistemas hidráulicos de las rampas de elevación para cargar a los animales promueve disminución en la incidencia de carne PSE (Guàrdia y col., 2005; 2009).

Transportar animales a altas temperaturas ambientales (>35 °C), como las que se encuentran en la época de verano de algunos países sudamericanos, promueve aumento de PSE, si se compara con el transporte durante el invierno. Se ha observado que en verano el riesgo de la incidencia de carne PSE es casi el doble que en invierno (6.50 y 3.40 %, respectivamente), debido a que los cerdos son sensibles a las altas temperaturas y les resulta difícil disipar el calor corporal. Además, el riesgo de la presencia de la condición PSE es 0.50 % más alta en machos comparado con las hembras (Guardia y col., 2004). Este efecto es por la diferencia de utilización de glucógeno durante el transporte y a la composición de las fibras musculares de las hembras (Maganhini y col., 2007).

Reposo

El periodo de estabulación previo al sacrificio permite que los animales aparentemente se recuperen de la manipulación previa y consecuentemente se obtenga carne de buena calidad (Dokmanovic y col., 2017). El descanso minimiza los factores estresantes ocasionados por el transporte y repone las reservas de glucógeno, previniendo características indeseables en la carne (Warriss, 1990; Warris, 2000; Apple y col., 2005). No obstante, uno de los principales problemas es el tiempo destinado a esta etapa. En algunos países Latinoamericanos, los animales permanecen normalmente en los corrales 24 horas o más, sin agua y alimento, o al menos 12 horas antes de pasar a la sala de sacrificio. Los ayunos prolongados no son recomendables, debido a que las reservas energéticas del músculo sólo se pueden restablecer a partir de los depósitos grasos, repercutiendo negativamente en pérdidas de peso corporal, rendimiento en canal y en calidad de la carne (Costa y col., 2002) y en el incremento de las lesiones corporales (ver Figura 2 C). Se ha demostrado que un periodo largo de estabulación (> 14 horas) es perjudicial para el bienestar de los animales, evidenciado con altas concentraciones de lactato en sangre y mayor incidencia de las lesiones en la piel, mientras que los periodos cortos (< 3 h) se incrementan las peleas, agresividad y la incidencia de carne PSE (Dokmanovic y col., 2017). Otros estudios señalan que el riesgo de generar carne DFD aumenta con el tiempo de estabulación, por arriba de las 3 h se incrementa en un 11.6 %, mientras que la estabulación por 9 h incrementa en un 18.6 %. También se ha mencionado que el periodo de reposo durante la noche incrementa hasta un 24.9 % la incidencia de carne DFD, probablemente porque los animales utilizan sus reservas energéticas a partir de glucógeno para poder termo regularse en condiciones de frío y, por lo tanto se promueve la reducción de la producción de ácido láctico y como consecuencia un pH más elevado (Guàrdia y col., 2005). La evidencia científica señala que es recomendable el periodo de estabulación entre 2-4 h, pero puede variar debido a condiciones prácticas en las plantas de sacrifico (Van de Perre y col., 2010b). El tiempo de ayuno total también es importante en la incidencia de carne DFD; se ha encontrado que el riesgo más bajo de carne con esta miopatía se genera en un tiempo de ayuno total entre 14 y 22 horas, por lo que podría ser un tiempo recomendable (Guàrdia y col., 2005).

Durante el periodo de descanso, el animal debe tener acceso al consumo de agua potable ya que la ingestión de agua facilita un desangrado más completo favoreciendo un color deseable en la carne (Mota-Rojas y col., 2006) (ver Figura 2 C y D). En esta etapa los animales pueden recobrar más del 1 % del peso perdido durante el transporte; al no recibir alimento se facilita la evisceración pero también pueden perder peso vivo y en canal, especialmente en forma de agua (Mota-Rojas y col., 2016).

Los cerdos son altamente susceptibles al estrés térmico debido a una menor proporción de glándulas sudoríparas comparada con otras especies de animales de consumo, por lo que se recomienda que durante el verano se proporcionen duchas (Alarcón-Rojo y Duarte-Atondo, 2006) (ver Figura 2 A y B). Mojar a los cerdos con agua después del transporte presenta tres ventajas: los refresca, reduciendo la tensión en el sistema cardiovascular; los tranquiliza, reduciendo la conducta agresiva en el reposo y los limpia, reduciendo la contaminación en la línea de sacrificio (Alarcón-Rojo y Duarte-Atondo, 2006; Schaefer y col., 2006). Se ha encontrado que en verano existe mayor probabilidad de encontrarse carne PSE, contrariamente en invierno hay mayor probabilidad de encontrar carne DFD (Van de Perre y col., 2010b). Así mismo, (Cobanovic y col., 2016) encontraron que el riesgo de incidencia de lesiones cutáneas, según la estación, fue mayor durante el invierno (51 %) que en otoño y verano (30 % y 33 %, respectivamente) (ver figura 2 D). Otros autores han señalado que es preferible que los animales (especialmente bovinos) sean sacrificados inmediatamente después de la llegada a la planta de sacrificio, ya que muchas de las plantas de sacrifico no cuentan con lo mínimo indispensable para que los animales se recuperen del transporte y de las etapas previas (Mota-Rojas y col., 2016). No obstante, si los cerdos se sacrifican inmediatamente después de su llegada, es posible que exista carne indeseable o de mala calidad incrementando la proporción de carne PSE (Mota-Rojas y col., 2009; 2011; Martínez-Rodríguez y col., 2011). Alarcón-Rojo y Duarte-Atondo (2006) recomiendan otorgar un manejo con estrés perjudicial reducido en las etapas previas al sacrificio, sobre todo en los corrales de descanso del rastro o matadero.

El género también afecta el riesgo de incrementar la presencia de lesiones cutáneas (ver Figura 2 A) y consecuentemente el incremento de la incidencia de carne PSE y DFD, ésta diferencia entre machos y hembras es debido a las diferencias en el comportamiento agresivo, la cantidad de reservas energéticas, la resistencia frente a los estímulos de estrés perjudicial y recuperación (Van de Perre y col., 2010b). En otro estudio se encontró que la mayor incidencia de carne PSE se dio en los machos castrados (100 %) y machos enteros (92 %) después de un periodo corto de estabulación (2 h), mientras que la menor incidencia de carne PSE se encontró en los machos castrados (28,89%) después de un largo periodo de estabulación (Dokmanovic y col., 2017); probablemente se debido a que los machos son más agresivos que las hembras, siendo éstas últimas menos susceptibles a presentar carne PSE y DFD (Kim y col., 2017). En el estudio realizado por Guàrdia y col., (2005), se evaluaron 3075 cerdos en cinco diferentes plantas de sacrificio con el objetivo de detectar la miopatía DFD (normal, moderada y grave) basada en mediciones del pH_{24} en el músculo *semimembranosus,* se encontró que uno de los principales factores de riesgo es la época del año, especialmente para las hembras ya que incrementan la incidencia de carne DFD alrededor del 4.6 %. Así mismo, la densidad de carga y el tiempo de estabulación (>22 horas) revelaron un incremento en la incidencia del 11 %.

La mezcla social entre individuos desconocidos, así como la exposición a eventos novedosos puede provocar un comportamiento agresivo incluso entre los cerdos familiarizados. La agresividad en los cerdos, generalmente es causada por períodos más largos de ayuno, la cual es más acentuada en los machos enteros comparado con los machos castrados y las hembras. El comportamiento agresivo en forma de peleas contribuye a los defectos de la piel y si es grave, reduce el valor de la canal (ver Figura 3). Además, el comportamiento agonístico propenso a provocar la lucha aumenta los niveles de lactato y de cortisol en sangre y reduce las reservas de glucógeno muscular, por lo tanto, la carne alcanza un valor de pH más alto después de las 24 h (Dokmanovic y col., 2017).

Silva y col., (1999) mencionan que el grado de estrés perjudicial al someter a los cerdos a condiciones adversas antes del sacrificio fue uno de los factores responsables del defecto PSE presente en la carne. A las 24 h después del sacrificio, la carne PSE y carne RFN mantienen valores de pH inferiores a 6.3 pero mayores a 5.8, el pH a las 24 h post sacrificio es determinante en las características finales de la carne de cerdo, pues los procesos bioquímicos a este tiempo han finalizado en su mayoría. Se pudo apreciar que los cerdos con 2 h de reposo antes del sacrificio presentaron valores de pH más cercanos a los normales y valores mayores de CRA. También se determinó que en los cerdos con reposo entre 2 y 4 h *ante mortem,* se obtuvieron parámetros de color próximos a los de referencia. Por lo anteriormente expuesto, para disminuir la incidencia del defecto PSE de la carne, se puede indicar que el tiempo óptimo de reposo *ante mortem* en carnes de cerdo fue de 2 h, en las condiciones de transporte y faena de este estudio.

Método de aturdimiento

Los animales de abasto son aturdidos antes del sacrificio para que el desangrado no les cause dolor, el aturdimiento debe provocar la inconsciencia rápida en el animal, minimizar los problemas de la calidad tanto de la canal como de la carne, y garantizar la seguridad del operario (Velarde y col., 2007). Un sistema de aturdimiento puede ser reversible o irreversible. En el primer caso, los animales pueden recuperar la sensibilidad antes de su muerte; por lo tanto, el tiempo entre el aturdimiento y el desangrado es un factor determinante con respecto a la eficacia del método de aturdimiento.

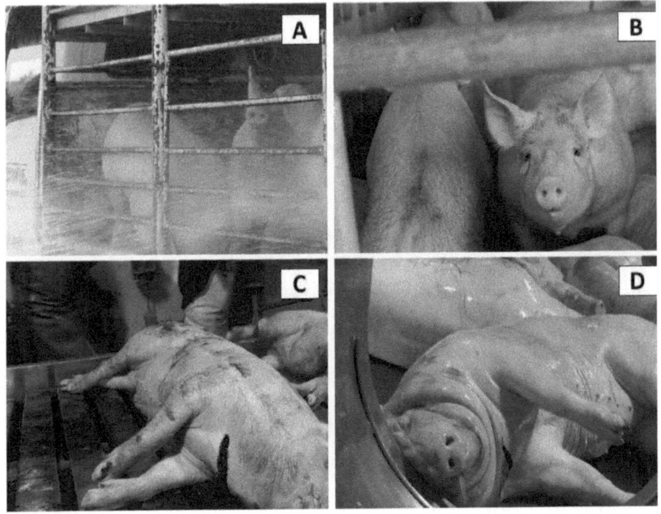

Figura 3. El baño con agua fría representa una excelente oportunidad para bajar la temperatura corporal del cerdo durante su transporte y a su llegada a la planta de sacrificio. A) Cerdos bañados con agua a temperatura entre 15-20°C dentro del camión de transporte. B), Cerdos mojados después del baño ante mortem alojados en corrales de espera previa al sacrificio. C y D) Cerdos que recibieron un baño *ante mortem* se facilitó el desangrado.

Por otro lado, el aturdimiento irreversible ocurre cuando el animal muere a consecuencia del método de aturdimiento, por lo que es sumamente importante el desangrado de forma inmediata para evitar problemas de calidad (Becerril-Herrera y col., 2009).

Hartung y col., (2009) observaron que, después del sacrificio, la mayoría de los métodos de aturdimiento aumentan los niveles de catecolaminas, cortisol, endorfinas, lactato, glucosa, minerales y proteínas del plasma, entre otros; las alteraciones de los niveles de estos componentes pueden ser indicadores precisos para reconocer cuando el bienestar animal se encuentre comprometido (Becerril-Herrera y col., 2010).

El aturdimiento eléctrico consiste en el paso de una corriente eléctrica a través del cerebro con una intensidad lo suficientemente alta como para provocar una despolarización del SNC (Sistema Nervioso Central) y una desorganización de la actividad eléctrica normal (Gregory, 1996). El paso de corriente por el cerebro induce en el animal un estado epileptiforme, caracterizado por contracciones musculares tónicas y clónicas (Velarde y col, 2007), además de un aumento de la concentración plasmática de las catecolaminas que induce el incremento de la presión sanguínea y la vasoconstricción periférica (Hambrecht y col., 2004). Para inducir epilepsia en los cerdos, se requiere de 1.25 amperes, asimismo debe existir suficiente voltaje para utilizar la corriente eléctrica necesaria, lo mínimo recomendado es de 250 volts (Grandin, 2003). Estos hechos benefician la liberación de sangre de los principales vasos sanguíneos y reducen el contenido de sangre residual en el músculo (Velarde y col., 2007).

En cerdos, se ha determinado que el aturdimiento eléctrico favorece la formación de carnes PSE y la aparición de petequias en la canal (Mota-Rojas y col., 2006; Velarde y col., 2007). Así mismo, se ha demostrado que los 5 minutos previos al sacrificio tienen un impacto fundamental en la calidad de la carne, ya que si el manejo *ante mortem* es estresante, incluyendo el aturdimiento y desangrado, se da lugar a un nivel de cortisol más alto en la sangre incrementándose la presencia de carne PSE (Hambrecht y col., 2004), aún en cerdos resistentes al estrés perjudicial (Van de Water y col., 2003; Hambrech y col., 2004), ya que la estimulación muscular provocada por el aturdimiento eléctrico es causa principal de un aumento en la velocidad de la glucólisis una vez que el animal es sacrificado.

Este proceso produce un descenso anormal del pH muscular, favoreciendo la desnaturalización de las proteínas, reduciendo la capacidad de retención de agua y aumentando la palidez de la carne (Hambrecht y col., 2004). Sin embargo, el cortisol aumenta cuando se presenta un factor de estrés perjudicial prolongado (por ejemplo, en el transporte y/o en las peleas por establecimiento de las jerarquías) que producen carne DFD, pero no ocurre en la exposición a un factor de estrés perjudicial a corto plazo, el cual se relaciona más con la aparición de carne PSE. Hambrecht y col. (2004) concluyeron que no había una relación entre los niveles del cortisol y la ocurrencia de la carne PSE.

Alarcón-Rojo y Duarte-Atondo, (2006) mencionan que al emplear un tiempo no mayor a los 4 segundos entre la insensibilización o aturdimiento y el desangrado, así como mantenerlos 5 minutos en el escaldado, mejoró el pH y la temperatura de la carne. Por otro lado, llevar a los cerdos al sacrificio en forma grupal (grupos de 5) se obtuvieron canales con menor pérdida por goteo y con caída de pH a los 45 min *post mortem* (pH_{45}), más lenta que cuando entraron al sacrificio en forma individual. Estos autores recomiendan que el tiempo entre el aturdimiento y el desangrado debe ser menor de 10 segundos para obtener carne de calidad.

Respecto al método de aturdimiento con dióxido de carbono (CO_2), Velarde y col., (2007) mencionan que al ser inhalando este gas a altas concentraciones, se produce la pérdida de la conciencia de los cerdos por depresión de la función neuronal. En este tipo de aturdimiento, los animales son introducidos en una jaula e ingresados a una cámara con CO_2 a una concentración superior al 70 %; cuanto mayor es la concentración del gas, más rápida es la inducción a la inconsciencia; Grandin (2003) recomienda una concentración de 90 % cuando se utiliza CO_2. El tiempo de exposición a este gas debe ser suficiente para mantener al animal inconsciente hasta su muerte. Velarde y col., (2002) indican que los cerdos aturdidos con CO_2 se recuperan de 1 a 3 minutos después de retirarlos de la cámara de exposición, pero mueren entre 4 a 5 minutos si permanecen en una atmósfera de CO_2. Por lo tanto, el tiempo de exposición es importante; éste debe ser de 60 segundos, según algunas regulaciones europeas (Becerril-Herrera y col., 2009). La ventaja de este sistema de insensibilización es que no requiere la sujeción de los animales y permite el aturdimiento en grupo. En el cerdo, la utilización comercial de este sistema ha aumentado, básicamente por cuestiones de seguridad del operario y la mejora en la calidad de la carne (Rodríguez y col., 2008).

Cuando los animales se aturden en la cámara de CO_2, el efecto alcanza la función neuronal, causando hipoxia, hipercapnia y disminución del pH en el sistema nervioso central (Velarde y col., 2007). Además, el aturdimiento en la cámara de CO_2 aumenta el metabolismo oxidativo anaerobio, lo que a su vez incrementa los niveles de glucosa en la corriente sanguínea y el flujo intracelular de los disparadores de iones de K^+ e H^+ causando acidosis metabólica. La exposición al CO_2 estimula la tasa respiratoria y puede llevar a la señal de angustia respiratoria (Becerril-Herrera y col., 2009).

Raj (2010) descubrió que aturdir a los cerdos con gas argón resulta en una pérdida de conciencia más rápida que con CO_2.

Hambrecht y col. (2004) llevaron a cabo estudios en dos plantas A y B, donde los animales se sujetaron a dos tipos de aturdimiento eléctrico y con CO_2, respectivamente. Estos resultados son confusos, ya que hubo factores de estrés perjudicial en la planta A que elevaron la temperatura del cuerpo y disminuyeron el pH, y que no estuvieron presentes en la planta B. Por otro lado, Overstreet y col., (1975) demostraron que el aturdimiento a través de la inhalación del CO_2 disminuye el pH de la sangre por la formación de bicarbonato (HCO_3), reduciendo el pH sanguíneo comparado con el aturdimiento eléctrico. Sin embargo el estrés perjudicial, según lo observado en el experimento de Hambrecht y col., (2004) estaba relacionado con la actividad física y, por lo tanto, con el consumo de energía. Por consiguiente, el potencial glucolítico se redujo por un alto estrés perjudicial previo al sacrificio; similarmente, D'Souza y col. (1998) mencionan que la disminución del glucógeno del músculo también se debe al uso de las descargas eléctricas antes del sacrificio. Finalmente, Troeger y Woltersdorf, (1991) sugieren que las catecolaminas incrementaron después del aturdimiento con CO_2, independiente de la experiencia de los cerdos a los acontecimientos estresantes previos al sacrificio.

**PROCESOS FISIOPATOLÓGICOS DE LA MIOPATÍA
PSE y DFD**

Una de las principales vías metabólicas para la obtención de energía en el músculo es la glucólisis aerobia, se genera energía química en forma de adenosin trifosfato (ATP), la glucosa como principal sustrato energético se oxida en CO_2 y H_2O. Sin embargo, una vez que el animal muere, el músculo debe responder ante estos cambios para mantener los ciclos normales de contracción y relajación muscular preservando la concentración necesaria de ATP (Webb y Casey, 2010), para ello se utilizan algunas reservas energéticas (uso de oxígeno ligado a la mioglobina, fosforilación de ADP a ATP y uso de creatin fosfato para sintetizar ATP). No obstante, cuando estas reservas se agotan existe un cambio de la ruta aerobia y el establecimiento de la vía glucolítica o anaerobia. Por lo tanto, un metabolismo glucolítico continuo *post mortem* disminuye los niveles de glucógeno y ATP, se acumula ácido láctico (el cual se disocia en lactato, iones de H^+) generando descenso del pH muscular. Este proceso resulta en una reducción del pH final que va de 5.4 a 5.7 a las 24 horas en el músculo (Bowker y col., 1999).

Sin embargo, si este metabolismo se realiza de forma acelerada como incremento de la demanda energética existe un establecimiento de la vía glucolítica *postmortem* de forma rápida, cuando la temperatura del músculo es aún elevada, ella misma genera que todas las reacciones enzimáticas se aceleren (Verardo y col., 2017). La alta susceptibilidad al estrés perjudicial es uno de los factores que afectan el estatus metabólico *post mortem* (Lawrie, 2007). En el animal vivo, el estrés perjudicial y la actividad muscular producen un aumento en los niveles de adrenalina, hormona adrenocorticosterona (ACTH), cortisol y tiroxina, que a la vez aumentan la concentración de monofosfato de adenosina (AMP) cíclico y de la actividad de la fosfatasa muscular, la cual degrada el glucógeno a glucosa-6-fosfato impermeable a la membrana celular por lo que se degrada a lactato en condiciones anaerobias (Alarcón-Rojo y Duarte-Atondo, 2006). Así mismo, se sabe que los cambios fisiológicos que ocurren posterior a la exposición de algún estimulo estresante o modificación en el ambiente, implican un marcado aumento de la frecuencia cardiaca, respiratoria, presión arterial y temperatura corporal de forma inicial (Webb y Casey, 2010), generando alteración del metabolismo energético. En un estudio reciente, se observó incremento enzimáticos de creatin quinasa, lactato deshidrogenasa, aspartato aminotransferasa, glucosa en sangre y lactato, asociados directamente con la carne PSE (Qu y col., 2017).

La velocidad de la glucólisis *post mortem* está regulada por la proteinquinasa activada (AMPk), una enzima heterotrimétrica con 3 subunidades (α, β, γ), se activa por un aumento en la relación AMP/ATP en las células musculares, lo que conduce a la fosforilación de la AMPK en Thr^{172} y también por el incremento de Ca^{2+} en el sarcoplasma (Liang y col., 2013). El Ca^{2+} acelera la glucólisis por dos mecanismos: incrementando la actividad de la ATP-asa activada por Ca^{2+}, y/o sirviendo como cofactor en varias reacciones glucolíticas (Bowker y col., 1999). Después de presentarse una glucólisis acelerada, prosigue el descenso del pH y de la saturación de oxígeno en la sangre, incrementándose rápidamente el lactato, la concentración de CO_2 y la temperatura corporal hasta 42°C o más, condición también conocida como hipertermia maligna (Main y col., 2004; Alarcón-Rojo y Duarte-Atondo, 2006; Averos y col., 2007). Los cerdos con síndrome de estrés porcino o hipertermia maligna son un excelente modelo de la regulación de Ca^{2+}, su influencia sobre el metabolismo muscular y, subsecuentemente, en la calidad de la carne; esto es, son más propensos a desarrollar PSE cuando son estresados; ya que estos animales exhiben una exagerada glucogenólisis, resultando en un incremento en la acumulación de ácido láctico, elevada temperatura corporal, rigidez muscular acelerada e incremento de la pérdida de agua (Averos y col., 2007). La capacidad de retención de agua es una propiedad del músculo para retener agua independientemente de las fuerzas externas (corte, cocción, prensado, etc.). La pérdida por goteo se ve afectada por algunos factores muy importantes: a) en la velocidad de descenso del pH, b) la temperatura de la carne en el período *pre rigor* y, posteriormente, c) la longitud del sarcómero a valores de pH finales y d) la velocidad de enfriamiento (Fischer, 2007).

La alta incidencia de carne con menor capacidad de retención de agua (característica de la carne RSE y PSE) genera pérdidas importantes en la industria cárnica, se han observado pérdidas de más del 10-12 % del peso en la canal, si bien, se prefieren un bajo nivel de pérdidas por goteo, la carne que presenta alta capacidad de retención de agua está asociada a la presencia de carne DFD lo cual tampoco es aceptable (Di Luca y col., 2011). En la carne RFN almacenada durante 10 días se han encontrado pérdidas por goteo de hasta el 8%, mientras que en la carne DFD sólo del 1.5%. En los cerdos resistentes al estrés perjudicial o en los que se usan buenas prácticas contemplando su bienestar durante el manejo *ante mortem*, el *rigor mortis* se establece normalmente, mientras que en los cerdos sensibles al estrés perjudicial se establece entre los 20 y 30 minutos *post mortem* (Silva y col., 1999). De esta manera, se incrementa la probabilidad de presentarse carne PSE y RSE (Smiecinska y col., 2011), a causa de una glucólisis acelerada, rápido aumento en el contenido de ácido láctico de forma inmediata después del sacrificio (Cazedey y col., 2016). Por lo cual la carne se vuelve indeseable, no solo por su apariencia, si no también, por su reducida jugosidad, aumento en las pérdidas por cocción y menor rendimiento (Qu y col., 2017), como resultado de la desnaturalización de las proteínas (Lesiow y col., 2017).

Si bien, la evaluación del pH_{45} se puede utilizar como un indicador de la condición PSE, su aplicación es limitada, ya que no permite la predicción de todas las categorías de la calidad de la carne (Chmiel y Słowiński, 2016). Desafortunadamente la identificación inequívoca de la carne PSE, RSE y PFN es extremadamente difícil a simple vista o utilizando solo el pH inicial. Por ejemplo, en un estudio se encontró que una misma muestra puede clasificarse en diferentes categorías de calidad de acuerdo con el criterio utilizado, lo que resulta en grandes variaciones en las distribuciones de frecuencia y también en los atributos de calidad, los resultados fueron del 3 a 68% PSE; 0 al 73% RSE; 5 al 68% RFN; 0 a 22% DFD; y 0 a 33% de las muestras no clasificadas. Por lo tanto, es necesario que exista normalización internacional para determinar de manera eficiente y efectiva los diferentes grados de calidad (Cazedey y col., 2016).

Por otro lado, la carne DFD aparece cuando los animales son sometidos a factores de estrés perjudicial a largo plazo generando estrés crónico (manipulación inadecuada, ayuno prolongado, mezcla social, tiempo de estabulación prolongado, etc.), aunque también puede estar sujeta a las influencias ambientales como las fluctuaciones frías, calientes y húmedas (Webb y Casey, 2010). Por lo cual genera que se agoten todas las reservas energéticas en el músculo evitando de éste modo que haya suficiente ácido láctico y protones de H^+ para disminuir el pH a los valores normales (5.4 - 5.8), manteniéndose con valores superiores a 6.0 a las 24 h post mortem (pH_{24}) (Guàrdia y col., 2005; Kim y col., 2017). Debido a que el músculo mantiene su estructura existe disminución de la reflexión de la luz y una formación disminuida de la oximioglobina que conduce a un color púrpura oscuro o marrón (Fischer, 2007).

Por otro lado, los altos valores de pH generan que las proteínas musculares tengan una buena capacidad de retención de agua a causa de una mayor distancia del pH final con el punto isoeléctrico de las proteínas y como resultado, el músculo en la superficie de corte permanece pegajoso y oscuro (Maganhini y col., 2007). El típico color oscuro de esta carne genera que los consumidores la consideren de mala calidad solo por su apariencia visual (Poznyakovskiy y col., 2015).

CONSECUENCIAS Y EFECTOS ADVERSOS DE LA CARNE PSE y DFD

Entre los factores más importantes en la percepción sensorial de la carne se encuentran el aroma, el sabor, el color, la jugosidad y la textura (Mota-Rojas y col., 2009). En los estudios que se realizan en los paneles de degustación, se reporta que los músculos PSE tienen mayor reducción durante el cocinado, son más secos y con menos sabor (Wulf y col., 1997). En otro estudio, se encontró que cuando la carne fresca se evaluó por los panelistas, sólo podían distinguir la clase de carne PSE y del mismo modo la consideraron con poca aceptabilidad general. Sin embargo, los panelistas no fueron capaces de distinguir la carne PSE o DFD cocinada, y de la misma forma fue que la calificaron como inaceptable en general (Nam y col., 2009)

El sabor constituye otro de los atributos sensoriales más importantes para los consumidores, hasta ahora se han clasificado más de 1000 compuestos volátiles a partir de los distintos tipos y subproductos de la carne, incluyendo compuestos que contienen azufre, compuestos heterocíclicos, aldehídos, cetonas, alcoholes, ácidos, ésteres e hidrocarburos que son formados por la reducción de los azúcares y aminoácidos durante la reacción de Maillard en el procesamiento térmico (Zhao y col., 2017); aunque también puede ser explicado por el contenido de los fosfolípidos y los triglicéridos (Mota-Rojas y col., 2005). Se sabe que la formación de algunos de los compuestos del aroma y sabor se favorece por los valores bajos de pH, sin embargo la carne PSE puede presentar un sabor predominantemente ácido, tal vez debido a los elevados niveles de ácido láctico (Alarcón-Rojo y Duarte-Atondo, 2006). A mayor elevación del pH final, menor es su aroma, posiblemente como resultado de una estructura más turgente que interfiere con el acceso al paladar de los compuestos responsables del aroma y de la menor liberación de los compuestos volátiles del mismo, en el momento de la masticación.

El color de la carne constituye uno de los criterios más importantes que utilizan los compradores para seleccionarla. Uno de los principales factores que pueden afectar la coloración de la carne es su estado químico, cuando la mioglobina se mantiene en contacto con el oxígeno del aire se convierte en oximioglobina (MbO) dando una coloración rojo-rosada brillante, que indica el estado físico-químico del pigmento como hierro ferroso, Fe++. Por el contrario, cuando existe sobreexposición de la carne al oxígeno, la mioglobina se oxida dando lugar a la formación de metamioglobina (MetMb) adquiriendo un color marrón-gris que indica el estado físico-químico del pigmento como hierro férrico, Fe+++. Aunque el estado químico es importante, se ha establecido que la luminosidad de la carne es un parámetro más estable, menos sujeto a la acción de los factores externos. Por lo tanto, es más objetiva cuando se evalúa en la carne cruda (Poznyakovskiy y col., 2015).

Se han propuesto algunos mecanismos biofísicos para explicar cómo el pH causa un incremento o reducción de la reflectancia afectando el color: (1) la carne con un bajo pH aparece pálida porque se dispersa más luz hacia el observador comparada con la carne con un alto pH, b) carne con un alto pH aparece oscura porque absorbe más luz comparado con la carne con un bajo pH evitando que ésta se refleje hacia el observador (Swatland, 2008). Pero cuando la carne es pálida o demasiado oscura, es discriminada por los consumidores ya que eligen carne de color normal (rojo-rosáceo) (Warris, 2000). Una consistencia blanda y exudativa generalmente está acompañada por un color pálido (PSE), en casos donde se presente una consistencia blanda y exudativa es muy probable que haya retención de líquidos y acortamiento excesivo durante la cocción o en la elaboración de un producto cárnico (Mota-Rojas y col., 2005).

La intensidad de la luz está relacionada con la estructura muscular que a su vez depende del volumen miofibrilar (Mota-Rojas y col., 2005). La luminosidad de la carne se afecta por el origen de los cerdos, resultando ser más alta en los cerdos provenientes de granjas de producción intensiva, ya que alcanzan el peso al sacrificio a menor edad con una concentración de mioglobina muscular más baja, siendo su carne más pálida, lo que también sugiere la presencia de razas de carne pálida y músculos brillantes como la raza Landrace. Los genotipos machos con alto nivel de rendimiento magro deben sacrificarse a los 104 kilogramos y las hembras a los 127 kilogramos para mejorar el color y la capacidad de retención de agua de la carne (Alarcón-Rojo y Duarte-Atondo, 2006). Un color pálido rosa-grisáceo es resultado de una conversión rápida del glucógeno a ácido láctico durante un periodo en el cual hay altas temperaturas corporales, provocando un estado de acidez después del sacrificio y resultan pérdidas económicas (Mota-Rojas y col., 2005). A lo anteriormente señalado, Hambrecht y col., (2004), atribuyen que el estrés perjudicial inmediatamente antes del sacrificio tiene consecuencias negativas sobre la calidad de la carne de cerdo, afectando principalmente el color y las pérdidas por goteo.

El agua es el componente más abundante de la carne (65 a 80 %). Sin embargo, en el tejido muscular la cantidad puede ser variable debido a la ganancia o pérdida al procesar el producto. Muchas de las propiedades físicas de la carne (color y textura en carne cruda) y de aceptación (jugosidad y suavidad en carne cocinada) dependen de su capacidad para retener agua (Morón-Fuenmayor y Zamorano-García, 2004). El agua es sostenida por la estructura interna de las miofibrillas. Sin embargo, el estrés perjudicial *antemortem* causa una caída más rápida del pH y provoca temperaturas más altas del músculo, que dan lugar a la desnaturalización miofibrilar de la proteína, ocasionando que el agua no sea soportada por esa estructura interna y se libere, mientras que el pH se acerca al punto isoeléctrico de las proteínas del músculo (pH 5.0) (Hambrecht y col., 2004). El agua presente en la carne se encuentra distribuida en tres formas diferentes: 1. Agua ligada, que representa de 4 a 5% y permanece fuertemente unida a las proteínas miofibrilares, incluso cuando se le aplica una fuerza al músculo; 2. Agua inmovilizada, que representa alrededor del 14 %, ligada más débilmente, y cuya liberación depende de la cantidad de fuerza física que se ejerce sobre el músculo y, 3. Agua libre, la capa más externa, que se mantiene únicamente por fuerzas superficiales y es fácilmente eliminada, constituye cerca del 80 % del total del agua presente en la carne. Esta última es la que tiene importancia durante el enfriamiento de la canal y el subsiguiente almacenamiento, debido a que es en ese momento cuando ocurren las pérdidas por evaporación y goteo (Morón-Fuenmayor y Zamorano-García, 2004).

La jugosidad, junto con la terneza influyen en la calidad sensorial; la terneza es consecuencia de los factores intrínsecos, como el tipo de músculo y los cambios bioquímicos *post mortem* (Kim y col., 2008). La jugosidad está relacionada con la capacidad de retención de agua y también con el marmoleo (Sutherland y col., 2009). La intensidad de la pérdida de exudado de la carne es en gran medida función de los cambios *post mortem*, especialmente aquellos que afectan el pH final. La pérdida de agua en la carne fresca es de gran importancia ya que ésta se comercializa por peso, por lo que el goteo durante el almacenamiento afecta tanto el rendimiento como el valor económico de la canal (Morón-Fuenmayor y Zamorano-García, 2004). También este exudado reduce la vida de anaquel de la carne fresca y de los productos cárnicos procesados (Kauffman y col., 1978; Warris, 2000).

CONCLUSIONES

La calidad de la carne de los cerdos se demerita con los problemas presentación de PSE y DFD, estas alteraciones por lo general se manifiesta durante las 24 h *postmortem*. Los factores involucrados en las condiciones de PSE y DFD deben de conocerse y es necesario realizar flujos de seguimientos que permitan conocer todas las variables involucradas en el problema. Estas variables se inician desde el manejo pre-sacrificio hasta el manejo post-sacrificio.

Principalmente los trastornos PSE y DFD se asocian a la genética, sexo, peso, edad, estación del año, tipo y tiempo de transporte, variables en la temperatura, reposo, aturdimiento etc. Estas variables y su asociación entre ellas, pueden dar elementos para disminuir el deterioro de la carne y mejorar los beneficios en la producción y el bienestar animal.

BIBLIOGRAFÍA

Alarcón-Rojo, A. D., Duarte-Atondo, J.O. 2006. Músculo PSE y DFD en Cerdo. En: Y. H. Hui, I. Guerrero-Legarreta, R. M. Rosmini (Eds.). Ciencia y Tecnología de carnes. LIMUSA, México D. F.

Amtmann, V.A., Gallo, C., van Schaik, G., Tadich, N. 2006. Relationships between ante-mortem handling, blood based stress indicators and carcass pH in steers. Archivos de Medicina Veterinaria, 38, 259-264.

Apple, J.K., Kegley, E.B., Galloway, D.L., Wistuba, T.J., Rakes, L.K. 2005. Duration of restraint and isolation stress as a model to study the dark-cutting condition in cattle. Journal of Animal Science, 83, 1202-1214.

Averos, X., Herranz, A., Sanchez, R., Comella, J.X., Gosalvez, L.F. 2007. Serum stress parameters in pigs transported to slaughter under commercial conditions in different seasons. Veterinarni Medicina, 52, 333-342.

Barbin, D., Elmasry, G., Sun, D.-W., Allen, P. 2012. Near-infrared hyperspectral imaging for grading and classification of pork. Meat Science, 90, 259-268.

Barbut, S., Sosnicki, A.A., Lonergan, S.M., Knapp, T., Ciobanu, D.C., Gatcliffe, L.J., Huff-Lonergan, E., Wilson, E.W. 2008. Progress in reducing the pale, soft and exudative (PSE) problem in pork and poultry meat. Meat Science, 79, 46-63.

Beaulieu, A.D., Aalhus, J.L., Williams, N.H., Patience, J.F. 2010. Impact of piglet birth weight, birth order, and litter size on subsequent growth performance, carcass quality, muscle composition, and eating quality of pork. Journal of Animal Science, 88, 2767-2778.

Becerril-Herrera, M., Alonso-Spilsbury, M., Lemus-Flores, C., Guerrero-Legarreta, I., Olmos-Hernández, A., Ramírez-Necoechea, R., Mota-Rojas, D. 2009. CO_2 stunning may compromise swine welfare compared with electrical stunning. Meat Science, 81, 233-237.

Becerril-Herrera, M., Alonso-Spilsbury, M., Ortega, M.E.T., Guerrero-Legarreta, I., Ramirez-Necoechea, R., Roldan-Santiago, P., Perez-Sato, M., Soni-Guillermo, E., Mota-Rojas, D. 2010. Changes in blood constituents of swine transported for 8 or 16 h to an Abattoir. Meat Science, 86, 945-948.

Bowker, B.C., Wynveen, E.J., Grant, A.L., Gerrard, D.E. 1999. Effects of electrical stimulation on early postmortem muscle pH and temperature declines in pigs from different genetic lines and halothane genotypes. Meat Science, 53, 125-133.

Cannon, J.E., Morgan, J.B., McKeith, F.K., Smith, G.C., Sonka, S., Heavner, J., Meeker, D.L. 1996. Pork chain quality audit packer survey: Quantification of pork quality characteristics. Journal of Muscle Foods, 7, 29-44.

Castro-Giráldez, M., Aristoy, M.C., Toldrá, F., Fito, P. 2010. Microwave dielectric spectroscopy for the determination of pork meat quality. Food Research International, 43, 2369-2377.

Cazedey, H.P., Torres, R.D., Fontes, P.R., Ramos, A.D.S., Ramos, E.M. 2016. Comparison of different criteria used to categorize technological quality of pork. Ciencia Rural, 46, 2241-2248.

Cherel, P., Glenisson, J., Figwer, P., Pires, J., Damon, M., Franck, M., Le Roy, P. 2010. Updated estimates of HAL n and RN- effects on pork quality: Fresh and processed loin and ham. Meat Science, 86, 949-954.

Chmiel, M., Słowiński, M. 2016. The use of computer vision system to detect pork defects. LWT - Food Science and Technology, 73, 473-480.

Chmiel, M., Slowinski, M., Cal, P. 2011. Use of computer vision systems to detect pse defect in pork meat. Zywnosc-Nauka Technologia Jakosc, 18, 47-54.

Cobanovic, N., Karabasil, N., Stajkovic, S., Ilic, N., Suvajdzic, B., Petrovic, M., Teodorovic, V. 2016. The influence of pre-mortem conditions on pale, soft and exudative (PSE) and dark, firm and dry (DFD pork meat. Acta Veterinaria-Belgrad, 66, 172-186.

Costa, L.N., Lo Fiego, D.P., Dall'Olio, S., Davoli, R., Russo, V. 2002. Combined effects of pre-slaughter treatments and lairage time on carcass and meat quality in pigs of different halothane genotype. Meat Science, 61, 41-47.

Directiva 95/29 / CE. 1995. Directiva del Consejo 95/29 / CE del Consejo de 29 de junio de 1995 que modifica la Directiva 90/628 / CEE relativa a la protección de los animales durante el transporte.

D'Souza, D.N., Warner, R.D., Dunshea, F.R., Leury, B.J. 1998. Effect of on-farm and pre-slaughter handling of pigs on meat quality. Australian Journal of Agricultural Research, 49, 1021-1025.

de Perre, V.V., Permentier, L., De Bie, S., Verbeke, G., Geers, R. 2010. Effect of unloading, lairage, pig handling, stunning and season on pH of pork. Meat Science, 86, 931-937.

Di Luca, A., Mullen, A.M., Elia, G., Davey, G., Hamill, R.M. 2011. Centrifugal drip is an accessible source for protein indicators of pork ageing and water-holding capacity. Meat Science, 88, 261-270.

Dokmanovic, M., Ivanovic, J., Janjic, J., Boskovic, M., Laudanovic, M., Pantic, S., Baltic, M.Z. 2017. Effect of lairage time, behaviour and gender on stress and meat quality parameters in pigs. Animal Science Journal, 88, 500-506.

Everts, A.J., Wulf, D.M., Everts, A.K.R., Nath, T.M., Jennings, T.D., Weaver, A.D. 2010. Quality characteristics of chunked and formed hams from pale, average and dark muscles were improved using an ammonium hydroxide curing solution. Meat Science, 86, 352-356.

Faucitano, L. 2010. Invited Review: Effects of lairage and slaughter conditions on animal welfare and pork quality. Canadian Journal of Animal Science, 90, 461-469.

Faucitano, L., Ielo, M.C., Ster, C., Lo Fiego, D.P., Methot, S., Saucier, L. 2010. Shelf life of pork from five different quality classes. Meat Science, 8, 466-469.

Ferguson, D.M., Warner, R.D. 2008. Have we underestimated the impact of pre-slaughter stress on meat quality in ruminants? Meat Science, 80, 12-19.

Fischer, K. 2007. Drip loss in pork: influencing factors and relation to further meat quality traits. Journal of Animal Breeding and Genetics, 124, 12-18.

Flores, M., Toldrá, F. 2014. Optimization of Muscle Enzyme Colorimetric Tests for Rapid Detection of Exudative Pork Meats. Food Analytical Methods, 7, 1903-1907.

Florowski, T., Florowska, A., Chmiel, M., Adamczak, L., Pietrzak, D., Ruchlicka, M. 2017. The effect of pale, soft and exudative meat on the quality of canned pork in gravy. Meat Science, 123, 29-34.

Gallo, C., Tadich, N. 2005. Transporte terrestre de bovinos: Efectos sobre el bienestar animal y la calidad de la carne. Agro-Ciencia, 21, 37-49.

Gilbert, H., Riquet, J., Gruand, J., Billon, Y., Feve, K., Sellier, P., Noblet, J., Bidanel, J.P. 2010. Detecting QTL for feed intake traits and other performance traits in growing pigs in a Pietrain-Large White backcross. Animal, 4, 1308-1318.

Golding-Myers, J.D., Showers, C.D., Shand, P.J., Rosser, B.W.C. 2010. Muscle fiber type and the occurrence of pale, soft, exudative pork. Journal of Muscle Foods, 21, 484-498.

Grandin, T. 1997. Assessment of stress during handling and transport. Journal of Animal Science, 75, 249-257.

Grandin, T. 2003. Transferring results of behavioral research to industry to improve animal welfare on the farm, ranch and the slaughter plant. Applied Animal Behaviour Science, 81, 215-228.

Grandin, T. 2008. Safe handling of large animals: Part II. Irish Veterinary Journal, 61, 758-763.

Grandin, T. 2010. Auditing animal welfare at slaughter plants. Meat Science, 86, 56-65.

Gregory, N.G. 1996. Welfare and hygiene during preslaughter handling. Meat Science, 43, S35-S46.

Guàrdia, M.D., Estany, J., Balasch, S., Oliver, M.A., Gispert, M. Diestre, A. 2004. Risk assessment of PSE condition due to pre-slaughter conditions and RYR1 gene in pigs. Meat Science, 67, 471-478.

Guàrdia, M.D., Estany, J., Balasch, S., Oliver, M.A., Gispert, M., Diestre, A. 2005. Risk assessment of DFD meat due to pre-slaughter conditions in pigs. Meat Science, 70, 709-716.

Guàrdia, M.D., Estany, J., Balasch, S., Oliver, M.A., Gispert, M., Diestre, A. 2009. Risk assessment of skin damage due to pre-slaughter conditions and RYR1 gene in pigs. Meat Science, 81, 745-751.

Hambrecht, E., Eissen, J.J., Nooijen, R.I.J., Ducro, B.J., Smits, C.H.M., den Hartog, L.A., Verstegen, M.W.A. 2004. Preslaughter stress and muscle energy largely determine pork quality at two commercial processing plants. Journal of Animal Science, 82, 1401-1409.

Hartung, J., Nowak, B., Springorum, A.C. 2009. Animal welfare and meat quality. Improving the Sensory and Nutritional Quality of Fresh Meat, 628-646.

Hoffman, L.C., Fisher, P. 2010. Comparison of the effects of different transport conditions and lairage times in a Mediterranean climate in South Africa on the meat quality of commercially crossbred Large white x Landrace pigs.

Journal of the South African Veterinary Association-Tydskrif Van Die Suid-Afrikaanse Veterinere Vereniging, 81, 224-227.

Jelenikova, J., Pipek, P., Staruch, L. 2008. The influence of ante-mortem treatment on relationship between pH and tenderness of beef. Meat Science, 80, 870-874.

Kauffman, R.G., Wachholz, D., Henderson, D., Lochner, J.V. 1978. Shrinkage of pse, normal and dfd hams during transit and processing. Journal of Animal Science, 46, 1236-1240.

Kim, G.-D., Ryu, Y.-C., Jeong, J.-Y., Yang, H.-S., Joo, S.-T. 2013. Relationship between pork quality and characteristics of muscle fibers classified by the distribution of myosin heavy chain isoforms1. Journal of Animal Science, 91, 5525-5534.

Kim, N.K., Cho, S., Lee, S.H., Park, H.R., Lee, C.S., Cho, Y.M., Choy, Y.H., Yoon, D., Im, S.K., Park, E.W. 2008. Proteins in longissimus muscle of Korean native cattle and their relationship to meat quality. Meat Science, 80, 1068-1073.

Kim, T.W., Kim, I.S., Ha, J., Kwon, S.G., Hwang, J.H., Park, D.H., Kang, D.G., Kim, S.W., Kim, C.W. 2017. Comparison among meat quality classes according to the criteria of post-mortem pH(24hr) drip loss and color in Berkshire pigs. Indian Journal of Animal Research, 51, 182-186.

Klont, R.E., Talmant, A., Monin, G. 1994. Effect of temperature on porcine-muscle metabolism studied in isolated muscle-fiber strips. Meat Science, 38, 179-191.

Lawrie, R.T. 2007. En: Meat quality. Ledward R, L.A. (Ed.). Acribia, Zaragoza, España.

Lesiow, T., Rentfrow, G.K., Xiong, Y.L. 2017. Polyphosphate and myofibrillar protein extract promote transglutaminase-mediated enhancements of rheological and textural properties of PSE pork meat batters. Meat Science, 128, 40-46.

Liang, J., Yang, Q., Zhu, M.-J., Jin, Y., Du, M. 2013. AMP-activated protein kinase (AMPK) α2 subunit mediates glycolysis in postmortem skeletal muscle. Meat Science, 95, 536-541.

Maganhini, M.B., Mariano, B., Soares, A.L., Guarnieri, P.D., Shimokomaki, M., Ida, E.I. 2007. Meats PSE (Pale, Soft, Exudative) and DFD (Dark, Firm, Dry) of an industrial slaughterline for swine loin. Ciencia E Tecnologia De Alimentos, 27, 69-72.

Main, R.G., Dritz, S.S., Tokach, M.D., Goodband, R.D., Nelssen, J.L. 2004. Increasing weaning age improves pig performance in a multisite production system. Journal of Animal Science, 82, 1499-1507.

Marchi, D.F., Oba, A., dos Santos, G.R., Soares, A.L., Shimokomaki, M. 2010. Evaluation of halothane as stressor agent in poultry. Semina-Ciencias Agrarias, 3, 405-412.

Martínez-Rodríguez, R., Roldan-Santiago, P., Flores-Peinado, S., Ramirez-Telles, J.A., Mora-Medina, P., Trujillo-Ortega, M.E., González-Lozano, M., Becerril-Herrera, M., Sánchez-Hernández, M., Mota-Rojas, D. 2011. Deterioration of Pork Quality Due to the Effects of Acute Ante Mortem Stress: An Overview. Asian Journal of Animal and Veterinary Advances, 6, 1170-1184.

Miranda-de la Lama, G.C., Rivero, L., Chacon, G., Garcia-Belenguer, S., Villarroel, M., Maria, G.A. 2010. Effect of the pre-slaughter logistic chain on some indicators of welfare in lambs. Livestock Science, 128, 52-59.

Moon, S.S., Hwang, I.H., Jin, S.K., Lee, J.G., Joo, S.T., Park, G.B. 2003. Carcass traits determining quality and yield grades of Hanwoo steers. Asian-Australasian Journal of Animal Sciences, 16, 1049-1054.

Morón-Fuenmayor, O., Zamorano-García, L. 2004. Pérdida por goteo en carne cruda de diferentes tipos de animales. Revista Científica, 1, 1-7.

Mota-Rojas, D., Becerril-Herrera, M., Gay-Jiménez, F. R., Alonso-Spilsbury, M., Lemus-Flores, C., Ramírez-Necoechea, R., Escobar-Ibarra, I. 2005. Calidad de la Carne, Salud Pública e Inocuidad Alimentaria. Universidad Autónoma Metropolitana, México D. F.

Mota-Rojas, D., Becerril Herrera, M., Trujillo-Ortega, M.E., Alonso-Spilsbury, M., Flores-Peinado, S.C., Guerrero-Legarreta, I. 2009. Effects of Pre-Slaughter Transport, Lairage and Sex on Pig Chemical Serologic Profiles. Journal of Animal and Veterinary Advances, 8, 246-250.

Mota-Rojas, D., Becerril, M., Lemus, C., Sanchez, P., Gonzalez, M., Olmos, S.A., Ramirez, R., Alonso-Spilsbury, M. 2006. Effects of mid-summer transport duration on pre- and post-slaughter performance and pork quality in Mexico. Meat Science, 73, 404-412.

Mota-Rojas, D., Becerril-Herrera, M., Roldan-Santiago, P., Alonso-Spilsbury, M., Flores-Peinado, S., Ramírez-Necoechea, R., Ramírez-Telles, J.A., Mora-Medina, P., Pérez, M., Molina, E., Soní, E., Trujillo-Ortega, M.E. 2012. Effects of long distance transportation and CO_2 stunning on critical blood values in pigs. Meat Science, 90, 893-898.

Mota-Rojas, D., Guerrero-Legarreta, I., Roldan-Santiago, P., Mora-Medina, P., Cruz-Monterrosa, R. 2016. Factores predisponentes en la incidencia del músculo PSE en cerdos. En: Mota-Rojas, D., A. Velarde-Calvo, S. Huertas-Canen, M. N. Cajiao (Eds.). Bienestar Animal una visión global en Iberoamérica. Elsevier, España.

Mota-Rojas, D., Orozco-Gregorio, H., Gonzalez-Lozano, M., Roldan-Santiago, P., Martínez-Rodríguez, R., Sanchez-Hernandez, M., Trujillo-Ortega, M.E. 2011. Therapeutic

Approaches in Animals to Reduce the Impact of Stress During Transport to the Slaughterhouse: A Review. International Journal of Pharmacology, 7, 568-578.

Mounier, L., Dubroeucq, H., Andanson, S., Veissier, I. 2006. Variations in meat pH of beef bulls in relation to conditions of transfer to slaughter and previous history of the animals. Journal of Animal Science, 84, 1567-1576.

Nam, Y.J., Choi, Y.M., Jeong, D.W., Kim, B.C. 2009. Comparison of postmortem meat quality and consumer sensory characteristic evaluations, according to porcine quality classification. Food Science and Biotechnology, 18, 307-311.

O'Neill, D.J., Lynch, P.B., Troy, D.J., Buckley, D.J., Kerry, J.P. 2003. Influence of the time of year on the incidence of PSE and DFD in Irish pigmeat. Meat Science, 64, 105-111.

O'Brien, P.J., Ball, R.O. 2006 Porcine stress syndrome. En: Straw, B.Z.J., S. D'Allaire, D. J. Taylor (Eds.), Diseases of swine. Blackwell Publishing, Iowa.

Obi, T., Matsumoto, M., Miyazaki, K., Kitsutaka, K., Tamaki, M., Takase, K., Miyamoto, A., Oka, T., Kawamoto, Y., Nakada, T. 2010. Skeletal Ryanodine Receptor 1-Heterozygous PSE (Pale, Soft and Exudative) Meat Contains a Higher Concentration of Myoglobin than Genetically Normal PSE Meat in Pigs. Asian-Australasian Journal of Animal Sciences, 23, 1244-1249.

Oliveira Silva, J.A., Simoes, G.S., Rossa, A., Oba, A., Ida, E.I., Shimokomaki, M. 2011. Preslaughter transportation and shower management on broiler chicken dead on arrival (DOA) incidence. Semina-Ciencias Agrarias, 32, 795-800.

Overstreet, J.W., Marple, D.N., Huffman, D.L., Nachreiner, R.F. 1975. Effect of stunning methods on porcine muscle glycolysis. Journal of Animal Science, 41, 1014-1020.

Panella-Riera, N., Velarde, A., Dalmau, A., Fàbrega, E., Font, I., Furnols, M., Gispert, M., Soler, J., Tibau, J., Oliver, M.A., Gil, M. 2009. Effect of magnesium sulphate and l-tryptophan and genotype on the feed intake, behaviour and meat quality of pigs. Livestock Science, 124, 277-287.

Perremans, S., Randall, J.M., Allegaert, L., Stiles, M.A., Rombouts, G., Geers, R. 1998. Influence of vertical vibration on heart rate of pigs. Journal of Animal Science, 76, 416-420.

Pette, D., Staron, R.S. 2000. Myosin isoforms, muscle fiber types, and transitions. Microscopy Research and Techniques, 50, 500-509.

Popovski, Z.T., Tanaskovska, B., Miskoska-Milevska, E., Andonov, S., Domazetovska, S. 2016. Associations of biochemical changes and maternal traits with mutation 1843 (c>t) in the ryr1 gene as a common cause for porcine stress syndrome. Balkan Journal of Medical Genetics, 19, 75-79.

Poznyakovskiy, V.M., Gorlov, I.F., Tikhonov, S.L., Shelepov, V.G. 2015. About the quality of meat with pse and dfd properties. Foods and Raw Materials, 3, 104-110.

Qu, D., Zhou, X., Yang, F., Tian, S., Zhang, X., Ma, L., Han, J. 2017. Development of class model based on blood biochemical parameters as a diagnostic tool of PSE meat. Meat Science, 128, 24-29.

Raj, M. 2010. Stunning and slaughter. Welfare of Domestic Fowl and Other Captive Birds, 9, 259-277.

Rodríguez, P., Dalmau, A., Ruiz-De-La-Torre, J.L., Manteca, X., Jensen, E.W., Rodríguez, B., Litvan, H., Velarde, A. 2008. Assessment of unconsciousness during carbon dioxide stunning in pigs. Animal Welfare, 17, 341-349.

Roldan-Santiago, P., Gonzalez-Lozano, M., Flores-Peinado, S.C., Camacho-Morfin, D., Concepcion-Mendez, M., Morfin-Loyden, L., Mora-Medina, P., Ramirez-Necoechea, R., Cardona, A.L., Mota-Rojas, D. 2011. Physiological Response and Welfare of Ducks During Slaughter. Asian Journal of Animal and Veterinary Advances, 6, 1256-1263.

Rybarczyk, A., Pietruszka, A., Karamucki, T., Matysiak, B. 2012. The impacts of different carcass chilling techniques on the quality of pork. Fleischwirtschaft, 92, 92-94.

Ryu, Y.C., Kim, B.C. 2006. Comparison of histochemical characteristics in various pork groups categorized by postmortem metabolic rate and pork quality. Journal of Animal Science, 84, 894-901.

Saintilan, R., Merour, I., Schwob, S., Sellier, P., Bidanel, J., Gilbert, H. 2011. Genetic parameters and halothane genotype effect for residual feed intake in Pietrain growing pigs. Livestock Science, 142, 203-209.

Salas, R.C.D., Mingala, C.N. 2017. Genetic Factors Affecting Pork Quality: Halothane and Rendement Napole Genes. Animal Biotechnology, 28, 148-155.

Sánchez, C.D.R., Román, D., Galindo-García, D., Ayala-Valdovinos, J. 2008. Comportamiento productivo de cerdos portadores del gen del halotano en condiciones medioambientales no controladas. Revista Electrónica de Veterinaria, 5, 1-16.

Schaefer, A.L., Stanley, R.W., Tong, A.K.W., Dubeski, R., Robinson, B., Aalhus, J.L., Robertson, W.M. 2006. The impact of antemortern nutrition in beef cattle on carcass yield and quality grade. Canadian Journal of Animal Science, 86, 317-323.

Scheffler T.L., Scheffler J.M., Kasten S.C., Sosnicki A.A., Gerrard D.E. 2013. High glycolytic potential does not predict low ultimate pH in pork. Meat Science, 95, 85–91.

Shen, Q.W.W., Gerrard, D.E., Du, M. 2008. Compound C, an inhibitor of AMP-activated protein kinase, inhibits glycolysis in mouse longissimus dorsi postmortem. Meat Science, 78, 323-330.

Silva, J.A., Patarata, L., Martins, C. 1999. Influence of ultimate pH on bovine meat tenderness during ageing. Meat Science, 52, 453-459.

Silveira, A.C.P., Freitas, P.F.A., Cesar, A.S.M., Antunes, R.C., Guimaraes, E.C., Batista, D.F.A., Torido, L.C. 2011. Influence of the halothane gene (HAL) on pork quality in two commercial crossbreeds. Genetics and Molecular Research, 10, 1479-1489.

Smiecinska, K., Denaburski, J., Sobotka, W. 2011. Slaughter value, meat quality, creatine kinase activity and cortisol levels in the blood serum of growing-finishing pigs slaughtered immediately after transport and after a rest period. Polish Journal of Veterinary Sciences, 14, 47-54.

Sutherland, M.A., McDonald, A., McGlone, J.J. 2009. Effects of variations in the environment, length of journey and type of trailer on the mortality and morbidity of pigs being transported to slaughter. Veterinary Record, 165, 13-18.

Swatland, H.J. 2008. How pH causes paleness or darkness in chicken breast meat. Meat Science, 80, 396-400.

Tadich, N., Gallo, C., Bustamante, H., Schwerter, M., van Schaik, G. 2005. Effects of transport and lairage time on some blood constituents of Friesian-cross steers in Chile. Livestock Production Science 93:223-233.

Tarrant, P.V. 1989. Animal behavior and environment in the dark-cutting condition in beef - a review. Irish Journal of Food Science and Technology 13:1-21.

Troeger, K., Woltersdorf, W. 1991. Gas anesthesia of slaughter pigs .1. stunning experiments under laboratory conditions with fat pigs of known halothane reaction type - meat quality, animal protection. Fleischwirtschaft, 71, 1063-1068.

Van de Perre, V., Ceustermans, A., Leyten, J., Geers, R. 2010a. The prevalence of PSE characteristics in pork and cooked ham - Effects of season and lairage time. Meat Science, 86, 391-397.

Van de Perre, V., Ceustermans, A., Leyten, J., Geers, R. 2010b. The prevalence of PSE characteristics in pork and cooked ham — Effects of season and lairage time. Meat Science, 86, 391-397.

Van de Water, G., Verjans, F., Geers, R. 2003. The effect of short distance transport under commercial conditions on the physiology of slaughter calves; pH and colour profiles of veal. Livestock Production Science, 82, 171-179.

Varón-Álvarez, L.J., Romero, M.H., Sánchez, J.A. 2014. Caracterización de las contusiones cutáneas e identificación de factores de riesgo durante el manejo presacrificio de cerdos comerciales. Archivos de Medicina Veterinaria, 46, 1-10.

Velarde, A., Cruz, J., Gispert, M., Carrion, D., de la Torre, J.L.R., Diestre, A., Manteca, X. 2007. Aversion to carbon dioxide stunning in pigs: effect of carbon dioxide concentration and halothane genotype. Animal Welfare, 16, 513-522.

Velarde, A., Ruiz-de-la-Torre, J.L., Rosello, C., Fabrega, E., Diestre, A., Manteca, X. 2002. Assessment of return to consciousness after electrical stunning in lambs. Animal Welfare, 11, 333-341.

Verardo, L.L., Sevon-Aimonen, M.L., Serenius, T., Hietakangas, V., Uimari, P. 2017. Whole-genome association analysis of pork meat pH revealed three significant regions and several potential genes in Finnish Yorkshire pigs. BMC Genetics, 18, 2-15.

Warriss, P.D. 1990. The handling of cattle pre-slaughter and its effects on carcass and meat quality. Applied Animal Behaviour Science, 28, 171-186.

Warris, P.D. 2000. The effects of live animal handling of carcass and meat quality. En: Warris, P.D. (Ed.), Meat Science: An Introductory Text. CABI Publishing, Londres, Reino Unido.

Weaver, S.A., Dixon, W.T., Schaefer, A.L. 2000. The effects of mutated skeletal ryanodine receptors on hypothalamic-pituitary-adrenal axis function in boars. Journal of Animal Science, 78, 1319-1330.

Webb, E.C., Casey, N.H. 2010. Physiological limits to growth and the related effects on meat quality. Livestock Science, 130, 33-40.

Welfare Quality®. 2009. Assessment protocol for pigs (sow and piglets, growing and fi nishing pigs). Welfare Quality® Consortium 2009, Lelystad, Paises Bajos.

Weschenfelder, A.V. 2013. Animal welfare and meat quality in pigs as affected by trailer type, travel distance and genotype. PhD thesis. Laval University, Quebec, Canada.

Wimmers, K., Ngu, N.T., Jennen, D.G.J., Tesfaye, D., Murani, E., Schellander, K., Ponsuksili, S. 2008. Relationship between myosin heavy chain isoform expression and muscling in several diverse pig breeds1. Journal of Animal Science, 86, 795-803.

Wulf, D.M., Emnett, R.S., Leheska, J.M., Moeller, S.J. 2002. Relationships among glycolytic potential, dark cutting (dark, firm, and dry) beef, and cooked beef palatability. Journal of Animal Science, 80, 1895-1903.

Wulf, D.M., Oconnor, S.F., Tatum, J.D., Smith, G.C. 1997. Using objective measures of muscle color to predict beef longissimus tenderness. Journal of Animal Science, 75, 684-692.

Xu, Y.J., Jin, M.L., Wang, L.J., Zhang, A.D., Zuo, B., Xu, D.Q., Ren, Z.Q., Lei, M.G., Mo, X.Y., Li, F.E., Zheng, R., Deng, C.Y., Xiong, Y.Z. 2009. Differential proteome analysis of porcine skeletal muscles between Meishan and Large White. Journal of Animal Science, 87, 2519-2527.

Zhao, X., Xing, T., X., Chen, M., Han, X., Li, X., Xu, I., Zhou, G. 2017. Precipitation and ultimate pH effect on chemical and gelation properties of protein prepared by isoelectric solubilization/precipitation process from pale, soft, exudative (PSE)-like chicken breast meat. Poultry Science, 96, 1504-1512.

CAPÍTULO 3.
PIGMENTACIÓN DE GRASA EN BOVINOS DEL TRÓPICO

Rosy G. Cruz Monterrosa [1], Isabel Guerrero Legarreta [2]
y Efrén Ramírez Bribiesca [3]

[1] Departamento de Ciencias de la Alimentación, Universidad Autónoma Metropolitana, Unidad Lerma, Estado de México, México; [2] Departamento de Biotecnología, Universidad Autónoma Metropolitana, Unidad Iztapalapa, Ciudad de México; [3] Programa de Ganadería, Colegio de Posgraduados, Montecillo, Estado de México, México. Autor para correspondencia. Efrén Ramírez Bribiesca: efrenrb@colpos.mx

INTRODUCCIÓN

Una de las principales limitantes en la producción de carne de bovino en pastoreo es la pigmentación amarilla del tejido adiposo en las canales de bovinos, cuando son finalizados en este sistema. El problema afecta la comercialización de la canal y la carne por el aspecto amarillo, que simula una carne vieja o en mal estado. El color de la grasa está determinado por pigmentos ingeridos durante el pastoreo; específicamente, el problema radica en el consumo de forrajes verdes, los cuales contienen abundantes pigmentos, incluyendo carotenoides y pigmentos naturales liposolubles. El β-caroteno es uno de los carotenoides más abundantes en la naturaleza, es el que se encuentra en mayor proporción en tejido adiposo de los rumiantes, dando una coloración amarilla a éste tejido (Mora y col., 1999).

Aunque el β-caroteno es el precursor más importante de la vitamina A, no todo es ingerido, absorbido y transformado a esta vitamina; una cantidad considerable puede circular en la sangre y se deposita en el tejido adiposo e hígado, dando como resultado el depósito de β-carotenos no transformados (Dunne y col., 2009).

El color del tejido adiposo subcutáneo es un componente importante en la calidad de las canales en bovinos (Mora y Shimada, 2001), considerado como elemento de juicio en los sistemas de clasificación de los Estados Unidos, Canadá, Australia y Japón (Walker y col., 1990; Price, 1995), debido a que la variabilidad del color de la grasa en las canales se asocia a la calidad esperada por el mercado y los consumidores (Price, 1995). El color de la carne magra y la grasa son cada vez más importantes, para categorizar la calidad en la carne y los productos cárnicos. Se han propuesto varias estrategias para disminuir o desaparecer el color amarillo en el tejido adiposo; generalmente se propone modificar el manejo alimenticio de los animales a través de mayor porcentaje de grano o forraje en la dieta, carente de carotenos durante la finalización. El contenido de este capítulo describe los eventos fisiológicos y las investigaciones realizadas en la pigmentación de la grasa de los animales y sus repercusiones económicas.

PRINCIPALES PIGMENTOS EN LOS FORRAJES

Carotenoides

Los carotenoides son los pigmentos responsables de los colores amarillo, naranja y rojo en la naturaleza; una vez extraídos de sus fuentes, son empleados ampliamente en los alimentos. Se utilizan debido a su actividad como provitamina A y a sus posibles funciones benéficas para la salud, tales como el fortalecimiento del sistema inmunitario y la disminución del riesgo de enfermedades degenerativas y cardiovasculares (Niizu, 2005). Se han identificado en la naturaleza más de 800 carotenoides (Arad, 1992; Wrolstand, 2000; Ong y Tee, 1992).

Los carotenoides se encuentran en mayor concentración y variedad en las frutas y verduras, aunque también se encuentran ampliamente distribuidos en las hojas verdes, en éstas sólo se observan en el invierno cuando la clorofila, presente con mayor abundancia, desaparece. Este tipo de pigmentos ingresan al organismo de animales por ingestión, ya que éstos no pueden sintetizarlos *de novo*. La estructura básica de los carotenoides es un tetraterpeno de 40 átomos de carbono, simétrico y lineal, formado por ocho unidades de isopreno (5 átomos de carbono) unidas de manera tal que el orden se invierte al centro de la estructura. Este esqueleto básico puede modificarse de varias maneras: por hidrogenación, deshidrogenación, ciclación, cambio de posición del doble enlace, acortamiento o extensión de la cadena, reordenamiento, isomerización, introducción de funciones oxigenadas o por combinaciones de estos procesos, dando como resultado una gran diversidad de estructuras. El rasgo estructural distintivo de los carotenoides es un sistema de dobles enlaces conjugados, el cual consiste en alternar enlaces sencillos y dobles. Esta cadena poliénica es también la causa de la inestabilidad de los carotenoides, incluyendo su susceptibilidad a la oxidación e isomerización geométrica.

Los carotenoides hidrocarbonados se denominan colectivamente carotenoides (Tabla 1). Los que contienen átomos de oxígeno se denominan xantofilas (Tabla 2). Las funciones oxigenadas más comunes son los grupos hidroxi (OH) y epoxi (epóxidos 5,6 o 5,8), aldehido (CHO), ceto (C=O), carboxi (CO_2H), carbometoxi (CO_2CH_3) y metoxi (OCH_3). Tanto los carotenos como las xantofilas pueden ser aciclícos, como el fitoflueno, el ε-caroteno y el licopeno; monocíclicos o bicíclicos. La ciclización ocurre en uno o ambos extremos de la molécula, formando uno o dos anillos β de seis miembros (β-ionona) o anillos ε (α-ionona). Así, el monocíclico γ-caroteno tiene un anillo β mientras; los bicíclicos β-caroteno, β-criptoxantina, zeaxantina y astaxantina tienen dos anillos. Los bicíclicos α-caroteno y luteína contienen un anillo β y un anillo ε (Rodríguez-Amaya y col., 1996). Los factores como el calor, la luz y los ácidos causan la isomerización de los carotenoides de la geometría *cis*, presente en la naturaleza, a *trans*, lo que ocasiona una pérdida de color y de la actividad provitamina. Los carotenoides también son susceptibles a la oxidación enzimática y no enzimática, lo que depende de la su estructura, la disponibilidad de oxígeno, la presencia de enzimas, metales, prooxidantes y antioxidantes, y la temperatura y exposición a la luz (Johnson, 1995).

La intensidad y matiz de los colores de los materiales biológicos dependen del carotenoide específico presente, su concentración y su estado físico. Cada carotenoide se caracteriza por un espectro de absorción. Estos pigmentos absorben la luz en la región específica de la radiación ultravioleta (UV) y visible, el resto es transmitida o reflejada produciendo un color determinado.

Tabla 1. Estructuras y características de los carotenoides
más comunes en los alimentos

Estructura/nombre	Características
 fitflueno	acíclico, incoloro
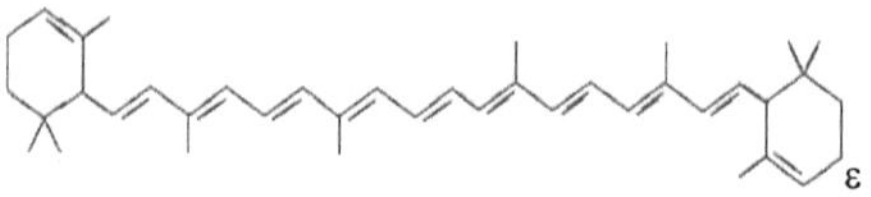 -caroteno	acíclico, amarillo suave
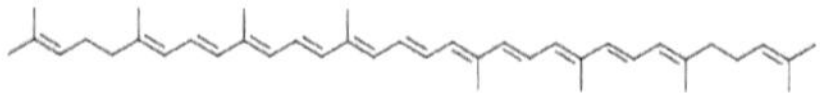 licopeno	acíclico, rojo
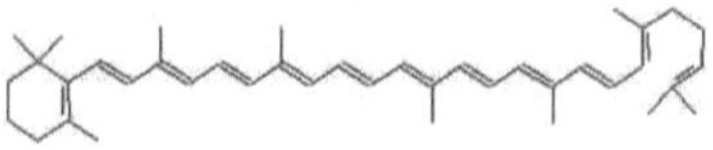 γ-caroteno	monocìclio, rojo-naranja
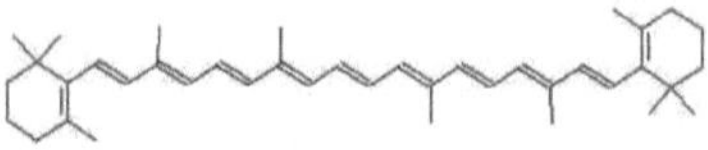 β-caroteno	bicíclico (2 anillos β), naranja
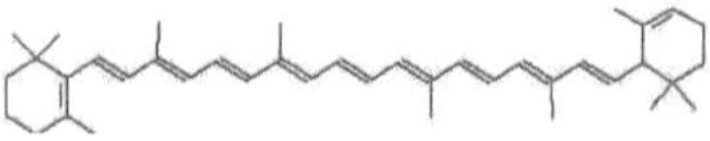 α-caroteno	bicíclico (1 anillo β, 1 anillo γ), amarillo

Tabla 2. Estructuras y características de las xantofilas
más comunes en los alimentos

Estructura/nombre	Características	Función oxígeno
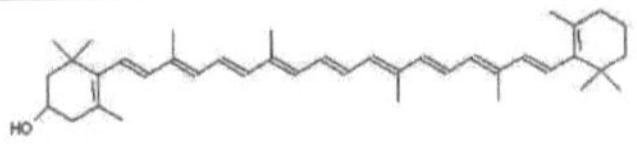 β-criptoxantina	Bicíclica0 (2 anillos β) naranja	1 grupo hidroxi
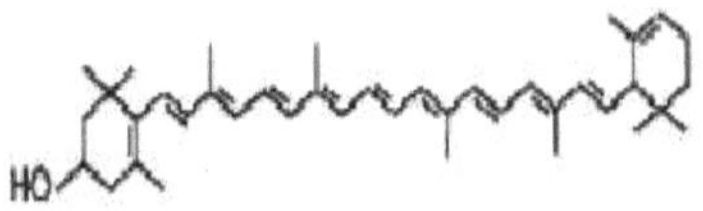 α-criptoxantina	Bicíclica (1 anillo β,1 anillo ε) amarillo	1 grupo hidroxi
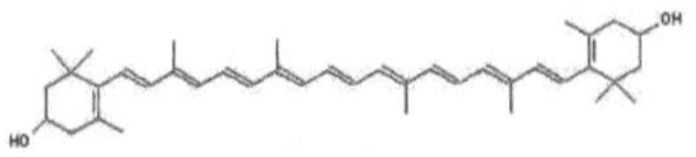 zeaxantina	bicíclica (2 anillos β) amarillo-naranja	2 grupos hidroxi
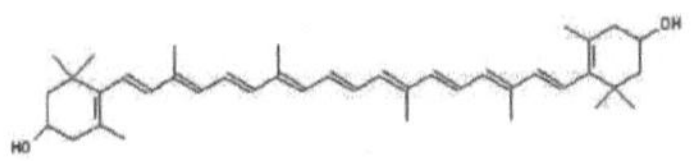 luteina	bicíclica (1 anillo β 1 anillo ε) amarillo	2 grupos hidroxi
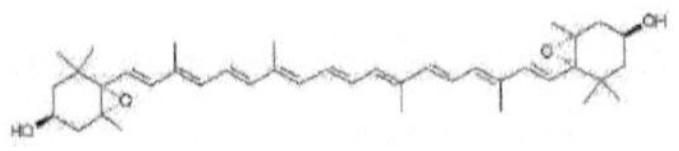 violaxantina	bicíclica (2 anillos β) amarillo	2 grupos hidroxi, 2 grupos epoxy
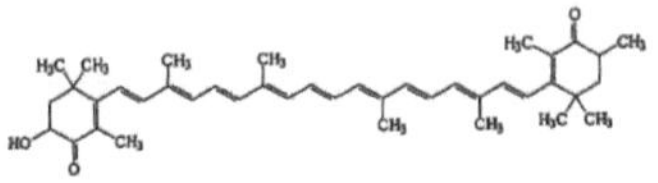 astaxantina	bicíclica (2 anillos β), rojo-naranja	2 grupos hidroxi, 2 grupos ceto

La estructura responsable de la absorción de la luz es un grupo cromóforo; se requieren al menos siete enlaces dobles conjugados para que un carotenoide produzca color, como en ζ-caroteno, el cual es amarillo suave; en forma opuesta el fitoflueno, con cinco dobles enlaces conjugados, es incoloro. El color varía si se extiende el sistema conjugado; así, el licopeno es rojo. Las estructuras cicladas en los extremos de la molécula también causan modificaciones en el color, por tanto el β-caroteno y el γ-caroteno son de color naranja y rojo-naranja, respectivamente, aunque ambos tienen, al igual que el licopeno, once dobles enlaces conjugados (Bruto, 1991).

Función de los carotenoides

Las propiedades físicas y químicas más importantes de los carotenoides incluyen insolubilidad en agua, unión con superficies hidrofóbicas, absorción de la luz, atenuación del nivel energético (*quenching*) del oxígeno singulete, bloqueo o atrapamiento (*scavenging*, *trapping*) de las reacciones mediadas por radicales libres, y fácilmente isomerización y oxidación. Las propiedades físicas y químicas de los carotenoides se caracterizan en la captura de oxigeno singulete, absorción de luz, isomerización y oxidación; bloquean reacciones mediadas por radicales libres, son lipofilicos y se unen a superficies hidrofóbicas. Muchas de sus funciones son consecuencia de la capacidad para absorber la luz y, por tanto, producir color aunque se ha encontrado también que tienen una función importante como antioxidantes en los organismos fotosintéticos y en muchos no fotosintéticos aerobios, actuando en la desactivación de radicales libres (Sánchez, 1999). Adicionalmente, los carotenoides actúan como atenuadores de las clorofilas en estados excitados generados durante la fotosíntesis. Se supone que el gen se codifica para el fitoeno desaturasa, importante en la ruta biosintética de los carotenos, está regulado por retroalimentación a nivel de transcripción mediante la acumulación de productos finales de la vía de carotenogénesis (Rodermel, 2001). Los carotenoides bicíclicos con anillos β y ε comunes en plantas y animales son precursores de varias xantofilas de las que la luteína es el ejemplo principal (Bartley y Col, 1995). Debido a su naturaleza, los carotenoides son solubles en disolventes no polares, su grado de solubilidad depende de los grupos sustituyentes de la molécula (–OH, –C=O, etcétera), propiedad que se utiliza para los procesos de extracción y purificación de estos pigmentos. Los carotenos son muy solubles en éter de petróleo y hexano, mientras que las xantofilas son más solubles en metanol o etanol.

β-caroteno

En años recientes se ha presentado un gran interés en el estudio de los carotenoides en las dietas de los rumiantes por su efecto antioxidante. Es por ello que muchas investigaciones se han enfocado a los análisis cualitativos y cuantitativos de estos pigmentos, aunque con frecuencia estos son no específicos y se refieren a "carotenos", una mezcla de varias moléculas e isómeros. A pesar de la gran variedad de carotenoides en forrajes, no más de 10 son encontrados en la alimentación de rumiantes. Estos son: luteína, violaxantina, anteraxantina, zeaxantina, neoxantina, trans-β-caroteno (*all trans*), β-caroteno, 13-cis-β-caroteno. Los más abundantes son β-caroteno y luteína (Noziére, 2006).

La concentración de carotenoides en forrajes, en particular de β-caroteno, depende de la síntesis y la disminución en la concentración de los mismos (Tabla 3). La síntesis es dada en unidades de isopreno en plástidos y tiene lugar principalmente en las hojas (Armstrong y Hearst, 1996) en donde se presenta de 5 a 10 veces más carotenoides con respecto a los tallos (Livingston, 1968). La disminución en la concentración ocurre rápidamente por la oxidación debido a la exposición a la luz y a la radiación solar. En general, la concentración de β-caroteno en las plantas disminuye con el grado de madurez y se oxida rápidamente después de ser cortadas. Es decir, los forrajes sometidos a cualquier proceso de conservación tienen un menor contenido de carotenoides que en fresco (Santamaria, 2003).

Tabla 3. Concentraciones de β-caroteno en diferentes forrajes (Santamaria, 2003).

Forraje	Intervalo de concentración mg /kg
Alfalfa ensilada	0 – 117
Alfalfa heno	0.2 – 100
Hierba ensilada	5 – 365
Maíz ensilado	1 – 57
Paja (diferentes orígenes)	1 – 14
Kikuyo verde (*Panicum clandestinum*)	27 – 28
Trebol blanco verde (*Trifolium repens*)	91.2

Los forrajes y hortalizas verdes tienen niveles similares de β-caroteno (aproximadamente 300 mg/kg MS) en las etapas tempranas de crecimiento. Sin embargo, en la etapa de floración y en la madurez, las hortalizas verdes son más ricas en este compuesto que los forrajes (Moon, 1939). Se reporta que la etapa de crecimiento no afecta el nivel de β-caroteno en hortalizas verdes al mismo grado que se afecta en los forrajes (Moon, 1939; Seshan y Sen 1942). En pastos de buena calidad, o una cantidad suficiente de ensilado de hierba se garantiza el aporte necesario de β-caroteno en la ración (Noziére, 2006). No obstante, las raciones para las vacas de alta producción de leche se basan en el sistema TMR (ración total mezclada, por sus siglas en inglés) con una proporción relativamente alta de ensilado de maíz y solamente algunos animales reciben suficiente alimentación mediante pastoreo. Sin embargo, el contenido de β-caroteno en el ensilado de maíz no se tiene en cuenta. La capacidad de la hierba conservada para compensar la baja concentración de β-caroteno del ensilado de maíz en la ración base suele estar sobrevalorada. Los resultados de las investigaciones realizadas a lo largo de los años 1999-2004 revelan que el forraje presenta un porcentaje variable de β-caroteno, imposible de precisar de antemano (Noziére, 2006). La disponibilidad de β-caroteno en la ración depende del tipo de forraje y de la forma de conservación. Las pérdidas de oxidación durante la cosecha, marchitamiento y ensilado repercuten de manera especialmente negativa en la concentración de β-caroteno en el forraje. En comparación con la materia fresca, las pérdidas de β-caroteno superan ligeramente el 50% y pueden aumentar si el almacenamiento tiene lugar en un silo abierto.

CLOROFILAS

Son los pigmentos más abundantes en las plantas verdes y clave de la fotosíntesis, uno de los procesos anabólicos más importantes para la vida y fundamental para sintetizar los diferentes carbohidratos que se encuentran en la naturaleza (Pfander, 1992). La estructura general de las clorofilas es una dihidroporfirina formada por cuatro pirroles, y un anillo de ciclopentanona. Este núcleo es el cromóforo responsable de absorber en la región visible; es un compuesto metalorgánico con una estructura planar resonante conteniendo 10 dobles ligaduras, además de un núcleo de Mg y cadenas laterales de metilo, etilo, vinilo y ácido propiónico, esta última está esterificada con un alcohol de 20 átomos de carbono, el fitol. En la Tabla 4 se resumen las principales características estructurales de las clorofilas (Lee, 2002).

Se ha documentado la existencia de clorofilas a, b, c, d y las bacterioclorofila; cada una con un espectro de absorción determinado con base en su estructura molecular. Los tipos más comunes son las clorofilas a y b. La clorofila a está presente en las plantas verdes en un 75% del total de clorofilas; la clorofila b, presente en menor proporción, transfiere la energía lumínica recibida a la clorofila a, la cual la convierte en energía química. La clorofila b difiere de la clorofila a por contener un grupo formilo que sustituye una de las cadenas metilo laterales, mientras que la clorofila a contiene un metilo en esta posición.

La clorofila es insoluble en agua y en soluciones de sacarosa, pero soluble en alcohol, éter y álcalis. Se ha demostrado que las clorofilas están presentes en forma de suspensión coloidal en el jugo de la caña, de ahí que se puede separar fácilmente durante el proceso de producción de sacarosa, aunque ni las clorofilas ni sus productos de degradación están presentes en las melazas, debido posiblemente a que forman compuestos incoloros con   iones férricos presentes (Lima, 1999). En plantas no verdes las clorofilas están acompañadas de otros pigmentos, principalmente carotenoides y ficobilinas, que imparten otros colores al material vegetal, tales como el amarillo dorado típico de los cromófitos, o el rojo púrpura de las algas rojas (Scheer, 1991).

Tabla 4. Componentes estructurales de las clorofilas
(Hendry, 2000; Lee, 2002)

Grupo	Descripción
Pirrol	Uno de los cuatro anillos componentes del núcleo
Porfina	Esqueleto de 4 pirroles unidos por un puente de metilo
Porfirina	Los cuatro anillos con puentes de metilo y sustituido por metilo, etilo o vinilo
Clorinas	Porfirinas deshidratadas
Forbina	Porfirina con adición de anillo C_9-C_{10}
Forbido	La posición 7 esta esterificada con fitol y no contiene Mg
Fitol	Alcohol Isoprenoide de 20 átomos de carbono
Clorofila a	En posición 3 hay un metilo
Clorofila b	En posición 3 hay un formilo
Feofitina	Clorofilas sin Mg
Clorofilidas	Clorofilas sin fitol
Feoforbido	Clorofilas sin fitol ni Mg

DIGESTIÓN, ABSORCIÓN Y METABOLISMO DE β-CAROTENO EN LOS RUMIANTES

El aporte suficiente de β-caroteno al ganado lechero y productor de carne es muy importante. Además de su papel como provitamina, el β-caroteno influye en la capacidad reproductiva del animal. De este modo, se ha observado una disminución de la intensidad del celo, retrasos en la ovulación y una menor tasa de fertilidad en vacas alimentadas con raciones deficientes de β-caroteno. Como podría ser deducido de la baja recuperación de carotenoides en la leche, la eficiencia de esta transferencia parece ser fuertemente limitada. Es probable que las diferentes rutas metabólicas de los carotenoides en la dieta, por ejemplo la digestión en el rumen, la absorción intestinal y el metabolismo en los tejidos, podría influir en la disponibilidad de los carotenoides a la glándula mamaria (Cardinault y col. 2016).

El primer acontecimiento en el proceso digestivo de los rumiantes es la disminución en la concentración de la matriz del forraje que libera carotenoides al líquido ruminal (Mora y col., 1999). El grado de disminución en la concentración de carotenoides por acción de los microorganismos en el rumen permanece incierto, debido a la amplia gama de resultados; el más estudiado es el β-caroteno *in vitro* e *in vivo*. Mientras que algunos autores no reportaron cambios en la concentración de β-caroteno en el rumen (Dawson y Hemington, 1974; Cohen Fernández y col., 1976) otros encontraron 10 a 25% de disminución (Davison y Seo, 1963; Potkanski y col., 1974; Cohen Fernández y col., 1976; Mora y col., 2000). En un estudio *in vitro*, donde se utilizó forraje en líquido ruminal de oveja, se observó que los carotenoides no son afectados por la fermentación del rumen (Cardinault, 2004). La forma de suplementar a los carotenoides podría explicar discrepancias entre estos experimentos, debido a que la disminución en la concentración fue más altas cuando los carotenoides se suministraron en forma purificada, en comparación a su suministro en forrajes (Cardinault, 2004).

Las dietas de rumiantes por lo general se complementan con vitamina A para una salud y productividad máxima. Sin embargo, el retinol suplementado es destruido por los microorganismos del rumen; la cantidad de concentrado en la dieta es un factor asociado con esta destrucción ruminal. Rodé y col. (1990) reportaron una pérdida de 80% de vitamina A, 70% de la dieta del ganado fue con concentrado; cuando las dietas fueron altas en forraje las pérdidas fueron sólo de 20%. Weiss y col. (1995), por su parte, demostraron que la forma de suplementar el retinol no tuvo ningún efecto en la destrucción de este compuesto, aunque el aumento de concentrado en la dieta resultó en una mayor pérdida de vitamina A en el rumen. Alosilla y col. (2007) concluyeron que la destrucción de la vitamina A se produce en el rumen con pérdidas de retinol hasta en 80%. Van Soest (1994) señala que los carotenoides son hidrogenados por un mecanismo que incluye a las bacterias anaerobias presentes en el rumen; las dobles ligaduras en posición *trans* son más resistentes a la hidrogenación que los compuestos insaturados no conjugados, y por tanto pasan al intestino delgado sin otra alteración estructural.

Movilización y absorción postruminal

La mayor parte de los estudios sobre el paso de carotenoides por el intestino están exclusivamente basados en animales no rumiantes, a excepción de nuestro estudio, donde se señala la importancia de los cromógenos en los rumiantes (Cruz-Monterrosa y col., 2015). En los mamíferos, la cantidad y naturaleza de lípidos en la dieta influyen sobre la solubilidad de los carotenoides y, subsecuentemente, en la absorción en el intestino, debido a que los carotenoides se transportan en la fase lipídica. Debido a su polaridad, las xantofilas están localizadas en la superficie, tanto de un glóbulo de grasa de una emulsión aceite/agua, como de una micela en el duodeno. Esta ubicación superficial de las xantofilas en ambas estructuras (emulsión y micela) permite que su transferencia desde la emulsión hacia las micelas sea más alta (25-40%)

que la observada para los carotenos α o β (12-18%), ya que estas últimas son moléculas poco polares (Van Vliet, 1996).

Los carotenoides son ingeridos en la dieta en su forma química libre, como ésteres o unidos a proteínas. La tasa de absorción de los β-carotenos provenientes de las plantas oscila entre 10 y 50%, pero hay una gran variación entre individuos. En el duodeno se incorporan a las micelas lipídicas junto con ésteres de retinilo, triglicéridos, fosfolípidos y ésteres de colesterol, todos estos compuestos son acometidos por enzimas proteolíticas, esterasas del jugo pancreático y ácidos biliares (Masoro, 1968); a la vez los carotenoides libres se difunden por la capa glucoprotéica de las células epiteliales del intestino. Se considera que, a dosis fisiológicas, la absorción de los carotenoides se realiza por difusión pasiva, aunque la cinética y transporte en el plasma es específica para cada carotenoide, debido en parte a su polaridad pero disminuyendo la cantidad absorbida si se suministran dosis elevadas en la ingesta (Parker, 1996). Los carotenoides provitamínicos se convierten parcialmente en vitamina A en la mucosa intestinal; tanto estos como los no provitamínicos son incorporados a los quilomicrones y secretados a la linfa para su transporte al hígado. Dentro de las células de la mucosa, los β-carotenos se dividen en dos moléculas de retinal *all trans* (vitamina A) en doble enlace central. La enzima 15,15'-dioxigenasa cataliza esta ruptura por un mecanismo de oxidación del β-caroteno. Es una enzima intestinal, los requerimientos vitamínicos de bovinos se satisfacen ampliamente por su acción en condiciones óptimas, sin que induzca hipervitaminosis (Olson, 1989). Mora y Shimada (2001) mencionan que esta enzima tiene de 4 a 5 veces mayor actividad en el intestino delgado de las cabras comparado con el de los bovinos.

La división asimétrica de la molécula de β-caroteno produce compuestos intermediarios con cadenas laterales heterogéneas. En los enterocitos, al igual que en otros tipos celulares, se ha descrito la presencia de enzimas que continúan el metabolismo del β-caroteno, como la retinol deshidrogenasa (RolDH) que convierte el retinal a retinol, y la lecitina retinol acil transferasa (LRAT) formadora de ésteres de retinílo a partir de retinol. Los compuestos sintetizados también son transportados por vía linfática por los quilomicrones. Los requerimientos particulares de células específicas ocasionan estas conversiones de la vitamina A (Paik y col., 2004). El β-caroteno también interfiere en los procesos oxidativos tan pronto ingresa a las células de la mucosa (Biesalski, 2007). Por otro lado, el 75% del retinol se esterifica con ácidos grasos de cadena larga, generalmente palmitato o estearato, facilitando de esta forma la movilización de carotenos y el retinol a través del epitelio intestinal. Los esteres de retinol se incorpora a los quilomicrones y llega al hígado a través de la linfa (Saari, 1977). Al degradase los quilomicrones por acción de la lipoproteinlipasa (LPL) endotelial, las células del endotelio absorben también a los carotenos. Las fracciones no absorbidas se transportan hacia el hígado, donde el β-caroteno también se transforma en vitamina A. El exceso de β-caroteno se incorpora a las lipoproteínas de baja densidad, donde adquiere una forma disponible por los tejidos extra hepáticos. Los metabolitos polares de la vitamina A, como el ácido retinoico, pueden excretarse de las células de la mucosa en forma directa a través de la circulación sanguínea portal (Biesalski, 2007).

Factores limitantes de la absorción de los carotenoides

La estructura molecular de los carotenoides sin actividad provitamínica A no se modifica al ser absorbidos, aunque es probable que exista un metabolismo postabsorción; hay poca información en humanos. Se han identificado metabolitos de la luteina y el licopeno en el suero debido a modificaciones oxidativas en sujetos, tanto en condiciones dietéticas habituales como después de la ingestión oral de extractos de ambos compuestos (Khachik y col., 1995), algunos de los cuales presentan actividad anticarcinógena *in vitro* (King y col., 1997). La conversión de los carotenos a retinol está limitada por su tasa de absorción, actividad enzimática, control homeostático y concentración del retinol en la sangre. Por lo tanto, una ingesta excesiva de carotenoides no provoca intoxicación vitamínica A (Olson, 1994). Olmedilla y col. (2001) citan distintos factores que afectan tanto a la absorción como a su conversión a retinol de los carotenoides de la dieta.

En relación con la presencia de los carotenoides en el plasma, la eficacia de absorción a partir de fuentes dietéticas, y en ausencia de parásitos intestinales, enfermedades o desórdenes metabólicos digestivos, está determinada por: a) la eficacia de la liberación a partir del sistema matriz-alimento; b) la presencia de suficiente contenido lipídico (triglicéridos) para solubilizar el carotenoide liberado y estimular la síntesis de quilomicrones; c) la presencia de factores que interfieran en el lumen intestinal, como la fibra vegetal, el hierro, otros antioxidantes, etcétera; y d) la proporción de conversión de carotenoides provitamínicos A en retinol en la mucosa (Parker, 1997). Entrala y Gil (2001) mencionan que las grasas, las proteínas, la vitamina E y el zinc en la dieta favorecen la absorción y utilización de los carotenoides y la vitamina A. Por lo tanto, la deficiencia de estos nutrientes en la dieta habitual ejerce un efecto dañino sobre la vitamina A, ocurriendo los siguientes eventos: 1) La deficiencia proteínica tiene como consecuencia directa una marcada reducción en la capacidad de la enzima caroteno dioxigenasa de la mucosa intestinal sobre la síntesis de RBP y de prealbúmina; también se alteran las diferentes enzimas lipolíticas y proteolíticas del intestino y el páncreas. Esta situación provoca un defecto en la hidrólisis de carotenoides y esteres de retinol, afectándose su mecanismo de absorción y transporte. Grownowska-Senger y Wolf (1970) reportaron que la actividad de la 15,15'-dioxigenasa se deprime en aproximadamente 50% con consumos de proteína muy bajos (5%). 2) La deficiencia de zinc provoca un descenso en la síntesis hepática de RBP y, en consecuencia, menores concentraciones plasmáticas de vitamina A. 3) La vitamina E, en condiciones normales, protege a los carotenoides y a la vitamina A de la oxidación durante los procesos de absorción. Al mismo tiempo, previene el agotamiento de las reservas hepáticas de esta vitamina. El déficit de vitamina E en la dieta tiene consecuencias negativas sobre la vitamina A. 4) Las infecciones causadas por parásitos, ácaros, etcétera, alteran los mecanismos de absorción y reserva de la vitamina A. 5) Los niveles bajos de grasa en la dieta reducen la capacidad de absorción de β-caroteno en el intestino, ya que la grasa provee un medio hidrofóbico para solubilizar a los carotenoides, además que estimula la liberación de sales biliares (Furr y Clark, 1997).

Almacenamiento y distribución de los carotenos en los tejidos

La mayor parte del β-caroteno y los retinoides en los quilomicrones son transportados al hígado, aunque cerca de

25% de estos compuestos pueden continuar su circulación por vía extrahepática (Goodman y Huang, 1965). El β-caroteno es liberado de los quilomicrones en el hígado, donde reacciona con citoquinas, dentro de los hepatocitos, siendo éste el segundo sitio en donde se forma retinol a partir de los carotenoides de la dieta, después del duodeno (Goodman y Huang, 1965). En los humanos, cabras y ovinos, los carotenos son transportados en la sangre; se encuentran fundamentalmente unidos a las lipoproteínas de baja densidad (LDL) mientras que las xantofilas se encuentran más uniformemente distribuidas entre lipoproteínas de alta (HDL) y LDL (Yang y col., 1992; Parker, 1996). En bovinos y hurones los carotenos están asociados a lipoproteínas HDL (Pollack y col., 1994). Se ha reportado la presencia de β-caroteno y luteína en el cuerpo lúteo de bovinos, en el tejido adiposo, en las glándulas adrenales, en la piel, el riñón, el pulmón, la hipófisis, el músculo, el bazo, el estómago, el colon, la vejiga, el cerebro y los ojos (Furr y Clark, 1997). El depósito de β-caroteno en el tejido adiposo de bovinos representa de 85 a 90% del color (Knight y col., 1993; Strachan y col., 1993; Yang y col., 1993). Mora y col. (1998) concluyeron que los tejidos hepático y adiposo poseen una capacidad limitada de almacenamiento de retinol. El depósito de β-caroteno en el tejido adiposo subcutáneo de los bovinos se incrementa en función del contenido de β-caroteno en la dieta. Los bovinos tienen concentraciones de β-caroteno en el plasma, el hígado y el tejido adiposo superiores a las encontradas en caprinos (Yang y col., 1992). No existe evidencia de que se produzca absorción y circulación de β-caroteno en ratas, cerdos, pollos, cuyos y conejos, debido a que estas especies presentan una conversión más eficiente de β-caroteno a vitamina A (Ribaya, 1989).

Eliminación

Existen pocos estudios respecto a las vías y cinética de eliminación de carotenoides en los mamíferos. Estos compuestos no parecen ser eliminados en orina (Bowen y col., 1993), pero son eliminados, sin modificar, en la bilis tanto en condiciones tanto normales como patológicas (Leo y col., 1995). Asimismo, todos los carotenoides descritos en el suero, incluyendo posibles metabolitos e isómeros, se han caracterizado también en la leche materna (Khachick y col., 1997). El retinol se convierte a retinolfosfato, metabolito que interviene en la síntesis de glucoproteínas; su posible forma de eliminación es a través de una conjugación con UDP-glucurónico y excreción por vía biliar; o por conversión irreversible en ácido retinoico. Este y otros derivados constituyen la principal forma de eliminación de la vitamina A, tanto por la orina como por vía biliar (Entrala y Gil, 2001).

Metabolismo de la vitamina A

Tanto el retinol como el β-caroteno son absorbidos por los enterocitos de la mucosa intestinal donde el β-caroteno es transformado enzimáticamente a retinal, molécula que es posteriormente es reducida a retinol. En el interior de los enterocitos el retinol es esterificado, uniéndose en esta forma a los quilomicrones. Estos agregados son transportados por el sistema linfático; una vez en la sangre se degradan produciendo remanentes de quilomicrones que son procesados en el hígado, donde los ésteres de retinol se almacenan. Una vez en el hígado la hidrólisis de los ésteres produce retinol, que se une a proteínas de unión (*retinol binding proteins*, RBP). Estas proteínas, una vez liberadas en la sangre, se combinan con transtirretina formando un complejo ternario que transporta al retinol hasta los tejidos blancos. El retinol entra en la mayoría de los tejidos libre de RBP, en el interior de las células se une a proteínas celulares de unión (*cellular retinol binding proteins*, CRBP) las cuales modulan la acumulación intracelular del retinol (Nys, 2000).

Conversion de β-caroteno a vitamina A

Olmedilla y col. (2001) mencionan la existencia de dos vías de conversión de β-caroteno a retinol: 1) escisión central en el enlace 15-15' del β-caroteno; y 2) escisión excéntrica en algún otro enlace y posterior acortamiento de la cadena hasta formar retinol. En teoría, la escisión central daría lugar a 2 moles de retinal por mol de β-caroteno consumido, mientras que tras la escisión aleatoria se obtienen entre 1 y 2 moles de retinal por mol de β-caroteno (Olson y Hayaishi, 1965; Goodman y col., 1966). La rotura excéntrica de β-caroteno puede generar otros productos de oxidación como β-apo-13'-carotenona, β-apo-8'-carotenal y otros β-apo-carotenales (10', 12', 14') identificados en homogenizados de tejidos (Tang y col., 1991; Wang y col., 1991; Wyss y col., 2000).

FUNCIONES DEL β-CAROTENO EN BOVINOS

Se han reportado varias funciones del β-caroteno, además de ser precursor de la vitamina A. Daniel y col. (1991) observaron que la suplementacion de β-caroteno estimula la proliferacion de linfocitos durante el periparto y aumenta la actividad bactericida de los leucocitos de la leche contra *Staphylococcus aureus.* DiMascio y col. (1991) y Zamora y col. (1991) determinaron su actividad como antioxidante en el atrapamiento de radicales libres, así como un aumento de la actividad de los macrófagos. Lotthammer y cols. (1976) y Folman y col. (1979) estudiaron los efectos positivos del β-caroteno sobre la fertilidad; su suplemento durante el periodo fisiologico de secado disminuyó la incidencia de mastitis y también se disminuye la incidencia de retención placentaria (Michal y col., 1994).

El crecimiento y desarrollo folicular, la ovulación y el mantenimiento de la gestación requieren grandes cantidades de vitamina A. Aún cuando los aportes de esta vitamina sean elevados, existe dificultad en rebasar la barrera sanguínea hacia el folículo. Sin embargo, el β-caroteno es capaz de penetrar al fluido folicular. La deficiencia de β-caroteno puede provocar retrasos en la ovulación aumentando la incidencia de quistes foliculares (Lotthammer y col., 1976). Las recomendaciones de suplementacion con β-caroteno en vacas son de 300 a 500 mg/animal/día, de 2 a 3 semanas antes del parto hasta la confirmación de preñez. En terneros se administra 100 mg/animal/día durante 2 a 3 semanas tras el periodo de toma de calostro (Santamaría, 2003).

Efectos secundarios del suministro de β-caroteno

Aunque el β-caroteno no produce efectos secundarios, una ingesta excesiva (superior a 100,000 UI o 60 mg/día) puede promover que la piel adquiera una tonalidad amarillo anaranjada, aunque esto no indique algún efecto nocivo (Entrala y Gil, 2001). En humanos, la ingesta prolongada de β-caroteno, debe de acompañarse con un suplemento de vitamina E, ya que el β-caroteno puede reducir los niveles de esta vitamina (Seal y Parker, 1996).

Metabolismo de quilomicrones

Los quilomicrones se sintetizan en las células de la mucosa intestinal a partir de los lípidos de la dieta. Durante la síntesis de proteínas, la apo B-48 en el retículo por acción de la MTP, incorporan triglicéridos a la proteína así como otros lípidos y apolipoproteínas A para constituir un quilomicrón, que es dirigido hacia la membrana basolateral y segregado por exocitosis. La síntesis y secreción de quilomicrones están directamente ligadas a la tasa de absorción de lípidos de la dieta. Cuando la dieta carece de grasas se sintetizan quilomicrones pequeños (de menos de 100 nm) a una tasa de 4 g de triglicéridos por día. Por el contrario, si la dieta es rica en grasas hay un incremento del número y tamaño de quilomicrones sintetizados que puede llegar a ser hasta 500 nm. A través de la linfa los quilomicrones alcanzan la circulación sanguínea a la altura del conducto torácico. Una vez en la sangre en esta etapa adquieren apolipoproteínas C y E de las HDL en un mecanismo de intercambio por fosfolípidos, y se desprenden de la apo A-IV. La presencia de apo C-II permite que los quilomicrones maduros puedan ser sustrato de la LPL, que hidroliza sus triglicéridos y facilita el suministro de ácidos grasos a los tejidos subyacentes. Al perder triglicéridos localizados en su interior, el quilomicrón se distorsiona, lo cual es compensado por la pérdida de componentes de superficie (fosfolípidos y apolipoproteínas) que se añaden a las HDL. Como resultado final, se forma un quilomicrón residual de menor tamaño, parcialmente enriquecido con ésteres de colesterol al haber perdido triglicéridos, pero conservando la apo B-48 y parte de otras apolipoproteínas originalmente presentes. La presencia de apo E permite que los quilomicrones sean reconocidos por los receptores hepáticos LRP que median su captación por endocitosis y, con ello, su eliminación final del plasma. Este último proceso está facilitado por la acción de la lipasa hepática endotelial e inhibido por un exceso de apolipoproteínas C en la partícula. El ciclo de producción y eliminación de un quilomicrón en el plasma se prolonga en el orden de minutos (el recambio medio de los triglicéridos en los quilomicrones es de 7 min). En condiciones fisiológicas normales sólo se detectan estas lipoproteínas durante el período de absorción (Garret y col., 1999). Si hay deficiencia de LPL y apo C-II, se acumulan los quilomicrones en el plasma, desarrollándose la hiperlipidemia tipo I o hiperquilomicronemia, con elevación en la concentración plasmática de triglicéridos y disminución de las concentraciones de LDL y de HDL. En la deficiencia de apo E, o en homocigosis de apo E2, así como en la deficiencia de HL, se acumulan quilomicrones residuales; esto permite concluir la importancia de la apolipoproteína y de la lipasa hepática en este metabolismo. Contrariamente, en el caso de deficiencia de receptor LDL no se altera la cantidad de quilomicrones residuales, lo que indica la importancia del papel de LRP ese proceso. Los quilomicrones, por tanto, transportan los ácidos grasos de la dieta a los tejidos periféricos y el colesterol al hígado, junto con la vitaminas E y A; esta última en forma de acetato de retinol, en un proceso tienen un papel principal la LPL y el receptor LRP y por otro las apolipoproteínas B-48, C-II y E (Diamante y col., 2003).

PECTINA COMO INHIBIDOR DE LA ABSORCION DE CROMOGENOS A NIVEL INTESTINAL EN BOVINOS

Antecedentes y función

Los tejidos de las partes comestibles de frutas y vegetables consisten en células parenquimatosas que contienen una lamina media formada principalmente de pectina; ésta presenta una pared primaria, la cual es un gel firme compuesto por pectina, celulosa, hemicelulosa y proteínas, y en algunos casos también hay una pared secundaria con abundancia de celulosa y hemicelulosa. Las sustancias pécticas constituyen la pared celular de las plantas, son un grupo de compuestos que incluyen protopectina y ácidos péctinicos.

La estructura básica de la pectina es una cadena de ácido anhidro-D-galacturónico con uniones β (1-4), con algunos grupos carboxilo (COOH) metilados. Entre mayor sea el grado de metilación (GM) menor es la temperatura a que se forma el gel. La pectina comercial, obtenida por extracción con ácido de cáscara de cítricos tiene menos de 50% de los grupos carboxilos metilados (GM<50) y se usa para la fabricación de jaleas y mermeladas con altas concentraciones de azúcar, aunque un GM=74 también puede ser usado en la formación rápida de geles para jaleas y mermeladas. Las pectinas comerciales pueden ser de alto o bajo grado de metilación (Figura 1) (Jane, 2000).

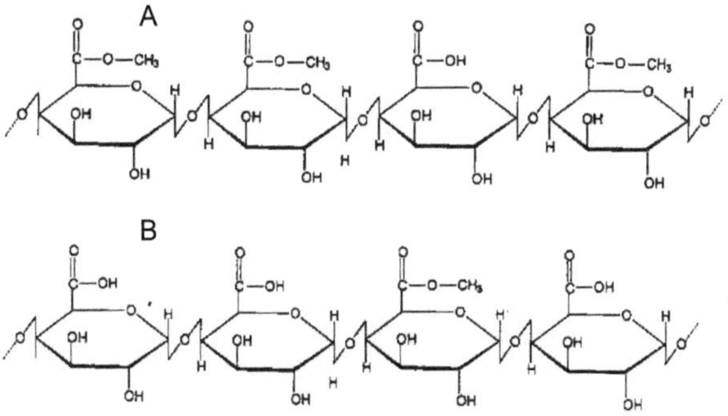

Figura 1. Pectina con: a) bajo grado de metoxilos;
b) alto grado de metoxilos

Aunque las pectinas son solubles en agua, el grado de metilación afecta a diversas propiedades, incluyendo su solubilidad, la cual es inversamente proporcional al grado de metilación (Willats y col., 2006). Las unidades de ácido galacturónico esterificadas con metilo tienen la facilidad de romperse en la unión $\alpha(1-4)$ del grupo COOH es donador de electrones mientras que el carboxilato no lo es, por tanto si se saponifica antes de la eliminación, la cadena permanece intacta. Se necesita un medio ácido para la gelificación de las pectinas; las pectinas con alto GM pueden formar uniones electrostáticas entre los grupos COOH y OH de las cadenas a pH ácido (2.0 a 3.5); el resultado es un mejor gelificación. La adición de sales de calcio como $CaCl_2$ en pectinas con bajo GM forma entrecruzamiento entre cadenas, promoviendo la gelificación (Jane, 2000). Las enzimas que hidrolizan a las pectinas son de tres tipos: poligalacturonasas, pectatoliasas y pectinesterasas. Las poligalacturonasas rompen los enlaces glucosídicos $\alpha(1-4)$ mediante hidrólisis, creándose dos moléculas similares a la original aunque de menor tamaño debido a la aparición de una nueva terminal reductora. Las pectatoliasas rompen también enlaces $\alpha(1-4)$, pero mediante un mecanismo de β-eliminación que genera urónido Δ-4,5 insaturado. Las pectinesterasas rompen el enlace éster, reduciendo el grado de metilación; por lo que no son enzimas pectinolíticas en sentido estricto, pero su acción facilita el ataque posterior de otras enzimas. La administración de pectina en la dietas para animales de laboratorio y para humanos en el metabolismo de los lípidos tiene efectos similares, aunque el mecanismo es todavía confuso. Esta adición da como resultado un incremento en la excreción fecal de ácidos biliares y grasa total, disminuyendo también el colesterol en suero sanguíneo (Tsai, 1976). Se sugiere que la eficacia de la pectina para disminuir la concentración de colesterol en sangre se debe a la presencia de sustituyentes metoxilo lo que produce un gel viscoso (Ershoff, 1962); otros autores concluyen que el aumento de viscosidad en el intestino delgado, debido a la presencia de pectina, reduce la hipocolesterolemia (Kay y Truswell, 1977), lo que ocurre al unirse a los ácidos biliares y facilitar su expulsión junto con las heces, y contribuye a la disminución del riesgo de aparición de diferentes enfermedades cardiovasculares (Jackson, 2007). Al incrementarse la viscosidad por el alto grado de metoxilación, disminuye la formación de micelas y se reduce el movimiento de β-caroteno en las células de absorción; en consecuencia disminuye el efecto de conversión de β-caroteno a vitamina A (Erdman, 1986). Gronowska-Senger y col. (1981) indicaron que la fibras dietéticas de varios tipos, incluida la pectina, suministrada en niveles altos en la dieta (5 -20%) disminuyen la utilización de β-carotenos en la rata. En pollos se encontró que el grado de metoxilación de la pectina se correlacionó positivamente con el grado de reducción en la utilización de β-caroteno (Erdman, 1986); lo que se comprobó al suministrar pectina de manzana y de cítricos de alto GM. Se han reportado efectos adicionales del suministro de pectina. Jackson (2007) indica la disminución de hasta 40% de células cancerígenas en próstatas expuestas a la pectina. Leveille y Sauberlich (1988) realizaron estudios *in vitro*, encontrando que la pectina disminuye el transporte de ácido taurocólico a través de sacos invertidos intestinales y teniendo alguna afinidad para las sales biliares. Se han realizado también investigaciones sobre el efecto de inclusión de pectina en dietas para humanos sobre la grasa y la excreción de esteroides, aunque los mecanismos de acción no han sido aclarados. Kay y Truswell (1977) estudiando la administración por vía oral de pectina en forma de gel por un período de 21 días a hombres y mujeres, encontraron una disminución de 5% de colesterol en suero y 13% en plasma. También se observó la disminución de hasta 44% de la excreción de grasa en heces, 17% de esteroides neutrales y 33% de ácidos biliares. Sin embargo, no hubo efecto en la concentración de triglicéridos. Nuestro grupo de investigación evaluó la infusión de β-caroteno ruminal y la infusión de la pectina a nivel duodenal. Los resultados obtenidos (Tabla 5) demostraron que el β-caroteno y la clorofila-b disminuyeron linealmente la digestión y absorción a nivel post-postruminal con la infusión de pectina. Esta investigación demuestra que la pectina tiene una importancia fisiológica en capturar los cromógenos citados y evitar su almacenamiento en la grasa subcutánea.

Tabla 5. Influencia de β-caroteno ruminal y la infusión de pectina en duodeno sobre las características digestivas en bovinos

| | Infusión de pectina, g/día[a] | | | | | Valores P | | |
	0.00	18.50	46.25	92.50	EEM	T vs P	Lineal	Cuadrático
Replica-Novillos	4	4	4	4				
Consumo g/día								
M. Seca	9618	9618	9618	9618				
Clorofila-*a*	1.060	1.060	1.062	1.058				
Clorofila-b	0.520	0.519	0.521	0.519				
β-caroteno	0.369	0.367	0.373	0.362				
Infusión β-caroteno[a]	2.970	2.970	2.970	2.970				
Total β-caroteno	3.339	3.337	3.343	3.332				
Flujo a duodeno (g/día)								
M. orgánica	5533	4857	4971	4935	313	0.141	0.866	0.853
β-caroteno	2.208	2.241	2.529	2.457	0.24	0.495	0.548	0.562
Clorofila-*a*	0.167	0.118	0.141	0.118	0.02	0.072	0.989	0.294
Clorofila-b	0.164	0.115	0.138	0.116	0.02	0.071	0.983	0.298
Excreción fecal (g/día)								
M. Orgánica	2302	2160	1976	2283	194	0.498	0.669	0.34
β-caroteno	0.361	0.494	0.522	0.693	0.06	0.02	0.05	0.35
Clorofila-*a*	0.041	0.032	0.035	0.035	0.01	0.42	0.51	0.06
Clorofila-b	0.019	0.022	0.023	0.026	0.01	0.252	0.733	0.79
Digestión post-ruminal, % en duodeno								
M. orgánica	58.20	54.80	59.80	53.60	4.68	0.704	0.873	0.370
β-caroteno	84.12	77.53	79.14	70.37	2.53	0.028	0.092	0.146
Clorofila-*a*	73.19	71.93	74.95	70.51	4.43	0.893	0.827	0.518
Clorofila-b	87.51	79.97	82.75	77.65	2.03	0.020	0.451	0.164

[1] β-caroteno fue infusionado por la cánula ruminal y la pectina por vía duodenal.
EEM=error estándar de la media, T=testigo, P=pectina

IMPACTO ECONÓMICO DEL PROBLEMA DE GRASA AMARILLA EN LA CANAL

El color del tejido adiposo subcutáneo es un componente importante en la calidad de las canales en bovinos (Mora y Shimada, 2001), considerado como elemento de juicio en los sistemas de clasificación de los Estados Unidos, Canadá, Australia y Japón (Walker y col., 1990; Price, 1995), debido a que la variabilidad del color de la grasa en las canales se asocia a la calidad esperada por el mercado y los consumidores (Price, 1995). Crouse y Seideman (1984) observaron que tanto el color de la carne magra la grasa son cada vez más importantes para categorizar la calidad en la carne y los productos cárnicos. En una encuesta realizada en Japón, Corea, Taiwán, Hong Kong y México se observó que 80% de los encuestados estaban a favor de carne con tonalidad roja clara y grasa color ámbar (Dunne y col., 2009). En la mayoría de los mercados donde se comercializa la carne, se rechazan las canales con grasa color amarillo intenso (Walker y col., 1990). Existen percepciones erróneas, tal como suponer que el color amarillo en los tejidos indica que el animal se encontraba enfermo al momento del sacrificio (Dunne y col., 2009), o que la canal pertenece a animales viejos y, por tanto, tienen menor contenido de carne tierna, lo que redunda en pérdidas económicas hasta por 900,000 dólares por año, según Barron-Gutial y col. (2004). Sin embargo, también existe argumentos en el sentido inverso que asocian a la grasa amarilla en forma positiva con las tradiciones de producción de carne, percibiéndolo como criterio de calidad ecológicamente favorable (Dunne y col., 2009). Algunas regiones asiáticas asocian al color amarillo de la grasa con ganado sano que se crío con pasto o forraje, y por tanto acumulan carotenoides (Yang y col., 1992). Este punto de vista fundamenta la alimentación del ganado en pasturas como fuente de beneficios, particularmente relacionado con el perfil de ácidos grasos y el contenido de antioxidantes (French y col., 2000). En este sentido, existe la posibilidad de utilizar el color o contenido de carotenoides como un indicador del historial de la dieta del animal y de la calidad nutricional de la carne (Prache y col., 2002). Sin embargo, el consumidor promedio rechaza una carne con grasa amarilla ya que no evalúa los posibles beneficios nutrimentales de la incorporación de carotenoides, para lo cual se requerirían campañas publicitarias intensas.

Debido a que el color amarillo de la grasa es de importancia económica es fundamental definir el límite de intensidad que es aceptable por el consumidor. Con base a esto, se pueden definir los días de finalización de los novillos en corral. Morgan y Everitt (1968) relacionaron el contenido de carotenoides en la sangre y el tejido adiposo estableciendo una correlación (r=0.92) entre la concentración del caroteno y la intensidad del color amarillo, mientras que Strachan y col. (1993) correlacionaron la concentración de β-caroteno y luteína sanguíneas con la tonalidad amarilla de la grasa intermuscular, obteniendo coeficientes de correlación menores de 0.8. De forma similar, Yang y col. (1993) reportaron la relación entre el tejido adiposo amarillo y la concentración total de carotenoides en el tejido (r=0.79). Sin embargo, Swatland (1988) encontró que esta relación es subjetiva respecto al color amarillo en el tejido adiposo debido a que otros factores y metabolitos están involucrados también en la presencia de este color en la grasa.

El color amarillo de la grasa subcutánea, independientemente de su intensidad, demerita el valor económico de la carne y causa severas pérdidas económicas como es el caso de Norteamérica. Una forma de contrarrestar estas pérdidas es finalizar a los bovinos con granos; esta práctica permite que disminuya o desaparezca el color amarillo en el tejido adiposo. Sin embargo, existe controversia acerca del tiempo necesario para lograr esta disminución o desaparición, ya que un mayor tiempo involucrado en el manejo repercute en la necesidad de mayor inversión en los rubros de exclusión de forraje sea 90 días antes del sacrificio (Miller, 2002). Hay que tomar en consideración que además del tiempo óptimo de exclusión, influyen en la pigmentación de la grasa los tipos de pasturas, las razas, la edad al sacrificio y la región específica, entre otros factores. Al respecto, Dunne y col. (2006) reportaron que suministrando concentrados a tiempos de 56 a 112 días fue suficiente para disminuir el color amarillo en novillas y novillos en corral. En conclusión, no se ha establecido el límite en la intensidad de color amarillo que puede ser aceptado por el consumidor; este depende de varios factores relacionados con el animal y el sistema de producción. Las pérdidas económicas ocasionadas por la apariencia de la grasa son considerablemente altas, y se deben contrarrestar a través de la disminución del color o con campañas de publicidad dirigidas a la aceptación de la apariencia por parte del consumidor.

CONCLUSIONES

Los eventos fisiológicos que ocurren en la pigmentación de la grasa en los bovinos son ya conocidos. Sin embargo, las estrategias para disminuir la pigmentación son limitadas, debido al manejo zootécnico con los animales y el costo económico que representa. La concentración de carotenoides que causa el color amarillo a la grasa de cobertura no causa daño a la salud humana, pero la cultura alimenticia limita el consumo y causa daños económicos a la comercialización. El uso de la pectina podrá causar el atrapamiento de carotenos para disminuir el tono amarillo de la grasa.

BIBLIOGRAFÍA

Alosilla C.E, McDowell L.R., Wilkinson N.S., Staples C.R., Thatcher W.W., Martin F.G., Blair M. 2007. Bioavailability of vitamin A sources for cattle. Journal of Animal Science 85, 1235-1238.

Arad S., Yaron, A. 1992. Natural pigments from red microalgae for use in foods and cosmetics. Trends in Food Science and Technology 3, 91.

Armstrong G.A., Hears, J.E.1996. Genetics and molecular biology of carotenoid pigment biosynthesis. FASEB Journal 10, 228-237.

Barrón G.S., García B.C., Mora I.O., Shimada M.A. 2004. Impacto económico de la pigmentación del tejido adiposo en bovinos en pastoreo en el trópico. Agrociencia 38, 173-179.

Biesalski H.K., Grimm P. 2007. Nutrición: Texto y atlas. Editorial Panamericana, Madrid, España.

Bowen P.E., Mobarhan, S., Smith, J.C. 1993. Carotenoid absorption in humans. Methods in Enzymology 214, 3-16.

Bruto J. 1991. Pigmentos en los vegetales: clorofilas y carotenoides. Van Nostrand- Reinhold. Nueva York.

Cardinault, N., Doreau, M., Nozière, P. 2004. Devenir des carotenoides dans le rumen. 11emes Rencontres Recherche Ruminants, p. 82.

Cardinault N., Doreau M., Poncet C., Noziere P. 2006. Digestion and absorption of carotenoids in sheep given fresh red clover. Animal Science 82, 49–55.

Cohen-Fernandez S., Budowski P., Ascarelli I., Neumark H., Bondi A., 1976. Pre-intestinal stability of betacarotene in ruminants. International Journal for Vitamin and Nutrition Research 46, 439–445.

Crouse J.D., Cross H.R., Seideman S.C. 1984. Effects of a grass or grain diet on the quality of three beef muscles. Journal of Animal Science 58, 619-625.

Cruz Monterrosa, R. G., Ramìrez-Bribiesca, J.E. Guerrero-Legarreta I., Zinn, R.A. 2015. Influence of pectin on intestinal digestion of chromogens in steers. Animal Feed Science and Technology 207, 274-277.

Daniel M.J., Dikeman M.E., Arnett A.M., Hunt M.C. 2009. Effects of dietary vitamin A restriction during finishing on color display life, lipid oxidation, and sensory traits of longissimus and Triceps brachii steaks from early and traditionally weaned steers. Meat Science 81, 15–21.

Davison K.L., Seo J., 1963. Influence of nitrate upon carotene destruction during *in vitro* fermentation with rumen liquor. Journal of Dairy Science 46, 862–864.

Dawson R.M.C., Hemington N. 1974. Digestion of grass lipids and pigments in the sheep rumen. British Journal of Nutrition 32, 327–340.

Diamante C.B., Barlera S., Grazia F.M., Labarta B.V., Introna, M., Tognoni, G. 2003. APO B gene polymorphisms and coronary artery disease: a meta-analysis. Atherosclerosis 167, 355-366.

Di Mascio P., Murphy M.E., Sies H. 1991. Antioxidant defense systems: the role of carotenoids, tocopherols and thiols. American Journal of Clinical Nutrition 53, 194S-200S.

Dunne P.G., O'Mara F.P., Monahan F.J., Maloney A.P. 2006. Changes in colour characteristics and pigmentation of subcutaneous adipose tissue and M. longissimus dorsi of heifers fed grass, grass silage or concentrate-based diets. Meat Science 74, 231–241.

Dunne P.G., Monahan F.J., O'Mara F.P., Maloney A.P. 2009. Colour of bovine subcutaneous adipose tissue: A review of contributory factors, associations with carcass and meat quality and its potential utility in authentication of dietary history. Meat Science 81, 28–45.

Entrala B.A., Gil H.A. 2001. Las vitaminas en la alimentación de los españoles. Editorial Panamericana. Madrid, España.

Erdman W.J., Fahey C.G., Broich W.C.1986. Effects of purified dietary fiber sources on β- carotene utilization by the chick. Journal of Nutrition 116, 2415-2423.

Ershoff B.H., Wells A.F. 1962. Effects of methoxyl content on anti-cholesterol activity of pectic substances in the rat. Experimental Medical Surgery 20, 272-276.

Folman Y., Ascarelli J., Herz Z., Rosenberg M., Davidson M., Halevi A. *1979.* Fertility of dairy heifers given a commercial diet free of 3- carotene. British Journal of Nutrition 41, 353-359.

French P., O'Riordan E.G., Monahan F.J., Caffrey P.J., Vidal M., Mooney M.T., Troy, D.J., Maloney A.P. 2000. Meat quality of steers finished on autumn grass, grass silage or concentrate-based diets. Meat Science 56, 173–180.

Furr H.C., Clark R.M., 1997. Intestinal absorption and tissue distribution of carotenoids. Journal of Nutritional Biochemistry 8, 364–377.

Garrett D.A., Failla M.L., Sarama R.J., 1999. Development of an *in vitro* digestion method to assess carotenoid bioavailability from meals. Journal of Agriculture and Food Chemistry 47, 4301–4309.

Goodman D.S., Blomstrand R., Werner B. 1966. The intestinal absorption and metabolism of β-carotene in man. Journal of Clinical Investigation 45, 1615-1623.

Goodman S., Huang H.S. 1965. Biosynthesis of vitamin A with rat intestinal enzymes. Science 149, 879-880.

Gronowska-Senger A., Zreda A., Smaczny E. 1981. Effect of various fiber sources and fiber amounts on carotene utilization. Food and Chemical Toxicology 14, 247-251.

Grownowska-Sengaer A., Wolf G. 1970. Effect of dietary protein on the enzyme from rat and human intestine which converts beta-carotene into vitamin A. Journal of Nutrition 100, 300-308.

Hendry G.A.F. 2000. Chlorophylls. En: Natural Food Colorants. G.J. Lauro, F.J. Francis (Eds.). Science and Technology. Basic Symposium Series. Marcel Dekker, Nueva York.

Jackson C.L., Dreaden T.M., Theobald N.M. 2007. Pectin induces apoptosis in human prostate cancer cells: correlation of apoptotic function with pectin structure. Glycobiology 17, 805-819.

Jane J.L. 2000. Carbohydrates: basic concepts. En: Food Chemistry. Principles and Application. G.L. Christen, J. Scott Smith (Eds.). Science Technology System, West Sacramento, California.

Johnson E.A., Schrocder W.A.1995. Microbial carotenoids. Advances in Biochemical Engineering 53, 119-178.

Kay R.M., Truswell A.S. 1977. Effect of citrus pectin on blood lipids and fecal steroid excretion in man. American Journal of Clinical Nutrition 30, 171-175.

Khachik F., Beecher G.R., Smith J.C. 1995. Lutein, lycopene and their oxidative metabolites in chemoprevention of cancer. Journal of Cell Biochemistry 22, 236-246.

Khachik F., Spangler C.L., Smith J.C., Canfield L.M., Steck A., Pfander H.1997. Identification, quantification, and relative concentrations of carotenoids and their metabolites in human milk and serum. Analytical Chemistry 69, 1873-1881.

King T.J., Khachik F., Bortkiewicz H., Fukushima L.H., Morioka S., Bertram J.S. 1997. Metabolites of dietary carotenoids as potential cancer preventive agents. Pure and Applied Chemistry 69, 2135-2140.

Knight T., Ridland M., Hill F., Death A., Wyeth T. 1993. Effects of stress and nutritional changes on the ranking of cattle on plasma carotene concentrations. Proceedings of the New Zealand Society of Animal Production 53, 455-456.

Lee M., Sharopova N., Beavis W.D., Grant D., Katt M., Blair D., Hallaver A. 2002. Expanding the genetic map of maize with the intermated. B73 x Mol7 (IBM) population. Plant Molecular Biology 48, 453-461.

Leo MA., Shameem S., Aleynik s., Siegel J, Kasmin F., Lieber C..1995. Carotenoids and tocopherols in various hepatobiliary conditions. Journal of Hepatology 23, 550-556.

Leveille G.A., Sauberlich E. 1988. Mechanism of the cholesterol-depressing effect of pectin in the cholesterol-fed rat. Journal of Nutrition 88, 209-214.

Lien K.A., Saber W.C., Fenton M. 1997. Mucin output in ileal digesta of pigs fed a protein-free diet. Zeitschrift für Ernährungswissenschaft 36, 182–190.

Lima G.A.J.1999. Evaluación del efecto que generan dos procesos de producción de azúcar blanco (Proceso blanco directo y proceso blanco cristal) sobre el color del azúcar producida en un ingenio azucarero guatemalteco.

Tesis, Universidad de San Carlos de Guatemala, Facultad de Ingeniería. Guatemala.

Livingston A.L., Smith D., Carnahan H.L., Knowles R.E., Nelson J.W., Kohler G.O. 1968. Variation in the xanthophyll and carotene content of lucerne, clovers and grasses. Journal of the Science of Food and Agriculture 19, 632–636.

Lotthammer K.H., Ahlswede L., Meyer H. 1976. Untersuchungen uber eine spezifische Vitamin A-unabhangige Wirkung des/3-Carotins auf die Fertilitat des Rindes. 2. Mitt.: Weitere klinische Befunde und Besamungsergebnisse. Dtsch. Tieraerztl. Wochenschr. 83, 353.

Masoro E.J. 1968. Physiological Chemistry of Lipids in Mammals. Editorial W. B. Saunders. Filadelfia.

Michal J.J., Heirman L.R., Wong T.S., Chew B.P.1994. Modulatory effects of dietary β- carotene on blood and mammary function in periperturient dairy cows. Journal of Dairy Science 7, 1408–1421.

Miller R.K. 2002. Factors affecting the quality of raw meat. En: Meat Processing. Improving Quality. J. Kerry, D. Ledward (Eds.). Wood Head Publishing. Cambridge, Inglaterra.

Moon F.E. 1939. The carotene content of some grass and clover species, with a note on Importancia nutricional de los pigmentos carotenoides. pasture weeds. Empire Journal of Experimental Agriculture 7, 235-243.

Mora O., Romano J.L., González E., Ruiz F.J., Shimada A., 1999. *In vitro* and *in situ* disappearance of betacarotene and lutein from lucerne (*Medicago sativa*) hay in bovine and caprine ruminal fluids. Journal of the Science of Food and Agriculture 79, 273–276.

Mora O., Romano J.L., González E., Ruiz F.J., Shimada A. 2000. Low cleavage activity of 15,15'-dioxygenase to convert □-carotene to retinal in cattle compared with goats, is associated with the yellow pigmentation of adipose tissue. International Journal of Veterinary Nutritional Research 70, 199-205.

Mora O., Shimada A. 2001. Causas del color amarillo de la grasa de canales de bovinos finalizados en pastoreo. Veterinaria México 32, 63–71.

Morgan J.H.L., Everitt G.C. 1968. Beef production from Jersey steers grazed in three environments. Proceedings of the New Zealand Society of Animal Production 28, 158-176.

Murray R., Mayes D., Granner D., Rodwell V. 1986. Bioquímica de Harper. Editorial El Manual Moderno. México D.F.

Niizu P.Y., Rodríguez-Amaya D.B. 2005. New data on the carotenoid composition of raw salad vegetables. Journal of Food Composition and Analysis 18, 739–749.

Noziére P., Graulet B., Lucas A., Martin B., Grolier P., Doreau M. 2006. Carotenoids for ruminants: From forages to dairy products. Animal Feed Science and Technology 131, 418-450.

Nys Y., 2000. Dietary carotenoids and egg yolk coloration—a review. Archiv für Geflügelkunde 64, 45–54.

Olmedilla B.A., Granado F.L., Blanco N.I. 2001. Carotenoides y salud humana. Editorial Fundación Española de la Nutrición. Madrid, España.

Olson J.A.1989. Biological actions of carotenoids. Journal of Nutrition 19, 94-95.

Olson J.A.1994. Absorption, transport, and metabolism of carotenoids in humans. Pure and Applied Chemistry 66, 1011-1016.

Olson J.A., Hayaishi O.1965. The enzymatic cleavage of beta-carotene into vitamin A by soluble enzymes of rat liver and intestine. Proceedings of the National Academy of Science 54, 1364-1370.

Ong A.S.H., Tee E.S. 1992. Natural sources of carotenoids from plants and oils. Methods in Enzymology Part A 213, 142-167.

Paik J.W., Kim C.S., Cho K.S., Chai J.K., Kim C.K., Choi S.H. 2004. Inhibition of cyclosporin A-induced gingival overgrowth by azithromycin through phagocytosis: an *in vivo* and *in vitro* study. Journal of Periodontology 75, 380–387.

Parker R.S.1996. Absorption, metabolism, and transport of carotenoids. FASEB Journal 10, 542-551.

Parker R.S. 1997. Bioavailability of carotenoids. European Journal of Clinical Nutrition 51, S86-S90.

Pfander H, Liaeen-Jensen S., Britton G.1996. Synthesis in perspective. En: Carotenoids Vol. 2: Synthesis. G. Britton, S. Liaeen-Jensen, H. Pfander (Eds.). Birkhauser Verlang. Basilea, Suiza.

Pollack J., Campbell J., Potter S., Erdman J.1994. Mongolian gerbils (*Meriones unguiculatus*) absorb β-carotene intact from a test meal. Journal of Nutrition 124, 869-873.

Potkanski A.A., Tucker R.E., Mitchell G.E. 1974. Pre-intestinal carotene losses in sheep fed alfalfa or isolated carotene beadlets. International Journal for Vitamin and Nutrition Research 44, 3–7.

Prache S., Priolo A., Jailler R., Dubroeucq H., Micol D., Martin B., 2002. Traceability of grass-feeding by quantifying the signature of carotenoid pigments in herbivore meat, milk and cheese. Proceedings of the 19th General Meeting of the European Grassland Federation on Multi-Function Grasslands: Quality Forages, Animal Products and Landscapes. Association Francaise pour la Production Fourragère. Versalles, Francia.

Price M.A. 1995. Development of carcass grading and classification systems. En: Quality and grading of carcasses of meat animals. S.D. Morgan-Jones (Eds.). CRC Press. Boca Raton, Florida.

Rodriguez-Amaya D.B. 1996. Assessment of the provitamin A contents of foods—the Brazilian experience. Journal of Food Composition and Analysis 9, 196–230.

Rodriguez-Amaya D.B. 1999. Carotenoides y preparación de alimentos. Universidad Estadual de Campinas. Campinas, Sao Paulo, Brasil.

Rodriguez-Amaya D.B. 1997. Carotenoides y preparación de alimentos: la retención de los carotenoides provitamina A en alimentos preparados, procesados y almacenados. Proyecto John Snow Inc./OMNI. Brasil.

Ribaya M.J., Holmgren S.C., Fox J.G., Russell R.M. 1989. Dietary β-carotene absorption and metabolism in ferrets and rats. Journal of Nutrition 119, 665-668.

Rodermel S. 2001. Pathways of plastid-to–nucleus signaling. Trends in Plant Science 6, 470-478

Saari J.C., Bunt A.H, Futterman S., Berman E.R. 1997. Localization of cellular retinol binding protein in bovine retine and retinal pigment epithelium. Investigative Ophtalmology and Visual Science 16, 797-806.

Sánchez A., Flores-Cotera L., Langley E., Martín R., Maldonado G. y Sánchez S. 1999. Carotenoides: estructuras, función, biosíntesis, regulación y aplicaciones. Revista Latinoamericana de Microbiología 41, 175-191.

Santamaría J. 2003. El β-caroteno en la reproducción del ganado vacuno. Alimentación Animal. Product Manager Rumiantes. Roche Vitaminas.

Shorland F.B., Weenink R.O., Johns A.T., McDonald I.R. 1957. The effect of sheep-rumen contents on unsaturated fatty acids. Biochemistry Journal 67, 328-333.

Seal C.J., Parker D.S. 1996. The effect of intraruminal propionic-acid infusion on metabolism ofmesenteric-drained and portal-drained viscera in growing steers fed a forage diet. 2. Ammonia, urea, aminoacids and peptides. Journal of Animal Science 74, 245-256.

Seshan P.A., Sen K.C.1942. Studies on carotene in relation to animal nutrition. 2. The development and distribution of carotene in the plant and the carotene content of some common feeding stuff. Journal of Agricultural Science 32, 201-216.

Strachan D., Yang A., Dillon R. 1993. Effect of grain feeding on fat colour and other carcass characteristics in previously grass-fed *Bos indicus* steers. Australian Journal of Experimental Agriculture 33, 269-273.

Swatland H.J. 1988. Interference colors of beef fasciculi in circularly polarized light. Journal of Animal Science 66, 379–384.

Tang G., Wang X.D., Russell R.M. 1991.Characterization of β-apo-13-carotenone and β-apo-14'-carotenal as enzymatic products of the excentric cleavage of β-carotene. Biochemistry 30, 9829-9834.

Tsai A.C., Elias J., Kelley J.J., Lin R.S.C., Robson J.R.K. 1976. Influence of certain dietary fibers on serum and tissue cholesterol levels in rats. Journal of Nutrition 106, 118-125.

Van Soest P.J. 1994. Nutritional Ecology of the Ruminant. Comstock Publishing, Cornell University Press. Nueva York.

VanVliet, 1996. Absorption of β-carotene and other carotenoids in humans and animal models. European Journal of Clinical Nutrition 50(suppl 3), S32-S37.

Walker P.J., Warner R.D., Winfield C.G. 1990. Sources of variation in subcutaneous fat colour of beef carcasses. Proceedings of the Australian Society of Animal Production. Werribee, Victoria, Australia.

Wang X.D., Tang G.W., Fox J.G., Krinsky N.I., Russell R.M. 1991. Enzymatic conversion of β-carotene into β-apo-carotenals and retinoids by human, monkey, ferret and rat tissues. Archives of Biochemistry and Biophysics 285, 8-16.

Willats G.T., Knox J.P., Dalgaard M.J. 2006. Pectin: new insights into an old polymer are starting to gel. Trends in Food Science and Technology 17, 97-104.

Wrolstand R.E. 2000. Colorants. En: Food Chemistry. Principles and Application. G.L. Christen, J. Scott Smith

(Eds.). Science Technology System, West Sacramento, California.

Wyss A., Wirtz G., Woggon W.D., Brugger R., Wyss M., Friedlin A., Bachman H., Hunziker W. 2000. Cloning and expression of β-β-carotene-15-15'-dioxygenase. Biochemical and Biophysical Research Communication 271, 334-336.

Yang A., Larsen T.W., Tume R.K. 1992. Carotenoid and retinol concentrations in serum, adipose-tissue and liver and carotenoid transport in sheep, goats and cattle. Austalian Journal of Agricultural Research 43, 1809–1817.

Yang A., Tume R.K. 1993. A comparison of beta-carotene-splitting activity isolated from intestinal mucosa of pasture-grazed sheep, goats and cattle. Biochemistry and Molecular Biology International 30, 209–217.

Zamora, R., Hidalgo, F.J., Tappel, A.L.1991. Comparative antioxidant effectiveness of dietary beta-carotene, vitamin E, selenium and coenzyme Q10 in rat erythrocytes and plasma. Journal of Nutrition 121, 50-56.

CAPÍTULO 4.

PROCESOS DE DESCOMPOSICIÓN, Y EVALUACIÓN DE LA FRESCURA DE LA CARNE

César Aquiles Lázaro de la Torre [1] y

Carlos Adam Conte-Junior [2]

[1] Laboratorio de Farmacología y Toxicología Veterinaria, Facultad de Medicina Veterinaria, Universidad Nacional Mayor de San Marcos, Lima, Perú; [2] Departamento de Tecnología de Alimentos, Universidad Federal Fluminense, Río de Janeiro, Brasil / Instituto de Química, Universidad Federal de Río de Janeiro, Brasil / Núcleo de Análisis de Alimentos (NAL-LADETEC), Universidad Federal de Río de Janeiro, Brasil. Autor para correspondencia: Cèsar Aquiles Lázaro de la Torre: clazarod@unmsm.edu.pe

INTRODUCCIÓN

Debido a que la carne posee una alta actividad de agua (a_a = 0.98 a 0.99), pH próximo a la neutralidad (5.5 a 6.5) y grandes reservas de nutrientes, es un medio ideal para el crecimiento de diversos microorganismos. La presencia de bacterias en la carne trae como resultado la degradación de diversos compuestos, producidos por el crecimiento y actividad catabólica de los microorganismos deteriorantes y patógenos, que confieren características percibidas sensorialmente a través del aroma, textura, apariencia y sabor de la carne. Inicialmente, estos procesos bioquímicos pasan desapercibidos, sin embargo la velocidad de su presentación está determinada por diversos factores extrínsecos e intrínsecos, los cuales evidencian un franco proceso de descomposición.

Una de las preocupaciones de la industria cárnica y de los organismos fiscales es justamente identificar microorganismos y metabolitos que puedan indicar estados de descomposición inicial dentro de los diversos tipos de presentación de la carne e influenciadas por factores como el tipo de crianza, niveles de estrés a que los animales son sometidos, métodos de sacrificio, procesamiento, conservación y distribución de la carne, entre otras etapas de la cadena de producción y distribución de la carne.

En el ámbito comercial es muy importante conocer las características que una carne fresca debe poseer. Esta evaluación, muchas veces practicada de forma empírica, es básicamente realizada por los sentidos. Sin embargo, la ciencia ha conseguido desarrollar algunos métodos para realizar una evaluación sensorial de manera sistemática, reproducible y repetitiva, con resultados confiables que generen una serie de datos capaces de ser evaluados estadísticamente.

La industria de la carne busca ofrecer a los consumidores productos de óptima calidad. Una de las principales características que los consumidores buscan al comprar carne es su frescura y, para esto, se apoyan de los sentidos (olor, color, textura, etcétera). Debido a eso, hay una necesidad de poder estimar de manera fácil y rápida el estado de frescura lo cual se encuentra íntimamente relacionado con la calidad de la carne. Generalmente el término calidad se refiere a la apariencia estética o al grado de deterioro que ha sufrido un producto pero también involucra aspectos de inocuidad como ausencia de bacterias patógenas, parásitos y/o compuestos químicos. Es importante recordar que calidad implica algo diferente para cada persona y es un término que debe ser definido en asociación con un único tipo de producto.

DESCOMPOSICIÓN DE LA CARNE

La carne es descrita como descompuesta o deteriorada cuando se presentan cambios que la hacen inaceptable para el consumo humano o para su comercialización. El peor estado de la carne descompuesta es cuando esta representa un peligro para la salud; sin embargo, existen estados menos drásticos que pueden incluir cambios visibles (color y forma), malos olores o la formación de limo en la superficie, estos cambios pueden presentarse en forma individual o conjunta y hacen que el producto sea rechazado. El tiempo que tarda la carne en alcanzar alguno de estos cambios bioquímicos es lo que define el periodo de validez comercial.

Durante el proceso de conversión del músculo en carne se presenta actividad endógena enzimática (calpaínas) que contribuye con algunos cambios bioquímicos, los cuales son hasta cierto punto deseables pues mejoran la aceptación de la carne al hacerla más suave; sin embargo, si la superficie cárnica presenta contaminación microbiana y se presentan condiciones medioambientales que favorezcan el crecimiento de estos microorganismos durante el tiempo de almacenamiento, se inicia un estado de descomposición como consecuencia de la degradación de los componentes del sustrato cárnico.

La descomposición de la carne se debe a la interacción de diversos factores extrínsecos e intrínsecos (Tabla 1), los cuales involucran la crianza de los animales (raza, alimentación, edad), condiciones en las cuales son sacrificados (episodios de estrés puede influenciar en el pH), estado fisiológico al momento del sacrificio, manejo en el procesamiento de la carne como los tipos de cortes (canal, cortes, carne molida), la aplicación de algún tipo de embalaje (aerobiosis, vacío, atmósfera modificada) o tratamiento (enfriamiento, cocción, irradiación, presión hidrostática, etcétera) (Figura 1).

Los factores asociados al proceso de descomposición de la carne (cambios de color, textura, olores y formación de limo) generalmente son el resultado de la proliferación de microorganismos producción de sus metabolitos. Sin embargo, las condiciones de los animales *ante mortem* y el manejo de la carne durante el sacrificio y *postmortem* son fundamentales e influyen en el proceso de descomposición. Si los animales son expuestos a factores de estrés, la reserva de glucógeno se reduce sustancialmente; esta condición favorece cambios en el pH, debido a la producción de ácido láctico. En cerdos estos cambios pueden originar la incidencia de carne PSE y DFD.

Tabla 1. Factores que afectan la viabilidad comercial de la carne
(adaptado de Dave y Ghaly, 2011)

Tipo	Factor
Intrínsecos	Especie animal Tipo de crianza y alimentación Edad del animal al momento de la matanza Propiedades químicas (pH, potencial redox, etcétera) Disponibilidad de oxígeno
Extrínsecos	Condiciones de procesamiento Higiene del personal y de los equipos e instalaciones Calidad del sistema de manejo Control de temperatura Sistemas de embalaje Tipo de almacenamiento

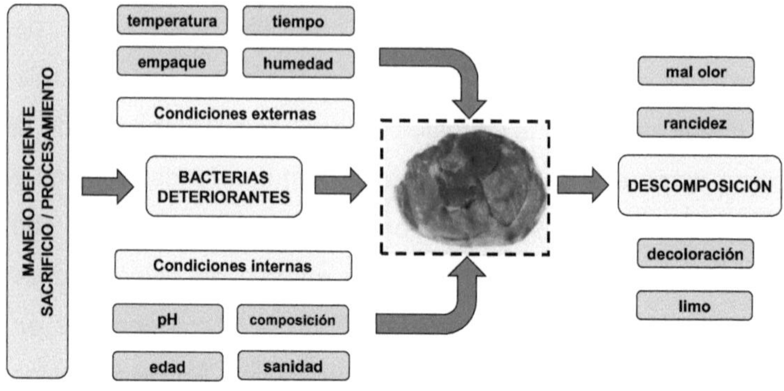

Figura 1. Condiciones que favorecen la descomposición de la carne

Las reacciones químicas son responsables de diversos cambios como la oxidación y alteraciones de color. Los cambios físicos también comprometen la descomposición del producto. Así, la deficiencia en el control de temperatura y humedad propician la deshidratación de la carne, y el producto tendrá un aspecto seco y opaco. Los daños mecánicos (cortes, fracturas, golpes) en las fibras musculares constituyen un punto de ingreso de microorganismos y aceleran los procesos enzimáticos. Finalmente, el tiempo y las condiciones de almacenamiento determinan la vida útil o el periodo máximo que la carne puede ser consumida. Hay tres tipos de mecanismos principales que contribuyen a la descomposición de la carne después del sacrificio, durante su procesamiento y almacenamiento: debido al metabolismo de microorganismos deteriorantes, a la oxidación lipídica y a la acción de enzimas autolíticas.

CONTAMINACIÓN BACTERIANA RELACIONADA CON LA DESCOMPOSICIÓN

Como se indicó, la carne es un excelente medio para el crecimiento de microorganismos debido principalmente a su composición bioquímica. Desde el punto de vista químico, la carne de las diversas especies está compuesta principalmente de agua (71-76%), proteínas (20-22%), lípidos (3-8%), carbohidratos (ácido láctico, 0.9%; glucógeno, 0.1% y glucosa e intermediarios glucolíticos, 0.2%) y otros componentes minoritarios como vitaminas, pigmentos, compuestos aromáticos, entre otros.

Antes de la matanza, el músculo se encuentra libre de microorganismos; sin embargo, durante el proceso de sacrificio y en las etapas posteriores de obtención de la carne, hay varios puntos donde este tejido se contamina. Debido a la naturaleza de los procesos de obtención de la carne, es prácticamente imposible que esta esté libre de microorganismos. De esta forma, la mayoría de las acciones durante el procesamiento se centran en reducir la carga microbiana. Sumado a esto, cuando la canal es cortada y dividida, la mayoría de elementos protectores (fascias y miofibrillas) se destruyen, incrementándose el riesgo de contaminación.

Fuentes de contaminación bacteriana

La contaminación microbiana comienza durante el proceso de matanza y despiece donde la canal se contamina en la evisceración con contenido gastrointestinal. Esto se produce debido a prácticas deficiente de manipulación al momento del eviscerado. Otras fuentes de contaminación son el contacto de la carne con la piel contaminada con heces al momento del desuello, una inadecuada limpieza y sanidad de la planta de faena, y deficiencias en la higiene de los operarios. Una vez que los microorganismos entran en contacto con la carne, comienza el proceso de colonización a través de la absorción y adhesión en la superficie por la formación de una capa extracelular de polisacáridos denominada glicocálix. Este proceso a la vez está determinado por factores intrínsecos y extrínsecos sobre el ecosistema de la carne (Tabla 1).

Microorganismos específicos de descomposición

El proceso de descomposición de la carne ocurre durante el tiempo de almacenamiento. Esta etapa es determinada por las características de microorganismos de descomposición (MED) que forman parte de la microbiota de la carne, influenciada a la vez por la temperatura de almacenamiento. Los MED crecen más rápido que otros microorganismos presentes y producen metabolitos que originan los malos olores, sabores y el limo, resultando en el rechazo sensorial del producto. Con estos principios se propuso un modelo de predicción de vialidad comercial basado en el crecimiento de MED, mostrando que el proceso de descomposición tiene una estrecha relación con el número total de bacterias, los MED y los índices sensoriales y químicos producidos por los microorganismos deteriorantes (Figura 2).

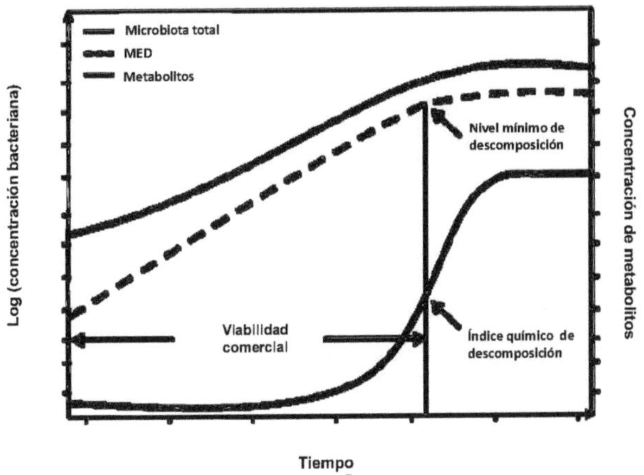

Figura 2. Esquema general de la descomposición microbiana. MED - Microorganismos específicos de descomposición (adaptado de Dalgaard, 1993).

Algunas especies bacterianas como *Pseudomonas, Micrococcus, Streptococcus, Lactobacillus, Salmonella, Escherichia, Clostridium* y *Bacillus* se encuentran frecuentemente en la carne de animales de abasto (Tabla 2). De todos estos, *Pseudomonas* spp. son, en la mayoría de los casos, responsables del deterioro de almacenadas en condiciones aeróbicas en un intervalo de temperaturas de -1 a 25°C. Las bacterias del grupo *Enterobacteriaceae* tolerantes al frio (*Hafnia alvei, Serratia liquefaciens, Enterobacter agglomerans*) pueden estar presentes en carnes refrigeradas y almacenadas aerobicamente. *Brochothrix thermosphacta* y las bacterias ácido lácticas se encuentran en la carne de bovinos durante el deshuesado, limpieza, procediendo de la piel de los animales, de la superficie de corte, del contenido ruminal, de las paredes del rastro y de las manos de los operarios, entre otros. El crecimiento de estos grupos se favorece por el tipo de empaque, como el que incluye atmósferas modificadas, lo que genera cambios en la carne, concluyendo en la descomposición de la misma. Sin embargo, el tipo y velocidad de descomposición está determinada por las especies y carga microbianas presentes, así como por el sustrato específico.

Interacciones bacterianas en el proceso de descomposición

Es importante resaltar que, debido a la variedad de microorganismos presentes en la carne, estos compiten por los substratos, lo que ocasiona el dominio de algunos grupos lo que establece interacciones, como el antagonismo y la cooperación comportamiento donde el metabolismo de un microorganismo favorece el crecimiento de otro. El antagonismo es el caso más común de la relación bacteriana en los alimentos, se observa en grupos como las bacterias acidolácticas, que ocasionan un abatimiento del pH del medio, además de producir péptidos antibacteriales que imposibilitan el crecimiento de otras bacterias. Asimismo, algunas bacterias Gram negativas pueden producir NH_3 y trimetilamina, tóxicas para otros grupos bacterianos. La competencia por el hierro, esencial para los procesos de respiración bacteriana; en procesos de reducción enzimática, es otra de las características desarrolladas por algunas bacterias. Así, las pseudomonas producen sideróforos o captadores de hierro, impidiendo que este elemento esté disponible para la respiración de otras bacterias. La metabiosis, otro tipo de interacción bacteriana es el aprovechamiento de las condiciones que crea un grupo bacteriano para el desarrollo de otro. Por ejemplo, las bacterias Gram negativas remueven el oxígeno del medio, haciéndolo favorable para el crecimiento de bacterias anaerobias como *Clostridium botulinum*. Asimismo, para la formación de aminas biogénicas, las bacterias depende de la presencia de algunos aminoácidos específicos, los cuales previamente han sido liberados por bacterias proteolíticas. Algunas bacterias acidolácticas convierten la arginina a ornitina para que otras bacterias como las enterobacterias produzcan putrescina.

El *quorum sensing* o comunicación entre bacterias, es función de la densidad de la población bacteriana. Es la expresión de las características fenotípicas de algunos microorganismos, debida a regulación genética e influenciada por factores como la fase de crecimiento, los nutrientes y los factores de estrés, entre otros. Para que esta relación se presente, debe necesariamente existir comunicación entre los microorganismos, la cual se da por señales químicas. En bacterias Gram positivas se ha identificado a los péptidos como responsables de estas señales; en bacterias Gram negativas la señal más estudiada ha sido la de N-acil homoserinalactona.

Metabolitos bacterianos originados durante la descomposición

Diversos sustratos presentes en la carne como glucosa, algunos aminoácidos, nucleótidos, urea y proteínas solubles en agua son catabolizados por la mayoría de bacterias que se encuentran en la carne (Tabla 3). Estos compuestos cumplen básicamente la función de fuente de energía, esencial para el desarrollo y crecimiento bacteriano. Debido a esto, su cantidad y concentración es determinante en el tipo de deterioro, y la causa de las principales características sensoriales de la descomposición de la carne. Hay tres tipos de sustratos que son aprovechados por los tipos de microorganismos

deteriorantes (Figura 3): compuestos glucolíticos (glucógeno,
glucosa, glucosa-6-fosfato, lactato); sus productos metabólicos
(gluconato, gluconato-6-fosfato, piruvato), y compuestos
nitrogenados (aminoácidos y proteínas).

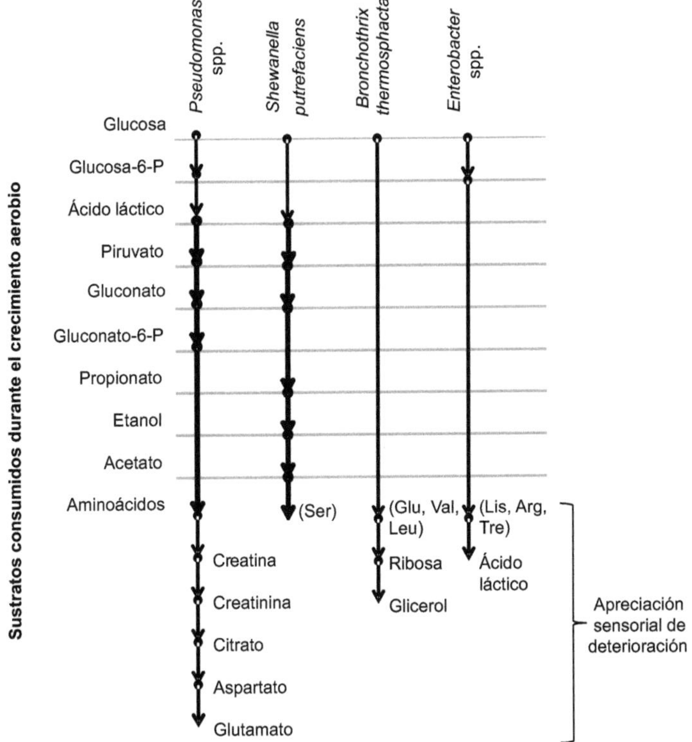

Figura 3. Catabolismo de sustratos por los microorganismos deteriorantes más frecuentes en la carne (adaptado de Ellis y Goodacre, 2001)

Productos de la degradación proteica

Las proteínas son las moléculas mayoritarias de la carne. Su degradación se debe a la acción de enzimas proteolíticas de origen bacteriano o endógeno; de estas, las enzimas bacterianas o exógenas dan como resultado la formación de peptonas solubles y polipéptidos, seguidos de aminoácidos. Sin embargo, esta actividad enzimática exógena depende de factores como el tipo de bacterias presentes en la carne y las condiciones de almacenamiento de la misma (temperatura, humedad, presencia de aire, entre otros).

Con el avance de la proteólisis y subsecuente degradación peptídica y descarboxilación, se promueve la producción de aminas biogénicas, compuestos responsables de los olores pútridos de la carne descompuesta. Uno de los grupos de microorganismos de mayor incidencia en la proteólisis son las pseudomonas, aunque la evidencia de la degradación proteica se detecta solo cuando existe una microbiota abundante. Las aminas biogénicas (histamina, cadaverina, tiramina, putrescina, espermina, espermidina) se forman reacciones de descarboxilación ocasionada por descarboxilasas bacterianas sobre aminoácidos libres específicos (Figura 4). Como resultado de su origen microbiano, las aminas biogénicas han sido utilizadas como criterio, tanto indirecto como directo, para evaluar la calidad higiénica y la frescura de carnes.

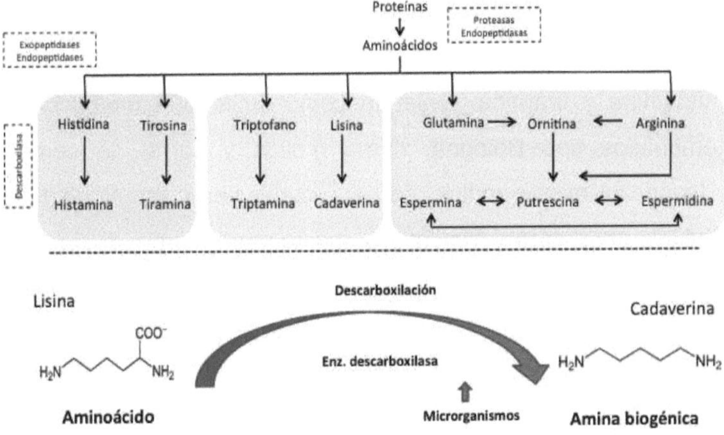

Figura 4. Formación de aminas biogénicas

La presencia de aminas en carne fresca es generalmente baja excepto en el caso de las de origen fisiológicas, como la espermina y la espermidina. Durante el almacenamiento, la concentración de putrescina, cadaverina, tiramina e histamina aumenta, relacionándose con las cuentas de bacterias aerobias mesófilas (entre 10^5 a 10^7 UFC/g). En contraposición, la espermina y la espermidina se mantienen estables o con una ligera reducción. En este sentido, el incremento de las aminas biogénicas, en forma individual o combinada, es un indicador de frescura, o inicio de la descomposición. La combinación de putrescina y cadaverina ha sido sugerida como un índice de aceptabilidad en carne fresca debido a que sus concentraciones incrementan antes de la descomposición. Se ha propuesto un índice de aminas biogénicas (IAB) basado en la sumatoria de los valores de putrescina, cadaverina, histamina y tiramina, teniendo como límite 500 mg/kg para embutidos tipo Bologna, carne molida y carne de cerdo. Usando el mismo índice, se han establecieron los siguientes límites para carne fresca: <5 mg/kg para carne de buena calidad; 5 a 20 mg/kg para carne aceptable pero con signos iniciales de descomposición; 20 a 50 mg/kg para carne de baja calidad y >50 mg/kg para carne en descomposición. Asimismo, las aminas biogénicas pueden ser un indicador *a priori* de degradación proteica, y relacionase con el grado de frescura de la carne. En carne bovina y de aves, las variaciones de cadaverina son el principal indicador.

**Efectos medioambientales en el crecimiento bacteriano
y la viabilidad comercial de la carne**

Las condiciones medioambientales, como la temperatura, la atmósfera gaseosa y el pH, interactúan entre si afectando el crecimiento bacteriano y, por consiguiente el tiempo y la viabilidad comercial del producto. La temperatura es el factor más importante que influye en la velocidad de descomposición de la carne, debido a esto la industria cárnica debe mantener una adecuada cadena de fría (4ºC) a lo largo de todo el proceso productivo.

El uso de empaques ha sido empleado para alterar las condiciones medioambientales en que la carne es almacenada. La carne empacada al vacío tiene menos probabilidad de desarrollar patógenos. Este método es efectivo para extender la viabilidad comercial, pero altera al color, tornándolo oscuro. Las atmósferas modificadas también incrementa la viabilidad del producto sin alterar el color, lo que se obtiene al reducir la cantidad de oxígeno y aumentar la de CO_2 dentro del empaque. Otra forma de aumentar la viabilidad comercial de la carne es el uso de bacterias acidolácticas, debido a la capacidad de estas de reducir el pH e inhibir bacterias deteriorantes. Una forma alternativa de este método es la aplicación directa de ácidos orgánicos (láctico, cítrico, ascórbico, entre otros) en aspersión sobre la superficie del producto.

OXIDACIÓN LIPÍDICA

La descomposición de la carne no solo es causada por factores extrínsecos como la actividad microbiana, existen factores intrínsecos como la oxidación lipídica que se relacionan con esta condición. La autooxidación de las grasas, o enranciamiento, corresponde a la principal causa de deterioro de la carne sometida a congelación, ocasionando descoloración, pérdida de agua por goteo, malos olores y sabores, y posible formación de compuestos potencialmente tóxicos.

Este mecanismo implica la producción de radicales libres, afectando a los ácidos grasos y autocatalizándose a través de un mecanismo de oxidación. Después del sacrificio, comienza el proceso de oxidación de los lípidos como resultado del cese de la circulación sanguínea y del inicio de los procesos metabólicos. La oxidación lipídica es la reacción del oxígeno con los dobles enlaces de los ácidos grasos, ocurre en tres fases: 1) Iniciación, las altas temperaturas, iones metálicos, luz e irradiación forman radicales libres en los carbonos cercanos a los dobles enlaces, los cuales reaccionan con el oxígeno del aire formando radicales peróxidos; 2) Propagación, los radicales peróxido reaccionan en cadena formando hidroperóxidos y nuevos radicales libres, y 3) Terminación, los radicales libres interactúan y forman productos finales estables (Figura 5).

Iniciación

$$R\cdot + O_2 \longrightarrow R\cdot + \cdot OOH$$

Propagación

$$R\cdot + O_2 \longrightarrow ROO\cdot$$

$$RH + ROO\cdot \longrightarrow ROOH + R\cdot$$

$$ROOH \longrightarrow RO\cdot + HO$$

Terminación

$$R\cdot + R\cdot \longrightarrow R\text{-}R$$

$$R\cdot + ROO\cdot \longrightarrow ROOR$$

$$ROO\cdot + ROO\cdot \longrightarrow ROOR + O_2$$

Figura 5. Mecanismo de autooxidación de lipídos

Factores que afectan la oxidación lipídica

La oxidación lipídica depende de varios factores incluyendo la proporción y composición de ácidos grasos; los niveles de antioxidantes como vitaminas C y E, y de prooxidantes como fierro libre y otros metales; y la presencia de oxígeno. La oxidación de ácidos grasos insaturados forma hidroperóxidos considerados como compuestos primarios muy inestables, sin producir olor; sin embargo se generan productos secundarios, como aldehídos, cetonas, alcanos, alquenos, alcoholes y esteres los cuales contribuyen con las características de mal olor, formación de colores propios del proceso de deterioración y compuestos tóxicos. Los ácidos grasos poliinsaturados son más susceptibles a la oxidación lipídica.

Las propiedades intrínsecas y los procesos que predisponen la oxidación lipídica son variados. La carne de animales no rumiantes contiene altas concentraciones de ácidos grasos insaturados por lo que es más propensa al enranciamiento. Paralelamente, los músculos con mayor proporción de fibras rojas también son susceptibles debido a que contienen más fierro y fosfolípidos que las fibras musculares blancas. Con respecto al tipo de proceso al que se sujeta a la carne, la carne molida es más susceptible a sufrir enranciamiento que los cortes enteros debido a la incorporación de oxígeno en el proceso de molienda, y por el contacto de agentes prooxidantes con los ácidos grasos insaturados causado por este proceso. Por último, la fortificación de productos cárnicos con ácidos grasos insaturados como los n-3 o el ácido linoléico conjugado (CLA) con el fin de mejorar su valor nutricional, la hacen más fácil de autooxidarse.

Oxidación lipídica y cambios de color

La oxidación lipídica ha sido ampliamente reconocida como un punto crítico durante el almacenamiento y procesamiento de productos cárnicos. La degradación de ácidos grasos involucra diversos mecanismos moleculares que permiten la formación de precursores ricos en oxígeno e radicales libre, contribuyendo a la aparición de atributos cualitativos como olores y sabores indeseables. Hay una relación directa entre la oxidación lipídica y los cambios de color en la carne. Estos se deben a la conversión de oximioglobina (OxiMb) a metamioglobina (MetMb), debido a la oxidación de fierro presente en el grupo hemo de la mioglobina. De hecho, la oxidación lipídica y la oxidación de la mioglobina son eventos que interactúan entre sí. La oxidación lipídica promueve la oxidación de la mioglobina debido a la formación de productos primarios y secundarios derivados de los ácidos grasos insaturados. La presencia de aldehídos insaturados con OxiMb incrementa la formación de MetMb. Además, las concentraciones altas de fierro y mioglobina se asocian con un aumento en la velocidad de autoooxidación. La oxidación de OxiMb a MetMb genera compuestos intermediarios (aniones superóxidos y peróxido de hidrógeno), los cuales pueden reaccionar con MetMb y formar complejos que promueven la oxidación lipídica. Los alquil hidroperóxidos formados también interactúan con MetMb en forma similar al peróxido de hidrógeno. MetMb-H_2O_2 y mioglobina férrica son los principales reactivos de la oxidación lipídica en carnes.

ACCIÓN ENZIMÁTICA

Las enzimas aceleran varios procesos en matrices alimentarias, como la fermentación, la rancidez y la putrefacción. La acción enzimática es un proceso natural que ocurre en las células musculares después que las funciones vitales han cesado. Las enzimas tiene la habilidad de combinarse químicamente con otros compuestos orgánicos, realizando una función catalítica que promueven la descomposición de la carne. En el proceso de autólisis, los compuestos complejos (carbohidratos, grasas y proteínas) se degradan, y sus productos contribuyen con los componentes necesarios para la proliferación microbiana. La degradación de los polipéptidos por parte de las proteasas es el responsables de los cambios de sabor y textura. Las enzimas, como las calpainas, las catepsinas y las aminopeptidasas, promueven la autólisis *postmortem*; de estas, las calpainas son las más relacionadas con el proceso de suavización de la carne, la cual se continúa hasta iniciar la putrefacción a menos que se inactiven través de procesos térmicos o químicos, entre otros métodos.

EVALUACIÓN DE FRESCURA Y DESCOMPOSICIÓN DE LA CARNE

Dado que el consumidor es juez de la calidad, y este evalúa a la carne a través de sus sentidos, los mejores indicadores para evaluar la frescura de la carne o etapas tempranas de descomposición son por análisis sensoriales. Sin embargo, hay métodos químicos que evalúan algunos metabolitos producidos en la etapa de descomposición y que están relacionados con la evaluación sensorial.

Evaluación sensorial

La evaluación sensorial es definida como una disciplina científica, empleada para evocar, medir, analizar e interpretar reacciones características del alimento, percibidas a través de los sentidos de la vista, olfato, gusto, tacto y audición. Por lo general los consumidores definen la frescura de la carne con base a sus propias percepciones y preferencias. Sin embargo, en la práctica se considera que la mejor forma de evaluar la frescura de la carne es por medio de características medibles científicamente como la apariencia, color, textura y sabor.

Apariencia

Es la propiedad visual donde interactúan diversas características como la forma, el tamaño, el color, la textura, la transparencia y la opacidad, entre otros. En muchos casos, es el único atributo por el cual los consumidores eligen un producto. La apariencia general incluye las siguientes características:

• Color: Además de las características propias del color de la carne, es importante observar las variaciones y uniformidad en toda la superficie. Por lo general, la presencia de manchas e decoloraciones son indicadores de deterioro.

• Tamaño y forma: Incluye la evaluación de la longitud, profundidad, espesor, forma y distribución de la pieza.

• Textura de la superficie: Incluye opacidad, brillo, rugosidad o uniformidad; y la apariencia húmeda, seca, suave o dura.

• Claridad: Incluye la opacidad de las estructuras transparentes, así como la ausencia o presencia de partículas extrañas.

Es importante resaltar que la manera por la que los consumidores evalúan la apariencia de la carne es muy subjetiva, y diversos factores pueden llevar a interpretaciones equivocadas, como el grado de infiltración de grasa, el porcentaje de carne magra, superficie sucia o demasiado húmeda o seca, y manchas de sangre, entre otras. La industria cárnica reconoce el efecto de la apariencia sobre las preferencias de compra del consumidor, es por ese motivo que se destinan abundantes recursos e investigaciones para tener una presentación adecuada de la carne en el mercado. Esto es evidente cuando los consumidores van a los puntos de distribución y, después de observar varias marcas comerciales, eligen con base a la que "se ve mejor". Por este motivo, la apariencia es un factor clave que influye en la decisión del consumidor, está altamente relacionado con el concepto de calidad y palatabilidad.

Color

En condiciones normales, el color de la carne varía en un intervalo de rojo oscuro, claro y tenue. Sin embargo, también pueden presentarse colores rojo rosado, gris y café. En el caso de productos cárnicos elaborados, estas variaciones en el color indican el tipo de procesamiento y de empaque; en carne fresca indican el nivel de frescura. El color natural de la carne fresca, exceptuando la carne de ave, es roja debido principalmente al pigmento de la carne, la mioglobina. Al entrar en contacto con el aire la superficie de la carne cambia a un color rojo brillante debido a la oximioglobina formada por reacción de oxígeno y mioglobina. Asimismo, en ausencia de oxígeno como es el caso de carne empacada al vacío, se presenta un color rojo oscuro. Estas coloraciones son una muestra de las variaciones que se presentan en carne fresca y que no necesariamente indican ausencia de frescura. El color de la carne se mide por varias razones, incluyendo la clasificación especificaciones comerciales, la preferencia de los consumidores, y los cambios durante el almacenamiento, entre otros. Entre los métodos de medición del color en carnes, el más destacado es el panel sensorial, el cual requiere la obtención de datos sistematizados. Se emplean varios tipos de técnicas, como las discriminatorias (prueba triangular, intensidad, preferencia). Sin embargo, es necesario considerar las complicaciones que representan estas pruebas debido a la heterogeneidad de la carne, como la presencia de grasa en carne magra que puede influenciar al juez.

Textura

La terneza de la carne es un atributo crítico para los consumidores. La percepción de la terneza es influenciada por varias sensaciones táctiles, incluyendo la textura. El termino terneza, que hace relación a la dureza, es usualmente confundido con la textura, aunque esta última es una característica compleja que engloba conceptos como dureza, masticabilidad, cohesividad, elasticidad y jugosidad. Las variaciones en la textura de la carne se originan por factores inherentes a la misma, como su estructura, tipo de músculo, cantidad de tejido conectivo presente, y cantidad de lípidos. Sin embargo, los factores externos también influyen, entre otros el método de cocción y la manipulación previa. La percepción de la textura se asocia con defectos mecánicos relacionados con la estructura de la carne. Una medida precisa de la textura es fundamental para el estudio de la variabilidad y control de calidad del producto.

Sabor y aroma

La frescura de la carne es determinada generalmente por el olor, el color y la apariencia. Los cambios de aroma en la carne fresca son debido mayormente a la contaminación bacteriana, sin embargo existe la posibilidad de la carne se contamine con bacterias patógenas que no causen alteraciones sensoriales, por lo que es importante llevar manipular en forma correcta a la carne (Buenas Prácticas de Manufactura).

El aroma es un atributo importante en la evaluación sensorial de la carne, sin embargo, este no puede ser explicado con precisión por el consumidor común debido a la falta de vocabulario para describir los sabores y aromas complejos. En la carne cocida, hay más de 1000 compuestos que determinan el aroma, muchos de ellos son caracterizan a determinados productos, como 2-metil-3-furanotiol en carne bovina y de aves, el cuales pueden ser identificados por paneles sensoriales debidamente entrenados. Los aromas indeseables también son identificados como indicadores de descomposición. La apreciación sensorial de la descomposición se relaciona por la utilización microbiana de los nutrientes de la carne (aminoácidos libres, azúcares y grasas) y la posterior eliminación de metabolitos volátiles. Los olores producidos por los microorganismos deteriorantes son fácilmente identificables, por ejemplo se puede apreciar un olor ligero a leche en carnes que presentan una población de 10^7 UFC/cm^2; si esta población supera 10^8 UFC/cm^2, es más evidente el olor a descomposición. Aparte de los olores, otras características como adhesividad o viscosidad en las superficies cárnicas, indicativos de la formación de limo, son directamente atribuidos al crecimiento bacteriano. Una de las formas más comunes de evaluar el aroma es la prueba de cocción. En esta se colocan trozos de carne, de aproximadamente 1cm^3, en agua a 80ºC por 5 min; se cierra el recipiente para que los compuesto volátiles se concentran en la parte superior del recipiente. Al abrir, el olor del caldo y el sabor de la carne cocida indican si la carne es fresca o está en proceso de descomposición. Los aromas característicos debido a alimentación, madurez sexual y medicamentos recientemente usados como tratamiento en el animal también pueden ser detectados.

Evaluación instrumental de los atributos sensoriales

La mayoría de las características sensoriales sólo pueden ser medidas significativamente por los sentidos humanos. Sin embargo, la limitación de este tipo de mediciones es el carácter subjetivo con que cada individuo evalúa un producto. Una de las maneras para hacer más objetivas y precisas estas evaluaciones es utilizar instrumentos que pueden medir estas mismas características. En la actualidad se han realizado importantes avances en la evaluación instrumental de varias características sensoriales, aunque resaltan las metodologías en el análisis de la textura, el color y el aroma.

Apariencia

Se refiere a la evaluación la apariencia general de la carne de manera sistemática y, en algunos casos, en la línea de producción. El sistema utiliza la espectroscopia infrarroja cercana (NIR, por sus siglas en inglés, *near infrared*) en combinación con un sistema multiespectral de imágenes. Inicialmente estos equipos fueron utilizados para evaluar y clasificar las canales de aves a una velocidad de 60 a 90 aves/min, con base en el análisis de datos a través de una red neural, permitiendo la evaluación de la apariencia en tiempo real.

La espectroscopia NIR de infrarrojo cercano se basa en la absorción de la luz en la región del infrarrojo específica para cada material evaluado, las cuales pueden penetrar materiales opacos para la visión humana. El haz de luz se aplica sobre el alimento, colectándose la luz reflejada. La diferencia de intensidades entre la luz emitida y reflejada es medida en varias longitudes de onda y representan los diferentes espectros que son correlacionados con la composición química de cada componente del producto, como grasa, proteína y humedad relativa, entre otras.

El NIR es una técnica no destructiva para detectar el grado de frescura de la carne. Se emplea también para detectar fraudes comerciales, ya que es posible comparar las imágenes espectrales de carne fresca, congelada y descongelada, y determinar si carne descongelada es comercializada como fresca. En el análisis de digital de imágenes se analizan los colores primarios de una imagen digital convencional, y con ayuda de un software, se sectoriza y analiza en función a espacios de interés para cada tipo de corte evaluado. Esta técnica es aplicada para la evaluación de la carne de varias especies donde se evalúa el color, grado de marmoleo y maduración, entre otros.

Textura

La evaluación de la terneza de las carnes puede ser medida objetivamente mediante el uso de fuerzas de tensión o compresión aplicadas a muestras de carne. El método más usado para evaluar la terneza es la prueba de corte donde se combinan fuerzas de compresión, tensión y corte. Para esta finalidad se utilizan texturómetros mecánicos (Figura 6a) o automáticos (Figura 6b) acoplados con una cuchilla de corte, como la prensa de Warner-Bratzler o múltiples cuchillas, como la prensa de Allo-Kramer. Ambos métodos miden solamente las fuerzas combinadas necesarias para cortar las fibras musculares. El análisis de perfil de textura (TPA por sus siglas en inglés, *Texture Profile Analysis*) es un método más complejo que aplica una doble compresión en la muestra, simulando la masticación humana (Figura 7). Los resultados de este método brindan información sobre diferentes atributos como dureza, cohesividad, gomosidad, masticabilidad, elasticidad, entre otros.

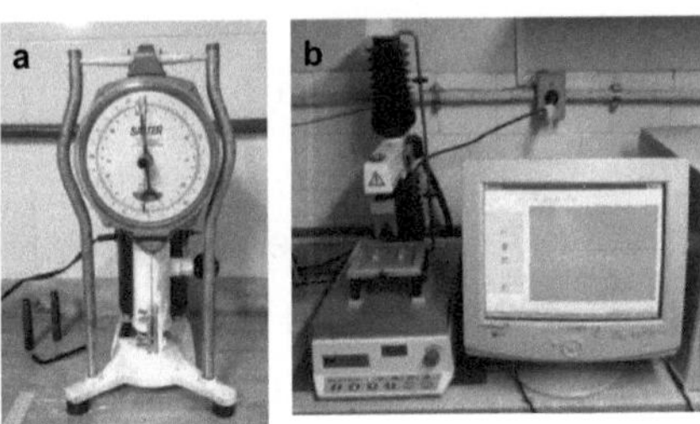

Figura 6. Texturómetros: a) Warner-Bratzler; b) TA-XT plus^{MR}
(Texture Technologies, Scarsdate, NY)

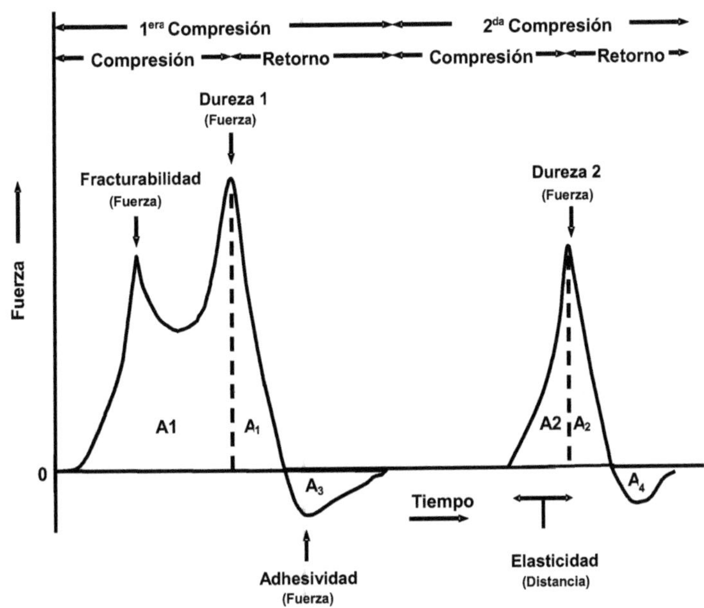

Figura 7: Análisis de perfil de textura (TPA por sus siglas en ingles).
Cohesividad = [A3/(A1+A1)]; Gomosidad = Dureza 1 X Cohesividad;
Masticabilidad (Gomosidad X Elasticidad)

Color

El color en la carne es debido a un balance entre la forma oxigenada de la mioglobina (oximioglobina) y la forma oxidada (metamioglobina), así la formación de zonas color café y rojo brillante; la predominancia de zonas café indica una posible descomposición en carne. Instrumentalmente, el color puede ser evaluado por medio de colorimetría de reflectancia usando dos tipos de escalas de color: la escala Hunter Lab, y la escala CIE (por sus siglas en francés, *Commission Internationale de l´Eclairage*). La medida instrumental del color se basa en parámetros medidos en tres dimensiones. Los colorímetros usan sensores que simulan la manera que el ojo humano visualiza los colores, para esta finalidad utilizan una fuente de luz y condiciones estandarizadas.

Olor y aroma

La evaluación instrumental de estas características requiere de la extracción de los compuestos químicos responsables del olor de la carne y su posterior análisis a través de equipos como la cromatografía de gases (CG) y la cromatografía líquida de alta resolución (HPLC, por sus siglas en inglés, *High Performance Liquid Chromatography*), que separan compuestos específicos indicativos de un aroma u olor relacionado con la descomposición.

Se aplican con mayor frecuencia sensores específicos que detectan cargas eléctricas de algunas sustancias volátiles indicativas de la descomposición, analizadas de manera sistematizada por programas computarizados que reconocen patrones preestablecidos. A esta técnica se le conoce como nariz electrónica, ofrece la posibilidad de desarrollar una evaluación rápida y exacta en numerosas muestras, evaluado la vida útil del producto, y detectando indicadores de contaminación y productos metabólicos de microorganismos indeseables. Su limitación es la necesidad de usar sensores selectivos de sustancias volátiles. Su principal ventaja es el análisis y obtención de resultados en tiempo real, además de facilidad de manejo una vez instalada y validada.

Sabor

La lengua electrónica tiene el mismo principio que la nariz electrónica, consiste en un conjunto de sensores recubiertos con polímeros sensibles a determinadas substancias, como las que determinan los sabores propios de la descomposición. Los sensores captan respuestas eléctricas almacenados por un software e interpretadas por una red neural. La mayor limitación en el caso de las carnes es la preparación de la muestra, debido a que es necesario que esta sea fluida, lo que puede alterar las propiedades de la carne a medir.

EVALUACIÓN BACTERIOLÓGICA

Las metodologías microbiológicas convencionales han tenido pocas variaciones durante la última mitad del siglo XX. En el caso de la determinación de descomposición, las técnicas tradicionales se fundamentan en evaluar el número de bacterias aerobias mesófilas por medio de diluciones seriadas de la muestra original, y la utilización de cuenta en placa. Luego de 24 a 48 h se obtiene un resultado basado en el recuento de colonias, expresado en unidad formadoras de colonias por gramo o mililitro de alimento. Sin embargo, para las exigencias actuales de calidad, estos métodos requieren de tiempo de espera y labor manual.

Las metodologías rápidas implican el uso de medios de cultivo listos para su uso, como las placas Petrifilm^{MR} (3M Microbiology Products, Estados Unidos) y SimPlate^{MR} (Idexx Lab, Estados Unidos). Los métodos más recientes para la evaluación bacteriológica se basan el uso de marcadores fluorescentes, bioluminiscencia, conductividad eléctrica y métodos moleculares, entre otros.

Filtración y agentes fluorescentes

Una alternativa que se aproxima a la cuantificación de bacterias por cultivos es la filtración epifluorescente; el aislamiento de bacterias del músculo por membranas de filtración. Los microorganismos retenidos en las membranas se tratan usando agentes fluorescentes, como naranja de acridina, y contados con un microscopio de fluorescencia. Sin embargo, la tinción no diferencia bacterias vivas de las muertas, por lo que deben realizarse ajustes para obtener un resultado equivalente al recuento en placa.

Bioluminiscencia

El ensayo para determinar el ATP (adenosin 5´-trifosfato) por bioluminiscencia se emplea por ser un método rápido y sensible para determinar el número de células bacterianas. La reacción que se lleva a cabo es la siguiente:

$$\text{luciferina} + \text{ATP} + \text{Mg}^{2+} \xrightarrow{\text{luciferasa}} \text{AMP} + \text{CO}_2 + \text{oxiluceferina} + \text{fotón}$$

Sensores enzimáticos

Otro método que involucra la degradación de ATP se relaciona con la determinación de enzimas involucradas en la degradación de ATP *postmortem*. El ATP es la principal fuente de energía para las reacciones bioquímicas del músculo. Después de la muerte del animal, el ATP aún es producido por las reservas de glucógeno en el músculo y posteriormente por medio de glucólisis anaerobia. Cuando estos mecanismos cesan, el ATP es degradado hasta 5'-iosina mono fosfato (IMP), inosina (Ino), iosina (HxR), hipoxantina (Hx), xantina (X) y ácido úrico (AU) siguiendo:

$$ATP \longrightarrow ADP \longrightarrow AMP \longrightarrow IMP \longrightarrow Ino \longrightarrow HxR \longrightarrow X \longrightarrow AU$$

Debido a que el ATP por sí solo no puede ser utilizado como indicador de frescura, ya que sus compuestos de degradación presentan variaciones durante la etapa *postmortem*, se ha propuesto la utilización de biosensores que detectan las enzimas responsables de la formación de estos compuestos; estos resultados pueden ser evaluados mediante la aplicación de los siguientes índices,   propuestos originalmente para pescado fresco:

$$K_i = (HxR + Hx)/(IMP + HxR + Hx)$$
$$H = Hx/(IMP + HxR + Hx)$$

Varios autores, como Hernández-Cázares y cols. (2010), utilizaron estos sensores enzimáticos para determinar la cantidad de hipoxantina en carne de cerdo como indicador de frescura.

Análisis inmunológicos y moleculares

Las pruebas inmunológicas emplean anticuerpos que reaccionan con los antígenos de superficie específicos de algunos microorganismos de interés. La más común es ELISA, usada para identificar bacterias patógenas transmitidas por alimentos, como *Salmonella, Listeria, Escherichia coli* 0157:H7, toxinas de *Staphylococcus aureus* y proteasas provenientes del genero *Pseudomonas*. Para la identificación de ácidos nucleicos, la reacción en cadena de la polimerasa (PCR, por sus siglas en inglés, *Polymerase Chain Reaction*) es de gran utilidad en la identificación de microorganismos en matrices de alimentos, a través de la amplificación de fragmentos genómicos específicos de cada especie.

La espectroscopía infrarroja por transformada de Fourier (FT-IR, por sus siglas en inglés) es un método analítico no destructivo que funciona por la interacción de la radiación infrarroja con un determinado compuesto, ocasionando cambios vibracionales en las moléculas. El espectro vibracional de una molécula se considera una propiedad física única y, por tanto, la caracteriza de forma unívoca. Así, entre otras aplicaciones, el espectro IR se puede usar como "huella dactilar" en la identificación de muestras desconocidas mediante la comparación con espectros de referencia. Esta técnica ha sido usada en la identificación de adulteraciones en alimentos. Sin embargo, su utilidad en la identificación de bacterias deteriorantes se recomienda como un método para cuantificar la microbiota del alimento de una manera rápida (60 seg), al asociarse con metodologías químicas.

Métodos histológicos

Debido a los cambios que se presentan en las estructuras miofibrilares, es posible determinar niveles de deterioro mediante los cambios que se producen en el sarcómero. Por esta técnica se observa la degradación estructural por debilitamiento lateral de las miofibrillas. La alteración de la línea Z se presenta desde el primer día *postmortem*. Con base en lo anterior, se sugiere que la medición cuantitativa de los espacios entre las miofibrillas puede ser un indicador potencial de la degradación de las estructuras miofibrilares. La longitud del sarcómero (distancia entre los discos Z) es utilizada para medir la contracción muscular y se correlaciona con la terneza ante y durante el *rigor mortis*.

Métodos bioquímicos

El atractivo de los métodos bioquímicos/químicos en la evaluación de la calidad de los productos cárnicos está en la posibilidad de establecer estándares cuantitativos. El establecimiento de niveles de tolerancia, a través de indicadores químicos de deterioro, eliminaría la necesidad de sustentar en opiniones personales las decisiones relacionadas con la calidad de la carne y sus derivados. Por supuesto, en la mayoría de los casos los métodos sensoriales son de mucha utilidad para identificar productos de calidad baja o adecuada. De esta forma, los métodos bioquímicos/químicos pueden ser empleados para resolver temas relacionados con la calidad marginal del producto o predecir situaciones de inicio de deterioro.

Además, los indicadores bioquímicos/químicos han reemplazado a los métodos microbiológicos, que consumen tiempo. Estos métodos objetivos deben, sin embargo, poderse correlacionar con las evaluaciones sensoriales de la calidad y, además, el compuesto químico a ser medido debe incrementar o disminuir de acuerdo al nivel de deterioro microbiológico o de autólisis. También es importante que el compuesto a medir no pueda ser afectado por el procesamiento.

Prueba de Eber

Se basa en la identificación de los gases de amoniaco que se generan en la putrefacción, los cuales pueden ser detectados al combinarse con el Reactivo de Eber (ácido clorhídrico, etanol 95% y éter etílico, 1:3:1) formando cloruro de amonio, el cual se presenta en forma de humo blanco. Para esta finalidad se puede proceder de dos formas: 1) mezclar 5 mL de Reactivo de Eber con la muestra de carne, de modo que esta no toque las paredes del recipiente ; 2) cortar trozos pequeños de carne, colocarlas dentro un recipiente y agregar unas gotas del reactivo de Eber. La presencia de humo blanco indica que, al menos, ha iniciado la descomposición.

Prueba de Nessler

Se basa en el uso de solución alcohólica de yoduro de mercurio. Para esto, se filtran diez gramos de carne previamente macerada con 100 mL de agua destilada por 30 min con agitación periódica. Un mililitro de la muestra se mezcla con 10 gotas del reactivo de Nessler; se agita y se observan los cambios de coloración o transparencia. Si no se produce cambios, se trata de carne fresca; un amarillo tenue corresponde a un inicio de descomposición; si la muestra toma un color amarillo naranja enturbiándose al añadir las primeras gotas de reactivo de Nessler, la carne se encuentra en estado de descomposición.

Reacción con ácido sulfhídrico

Se basa en la reacción de éste ácido con una solución de plumbito de sodio o acetato de plomo, originando una coloración negra. El procedimiento se basa en colocar la muestra de carne en un matraz Erlenmeyer; la boca del matraz se tapa con un papel filtro previamente embebido con plumbito de sodio (50 mL solución saturada de acetato de plomo + solución de hidróxido de sodio 10%, hasta completa disolución) o acetato de plomo (1 mL ácido acético glacial + 100 mL solución de acetato de plomo 5%). Se coloca el matraz en baño maría por 10 min. La presencia de una mancha negra en el papel filtro indica la presencia de ácido sulfhídrico producido por la descomposición.

Rancidez oxidativa

La oxidación de la grasa se manifiesta por la aparición de olores rancios, formación de aldehídos, ácidos grasos de cadena corta y otros compuestos que inician la formación de peróxidos. Entre estos compuestos, el malonaldehido (MDA) ha sido utilizado por su propiedad de formar coloración rosa con el ácido 2-tiobarbitúrico, el cual puede ser medido por espectrofotometría. Este indicador de oxidación lipídica es evaluado mediante el análisis de sustancias reactivas al ácido tiobarbitúrico (TBARs), la cual es una técnica colorimétrica que mide la absorbancia de un cromógeno. La reacción ocurre cuando la forma monoenólica de MDA reacciona con los grupos metilenos activos del ácido tiobarbitúrico evidenciando una coloración rosa, la intensidad de este complejo es relativa a la cantidad de MDA. Existen diversas maneras de realizar el análisis de TBARs, siendo la combinación de extracción ácida y destilación propuesta por Tarladgis y col. (1960) la más utilizada. Sin embargo, el uso de la cromatografía liquida y gaseosa, las cuales miden directamente la concentración de MDA en las muestras, ha sido explorada para su aplicación.

CONCLUSIONES

Uno de los puntos más importantes en la evaluación de la calidad de la carne es determinar su frescura, la cual generalmente es realizada por métodos sensoriales. Sin embargo, la frescura es influenciada por diversos factores. Eventos como el estrés sufrido por el animal en las varias etapas *ante mortem* pueden tener efectos negativos, como un pH elevado. Asimismo, las deficiencias sanitarias durante el sacrificio, procesamiento, almacenamiento y comercialización determinan el tipo de contaminación y la velocidad de crecimiento de los microorganismos. Por estos motivos, es importante conocer las características que indican una carne fresca, y conocer las diversas metodologías para determinar el estado de deterioración de la carne. Un tema fundamental es el desarrollo de un sistema de monitoreo en tiempo real en la misma línea de procesamiento de la carne, el cual debe ser rápido, no destructivo, no necesitar el uso de cantidades excesivas de reactivos, ser cuantitativo y no ser costosos. Una opción posible de implementar es el uso de conjunto de análisis que establezcan con precisión la frescura y el momento exacto de deterioro de una matriz cárnica.

BIBLIOGRAFÍA

AMSA (American Meat Science Association). 2012. Meat Color Measurement Guidelines. American Meat Science Association. Champaign, Illinois.

Baéza, E. 2004. Measuring quality parameters. En: Poultry Meat Processing and Quality. Mead, G.C. (ed.). CRC Press. Boca Raton, Florida.

Barbin, D.F., El-Masry, G., Sun, D.-W. y Allen, P. 2011. Detection of pork freshness using NIR hyperspectral imaging. International Congress on Engineering and Food ICEF 11. Atenas, Grecia.

Bruhn, J.B., Christensen, A.B., Flodgaard, L.R., Nielsen, K.F., Larsen, T.O., Givskov, M. y Gram, L. 2004. Presence of acylated homoserine lactones (AHLs) and AHLproducing bacteria in meat and potential role of AHL in spoilage of meat. Applied and Environmental Microbiology 70, 4293-4302.

Cerveny, J., Meyer, J.D. y Hall, P.A. 2009. Microbiological spoilage of meat and poultry products, En: Compendium of the microbiological spoilage of foods and beverages. Sperber, W.H., Doyle, M.P. (eds.). Springer, Nueva York.

Coggins, P.C. 2007. Sensory methodology of muscle foods. En: Handbook of Meat, Poultry and Seafood Quality. Nollet, L.M.L. (ed.). Blackwell Publishing, Hoboken, NJ.

Dainty, R.H. 1996. Chemical/biochemical detection of spoilage. International Journal of Food Microbiology 33, 19-33.

Dainty, R.H., Shaw, B.G., De Boer, K.A. y Scheps, E.S.J. 1975. Protein changes caused by bacterial growth on beef. Journal of Applied Bacteriology 39, 73-81.

Dalgaard, P., 1993. Evaluation and Prediction of Microbial Fish Spoilage. Royal Veterinary and Agricultural University. Copenhage, Dinamarca.

Dave, D. y Ghaly, A.E. 2011. Meat spoilage mechanisms and preservation techniques: A critical review. American Journal of Agricultural and Biological Sciences 6, 486-510.

David, M., Mario, E.V. y Sonia, V. 2008. Determination of Oxidation. En: Handbook of Muscle Foods Analysis. L. M.L. Nollet, F. Toldra (eds.) CRC Press, Boca Raton, FL.

Duffy, G., Dolan, A. y Burgess, C.M. 2011. Methods of predict spoilage of musle foods. En: Safety Analysis of Foods of Animal Origin. Nollet, L.M.L., Toldrá, F. (eds.). CRC Press. Boca Ratón, FL.

Dyminski, D.S. 2006. Utilização potencial da língua eletrônica na indústria de alimentos e bebidas. Tese (doutorado). Universidade Federal do Paraná, Setor de Tecnologia, Curitiba, Brasil. https://acervodigital.ufpr.br/handle/1884/6200.

Ellis, D.I., Broadhurst, D. y Goodacre, R. 2004. Rapid and quantitative detection of the microbial spoilage of beef by Fourier transform infrared spectroscopy and machine learning. Analytica Chimica Acta 514, 193-201.

Ellis, D.I., Broadhurst, D., Kell, D.B., Rowland, J.J. y Goodacre, R. 2002. Rapid and quantitative detection of the microbial spoilage of meat by Fourier transform infrared spectroscopy and machine learning. Applied and Environmental Microbiology 68, 2822-2828.

Ellis, D.I. y Goodacre, R. 2001. Rapid and quantitative detection of the microbial spoilage of muscle foods: current status and future trends. Trends in Food Science and Technology 12, 414-424.

Ellis, D.I. y Goodacre, R. 2006. Quantitative detection and identification methods for microbial spoilage. En: Food Spoilage Microorganisms. Blackburn, C.W. (ed.). CRC Press-Woodhead Publishing. Cambridge, Reino Unido.

Ercolini, D., Russo, F., Nasi, A., Ferranti, P. y Villani, F. 2009. Mesophilic and psychrotrophic bacteria from meat and their spoilage potential *in vitro* and in beef. Applied and Environmental Microbiology 75, 1990-2001.

FAO (Food and Agiculture Organization). 1990. Manual on Simple Methods of Meat Preservation. Food and Agriculture Organization of the United Nations. Roma, Italia.

Faustman, C., Sun, Q., Mancini, R. y Suman, S.P. 2010. Myoglobin and lipid oxidation interactions: mechanistic bases and control. Meat Science 86, 86-94.

Gill, C.O. y Greer, G.G., 1993. Enumeration and Identification of Meat Spoilage Bacteria, Technical bulletin 1993–8E. Agriculture Canada. Lacombe, Alberta, Canadá.

Gram, L., Ravn, L., Rasch, M., Bruhn, J.B., Christensen, A.B. y Givskov, M. 2002. Food spoilage—interactions between food spoilage bacteria. International Journal of Food Microbiology 78, 79-97.

Guerrero-Legarreta, I. y Chavez-Gallardo, A.M. 1991. Detection of biogenic amines as meat spoilage indicators. Journal of Muscle Foods 2, 263-278.

Hasan, N., Ejaz, N., Ejaz, W. y Kim, H. 2012. Meat and fish freshness inspection system based on odor sensing. Sensor 12, 15542-15557.

Hernández-Cázares, A.S., Aristoy, M.-C. y Toldrá, F. 2010. Hypoxanthine-based enzymatic sensor for determination of pork meat freshness. Food Chemistry 123, 949-954.

Hernández-Jover, T., Izquierdo-Pulido, M., Veciana-Nogués, M.T., Mariné-Font, A. y Vidal-Carou, M.C. 1997. Biogenic amine and polyamine contents in meat and meat products. Journal of Agricultural and Food Chemistry 45, 2098-2102.

Hopkins, D.L. y Taylor, R.G. 2004. *Postmortem* muscle proteolysis and meat tenderness. En: Muscle Development of Liverstock Animals. Physiology, Genetics and Meat Quality. Pas, M.F.W., Everts, M.E., Haagsman, H.P. (eds.). CABI. Cambridge, MA.

Huff Lonergan, E., Zhang, W. y Lonergan, S.M. 2010. Biochemistry of postmortem muscle — Lessons on mechanisms of meat tenderization. Meat Science 86, 184-195.

Huis in't Veld, J.H.J. 1996. Microbial and biochemical spoilage of foods: an overview. International Journal of Food Microbiology 33, 1-18.

Hwang, I.H. y Thompson, J.M., 2002. A Technique to quantify the extent of *postmortem* degradation of meat ultrastructure. Asian-Australasian Journal of Animal Science 15, 111-116.

INDECOPI. 2010a. NTP 201.017:1980. Determinación del estado de conservación. Reacción de Eber: carne y productos cárnicos. Instituto Nacional de Defensa de la Competencia y de la Protección de la Propiedad Intelectual, Lima, Perú.

INDECOPI. 2010b. NTP 201.023:1980. Determinación del estado de conservación. Reacción del ácido sulfhídrico: carne y productos cárnicos. Instituto Nacional de Defensa de la Competencia y de la Protección de la Propiedad Intelectual. Lima, Perú.

Irwin, J.W. y Hedges, N. 2004. Measuring lipid oxidation. En: Understanding and Measuring the Shelf-Life of Food. Steele, R. (ed.). Taylor and Francis. Cambridge, Reino Unido.

Konica-Minolta, 2002. Chroma-meter CR400/410. Konica-Minolta Inc.

Korel, F. y Balaban, M.Ö. 2010. Electronic Nose Technology in Food Analysis. En: Handbook of Food Analysis Instruments. Ötles, S. (ed.). CRC Press. Boca Ratón, Florida.

Lázaro, C., Conte-Júnior, C., Cunha, F., Mársico, E., Mano, S. y Franco, R. 2013. Validation of an HPLC methodology for the identification and quantification of biogenic amines in chicken meat. Food Analysis Methods 6, 1024-1032.

Lázaro, C.A., Canto, A.C.V.C.S., Costa-Lima, B.R.C., Monteiro, M.L.G., Mársico, E.T., Conte Júnior, C.A. y Franco, R.M. 2012a. Evaluación de aminas biogénicas durante el almacenamiento en refrigeración de carne de pollo. Actualidad Avipecuaria. Producciones Creativas. Lima, Perú.

Lázaro, C.A., Conte-Júnior, C.A., Canto, A.C.V.C.S., Monteiro, M.L.G., Costa-Lima, B.R.C., Mársico, E.T., Mano, S.B. y Franco, R.M. 2012b. Biochemical changes in alternative poultry meat during refrigerated storage. Revista Brasileira de Ciência Veterinaria 19, 195-200.

Lisboa, H.M., Page, T. y Guy, C. 2009. Gestão de odores: fundamentos do nariz eletrônico. Engenharia Sanitaria Ambiental 14, 9-18.

Love, J. y Pearson, A.M. 1971. Lipid oxidation in meat and meat products—A review. Journal of the American Oil Chemists' Society 48, 547-549.

Lyon, B.G. y Lyon, C.E. 2001. Meat quality: sensory and instrumental evaluations. En: Poultry Meat Processing. Sams, A.R. (ed.). CRC Press. Boca Raton, Florida.

Lyon, C.E. y Buhr, R.J. 1999. Biochemical basis of meat texture. En: Poultry Meat Science. Richardson, R.I., Mead, G.C. (eds.). CABI, Publishing, Reino Unido.

Mead, G.C. 2004. Meat quality and consumer requirements. En: Poultry Meat Processing and Quality. Mead, G.C. (ed.). CRC Press, Boca Raton, Florida.

Nychas, G.-J.E., Skandamis, P.N., Tassou, C.C. y Koutsoumanis, K.P. 2008. Meat spoilage during distribution. Meat Science 78, 77-89.

Nychas, G.J.E., Drosinos, E.H. y Board, R.G. 1998. Chemical changes in stored meat. En: Microbiology of Meat and Poultry. Davies, A.R., Board, R.G. (eds.). Springer. Londres, Reino Unido.

Owen, Y. y John, W. 2001. Meat Color. En: Meat Science and Applications. Y.H. Hui, Wai-Kit Nip, R. W. Rogers, O.A. Young (eds.). CRC Press. Boca Raton, Florida.

Owen, Y., John, W., Terry, B. y Deborah, F. 2001. Analytical Methods. En: Meat Science and Applications. Y.H. Hui, Wai-Kit Nip, R. W. Rogers, O.A. Young (eds.). CRC Press. Boca Raton, Florida.

Park, I.-S., Cho, Y.-J. y Kim, N. 2000. Characterization and meat freshness application of a serial three-enzyme reactor system measuring ATP-degradative compounds. Analytica Chimica Acta 404, 75-81.

Reig, M. y Toldrá, F. 2010. Detection of chemical hazards. En: Handbook of Meat Processing. Toldrá, F. (ed.). Blackwell. Ames, Iowa.

Samelis, J. 2006. Managing microbial spoilage in the meat industry, En: Food Spoilage Microorganisms. Blackburn, C.W. (ed.). CRC Press-Woodhead Publishing. Cambridge, Reino Unido.

Sanchez, A.J., Albarracin, W., Grau, R., Ricolfe, C. y Barat, J.M. 2008. Control of ham salting by using image segmentation. Food Control 19, 135-142.

Signorini, M., Ponce-Alquicira, E. y Guerrero-Legarreta, I. 2003. Proteolytic and lipolytic changes in beef inoculated with spoilage microorganisms and bioprotective lactic acid bacteria. International Journal of Food Properties 6, 147-163.

Silva, V.L., Lázaro de la Torre, C.A., Mársico, E.T., Mano, S.B. y Conte Júnior, C.A. 2013. Aminas biogênicas como indicadores de qualidade de salames e produtos cárneos fermentados. Enciclopédia Biosfera 9, 69-84.

Singhal, R.S., Kulkarni, P.R. y Rege, D.V. 1997. Handbook of Indices of Food Quality and Authenticity. Woodhead Publishing-Elsevier.

Solomon, M.B., Eastridge, J.S., Paroczay, E.W. y Bowker, B.C. 2009. Measuring meat texture, En: Handbook of Muscle Foods Analysis. Nollet, L.M.L., Toldrá, F. (eds.). CRC Press, Boca Ratón, Florida.

Sun, X.D. y Holley, R.A. 2012. Antimicrobial and antioxidative strategies to reduce pathogens and extend the shelf-life of fresh red meats. Comprehensive Reviews in Food Science and Food Safety 11, 340-354.

Tarladgis, B., Watts, B., Younathan, M. y Dugan, L. 1960. A distillation method for the quantitative determination of malonaldehyde in rancid foods. Journal of the American Oil Chemists' Society 37, 44-48.

Toldrá, F. y Aristoy, M.-C., 2008. Nucleotides and their derived compounds. Handbook of Muscle Foods Analysis. L.M.L. Nollet, F. Toldra (eds.). CRC Press, Boca Raton, Florida.

Toldrá, F. y Flores, M. 2000. The use of muscle enzymes as predictors of pork meat quality. Food Chemistry 69, 387-395.

Vidal-Carou, M., Latorre-Moratalla, M. y Sara, B.-C. 2010. Biogenic Amines. En: Safety Analysis of Foods of Animal Origin. L.M.L. Mollet (ed.). CRC Press, Boca Ratn, Florida.

Vinci, G. y Antonelli, M.L. 2002. Biogenic amines: quality index of freshness in red and white meat. Food Control 13, 519-524.

Wood, J.D., Richardson, R.I., Nute, G.R., Fisher, A.V., Campo, M.M., Kasapidou, E., Sheard, P.R. y Enser, M. 2004. Effects of fatty acids on meat quality: a review. Meat Science 66, 21-32.

Zhang, Z., Tong, J., Chen, D.-h. y Lan, Y.-B. 2008. Electronic nose with an air sensor matrix for detecting beef freshness. Journal of Bionic Engineering 5, 67-73.

Zheng, L., Sun, D. y Tan, J. 2008. Quality evaluation of meat cuts. En: Computer Vision Technology for Food Quality Evaluation. Sun, D.-W. (ed.). Elsevier/Academic Press, Amsterdam, Holanda.

CAPÍTULO 5.

MICROBIOLOGÍA Y SANIDAD DE CARNES: ECOLOGÍA MICROBIANA

Ricardo Rodríguez [1] y Marcelo Raúl Rosmini Garma [2]

[1] Centro de Investigación de Agroindustria, Instituto Nacional de Tecnología Agropecuaria, Provincia de Buenos Aires, Argentina; [2] Departamento de Salud Pública Veterinaria. Facultad de Ciencias Veterinarias. Universidad Nacional del Litoral. Esperanza, Provincia de Santa Fe, Argentina. Autor para correspondencia: Ricardo Rodríguez: dircia@cnia.inta.gov.ar.

INTRODUCCIÓN

La ecología microbiana de los alimentos (EMA) comprende la interacción entre sus atributos (factores, parámetros) químicos, físicos y estructurales, en el caso de la carne y los productos cárnicos, los factores tecnológicos y la biota que constituye la población microbiana de aquellos. El estudio del efecto de las condiciones medioambientales sobre los microorganismos es el fundamento de la ecología microbiana. La relación entre la matriz alimentaria, los factores medioambientales y la biota respectiva, son los ejes de la ecología microbiana de los alimentos. En otras palabras, es la relación entre los microorganismos y el medio ambiente, es decir la matriz alimentaria y su entorno. EMA define el desarrollo, la supervivencia o muerte (inactivación) de los microorganismos. En esta línea, es necesario entender los principios básicos de la microbiología, conocer la ciencia y la tecnología de los alimentos y poder integrar ambas áreas, para abordar las problemáticas asociadas a esta disciplina que pueden presentarse en sistemas complejos como la carne y los productos cárnicos.

El enfoque de la EMA ha sido extensamente abordado por la Comisión Internacional de Especificaciones de Alimentos (ICMSF, 1980), especialmente en relación con los microorganismos patógenos (ICMSF, 1996) y con productos alimenticios (ICMSF, 1998). El estudio inicial enfocado a los factores o parámetros y la EMA lo publicaron Mossel e Ingram, (1955) para explicar la "fisiología del deterioro" de los alimentos. Otros autores que abordaron aspectos esenciales y perspectivas de la EMA fueron Mossel (1983), y Board y col. (1992), respecto a ecosistemas, microorganismos y alimentos. Mossel y Struijk (1992) asociaron la EMA con los sistemas de gestión para mejorar inocuidad, calidad y aceptabilidad de los alimentos, en tanto que Boddy y Wimpenny (1992) profundizaron los aspectos de la EMA asociados a la preservación de los alimentos. Más recientemente, la ecología de los alimentos de base muscular (Sofos y col., 2013) así como el deterioro de la carne y productos cárnicos han sido desarrollados también como un fenómeno ecológico (Nychas y col., 2008), incluyendo los conceptos de asociación microbiana y organismos de deterioro específicos. Rodríguez (2014) reporta un enfoque de la EMA aplicado a *Escherichia coli* patogénico en alimentos, también estudiado por Galli y col. (2016). Por otro lado, la inocuidad (seguridad) de los alimentos está en un primer plano por cuestiones relacionadas con: a) la irrupción de las denominadas "crisis en la seguridad alimentaria"; b) el creciente desarrollo y reformulación de productos alimenticios; c) la salud humana y; d) las percepciones de los consumidores. Estos aspectos asociados a calidad integral de los alimentos Rodríguez (2006).

A continuación se presentan los conceptos básicos de la ecología microbiana en la carne y productos cárnicos, integrados en el desarrollo de herramientas como los modelos predictivos y la tecnología de obstáculos (barreras), considerando la microbiología de procesos de preservación seleccionados para ejemplificar la "ecología de desarrollo cero" (Figura 1). A través de este enfoque se aprecia que el desarrollo microbiano en alimentos es un proceso complejo, gobernado por factores genéticos, bioquímicos y medioambientales (tríada GBMa) factores que tienen impacto tanto en la biota como en el alimento que la contiene. Este enfoque permite confirmar que hay un profundo cambio en el procesamiento de los alimentos como respuesta a las actitudes y tendencias en el consumo de los mismos, especialmente en los de origen animal. Es importante señalar que los desarrollos y avances en biología molecular, ecología microbiana y tecnología de alimentos cambiarán la apreciación acerca del desarrollo de los microorganismos en las diferentes matrices alimentarias.

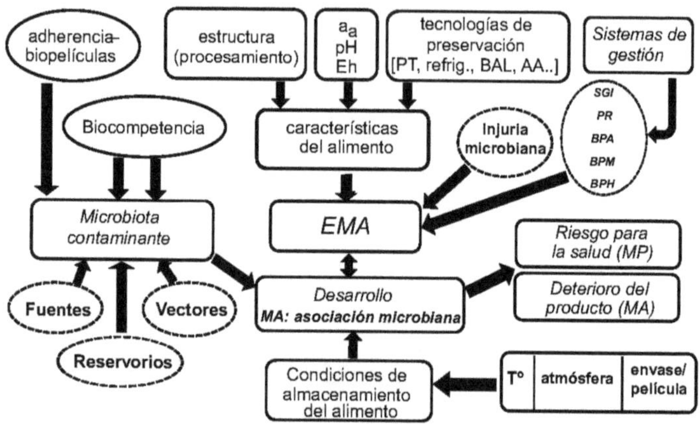

Figura 1. Ecología microbiana de los alimentos (EMA).
Factores que influencian el desarrollo bacteriano en alimentos

FISIOLOGÍA Y METABOLISMO MICROBIANO

Todos los seres vivos generan energía para mantener sus procesos vitales. Los microorganismos en los alimentos llevan a cabo este principio a través de los procesos de oxidación y reducción de compuestos químicos. Las reacciones de oxidación se dan cuando la un compuesto se oxida mientras que otro se reduce. En el caso de las bacterias aerobias, la glucosa, fuente inicial de carbono, es oxidada a dióxido de carbono y agua con la producción de 38 moléculas de ATP, la mayoría del cual es generado a través de fosforilación oxidativa por una cadena de transporte de electrones. En el proceso de fosforilación oxidativa, la energía del gradiente electroquímico generado cuando el oxígeno es usado como aceptor terminal de electrones, se deriva en la formación de un enlace de alta energía entre P_i y adenina nucleótido. Las bacterias anaerobias, que carecen de la cadena de transporte de electrones, deben reducir los compuestos internos a través del proceso de fermentación y generar solamente uno o dos moles de ATP por mol de cada hexosa catabolizada. En estos casos, el ATP se forma por fosforilación a nivel del sustrato y el grupo fosfato es transferido del compuesto orgánico a la adenina nucleótido (Montville y Matthews, 2013).

Para destacar la importancia de los conceptos mencionados, se presentan a continuación ejemplos de las vías metabólicas más usadas por los microorganismos de interés en carnes y productos cárnicos. En el caso de las vías glucolíticas con flujo de carbono y fosforilación a nivel del sustrato, la más común es la vía de Embden-Meyerhof-Parnas. En muchos microorganismos esta vía es bidireccional y puede funcionar en la dirección de síntesis de glucosa, glucógeno y almidón. La tasa de glucólisis está regulada principalmente por la actividad de fosfofrutoquinasa y aldolasa y, en menor, medida por cetodeoxifosfogluconato aldolasa. Por otra parte, la vía de Entner-Doudoroff, utilizada por aerobios como *Pseudomonas*, es una vía glucolítica alternativa que produce un ATP por molécula de glucosa y envía parte del carbono a vías biosintéticas.

Las bacterias heterofermentativas, como *Lactobacillus* y *Leuconostoc*, que no tienen las enzimas fosfofrutoquinasa y aldolasa, catabolizan las pentosas. Estos azúcares de cinco carbonos son obtenidos por transporte a través de la célula o por decarboxilación intracelular de las hexosas. En tanto, las bacterias homofermentativas, también de los géneros *Lactobacillus* y *Leuconostoc*, producen solamente ácido láctico como producto final de la fermentación. El ciclo del ácido tricarboxílico (CAT) une la vía glucolítica con la respiración, generando $NADH_2$ y FADH como sustratos para la fosforilación oxidativa, y provee ATP adicional por fosforilación a nivel del sustrato. El CAT es utilizado por todas las bacterias aerobias.

El flujo de carbono a piruvato consume NAD, el cual debe ser regenerado para continuar el catabolismo. Los microorganismos aerobios utilizan al oxígeno como electrón aceptor terminal, en la cadena de transporte de electrones, lo que constituye el fenómeno principal de la respiración. El azufre y el nitrito pueden también actuar como electrones aceptores terminales en la cadena mencionada. Los anaerobios, por otro lado, tienen un metabolismo fermentativo, lo que significa que oxidan los carbohidratos en ausencia de un electrón aceptor terminal. Sin embargo hay anaerobios aerotolerantes que pueden generar energía en la presencia de bajos niveles de oxígeno. Las bacterias lácticas tienen una batería enzimática que les permite regenerar NAD reduciendo el oxígeno molecular a peróxido de hidrógeno y en este proceso, generan además una molécula adicional de ATP. Las bacterias catalasa negativas son inhibidas por el peróxido de hidrógeno; el mismo caso ocurre con lo anaerobios estrictos, como el *Clostridium botulinum*, que no tienen las enzimas necesarias para detoxificar el peróxido de hidrógeno y es por esto que son inactivadas rápidamente en presencia del aire.

CINÉTICA MICROBIANA

Para comprender la actividad y los mecanismos de acción de los factores condicionantes del desarrollo microbiano es necesario tener en cuenta la cinética de crecimiento microbiano (Figura 2).

En la curva se distinguen las fases de adaptación o lag, de crecimiento exponencial, estacionaria y de declinación. De curvas experimentales similares se pueden obtener, a través de modelos de crecimiento, parámetros de crecimiento derivados, correspondientes a promedios poblacionales, como tiempos de latencia para la fase de latencia (lag), y velocidades de crecimiento en la fase logarítmica (μ) (Van Derlinden y col., 2013). De especial interés para la prolongación de la vida útil de los alimentos son los efectos de varios factores sobre la fase lag. Durante esta, las células se ajustan al ambiente por inducción o represión de síntesis y actividad enzimática, comenzando la replicación de plásmidos o cromosomas y, en el caso de las bacterias esporuladas, diferenciándose en células vegetativas. La duración de la fase lag, depende especialmente de factores ambientales y de la condición fisiológica del organismo (Baranyi y Roberts, 1994).

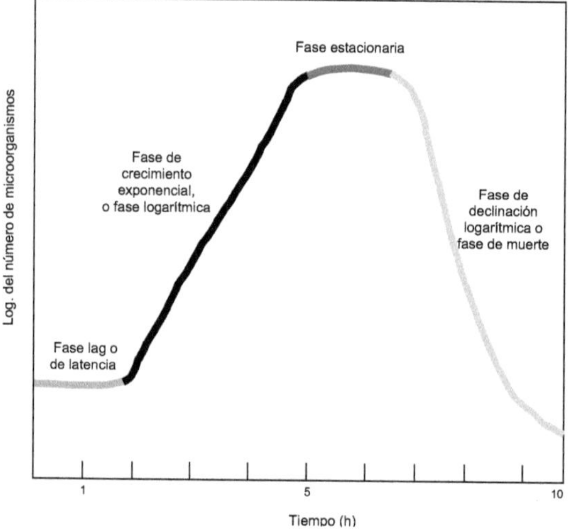

Figura 2. Curva de crecimiento bacteriano típico mostrando las cuatro fases del desarrollo.

En el ideal de la preservación, la prolongación de la fase lag extendería significativamente el período de vida útil de la carne y los productos cárnicos. En la fase logarítmica o de crecimiento exponencial, las bacterias se reproducen por fisión binaria. Esto equivale a decir que una célula se divide en dos células hijas, las cuales dan lugar a cuatro, estas a su vez a otras ocho, y así sucesivamente. Este sistema de división celular sigue una cinética de primer orden representado en la ecuación:

$$N = N_o e^{\mu t}$$

Además de la velocidad específica de crecimiento, el tiempo de duplicación (td) o el tiempo de generación (tg), se utilizan como constantes cinéticas para describir la tasa de crecimiento logarítmico. Por otra parte la muerte de los microorganismos por acción de la energía, bacteriocinas, ácidos y otros agentes o tratamientos, también está gobernada por ecuaciones cinéticas, en este caso de inactivación:

$$N = N_o e^{-kt}$$

El valor D, la cantidad de tiempo necesario para reducir en 90% el número de bacteria presentes, es probablemente la constante cinética más usada en termobacteriología, como base de los procesos térmicos en alimentos enlatados.

DEMANDAS DE LOS CONSUMIDORES

En las últimas décadas se ha incrementado a la industria procesadora de alimentos la demanda de nuevas tecnologías y nuevos productos. Los patrones de consumo de alimentos han cambiado drásticamente en la sociedad actual, del mismo modo se aprecia una fuerte segmentación en los mercados. La disponibilidad de ciertos productos, los gustos del consumidor, los estilos de vida, el poder de compra, la presión de los medios de comunicación, la percepción de los consumidores sobre seguridad alimentaria (inocuidad), en relación con la presencia de contaminantes de diversa naturaleza, son algunos de los factores que han influenciado ese cambio (Rodríguez, 2006). En este sentido, se ha cambiado el énfasis desde, la provisión y disponibilidad de nutrientes y calorías a calidad y conveniencia.

Es notorio apreciar que los consumidores actuales desean alimentos, que satisfagan sus percepciones de alta calidad y fácil preparación. Los productos frescos o que posean características que denoten frescura, se imponen en el mercado. En la Tabla 1 se describen las tendencias principales en las preferencias de los consumidores. Estas tendencias apuntan a productos con menor contenido de sal, azúcar, agentes preservantes y en general con procesos de preservación menos severos.

Es, por lo tanto, de fundamental importancia, conocer y utilizar las herramientas aportadas desde la EMA y la tecnología de alimentos para producir alimentos de alta calidad y sin riesgos para la salud pública, inocuos, que aparecen como fuertes demandas del mercado actual.

En relación con las demandas y preferencias de los consumidores, se cuestiona la reducción de sal (cloruro de sodio, NaCl) en los productos cárnicos y su relación con EMA. El consumo excesivo de sodio es perjudicial para la salud humana y es necesario enfatizar que la mayoría del sodio ingerido se origina de la sal añadida. Aproximadamente 75% del sodio consumido se añade durante la elaboración industrial de los alimentos. Se ha estimado que al reducir la cantidad de sal ingerida a 6 g/día se podrían evitar 17,500 muertes por año en el Reino Unido (Stringer y Pin, 2005; Henney y col., 2010).

Esta situación ha tenido una fuerte influencia en las decisiones políticos, en las agencias regulatorias y en los consumidores. Sin embargo, la industria cárnica se enfrenta al problema de que la reducción de sodio afecta negativamente la vida útil, la inocuidad, la textura del producto, el rendimiento y el sabor/olor de los productos elaborados. En esta línea, para que la industria se involucre en la reducción de NaCl, es esencial que cualquier producto sea aceptable con respecto a todos los parámetros relevantes de calidad, vida útil, inocuidad (seguridad), textura del producto, rendimiento, sabor/olor y aceptación del consumidor a lo largo de la vida útil de los productos en cuestión (Aaslyng y col., 2014).

Tabla 1. Tendencias sobre percepción de los consumidores.
Preferencias sobre alimentos [1]

Alimentos naturalmente saludables	
Alimentos de conveniencia	
Alimentos con calidad y diferenciación	
Alimentos de conveniencia	Fáciles de almacenar Vida útil adecuada Alimentos para la tercera edad Alimentación para hogares unifamiliares Compra en línea Menos procesos térmicos
Procesamientos menos severos	Mínimo daño por frío
Menos uso de agentes preservantes	Con pocos o ninguno aditivos alimentarios
Frescos o con marcadas características de frescura	
Naturales o que transmitan fuerte vinculación con la naturaleza	
Con atributos sensoriales superiores	
Con aceptabilidad sociocultural	
Nutricionalmente más sanos	Menor contenido en sal (bajo Na) Menor contenido en grasas totales Menor contenido en azúcar Menor contenido en calorías Menor contenido grasas saturadas Más contenido grasas insaturadas
Inocuos, con garantía de inocuidad, más seguros, trazables	
Producidos utilizando tecnologías amigables con el medio ambiente	
Alimentos socialmente responsables teniendo en cuenta la sostenibilidad, bienestar animal y la ecología	

[1] Sin orden de preferencia.

La reducción del contenido de sal en los productos cárnicos se logra mediante diferentes estrategias: solamente reduciendo la cantidad de sal incorporada, la sustitución de NaCl por un aditivo adecuado o equivalente pero sin sodio en su composición, y con el cambio de algunas variables en el proceso de manufactura. Los productos cárnicos que hayan sido diseñados con algunas de estas alternativas requieren de una evaluación exhaustiva de los peligros asociados con estos nuevos productos y un análisis de los riesgos potenciales relacionados con cada uno de ellos (Rosmini y col., 2008). En este contexto es fundamental utilizar las herramientas de evaluación apropiadas, tales como los ensayos de desafío. En el diseño de los nuevos productos, por otra parte, deben considerarse también las preferencias de los diferentes consumidores con el fin de satisfacer las demandas específicas de los mercados segmentados.

FACTORES QUE CONDICIONAN LA RESPUESTA DE LOS MICROORGANISMOS

Los principales factores que afectan el desarrollo y sobrevivencia de los microorganismos en la carne y los productos cárnicos se presentan en la Tabla 2, clasificados de acuerdo a Mossel (1983) y modificado para incluir nuevos procesos y parámetros.

Tabla 2. Principales factores implicados en la ecología microbiana
de los alimentos (EMA).

Tipo	Principales factores
Intrínsecos	pH actividad de agua (a_a) nutrientes viscosidad microestructura antimicrobianos naturales
Procesamiento	temperatura (pasteurización, esterilización) radiación ionizante (irradiación) presión (altas presiones hidrostáticas, etcétera) aditivos antimicrobianos (ácidos orgánicos, nitrito, sorbatos) Envasado (vacío, atmósferas modificadas)
Extrínsecos	temperatura de almacenamiento (refrigeración) atmósfera gaseosa ambiental humedad ambiental
Implícitos	microorganismo (fisiología, injuria) biota natural (competencia, sinergismo) adherencia y biopelículas

La mayor parte de estos factores interfieren con la estabilidad del medio interno celular, representada por variables tales como osmolaridad celular, pH intracelular o integridad del ADN y membranas celulares. Cuando estas interferencias se producen en un intervalo acotado de las variables fisiológicas internas, se desencadenan mecanismos homeostáticos tanto en las células vegetativas como en las esporas (Gould, 1992) que intentan restablecer los valores fisiológicos normales. En la Tabla 3, se presentan los modos de acción de algunos factores relevantes en EMA y los mecanismos de homeostasis implicados.

Estos mecanismos homeostáticos en las células vegetativas son primordialmente dependientes de la energía, mientras que en las esporas el proceso de homeostasis es pasivo y consiste en mantener el protoplasto con una cantidad de agua mínima y constante. Esta es la principal razón de la inercia metabólica extrema y la resistencia de estas células. A continuación se consideran los principales factores en la microbiología de los procesos de preservación y en la inocuidad de la carne y los productos cárnicos.

Factores intrínsecos

Los factores de naturaleza principalmente fisicoquímica inherentes a la composición de la carne y los productos cárnicos (la matriz alimentaria) son considerados como los factores intrínsecos. Los valores de estos factores son variables, en especial en las etapas de elaboración y formulación dependiendo del grado de procesamiento. Respecto del tipo y cantidad de los nutrientes en la carne, sean estas proteínas, carbohidratos, lípidos o sustancias de bajo peso molecular, los mismos determinan primordialmente el tipo de alteración sensorial de origen microbiano que podría presentarse. Así, la carne bovina de corte oscuro (DFD por sus siglas en inglés) se altera más rápidamente debido a su deficiencia en carbohidratos de reserva. Sin embargo el efecto limitante de los nutrientes de la carne en el desarrollo microbiológico es en general poco relevante dada su abundancia.

Tabla 3. Daño microbiano. Factores antimicrobianos de relevancia en preservación de carne y productos cárnicos. Principales mecanismos homeostáticos.

Factor	Efecto	Mecanismo homeostático
Descenso de a_a	Pérdida de agua	Acumulación de solutos compatibles
		Alteración de composición lipídica de las membranas
Bajo pH (ácidos fuertes)	Desnaturalización de enzimas	Control del transporte de iones a través de la membrana
	Ruptura de membrana	Síntesis de compuestos búfer
Bajo pH (ácidos lipofílicos débiles)	Desnaturalización de enzimas	Aumento de actividad de la bomba de H^+ ATPasa-dependiente
	Efecto ion específico	Síntesis de compuestos búfer
Baja temperatura	Descenso de tasa metabólica	Cambios de composición lipídica de las membranas
	Alteración en el transporte e incorporación de sustratos	
Altas temperaturas	Inactivación enzimática	Generación de proteínas termo resistentes
	Ruptura de ADN	Reparación enzimática del ADN
Radiación ionizante	Ruptura del ADN	Reparación enzimática del ADN

pH y ácidos orgánicos

El primer factor intrínseco de relevancia, para el desarrollo microbiano en la carne y los productos cárnicos, de los que nos ocuparemos es el pH. Hay que destacar que la temperatura, el pH y la actividad de agua son los tres factores (parámetros) más importantes en términos del desarrollo de los microorganismos en los alimentos. La Tabla 4 muestra el efecto de estos tres factores en el desarrollo de los microorganismos patógenos más frecuentes en carnes rojas y blancas.

Los microorganismos requieren mantener un pH interno (pHi) constante y cercano a la neutralidad para la función normal de sus actividades metabólicas. Para mantener esta condición, poseen mecanismos homeostáticos de pHi cuando son enfrentados a un intervalo acotado de pH externo (pHe). Los valores de pHe óptimo, y el intervalo de pHe compatible con el crecimiento dependen de la especie microbiana en particular y sus mecanismos de adaptación.

El efecto resultante de un alejamiento del pHe óptimo, sea en sentido alcalino o ácido, es el descenso de las velocidades de crecimiento respecto del óptimo, y el aumento de la fase de latencia. La acción restrictiva del descenso del pHe y de los ácidos orgánicos se genera principalmente a través del aumento de la concentración de H^+ en el citoplasma, lo que resulta en la alteración de la estructura terciaria de las proteínas. El exceso de H^+ produce, entre otros efectos, rupturas de uniones disulfuro (S-S), y modificaciones de las interacciones electrostáticas o de tipo puente hidrógeno que mantienen a la estructura terciaria. Ante modificaciones moderadas de pHe, las células poseen mecanismos de defensa homeostáticos pasivos y activos con gasto de energía.

Tabla 4. Peligros biológicos asociados a carnes rojas y blancas. Características del desarrollo (ICMSF, 1996; Food Standards Australia New Zealand, 2016)

Microorganismo	Temp (ºC)	pH	a_a
Bacillus cereus	10 - 48	4.5 - 9.0	0.93
Campylobacter jejuni	30 - 45	6.5 - 7.5	$\geq$0.987
Clostridium botulinicum			
Grupo I (toxina A, B, F)	10 - 48	4.6	0.94
Grupo II (toxina B, E, F)	3.0 – 45	5.0	0.97
Clostridum perfringens	15 - 50	55 - 8.0	0.95
Escherichia coli O157:H7	10 - 42	4.4 - 9.0	0.95
Listeria monocytogenes	2.5 - 44	4.4 - 9.6	0.92
Salmonella	5 - 46	3.8 - 9.5	0.93
Staphylococcus aureus	7.0 - 48	4.0 - 10.0	0.86
Yersinia enterocolitica	2.0 - 45	4.6 - 9.6	0.96

Entre estos últimos está el transporte activo del exceso de H^+ fuera del citoplasma a través de la reversión de la bomba de H^+, situada en la membrana, con gasto de energía (ATP). Por este motivo, el grado de tolerancia a bajos pHe está influenciado por la disponibilidad de fuentes de energía fácilmente metabolizables. Entre los mecanismos pasivos para mantener el pH interno constante está la generación de compuestos búfer secuestrantes o liberadores de H^+, como las sales del ácido fosfórico (pKa 7.2 para el segundo protón), y los aminoácidos como lisina, arginina e histidina, con cadenas laterales básicas ($-NH_3^+$, $-NH_2^+$, $-NH^+$), o aspartato y glutamato con grupos carboxílicos ($-COO^-$) laterales. Otros compuestos que aumenta la capacidad búfer pasiva de los microorganismos son los ácidos orgánicos generados por el metabolismo celular normal, como el ácido láctico, cítrico o acético.

Cuando el estrés ácido es de mayor intensidad, como en pHe inferior a 5, algunos microorganismos ponen en funcionamiento respuestas adaptativas a través de la activación de una serie de genes productores de enzimas y proteínas específicas o *acid shock proteins*, capaces de proteger a las células ante un desafío ácido aún mayor en el cual las células no adaptadas son inactivadas, o ante otro tipo de estrés. Estos mecanismos de adaptación genética son variados y fundamentales en microbiología de alimentos, ya que la tolerancia ácida adquirida puede facilitar el paso de los patógenos por el ambiente gástrico y contribuir a su infectividad. Los mismos han sido estudiados en *S. typhimurium, L. monocytogenes, E. coli* genéricos y recientemente en forma preferente en *E. coli* productor de toxina Shiga (STEC), donde se han determinado distintos mecanismos designados con tolerancia ácida y resistencia ácida (Kim y col., 2015). Los ácidos orgánicos débiles usados como agentes preservantes o de sanitización, como el ácidos láctico, acético o propiónico, estos poseen un efecto propio de su anión, además del efecto del H^+, y su efectividad como inhibidores está determinada por la constante de disociación o pKa, así como por sus características lipofílicas para atravesar la membrana microbiana. Por otra parte, los pH bajos sensibilizan a los microorganismos a las altas temperaturas, así como otros agentes físicos usados como antimicrobianos, permitiendo un efecto letal equivalente con menores dosis.

El ácido láctico es uno de los ácidos con mayor distribución en la naturaleza y el más empleado como preservante en la industria alimentaria, es el principal metabolito producido por las bacterias lácticas homofermentativas. El ácido y sus sales actúan como antimicrobianos, agentes de regulación del pH y como aromatizante en productos alimenticios. Es incoloro, no volátil, muy soluble en agua, con pKa de 3.857. La utilización de ácidos orgánicos en el lavado final de las media canales de res, antes del enfriamiento, es el método aprobado más utilizado por los organismos regulatorios en Estados Unidos y la Unión Europea (EFSA, 2011). Generalmente es empleado en aspersión en concentraciones que varían de 2.5 a 5%, en soluciones a 55°C. La descontaminación de las canales bovinas con vapor y ácido láctico reduce drásticamente la biota superficial y retarda el crecimiento microbiano durante el almacenamiento (Davidson y col., 2013).

Actividad de agua (a_a)

Otro factor limitante del desarrollo microbiano en los productos cárnicos es la actividad de agua (a_a). Esta es una medida del agua disponible o libre, definida como el cociente entre la presión de vapor de agua en el alimento sobre la presión del vapor del agua pura a una temperatura determinada. La disminución del a_a afecta múltiples procesos de la fisiología microbiana y, por lo tanto, a la cinética del desarrollo microbiano, provocando la prolongación de la fase de latencia. En condiciones normales y, dada la mayor concentración de solutos dentro de la célula respecto del exterior, el agua del medio ambiente tiende a fluir dentro de las células solo por difusión. Se genera así una presión osmótica interna o turgencia, vital para las células, relacionada con el diferencial de a_a fuera y dentro de la célula. En cambio, bajo condiciones de estrés osmótico, cuando el a_a externa es menor que la interna, como en el proceso de salazón de la carne, el flujo de agua se revierte hacia el exterior provocando una detención progresiva del aparato celular. Ante un estrés osmótico transitorio de este tipo, las células adoptan un mecanismo de defensa conocido como *salting-out*, que consiste en la acumulación en el citoplasmática de compuestos orgánicos compatibles con el funcionamiento normal celular, promoviendo la turgencia. Estos solutos compatibles son solo de ciertos tipos, entre estos se encuentran los aminoácidos prolina y glutamato derivados de la β-prolina, péptidos pequeños, polioles como el glicerol o azúcares como la trehalosa.

El valor de a_a para lograr la inhibición total del crecimiento microbiano depende de la sensibilidad a la disponibilidad de agua libre de las enzimas celulares, de la presencia de mecanismos de defensa, así como del soluto empleado para disminuir la a_a. La sensibilidad a la desecación, de menor a mayor resistencia es la siguiente: las bacterias son las más sensibles, detienen su desarrollo a $a_a=0.90$; a 0.88 las levaduras en general: a 0.80 los hongos; a 0.75 las bacterias halofílicas; a 0.65 los hongos xerofílicos; y a 0.60 las levaduras osmofílicas. Dentro de los microorganismos patógenos, *S. aureus* es el más tolerante ($a_a=0.86$).

La forma más directa de disminuir el a_a en los productos cárnicos es por deshidratación parcial por secado. Otra forma, indirecta, y más común, es restringiendo la disponibilidad de agua por la presencia de moléculas capaces de fijar agua. Entre las sustancias químicas que tienen esta acción está, en primer lugar, la sal común (NaCl) usada en la industria cárnica en salmueras, así como los carbohidratos de bajo peso molecular como glucosa y sacarosa, y en menor medida a los radicales aldehídos, oxidrilos, sulfhidrilos, y la gelatina. La a_a es un factor importante en la preservación y en el aseguramiento de la inocuidad en los productos cárnicos procesados en general. De especial importancia son están los "productos crudos curados" (por ejemplo el jamón crudo curado) y los embutidos secos (fermentados), así como productos tradicionales en Sudamérica como el "charqui" o "charque" (carne salada y secada al sol), el *jerky beef* en Estados Unidos, o el *biltong* en Sudáfrica, productos que combinan, además del secado el agregado de otros aditivos y especias (Chirife y Buera, 1996; ICMSF, 1996).

Potencial de óxido-reducción

La capacidad oxidante o reductora de un dado sistema cárnico se define como su potencial de óxido-reducción (Eh), medido en milivolts (mv). Es el balance resultante del conjunto de las concentraciones oxidado-reducido en los pares redox presentes en la carne. El efecto del Eh sobre las bacterias en general ha sido menos estudiado que otros factores, la excepción la constituye los estudios respecto de las condiciones de desarrollo de microorganismos como *C. botulinum* (Johnson, 2013). Dichos estudios han reportado que los microorganismos son sensibles al Eh en diferentes grados, habiendo un intervalo de Eh en el que se pueden desarrollar (ICMSF, 1996). Los microorganismos aerobios, como *Pseudomonas* se desarrollan a Eh positivos/oxidados (+500 a +100mv), mientras que los facultativos como *S. aureus* se desarrollan en intervalos de Eh de positivo a negativo (+30 a -200mv).

Los anaerobios estrictos (Eh negativos/reducidos) son los más sensibles en cuanto a su límite de crecimiento, dada su carencia de enzimas como catalasa o peroxidasas, capaces de eliminar sustancias tóxicas peroxidadas.

Alunas sustancias presentes en la carne, tales como proteínas y aminoácidos con grupos tiol (SH) como la cisteína, son especialmente activas por su capacidad reductora. De la misma, la composición de la atmósfera gaseosa juega un papel importante en potencial Eh. Así, en el interior del músculo cárnico, una vez resuelto el *rigor mortis* hay un potencial Eh reducido, mientras que la carne picada proveniente del mismo músculo tiene Eh oxidado que favorece el desarrollo de bacterias aerobias e impide el desarrollo de anaerobios (Gill, 1996).

Factores de procesamiento

Se consideran tres factores de procesamiento clásicos en la industria cárnica que pueden tener un efecto letal, dependiendo de la dosis utilizada, sobre los microorganismos: altas temperaturas, radiación ionizante y altas presiones hidrostáticas. Otros factores de procesamiento frecuentemente utilizados en la industria alimentaria tienen un efecto inhibidor sobre el desarrollo microbiano (no letal o inactivante).

Acción de las altas temperaturas

El efecto inactivante (letal) del calor depende directamente del grado de humedad del medio, o de la actividad de agua en los microorganismos, siendo el bajo contenido en agua de las esporas uno de los motivos de su mayor resistencia térmica. Los componentes afectados por la acción de las altas temperaturas son múltiples e implican la destrucción de las estructuras secundarias y terciarias de proteínas, ADN y ribosomas con las consiguientes pérdidas de actividad. Los efectos del calor sobre las membranas celulares son también importantes, el daño de células y esporas que pueden ser inhibidas de desarrollar por otros factores del medio.

Por otra parte, la cinética de la destrucción bacteriana por el calor es una exponencial negativa cuantificable como tiempos de reducción decimal (Tiempo D), la cual se basa en la hipótesis de choques al azar sobre blancos potenciales celulares. Sin embargo, son también comunes las desviaciones de la linealidad denominadas como *tailing* o "colas", no totalmente explicadas (Yousef y Balasubramaniam, 2013). Para tratar de explicar dichas desviaciones se han presentado algunos modelos sobre la base de una variabilidad natural de la termo resistencia en las poblaciones bacterianas (Montville y Matthews, 2013).

Entre los microorganismos de interés en alimentos hay una amplia gama de termo resistencias, en cuyo extremo superior están los microorganismos esporulados, como C. *thermosacarolyticum* que resiste 80 minutos a 120°C u otros esporulados que soportan algunos minutos a 120°C; células vegetativas resistentes, especialmente estreptococos del Grupo D con valores D de algunos minutos a 70°C y células vegetativas de resistencia térmica media con valores D de pocos segundos de 70°C. Las bacterias formadoras de esporas y los hongos resistentes al calor plantean problemas específicos para la industria alimentaria. Tres especies de bacterias formadoras de esporas, *C. botulinum*, *C. perfringens*, y *B. cereus*, son bien conocidas por producir toxinas que pueden causar enfermedades en seres humanos y animales, y muchas especies de formadores de esporas que causan deterioro de alimentos. Entre estos se encuentran los formadores de esporas psicrotróficos, causantes del deterioro de alimentos refrigerados, incluyendo carnes rojas envasadas al vacío (Setlow y Johnson, 2013). La resistencia térmica de los virus en la carne y productos cárnicos está poco documentada, pero en general se sabe que poseen una resistencia apreciable. Tal el caso del virus de la fiebre aftosa que mantiene su capacidad infecciosa después varias horas de proceso a 71-75ºC, o después de algunos minutos a temperaturas cercanas a 90ºC (Masana y col., 1995).

Para la resistencia térmica de los microorganismos es también importante la composición del producto cárnico, ya que distintos factores intrínsecos, como pH o a_a, modifican el grado de sensibilidad de las células microbianas, destacándose en este aspecto la presencia de grasas o sales. Por otra parte, la temperatura de crecimiento de los microorganismos antes de su procesamiento térmico también influye en su termo sensibilidad (Jay y col., 2005).

Un aspecto relevante del fenómeno de la resistencia térmica es que esta es influenciada por la velocidad con la que se alcanza la temperatura letal. Al respecto, hay una cierta capacidad de adaptación de las células a través de la producción de las denominadas *heat shock proteins* que redunda en aumentos en los valores D para bajos gradientes de ascenso térmico. De la misma manera, cuando un cultivo de *L. monocytogenes* se mantiene a 48°C durante 10 minutos, se produce un incremento de 2.1 veces de D a 55°C. La temperatura, por otro lado, regula la expresión de virulencia de varios patógenos que pueden trasmitirse por la carne y productos cárnicos, entre ellos *Y. enterocolitica*, *L. monocytogones* y *E. coli* productor de toxina Shiga (STEC) (Montville y Matthews, 2013).

Acción de la radiación ionizante

Otro de los factores clásicos de procesamiento es el empleo de la radiación electromagnética para reducir o eliminar la contaminación microbiana de las carnes y productos cárnicos. En su aplicación más difundida, la radiación ionizante (RI) se lleva a cabo a través la exposición del producto cárnico a radiación gamma proveniente de una fuente radioactiva, como el radionucleido cobalto 60 (^{60}Co), o por exposición a electrones acelerados con energías de 5-10 MeV. La cinética de muerte de los microorganismos por irradiación es de primer orden, y se expresa como una dosis letal decimal (DI), medida en kilograys (kGy), necesaria para eliminar 90% de la población microbiana.

El efecto letal de la RI sobre los microorganismos se debe principalmente al corte de las cadenas de ADN, y en segundo término a sus efectos sobre la membrana citoplasmática como daño subletal. La acción de la radiación sobre el ADN se produce sobre las bases purínicas y pirimidínicas, con ruptura de las uniones fosfodiester por acción directa de la radiación. Sin embargo, es más común el efecto indirecto sobre el ADN a través de los radicales libres hidroxilos e hidrógeno generados a partir de las moléculas de agua presentes en la carne. Por este motivo, la efectividad del proceso de irradiación sobre los microorganismos es menor y, por consiguiente, se necesitan mayores dosis para un mismo efecto letal, sobre todo en caso de irradiar productos cárnicos congelados. Otros factores influyen también en la resistencia de las bacterias a la irradiación, principalmente la presencia de oxígeno y las temperaturas en niveles subletales, ambos factores que favorecen la acción letal.

No todos los microorganismos son igualmente sensibles a la radiación, siendo las diferencias de sensibilidad explicables a través de sus diferentes composiciones fisicoquímicas y estructurales, así como de las distintas capacidades de reparación de las lesiones sobre el ADN (Farkas, 2006). En este contexto las bacterias Gram-negativas son en general más sensibles que las Gram-positivas.

Las aplicaciones en la preservación de las carnes son variadas, así como en especias utilizadas por la industria (EFSA, 2011), entre ellas la extensión de la vida útil de cortes de carne vacuna refrigerados irradiados con dosis de 2 kGy (Rodríguez y col., 1993), y la elaboración de productos cárnicos seguros y estables a temperatura ambiente, con dosis de 10-15 kGy (Suarez Rebollo y col. 1997). La eficacia y seguridad de la RI en alimentos ha sido revisada en la Unión Europea (EFSA, 2011).

Acción de las altas presiones hidrostáticas

La aplicación en alimentos de las altas presiones hidrostáticas (APH) en el intervalo de 300 a 1000 MPa es una tecnología emergente y cada vez más adaptada a nivel industrial para el procesamiento de algunos alimentos, incluidos los cárnicos (Neetoo y Chen, 2014) en virtud de las ventajas que ofrece en el mantenimiento de la calidad sensorial del producto. El mecanismo fisicoquímico de su acción se produce a través de la ruptura de interacciones no covalentes del tipo puente hidrógeno, e interacciones iónicas e hidrofóbicas de carbohidratos y proteínas de los componentes celulares. En los microorganismos, las AP puede producir múltiples efectos como la desnaturalización de los ribosomas, la inactivación de enzimas o la inhibición de la síntesis de proteínas. Sin embargo, su efecto principal es sobre las membranas celulares, aumentando la permeabilidad y, en consecuencia, la pérdida al medio de componentes como ATP.

Se ha establecido un paralelismo entre la respuesta de los microorganismos a las altas presiones y a los tratamientos térmicos. En este caso, si bien las células vegetativas son inactivadas con presiones de 500 a 700 MPa, las esporas son mucho más resistentes debiendo combinarse para su inactivación altas presiones con tratamientos térmicos. Alternativamente, las altas presiones pueden ser efectivas sobre las esporas en ciclos que combinen presiones medias para iniciar la germinación y altas presiones para destruir las células germinadas. También, y debido al efecto de las altas presiones sobre las membranas celulares, se ha aplicado exitosamente su combinación con otros agentes, como las bacteriocinas, para potenciar el efecto de estas últimas (Yousef y Balasubramaniam, 2013; Neetoo y Chen, 2014). Las células vegetativas y enzimas pueden ser inactivados a temperatura ambiente aplicando presiones de 400 a 600 MPa. Este intervalo de presiones es efectivo en el control de patógenos, tales como *E. coli* O157:H7, *L. monocytogenes*, *Salmonella* spp. y *S. aureus*, entre otros, presentes en diversos productos cárnicos como carne picada envasada al vacío, jamón cocido y jamón curado en seco. Se reportó que en carne para consumo inmediato, tratada a 600 MPa y 20°C, no se percibió deterioro en la calidad sensorial (Chen y col., 2012).

Los tratamientos a 400 y 600 MPa, combinados con la adición de lactato sódico (1 y 3%) se reportó por Masana y col. (2015) para reducir STEC O157 y microbiota de deterioro en carpacho de carne de bovina curado en fresco o congelado. Al aplicar 600 MPa durante 5 minutos se logró una reducción inmediata de hasta 2 unidades logarítmicas de STEC en carpacho congelado y hasta 1.19 log en estado fresco. Estos autores también indicaron que los recuentos de bacterias alteradoras disminuyeron por debajo de los límites de detección en carpacho fresco o congelado añadido con lactato sódico en la aplicación de ambas dosis de APH.

Factores extrínsecos

Estos factores se relacionan con las condiciones ambientales en las que se almacenan de la carne y los productos cárnicos. Los parámetros temperatura y composición gaseosa son los dos principales factores extrínsecos, que influyen en el desarrollo microbiano. Sin embargo, algunos factores extrínsecos también pueden considerarse factores de procesamiento, como es el uso de las atmósferas modificadas.

Temperatura

La aplicación de bajas temperaturas es sin duda el factor extrínseco más relevante en la industria cárnica. Su efecto preservador se debe a la disminución de las velocidades de las reacciones químicas de deterioro y de las velocidades de crecimiento microbiano. Es importante destacar que el efecto de la temperatura sobre las reacciones químicas se describe por la ecuación de Arrhenius, la cual también se emplea describir el efecto de la temperatura en la velocidad de desarrollo bacteriano, basado en la hipótesis de que una única reacción química limitante controla el proceso de duplicación bacteriano, considerando solamente el intervalo de temperatura aplicado. Una descripción más exacta del efecto de la temperatura sobre la velocidad de crecimiento es a través de la relación empírica conocida como de la raíz cuadrada (Ratkowsky y col., 1991; Van Derlinden y col., 2013). Una consecuencia de la descripción cuadrática del efecto de la temperatura en la velocidad de crecimiento, es el efecto de los cambios pequeños de temperatura en el deterioro microbiológico, especialmente en los intervalos de temperatura más bajos compatibles con el desarrollo.

Las temperaturas mínimas, óptimas y máximas de crecimiento, conocidas como temperaturas cardinales, son características de cada microorganismo y de muy especial relevancia en EMA. La temperatura óptima de crecimiento define funcionalmente distintos grupos de microorganismos como psicrófilos, con temperatura óptima de crecimiento entre 15-25°C; mesófilos, con temperatura óptima de desarrollo cercana a 37°C y termófilos con temperatura óptima cercanas a 50°C o más. Otro grupo funcional de especial importancia para la preservación de la carne, es el de los psicrótrofos, definidos como aquellos microorganismos capaces de desarrollarse a temperaturas de refrigeración (0-5°C), independientemente de su temperatura óptima.

Para poder desarrollarse en condiciones de refrigeración, es necesario que los microorganismos cuenten con varias capacidades metabólicas, entre ellas la de mantener la fluidez de la membrana (adaptación homoviscosa), ya que una de las causas determinantes del efecto inhibitorio de las bajas temperaturas es la mayor dificultad para el transporte de solutos a través de la membrana citoplasmática con el descenso térmico. Esta adaptación se observa especialmente en los psicrótrofos, donde hay un marcado cambio composicional de los fosfolípidos de la membrana, a bajas temperaturas de crecimiento, con un incremento relativo de lípidos insaturados de menor punto de fusión que su contraparte saturada, mejorando la permeabilidad de la membrana (Jay y col., 2005). Por otra parte, la acumulación de solutos compatibles a bajas temperaturas es análoga a su acumulación a bajo a_a.

La temperatura regula también la expresión de la virulencia de genes en varios patógenos de importancia en alimentos (Montville y Matthews, 2013). *L. monocytogenes*, cuando se desarrolla a 4, 25 y 37°C, produce internalina, una proteína necesaria para penetrar en la célula huésped. Las células que se desarrollan a 37°C producen hemolisina, pero no lo hacen a 4 o 25°C.

Entre los psicrótrofos se encuentran varios géneros alteradores y patógenos de importancia en la carne, como *L. monocytogenes* que puede desarrollarse a temperaturas inferiores a 10°C, y *C. botulinum* no proteolíticos de los tipos B, F y E, así como algunas cepas de *S. aureus*. Por lo tanto, es importante tener presente que la refrigeración sola no es suficiente para evitar el desarrollo de estos microorganismos (James y James, 2002). Es necesario utilizar barreras adicionales para asegurar la inocuidad.

En el otro extremo de la escala de temperatura se sitúan los microorganismos capaces de desarrollarse a 50°C o más. Esta capacidad está dada por un conjunto de enzimas y proteínas evolutivamente adaptadas para ser estables y funcionalmente activas a altas temperaturas. Se debe destacar que muchos de los termófilos de importancia para la industria cárnica son también microorganismos esporulados; este conjunto de características hace especialmente importante durante e procesamiento a las llamadas "conservas tropicales" que deben permanecer sin alteración en ambientes de alta temperatura ambiental (Setlow y Johnson, 2013; Yousef y Balasubramaniam, 2013).

Atmósfera gaseosa

Entre los factores extrínsecos de EMA, está la composición gaseosa del medio ambiente. En las condiciones de atmósfera aerobia normal de almacenamiento de la carne predominan los microorganismos que utilizan un metabolismo energético altamente eficiente con el oxígeno como último aceptor de electrones, y que producen una rápida alteración de la carne, principalmente pertenecientes a los géneros *Pseudomonas*, *Acinetobacter*, *Moraxella* (Gill, 1996).

La eliminación de O_2 y/o su sustitución por otros gases como CO_2 y N_2 por el envasado al vacío o las atmósferas modificadas, reducen el desarrollo aerobio y favorecen el de bacterias que se desarrollan más lentamente, como *Lactobacillus*, de metabolismo fermentativo, los que a su vez poseen un menor potencial para generar sustancias no aceptadas en alimentos. Así, cortes de *Longissimus dorsi* bovino envasados al vacío pueden mantener recuentos menores a 10^7 microorganismos por cm^2 y una aceptable calidad sensorial por 90 días a 1°C (Tabla 5), observándose un marcado predominio de la flora láctica y una disminución de 0.4 unidades de pH (Rodríguez y col. 1996, 2000; Rodríguez, 2014)). Sin embargo, bajo determinadas condiciones intrínsecas de pH y presencia de grasa superficial, algunas bacterias alteradoras psicrótrofas tales como *B. thermosphacta, Shewanella putrefaciens* y otras pertenecientes a los géneros *Enterobacteriaceae* pueden desarrollarse significativamente y producir el acortamiento de la vida útil en cortes envasados al vacío (Gill, 1996).

Tabla 5. Evolución de los recuentos (log UFC/cm^2) de distintos grupos microbianos en cortes vacunos (*Longissimus dorsi*), envasados al vacío y almacenados a 1°C por 90 días (Rodríguez y col., 2000).

RT[1]	RP[2]	RBt[3]	RL[4]	RE[5]
2.58	1.92	1.67	1.67	1.02
6.17	4.46	2.44	5.29	2.15
6.10	5.19	3.43	4.76	2.52
6.98	4.29	1.97	5.56	2.45

[1] RT: Recuento total

[2] RP: Recuento de *Pseudomonadaceae*

[3] RBt: Recuento de *Brochothrix thermosphacta*

[4] RL: Recuento de *Lactobacillus*

[5] RE: Recuento de *Enterobacterias*

Las atmósferas modificadas empleadas en la preservación de cortes vacunos frescos consisten en mezclas de N_2, O_2 y especialmente CO_2, las que permiten un aumento significativo de la vida útil en refrigeración, manteniendo un color atractivo para los consumidores (Meichtri y col., 1999). Se ha reportado que el CO_2 tiene un efecto importante en el aumento de la fase de latencia más que en la disminución de las velocidades de crecimiento. Aun cuando su mecanismo de acción no está dilucidado totalmente, se supone que el CO_2 puede deprimir la actividad enzimática (Gill and Gill, 2009).

Respecto al control de patógenos, tanto el envasado al vacío como las atmósferas modificadas no son inhibitorios del desarrollo de los patógenos alimentarios. Cuando el objetivo sea retrasar la alteración microbiológica debe cuidarse que este efecto no presuponga incrementar los riesgos para la salud del consumidor.

Así, adquieren relevancia fundamental en estos productos patógenos como *L. monocytogenes* en productos de consumo inmediato, o *C. botulinum* psicrótrofos de los tipos B, E y F en productos cocidos *sous-vide*, siendo ambos microorganismos capaces de desarrollarse en ausencia de oxígeno y a bajas temperaturas, problemática que estudiada para encontrar condiciones seguras de almacenamiento (Chen y col., 2012).

Factores implícitos

Estos son inherentes al microorganismo mismo, su estado fisiológico y sus interacciones con otros microorganismos. Así como cada género o especie microbiana posee características metabólicas definidas, bajo determinada combinación de factores ambientales, cada especie bacteriana posee una velocidad de crecimiento característica (Jay y col., 2005; Montville y Matthews, 2013). Un ejemplo es la diferencia de velocidad metabólica; en condiciones óptimas de crecimiento, el tiempo de generación de *Vibrio parahaemolyticus* es 6 minutos, mientras que en enterobacterias es en promedio de 20 minutos. En contraste, la duración de la fase lag de un microorganismo aún bajo condiciones ambientales similares tiene una variabilidad mucho mayor que la velocidad de crecimiento exponencial, ya que depende de factores adicionales y principalmente del estado fisiológico de las células que depende a la vez de su historia previa (Baranyi y Roberts, 1994).

Daño microbiano

Los microorganismos pueden ser dañados (injuriados, lesionados) o sea afectados por la acción de niveles subletales de factores tales como calor, radiación, ácidos, o agentes sanitizantes, entre otros. Esta daño se caracteriza por la disminución de la resistencia a agentes selectivos, o por el aumento de requerimientos nutricionales (ICMSF, 1980). El estudio del fenómeno de daño bacteriano en carnes y productos cárnicos ha sido reportado hace algunas décadas (Busta y Smith, 1976), pero ha recibido especial atención, en especial en los patógenos emergentes y re-emergentes (Rodríguez, 2006). La existencia de microorganismos dañados en los alimentos y su recuperación durante los procedimientos de cultivo es un aspecto crítico de la conservación de alimentos. El daño microbiano se caracteriza por la capacidad de un microorganismo para volver a la normalidad durante un proceso de resucitación en el que se reparan los componentes esenciales dañados. La detección de microorganismos lesionados es muy importante en la interpretación de los datos en microbiología alimentaria. El daño, por otro lado, es un fenómeno complejo influenciado, entre otros factores, por el tipo del agente que causó el daño, el tiempo, la temperatura del proceso, y de cómo se recuperan las células mediante la síntesis de RNA y proteínas, lo que redunda en la prolongación de la fase de latencia (Masana y col., 2000). La Figura 3 muestra efecto del estrés microbiano, el daño, la adaptación y la resistencia al procesamiento respectivo.

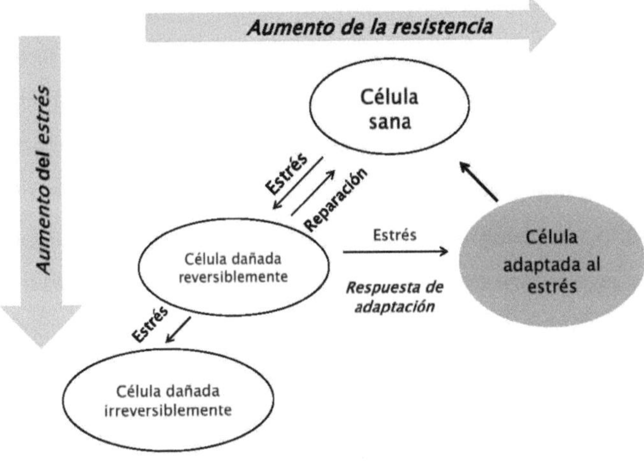

Figura 3. Estrés microbiano, daño, adaptación y
resistencia al procesamiento.

El daño bacteriano se define como el efecto de uno o más tratamientos subletales sobre un microorganismo. Por extensión, el daño subletal es una consecuencia de la exposición a un proceso químico o físico que daña pero no inactiva a un microorganismo, incluyendo el daño a componentes y estructuras celulares. Esto conlleva cierta pérdida de células, así como pérdida de funcionalidad que puede ser transitoria o permanente. La mayoría de las intervenciones y estrategias utilizadas para el control de patógenos y los microorganismos alterantes durante el procesamiento de los alimentos producen estos efectos de lesiones subletales en los microorganismos, por eso su relevancia e interés en EMA (Yousef y Courtney, 2003;

Wesceie y col., 2009). El daño microbiano importante para la inocuidad alimentaria, ya que las células dañadas pueden recuperarse naturalmente después de los procesamientos y presentar un riesgo para la salud. En estudios para medir la resistencia microbiana a factores de proceso, o en ensayos de desafío, es necesario seguir metodologías de recuperación adecuadas para enumerar las células dañadas, a fin de evitar los resultados erróneos, por ejemplo valores D. El fenómeno del daño puede ser aprovechado positivamente para diseñar procesamientos en los que los niveles subletales de distintos agentes se combinen para asegurar la inocuidad en la formulación de los productos cárnicos, tal como sucede en la denominada tecnología de vallas.

Otro aspecto poco difundido relacionado con el estado fisiológico de los microorganismos contaminantes de la carne es el fenómeno denominado "células viables no cultivables" (CVNC). Este estado ha sido descritos algunos microorganismos (*Salmonella*, *Campylobacter*, *Escherichia*, bacterias del agua y del medio ambiente) (CVNC) (Jay y col., 2005; Montville y Matthews, 2013). La diferenciación de células vegetativas, en células "dormidas" viables pero no "cultivables" por las técnicas rutinarias es una estrategia de supervivencia de estas bacterias. La morfología cambia, los bastones se encogen y se tornan esféricos, siendo totalmente diferentes de las células vegetativas correspondientes.

Pueden tardar entre días y semanas alcanzar el estado de CVNC. Estas células puedes reconocerse por técnicas de tinción y por su actividad metabólica en la respuesta a determinados sustratos específicos. Por otra parte, se señala que algunos patógenos de origen alimentario que hayan estado en medios de cultivo nutritivos pueden volverse VNC cuando se los pasa a temperaturas de refrigeración. Esto sin duda tiene fuertes implicancias para la inocuidad de los productos refrigerados.

Sinergismo y antagonismo

El segundo factor a considerar es el conjunto de interacciones que se pueden establecer entre los microorganismos que comparten un hábitat, es positivo (sinergismo), o negativo (antagonismo). El sinergismo o simbiosis se define como la ayuda mutua que se brindan los microorganismos entre sí y se puede establecer de varios modos. El primero es la provisión de nutrientes, vitaminas, aminoácidos entre otros, los cuales son sintetizados por algunos microorganismos y pueden ser aprovechados por otros. Por ejemplo, *Lactobacillus* necesitan Vitamina B_{12} para su desarrollo; *Lactobacillus casei* necesita tiamina, que no puede sintetizar, pero sí lo hacen otros microorganismos como las levaduras. En contraste, en una relación antagónica aquel microorganismo cuyo metabolismo sea más activo consumirá una mayor cantidad o calidad de nutrientes, y por lo tanto otros microorganismos sólo se desarrollarán en menor medida.

Por otro lado, es posible que se dé competencia por algunos sustratos nutrientes específicos. Este es el caso de la ventaja selectiva de *Pseudomonas* para metabolizar la glucosa en carnes refrigeradas (Gill, 1996), demostrado experimentalmente en grasa bovina refrigerada (Lasta y col., 1995). Algunos casos de antagonismo y selección de la biota se pueden apreciar en carne envasada al vacío y mantenida por largos periodos de almacenamiento en refrigeración (Figura 4). En este caso, la biota inicial (por ejemplo, cocos Gram positivos, *Pseudomonas*) cambia drásticamente a *Lactobacillus*) según progresa el tiempo de almacenamiento (Rodríguez y col., 2000).

Asimismo se produce una serie de interacciones indirectas entre grupos de microorganismos, en razón de las modificaciones de los factores intrínsecos de la carne, consecuencia del desarrollo de la microbiota. Estas interacciones incluyen, entre otras, modificaciones de potencial redox por consumo de O_2 que provee condiciones para el desarrollo de anaerobios; producción de H_2O_2 letal para microorganismos catalasa-negativos; cambios de pH y producción de ácido láctico por *Lactobacillus*; eliminación de aditivos antimicrobianos, como ácido benzoico, por microorganismos resistentes; colapso de estructuras defensivas de vegetales y carnes frescas por microorganismos que generan proteasas o pectinasas.

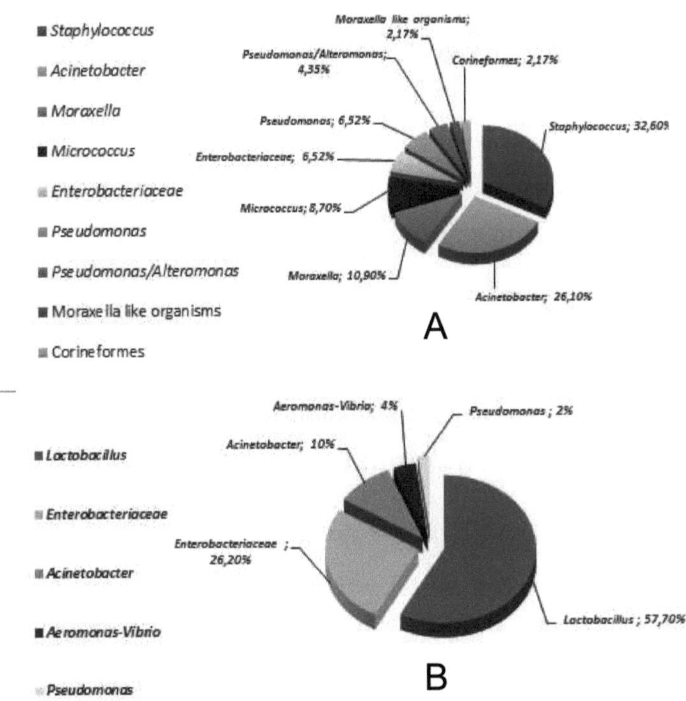

Figura 4. Biota competidora. Distribución porcentual de grupos bacterianos en cortes vacunos (*Longissimus dorsi*) envasados al vacío y refrigerados a 2°C. (A) tiempo cero; (B) 90 días. (Rodríguez y col., 2000).

Como parte del antagonismo se produce también la preservación biológica (biopreservación) de la carne basada en el uso de las bacteriocinas, de uso extendido en la industria alimentaria. Estas son proteínas de bajo peso molecular producidas por especies de géneros de bacterias ácido lácticas principalmente *Lactobacilus* y *Pediococcus*, la más conocida de las cuales es la nisina. Su espectro de acción está generalmente confinado a géneros cercanamente relacionados a los microorganismos productores, o a los Gram positivos en general. En carnes y productos cárnicos se destaca su acción en la inhibición de *L. monocytogenes.* Por otra parte, y dado lo limitado de su espectro acción, existe un marcado interés por su combinación con otros factores y procesos para lograr ampliar la actividad a un mayor número de microorganismos (Kalchayanand y col., 1998; Chen y col., 2012; Montville y Chikindas, 2013).

TECNOLOGÍA DE OBSTÁCULOS (VALLAS)

La tendencia creciente por la producción de alimentos "más naturales", "light" o de mayor apariencia de frescura, ha hecho que disminuya el uso de aditivos con propiedades antimicrobianas, tales como la sal o los nitritos. Este hecho ha impulsado una mayor aplicación del concepto de "tecnología de obstáculos, barreras, o vallas" en la preservación de alimentos, descrita por primera vez por Leistner y Rodel (1976) y cuyos principios los expuso Leistner (2000). Dicha tecnología procura inhibir el desarrollo bacteriano y preservar las características deseadas por los consumidores a través de la combinación óptima de varios factores. En las últimas décadas se ha obtenido suficiente experiencia práctica en la aplicación de este enfoque, exitoso en la industria alimentaria en todo el mundo. Leistner y Gould (2002) y Gould y Leistner (2005) han desarrollado y aplicado el concepto de tecnología de obstáculos, que aborda la combinación de tratamientos para mejorar estabilidad, seguridad y calidad de los alimentos.

La aplicación de esta tecnología en productos cárnicos en envases flexibles, estables a temperatura ambiente por más de 6 meses y seguros desde el punto de vista de la inhibición del *C. botulinum*, ha sido estudiada por Rodríguez y col. (1992), y Suárez Rebollo y col. (1997). La Tabla 6 muestra el efecto de distintos factores, irradiación y propionato de sodio en este caso, cuando actúan individualmente y en conjunto sobre el desarrollo de *C. botulinum* (Suárez Rebollo y col. 1997).

Tabla 6. Número más probable de esporas de *Clostridium botulinum* por gramo capaces de crecer para cada una de las combinaciones de propionato de sodio y dosis de irradiación en un producto cárnico bovino en envases flexibles, estable a temperatura ambiente (Adaptado de Suárez Rebollo y col. 1997).

Propionato de sodio (%)	Irradiación (kGy)			
	2.5	5	7.5	10
0	24,000	1,500	150	3.6
0.8	93	11	3.6	nd
2	nd	nd	nd	nd
3.3	nd	nd	nd	nd

Este enfoque de tratamientos combinados ha sido estudiado en la obtención de productos cárnicos libres de virus de la fiebre aftosa (Lasta y col., 1992; Masana y col., 1995). Sin embargo, el uso de nuevos aditivos como vallas adicionales debe ser evaluado cuidadosamente. Por ejemplo, la adición de lactato de sodio en productos cárnicos termoprocesados ha demostrado poseer propiedades protectoras sobre la termo sensibilidad de *L. monocytogenes* (Masana y col., 1997) (Tabla 7), por lo que debe tenerse en cuenta este efecto al diseñar un proceso seguro.

Leistner y Rodel (1976) identificaron varios niveles de obstáculos (NO_3^-, pH, a_a, y flora competitiva) en la preservación y EMA en productos cárnicos fermentados y en productos de alta humedad ($a_a > 0.90$) para inhibir la biota patógena y alteradora, favoreciendo el desarrollo de las bacterias lácticas deseables, sentando las bases para una elaboración racional en la industria procesadora de embutidos secos. Se han identificado también las condiciones de obtención de productos cárnicos estables por varias semanas o meses a temperatura ambiente, sobre la base de la combinación de procesos térmicos relativamente suaves (Leistner y Gould, 2002).

Tabla 7. Tiempos de reducción decimal (valor D) de *Listeria monocytogenes* en pasta de carne bovina, elaborada con distintas concentraciones de lactato de sodio (Masana y col., 1997).

Temperatura (°C)	Lactato de sodio (%)	Valor D (min)
50	0	10.4
	2.4	14.2
	4.8	15.5
58	0	2.5
	2.4	3.1
	4.8	3.4
60	0	1.1
	2.4	1.3
	4.8	1.4

ADHERENCIA MICROBIANA

Formación de biopelículas. *Quorum sensing*

Las bacterias pueden existir en la naturaleza en dos formas o estados: planctónico (de libre flotación) suspendidas en el fluido circundante; y sésiles (formadoras de biopelículas) adheridas a superficies sólidas. Se considera que en la naturaleza 99% de las bacterias existen como biopelículas y solamente 1% restante en estado planctónico. En las etapas iniciales de los estudios en este campo de la microbiología llamaba la atención apreciar que las bacterias adheridas, a veces eran capaces de desarrollar y proliferar, en tanto sus contrapartes planctónicas eran incapaces de crecer. Durante la década de 1970, se exploró este estado y se lo ancló a una "matriz de moléculas tipo limo" producida en las bacterias adheridas. La matriz tipo limo junto con las células respectivas se llamó "biopelícula", un término desarrollado y estudiado por William Costerton y sus colegas. Anteriormente, Claude E. Zobell reportó que las bacterias, especialmente las marinas, podían adherirse a diferentes superficies.

Sin embargo Costerton publicó en 1978 un artículo donde afirmaba que las bacterias se adhieren a las superficies disponibles en las cubiertas con un "glicocálix" (matriz extracelular), desarrollando la teoría de la biopelícula, y que estas poblaciones de bacterias sésiles se daban predominantemente en los ambientes naturales, el sector industrial y, en particular, en los ecosistemas médicos (Rodríguez, 1990). Esa matriz extracelular conforma las secreciones protectoras que rodean a las células en la biopelícula y proporciona un "ambiente construido" para contener los procesos. En la década de 1990, se acuño el término EPS (*extracellular polymeric substances*) que abarca a las "sustancias extracelulares poliméricas o secreciones", como una propiedad emergente primaria de la biopelícula. EPS se creó y describió para enfatizar la amplia gama de moléculas, tales como proteínas, polisacáridos, ácidos nucleicos y lípidos, que comprenden estas secreciones

(Decho, 2013). Durante mucho tiempo se creyó que las bacterias existían como "individuos aislados", células que buscaban principalmente encontrar nutrientes y multiplicarse. Sin embargo, las bacterias llevan a cabo con frecuencia "un censo" eficiente de su población, y perciben el ambiente, los anfitriones y los competidores. En la década de 2000 se desarrolló una nueva línea de investigación "en comunicación celular". *Quorum sensing* (QS), un término introducido originalmente por Fuqua y Winans para describir la comunicación de célula a célula. QS ("percepción de quórum") es el mecanismo utilizado por las bacterias para comprender los cambios en su entorno y aplicar estrategias específicas que le permiten la adaptación ambiental en el espacio y el tiempo. Este proceso de adaptación continua está fuertemente afectado por la comunicación microbiana, expresada precisamente a través del QS (Skandamis y Nychas, 2012).

Aunque los estudios sobre QS son relativamente recientes, se ha podido establecer que las bacterias producen, liberan, detectan y responden a pequeñas moléculas parecidas a las hormonas de señalización llamadas "autoinductores". Cuando se logra una concentración umbral crítica de la molécula de señal, las bacterias detectan su presencia e inician una cascada de señalización que da lugar a cambios en la expresión génica respectiva (*target*). La comunicación célula-célula ha sido demostrada dentro y entre especies, con mecanismos sustancialmente diferentes en las bacterias Gram-positivas y Gram-negativas. Los QS identificados en varias bacterias Gram-negativas y Gram-positivas relacionadas con los alimentos, incluyen la síntesis de bacteriocinas, la detección del quórum luxS y, en las interacciones entre las bacterias ácidolácticas, en productos fermentados entre otros (Bai y Rai, 2011; Skandamis y Nychas, 2012).

El QS modula la expresión genética y produce cambios fenotípicos que adapta a las bacterias a las condiciones ambientales de crecimiento. Cuando se expande la densidad microbiana, la concentración de estas moléculas aumenta e inducen la regulación de la expresión genética. La concentración de estos compuestos de señalización en el medio ambiente (por ejemplo, crecimiento), medio o matriz, crea zonas de gradientes de concentración. Es decir, concentración de gradientes a través de la célula/colonia/ambiente. La difusión de compuestos entre las células conduce a una acumulación alta localmente. Cuando esta concentración alcanza el nivel requerido (es decir, "el nivel de quórum"), las moléculas de señalización se unen a receptores en la célula bacteriana, iniciando los cambios en la expresión génica en la célula respondedora. Es importante señalar también que el QS está involucrado en varios fenómenos importantes en microbiología, entre ellos, regulación de virulencia, desarrollo de competencia genética, esporulación, síntesis de péptidos antimicrobianos, formación de biopelículas, y aún otros no identificados. La comprensión del QS como mecanismo de señalización extracelular puede proporcionar una nueva base para el control sobre el proceso molecular y celular tanto de las bacterias patógenas como alteradoras, así como en las bacterias benéficas en alimentos, cuyos comportamientos son principalmente consecuencias de muy complejas interacciones comunitarias (Bai y Rai, 2011).

En términos microbiológicos, la formación de biopelículas se define como la capa microscópica mediante la cual los microorganismos se adhieren a una superficie dada (Figura 5). Las biopelículas pueden encontrarse en cualquier nicho ecológico, y revisten especial importancia para la industria alimentaria en general y para la industria de la carne en particular, no solamente por los aspectos ligados a la vida útil de los productos y a la salud pública, sino también ligado a la toma de muestra para los análisis microbiológicos y especialmente a los procedimientos de limpieza y sanitación. Las bacterias en la biopelícula son resistentes a los tratamientos con biocidas y sanitizantes, pueden ser hasta 100 veces más resistentes a los antibióticos y hasta 500 veces más resistentes a la acción de sanitizantes, debiéndose incrementar entre 10 y 100 veces el tiempo de exposición y concentración de estos en las células en la biopelícula, en comparación con las planctónicas. Aunque las biopelículas pueden contener una solo tipo de célula bacteriana, ya sea un patógeno o un alterador, es mucho más común que contenga varias especies. Incluso, pueden participar también en la biopelícula bacterias, protozoarios y aún algas como ha sido demostrado con *Legionella* en tanques de enfriamiento y tuberías de transporte de agua (Annous y col., 2009; WHO, 2007; Rodríguez, 2006).

La adherencia de las bacterias alteradoras a carne bovina estéril ocurre en dos etapas distintas que a su vez incluyen otras tantas etapas secundarias. Primera, las células se unen por fuerzas físicas como las de Van der Waals, esta etapa es reversible. En una segunda etapa, tiempo dependiente, se produce la formación del EPS que une fuertemente a las bacterias entre sí y con la superficie en cuestión (Rodríguez, 1990, 1996); (Figura 6).

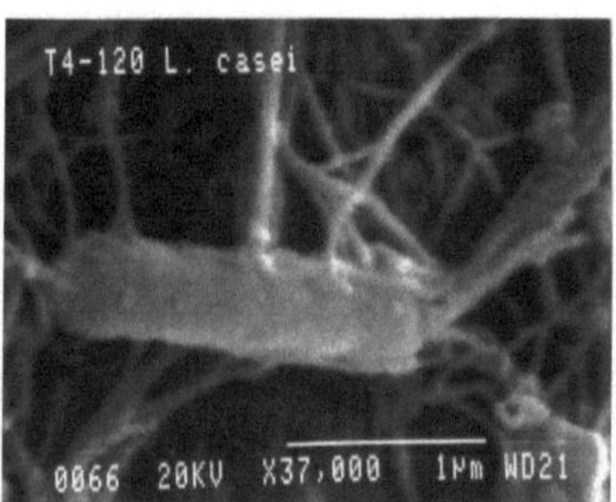

Figura 6. Microfibrillas de *Lactobacillus casei* adherido sobre músculo estéril bovino. 120 minutos de contacto. Aumento x37.000.

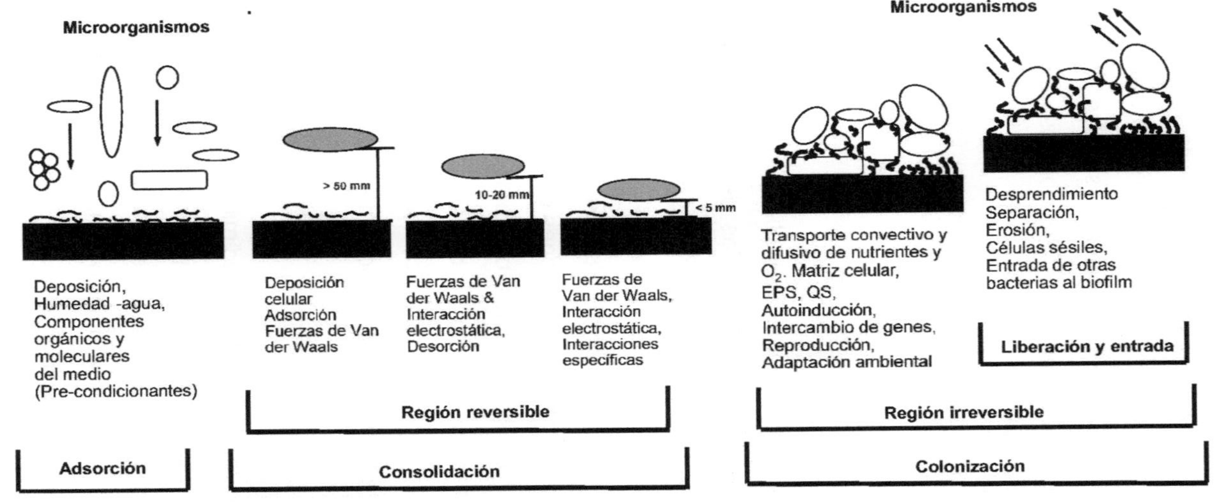

nm = nanómetro; EPS = Sustancias extracelulares poliméricas; QS = *quorum sensing*

Figura 5. Adherencia. Formación de biopelículas. Esquema de un proceso dinámico

El fenómeno de adherencia y prevención de la adherencia con ácido láctico y nisina en carne ha sido estudiado por Ockerman y col. (1992). Estos autores señalan que la aplicación temprana de los agentes antimicrobianos previne la adherencia, especialmente de *Pseudomonas*, uno de los organismos alteradores más frecuentes de carnes frescas y refrigeradas.

Experimentalmente, se ha demostrado que las bacterias alteradoras de la carne pueden desarrollar, en condiciones ideales de medio ambiente, microfibrillas de adherencia en tiempos tan cortos como 60 minutos (Rodríguez, 1990, 1996) (Figura 7). Los mismos estudios señalan que al poner en contacto una cantidad conocida de *Pseudomonas* –principal responsable de la alteración en condiciones de aerobiosis, con músculo bovino estéril, 80% de las bacterias presentes se adhieren antes del primer minuto de contacto con la carne. Esto conlleva una importante significación práctica, la de reducir al mínimo la contaminación inicial de la carne con la biota respectiva.

La biopelícula influye, tanto al procedimiento de toma de muestras, como a la aplicación de los programas de limpieza ya que las bacterias que estén fuertemente adheridas pueden desarrollar en este nicho ecológico una condición que atemperará el efecto del medio y de los agentes externos. El desarrollo de biopelículas protege a los microorganismos y dificulta su remoción de los equipos de procesamiento, envasado y conservación de alimentos.

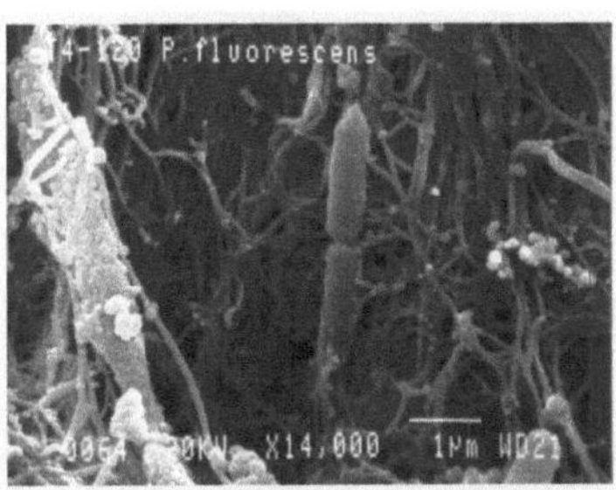

Figura 7. Microfibrillas de *Pseudomona fluorescens* adherido sobre músculo estéril bovino. 120 minutos de contacto. Aumento x14.000.

Rodríguez y col. (1997) estudiaron la adherencia y formación de biopelículas de *E. coli* en diversas superficies y materiales (Figuras 8 y 9), comúnmente utilizados en la industria de la carne. Las biopelículas constituyen una vía muy estructurada para proveer homeostasis, una red para desarrollar funciones especiales en cooperación con las células que forman el nicho colonizado y finalmente, una gran protección contra los agentes antimicrobianos que pudieren aplicarse, incluyendo el aumento de la resistencia a los antibióticos por parte de bacterias Gram negativas aisladas de biopelículas en carnes. Patógenos como STEC, *L. monocytogenes, Salmonella* y *Staphylococcus aureus* son fuertes productores de biopelículas, tanto en los productos como en las superficies donde se elaboran, manipulan y envasan, así como *L.*

monocytogenes en sistemas de refrigeración, drenajes y pisos (Sofos y col., 2013).

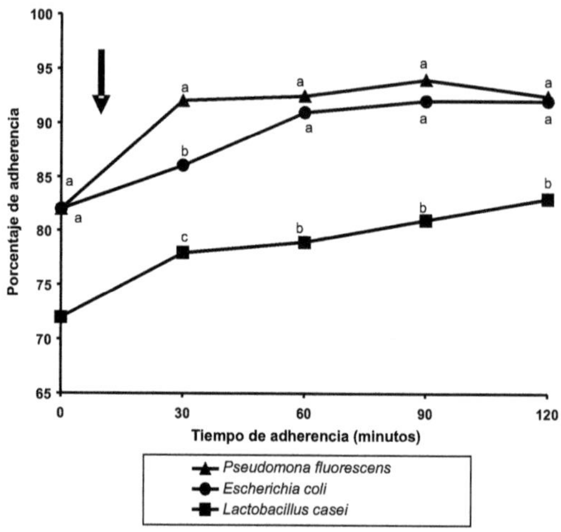

Figura 8. Adherencia bacteriana sobre tejido muscular bovino estéril. Porcentaje de adherencia a lo largo de 120 minutos de contacto. La flecha indica la dirección del análisis estadístico -letras diferentes indican diferencias estadísticamente significativas.

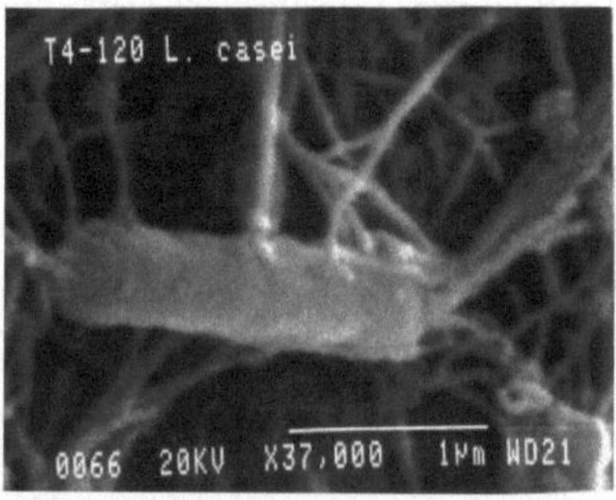

Figura 9. Microfibrillas de *Escherichia coli* adherido sobre una esponja de poliuretano estéril. 120 minutos de contacto. Aumento x10.000.

Al momento, hay dos áreas de gran interés en microbiología; por un lado el análisis de los genomas bacterianos y por otro el proceso de formación de biopelículas. La disponibilidad de la secuencia completa de numerosos genomas microbianos influye enormemente en diversos campos de la agricultura, la biología y la industria. Las bacterias se desarrollan en su medio natural formando comunidades de microorganismos (ecología molecular microbiana), lo cual ha modificado el concepto de las bacterias como seres unicelulares. Esto plantea el eventual desarrollo de una nueva disciplina dedicada a estudiar estas comunidades (biopelículas) y los fenotipos diferenciales que aparecen en ellas respecto de las bacterias individuales (Rodriguez, 2006). Recientemente se han revisado las estrategias de control de biopelículas, especialmente algunas novedosas. Akbas (2015) describe estudios y ensayos al respecto, realizados con aceites esenciales, polisacáridos, enzimas, nisina y diferentes ácidos orgánicos.

Por su parte, Rodriguez (1990) estudió el uso de nisina y ácido láctico sobre el bloqueo de la adherencia en las principales bacterias alteradoras de la carne bovina. El ácido láctico fue muy efectivo en prevenir la adherencia de las bacterias en las condiciones experimentales ensayadas. A escala industrial es importante tener en cuenta el diseño e ingeniería de los equipos de procesamiento y las superficies en contacto con los alimentos para impedir la formación de los biopelículas. Por ejemplo, al reducir el proceso de adsorción inicial. Es necesario avanzar en el papel de QS en el deterioro de los alimento, los factores que "pueden apagar" la actividad de QS en estos productos, y los posibles inhibidores de QS que podrían "inducir a error" en la coordinación bacteriana de las actividades de deterioro y, por tanto podrían, utilizarse como biopreservadores y aumentar la comprensión de cómo QS afecta el comportamiento microbiano en los alimentos, y proponer respuestas sobre cómo es explotar QS en beneficio de la preservación de los alimentos, la mejora de la vida útil y la seguridad (inocuidad) alimentaria (Skandamis y Nychas, 2012).

Asimismo, es necesario disponer de información adicional sobre adherencia y formación de biopelículas por bacterias transmitidas por los alimentos, STEC, *L. monocytgenes* y microorganismos alteradores, entre otros, en la carne y ambientes de procesamiento, así como sobre las causas, implicancias de las interacciones y estrategias de control en la industria, incluyendo métodos novedosos y alternativos (Simoes y col., 2010; Giaouris y col., 2014; Vogeleer y col., 2014; Akbas, 2015).

MODELOS PREDICTIVOS Y EVALUACIÓN DE RIESGO MICROBIOLÓGICO

Modelos predictivos

La mayoría de los factores descritos hasta ahora, relevantes a la EMA, no actúan sobre los microorganismos en forma aislada sino conjuntamente y con diversos niveles de interacción. Así, es necesario para poder asegurar una determinada vida útil o un dado nivel de inocuidad alimentaria, estimar de alguna manera el efecto total de los factores y sus interacciones sobre los microorganismos. Por lo que es conveniente incluir aspectos relacionados con la aplicación y el uso de los modelos predictivos en microbiología, los cuales permiten hacer estimaciones cuantitativas y predicciones empleando ecuaciones que describen la respuesta de los microorganismos bajo distintas combinaciones de factores (Van Derlinden y col., 2013). La microbiología predictiva puede ser considerada como una aplicación de los estudios relativos a EMA. El enfoque se fundamenta en que son reproducibles las respuestas de las poblaciones de microorganismos a factores ambientales, y que es posible predecir la respuesta a dichos factores a partir de observaciones en ambientes similares (Jagannath y Tsuchido, 2003).

El concepto de microbiología predictiva es nuevo en su aplicación, pero tiene una larga historia que se remonta a 1920, cuando se utilizaron ecuaciones para determinar la sobrevida de microorganismos. Estos modelos aplicados a microbiología de alimentos tuvieron su primer impulso y desarrollo en la predicción de la vida útil de los productos de la pesca (Olley y Ratkowsky, 1973). Desde entonces, han sido aplicados en la industria de la carne, tanto en modelos para predecir el comportamiento de *C. botulinum* en sistemas modelos de carne curada (Robert y Jarvis, 1983), como para predecir tiempos de alteración de carne estimación objetiva de las prácticas higiénico-sanitarias (Gill y col., 1991; 1998; Ross y McMeekin, 1994; Brul y col., 2007).

Los modelos predictivos empleados en microbiología de alimentos se clasifican de acuerdo a distintos criterios. Por niveles de actividad, se los clasifica en primarios, secundarios y terciarios (Whiting y Buchanan, 1993). En un nivel primario se describe la respuesta microbiana en el tiempo, cuantificando las respuestas directas como el número de microorganismos, la concentración de toxina o la concentración de sustrato consumido; o las respuestas indirectas, como absorbancia, turbidez o impedancia en el tiempo de ensayo. Se elabora entonces una ecuación formal conteniendo parámetros primarios con significado microbiológico (tiempo lag, velocidad de crecimiento, entre otros) que cuantifica la variación de la respuesta microbiana en el tiempo. En un nivel secundario se describe la variación de los parámetros microbiológicos primarios en función de los factores limitantes a través de un modelo matemático. Finalmente, en un nivel terciario se obtienen rutinas de computación en forma de software de aplicación para predicción de la respuesta microbiana. Tal es el caso de software como ComBase[MR], patrocinada por Agricultural Research Service, ARS, USDA, USA y la Universidad de Tasmania, UTAS. Esta base es probablemente la número uno en su tipo en la web, de acceso gratuito, sobre recursos basados en innumerables fuentes de datos y ensayos (más de 50,000) de aplicación para la microbiología cuantitativa y predictiva de alimentos.

Las herramientas disponibles de ComBase[MR] permiten y ayudan a predecir y mejorar la seguridad microbiológica, y la calidad de los alimentos, a diseñar, producir y almacenar alimentos más económicamente y en la evaluación del riesgo microbiológico en los alimentos. Diversas aplicaciones prácticas sobre el trasporte y almacenamiento de la carne refrigerada han sido obtenidas en la Unión Europea, con la contribución de los modelos respectivos del ComBase[MR] (EFSA, 2016).

Los modelos primarios más usados en microbiología predictiva son:

1. Curvas de crecimiento, de las cuales la más empleada es la de Gompertz. (Zwitering y col., 1990).

2. Curvas de destrucción térmica, ejemplo de este caso es la determinación de tiempos de reducción decimal para *Clostidium botulinum*.

3. Curvas de inactivación no térmica: en estos modelos se cuantifica una velocidad de inactivación y tiempos de latencia antes del comienzo de la inactivación en medios hostiles (Whiting y Masana, 1994).

4. Probabilidad de crecimiento y tiempo para el crecimiento, ejemplo de este caso es la probabilidad y el tiempo para la germinación de esporas de *Clostridium botulinum* (Whiting y Oriente, 1997).

5. Modelos de límite o interfase, los cuales modelan el límite entre crecimiento y no crecimiento (Masana y Baranyi, 2000).

Los modelos secundarios más usados en microbiología predictiva, aplicados para determinar la influencia de distintos factores limitantes, son los denominados superficies de respuesta. Son modelos de regresión lineal múltiple que relacionan los parámetros microbiológicos primarios con términos lineales, o cuadráticos, entre otros, e interacciones de los factores limitantes del crecimiento.

Sin embargo, debe validarse la confiabilidad de los modelos antes de utilizarlos. Esta validación se realiza sobre la base de los mismos datos con que el modelo se estableció, para determinar si el modelo puede describir los datos experimentales suficientemente. Esta es una validación interna, también denominada "ajuste de la curva". Por otro lado, la validación externa implica la comparación de las predicciones del modelo con observaciones análogas en estudios o ensayos de desafío (experimentos de "paquetes inoculados" –ensayos hechos con alimentos reales) no utilizados para desarrollar el modelo, o con valores reportados en la literatura. La validación interna proporciona una estimación de la "bondad de ajuste" y muestra dónde se pueden necesitar datos adicionales. En microbiología predictiva también se utilizan métodos para comparar cuán bien los modelos describen los datos utilizados para generarlos, o para determinar si un modelo ajustado es estadísticamente aceptable con relación al error de medición inherente a los datos (Brul y col., 2007).

En síntesis, los modelos son creados para predecir la respuesta microbiana (crecimiento/supervivencia/muerte) en los alimentos. Esta respuesta puede ser predicha fundamentalmente en base a los factores principales en EMA (temperatura, pH, a_a). Estos modelos predictivos están disponibles como paquetes de software. Sin embargo, su utilidad reside en que permiten estimaciones cuantitativas *a priori* del impacto de modificaciones productivas, disminuyen la necesidad de ensayos particulares de validación y disminuyen costos de desarrollo de nuevos productos.

En términos de las necesidades a futuro y perspectivas del modelado de la respuesta de los microorganismos en los alimentos, se ha sugerido que se desarrollen modelos que tengan en cuenta posibles interacciones entre la biota microbiana presente en el producto. Sin embargo, no han recibido mucha atención el desarrollo de modelos integrales del crecimiento fúngico, de microorganismos alteradores, ni que predigan la inactivación de esporas.

Otros aspectos que necesitan modelado microbiano son el crecimiento en alimentos heterogéneos, en superficies o límites, en microambientes y biopelículas (Jagannath y Tsuchido, 2003; ICMSF, 1996: Brul y col., 2007; Van Derlinden y col., 2013).

Evaluación del riesgo microbiológico

El estudio la EMA es determinístico, y puede aplicarse a la evaluación microbiológica del riesgo en inocuidad (EMRI) para aumentar la utilidad y credibilidad del resultado de la evaluación del riesgo (Roberts y Jarvis, 1983; Forsythe, 2002;

Shaffner, 2008). Los microbiólogos de alimentos han adoptado un enfoque cuantitativo y mecanístico para abordar la EMA. Es importante señalar aquí que los especialistas indican, en esta línea, que un impulso muy grande en el desarrollo de la microbiología predictiva estuvo dado por el trabajo de, que se mencionó antes.

El estudio la EMA es determinístico, y puede aplicarse a la evaluación microbiológica del riesgo en inocuidad (EMRI) para aumentar la utilidad y credibilidad del resultado de la evaluación del riesgo (Roberts y Jarvis, 1983; Forsythe, 2002; Shaffner, 2008). Esto influenció el desarrollo de la EMRI, iniciado a mediados de la década de 1990. Para la mayoría de los patógenos de origen alimentario el conocimiento de su ecología en los alimentos es esencial para la estimación del riesgo. Por ejemplo, *L. monocytogenes* está adaptada para desarrollarse a bajas temperaturas; representa por lo tanto un peligro para alimentos refrigerados con larga vida útil (más de 2 semanas). *C. perfringens*, por otro lado, crece rápidamente a temperaturas de 45-50°C, constituyendo un peligro en alimentos no refrigerados rápidamente o mantenidos tibios. Codex Alimentarius (1999) explicita que la EMRI debe considerar la dinámica del desarrollo, supervivencia y muerte de los microorganismos (enfoque EMA).

La evaluación del riesgo es un componente del análisis de riesgos, el proceso para recopilar información, llevar a cabo el análisis y tomar decisiones sobre los riesgos. El análisis de riesgos debe incluir una fase de planificación, la evaluación de riesgos, la estructuración de las decisiones de gestión de riesgos y la estrategia de comunicación de los mismos. La evaluación del riesgo es el proceso que desarrolla la estimación de la probabilidad y la severidad de un resultado en particular, dado un escenario bien definido. Esta medida de probabilidad y gravedad se denomina estimación del riesgo. La evaluación del riesgo es el paso del análisis en el que se recopilan y evalúan los datos, se eligen o desarrollan los modelos y se obtienen los resultados. Una evaluación de riesgo podría hacerse en el reverso en un breve informe o en uno extenso, integral incluyendo modelos y profundamente detallado.

Las diferencias entre estos enfoques serían el grado de confianza o incertidumbre en las estimaciones. Esto debe coincidir con las necesidades del análisis de riesgo, tal como se define en la etapa de planificación. La evaluación de riesgos incluye cuatro pasos: identificación de peligros, caracterización de peligros, evaluación de exposición y caracterización de riesgos (Forsythe, 2002).

VIDA ÚTIL. ENSAYOS DE DESAFÍO. DESARROLLO Y DISEÑO DE PRODUCTOS

Vida útil, vida de anaquel o "durabilidad" de un alimento se define como el tiempo que este puede almacenarse sin que ocurran cambios indeseables en el sabor, aroma, textura y apariencia del mismo. El enfoque de estabilidad se refiere a la evolución de los atributos microbiológicos, sensoriales, bioquímicos y características físicas de las matrices alimentarias respectivas. La vida útil también se define como el tiempo, después de producido el alimento, durante el cual es aceptable para el consumo humano, está asociado a la aptitud del producto. El producto en esta condición debe ser inocuo (O´Sullivan y Kerry, 2009; O´Sullivan, 2011).

Los factores que afectan la vida útil son específicos para cada grupo de alimentos. Para los alimentos en general es importante la composición y estructura del producto (matriz), la migración de humedad y equilibrio de humedad relativa, las condiciones de almacenamiento, y el envase. Para la carne, tienen especial importancia la microbiota asociada, el color, el sabor/olor (*flavor*) y la terneza.

La vida útil, sin embargo, no indica atributos de seguridad. Un producto que ha excedido la vida útil no es inmediatamente un riesgo para el consumo humano, pero ya no asegura parámetros de calidad. Algunos productos pueden, si se los conserva adecuadamente, permanecer frescos por varios días después de la fecha de caducidad, siempre u cuando no haya desarrollo microbiano. En productos donde el desarrollo microbiano pudo ocurrir, mantenerlos más allá de su vida útil puede dar como resultado que el producto sea peligroso para el consumo, dando posibles intoxicaciones o enfermedades trasmitida por los alimentos (ETA). Estos productos coinciden en su vida útil y la fecha de expiración.

Los ensayos de desafío (paquetes inoculados) son una forma efectiva para asegurar la inocuidad de un producto. Es importante distinguir entre el análisis de vida útil y el ensayo de desafío. En el de vida útil el producto es almacenado bajo condiciones normales dadas, y analizado a través de un tiempo dado para corroborar que es seguro y estable. Este enfoque asume condiciones de BPM bajo HACCP (análisis de riesgo y de puntos críticos de control) que limitan las posibilidades de desarrollo de los microorganismos, más allá de la microbiota habitual no patógena que pueda contaminar el producto. Por lo tanto en los ensayos de vida útil se supone que los análisis se focalizarán en la microbiota natural alteradora presente que se desarrolla durante el almacenamiento, bajo condiciones estipuladas.

Los ensayos de desafío son diseñados para conocer si el producto es seguro y estable, si accidentalmente es contaminado con un microorganismo patógeno o alterador (si a pesar de la formulación del alimento, se puede favorecer el desarrollo de microorganismos indeseables). La finalidad de los ensayos de desafío es simular que podría suceder al producto durante su producción, procesamiento, distribución o la subsecuente manipulación del consumidor, después de la inoculación con microorganismos indeseables al producto, y almacenado bajo condiciones representativas de la producción al consumo.

El ensayo de desafío incluye, entre otros: objetivo del estudio; descripción y evaluación del producto (tipo de producto, formulación, preparación, almacenamiento, características fisicoquímicas, envase); condiciones y control del proceso (tiempo/temperatura, eficiencia de proceso); condiciones de prueba (intervalos y condiciones de muestreo, tamaño de la muestra, uso de controles no inoculados, criterios de aceptación/rechazo); patógenos de interés (criterios de selección de cepas, métodos de inoculación, ecología y epidemiología, intervalos de crecimiento, parámetros de inactivación, aplicación de modelos predictivos, uso de microorganismos alternativos en lugar de patógenos).

En carnes y productos cárnicos los patógenos utilizados más frecuentemente en ensayos de desafío son, *C. botulinum*, *C. perfringens*, *L. monocytogenes*, *Salmonella*, *S. aureus* y *E. coli* (STEC/EHEC).

Los ensayos de desafío son útiles para determinar la posibilidad que exista el desarrollo o supervivencia de microorganismos en el alimento: determinar su seguridad y estabilidad durante el almacenamiento hasta el consumo; desarrollar una formulación del producto basado en factores intrínsecos que aseguren la calidad e inocuidad del alimento (pH, a_a); establecer puntos críticos durante el procesamiento en el marco de un sistema de gestión de la inocuidad (NACMCF, 2010; Komitopoulou, 2011; Bureau of Microbial Hazards, 2012).

En relación al desarrollo, diseño o rediseño de un producto, deberá tenerse especial cuidado en los aspectos asociados a la inocuidad. Así, tomando como ejemplo la reducción de sal en los alimentos cárnicos, no debe olvidarse que este ingrediente influye en el crecimiento bacteriano; la reducción de la sal en algunos productos tiene consecuencias para la inocuidad, que deben ser consideradas, por lo que puede ser necesario reformular estos alimentos o reducir la vida útil para mantener la seguridad del producto. Cualquier cambio en las condiciones de formulación, procesamiento o almacenamiento significa que la seguridad y la vida útil del producto deben ser reevaluadas y se deben tomar medidas si se identifican nuevos riesgos. Adicionalmente, hay que considerar mejoras en modelos predictivos utilizados; se pueden requerir también modelos de riesgo mejorados para cuantificar los riesgos asociados con los cambios en los productos. La seguridad del producto no puede considerarse aisladamente, las propiedades y atributos sensoriales deben considerados y la funcionalidad tecnológica de los productos reducidos en sal también deben ser aceptables para los consumidores. Se pueden requerir planes para una difusión eficaz de la información a todas las partes interesadas. Esto, a su vez, puede requerir además la cooperación de proveedores de ingredientes, cámaras y asociaciones del sector, organismos reguladores y organizaciones de investigación.

ECOLOGÍA DE LA BIOTA DE IMPORTANCIA EN CARNE Y PRODUCTOS CÁRNICOS

La carne contiene todos los nutrientes para sustentar el desarrollo bacteriano. Es importante destacar que la parte muscular profunda proveniente de animales sanos, en términos prácticos, es estéril y por lo tanto la contaminación bacteriana es un fenómeno de naturaleza superficial. Por esto son críticas las distintas etapas la faena (matanza), desposte (despiece) y distribución (transporte) en donde puede ocurrir la contaminación bacteriana de la carne y de los productos cárnicos. Los principios que rigen a la contaminación se aplican tanto a las carnes rojas como a las blancas; la implementación que se ha dado en la industria de las denominadas tecnologías de intervención, especialmente en áreas de faena, tales como aplicación en las canales de diferentes ácidos orgánicos (en especial láctico, pero también, acético y cítrico), pasteurización con vapor, así como el uso de cloro, dióxido de cloro, fosfato tripotásico, ácido peroxiacético y cloruro de cetilpiridina. Otros compuestos, como ozono, lactoferrina, agua oxigenada, también han sido ensayados. Estas metodologías se han aplicado para controlar agentes patógenos (en particular STEC, *Salmonella*), pero tiene también influencia sobre toda la biota presente. Estas intervenciones se realizan dentro de un plan HACCP, en general aplicadas en más de una zona a lo largo de la línea respectiva, por lo que deben estar aprobados por la autoridad regulatoria correspondiente (Chen col., 2012; Sofos y col., 2013; EFSA, 2011).

Biota alterante en carnes frescas y refrigeradas

Es generalmente aceptado que la mayoría de la biota de una canal recién eviscerada proviene de las operaciones inherentes a su obtención en el área de sacrificio. La biota inicial de las canales proviene fundamentalmente de los organismos del suelo y de origen fecal, presentes en el cuero, de la posible contaminación con contenido gastrointestinal y de los operarios y equipos. La mayoría de estos organismos son Gram positivos mesófilos (*Micrococcus*, *Staphylococcus* y *Bacillus*). Una fracción menor está compuesta por Gram negativos psicrófilos originados en el suelo, agua y vegetación. En el cuero bovino se ha encontrado: 7.93 mesófilos, 3.58 psicrótrofos, 2.67 enterobacterias y 3.74 *B. thermosphacta* [log (UFC/cm^2)], mientras que en el contenido ruminal hay 7.7 (log UFC/g), y en el intestinal puede haber 12.2 log (UFC/g) (Rodríguez, 1996). En este sentido, aun utilizando la mejor tecnología de faena disponible, es posible que se tenga algún grado o nivel de contaminación con esa biota en las canales (Lasta y col., 1992; EFSA, 2016) (Tabla 8).

Un gran número de los microorganismos que se encuentran en el cuero de a los animales pueden ingresar a las canales si no se siguen los procedimientos de buenas prácticas de manufactura (GMP) y análisis de peligros y puntos críticos de control (HACCP) apropiados (Rodríguez, 1996). Durante la eliminación del cuero, no obstante, algunas bacterias pueden pasar a la superficie expuesta, especialmente por los aerosoles y polvo que se generaren durante el cuereado del animal, de las manos de los operarios, equipos o canales vecinas.

Tabla 8. Perfil bacteriano en canales bovinas en países o regiones seleccionados (Masana y Rodríguez, 2006).

País/Región	Tipos de microorganismos (log UFC/cm^2)		
	Psicrotrófos	Mesófilos	n
Argentina	2.45±0.74	2.06±0.66	230
Australia	2.79±0.75	--	86
Canadá	4.31±0.11	4.22±0.10	40
Unión Europea	--	2.99±0.55	60
Estados Unidos	--	2.68±0.02	2089

n - tamaño de muestra

Los microorganismos pueden también ser introducidos en la superficie de la canal durante en proceso de evisceración. La contaminación puede ocurrir si se producen incisiones o roturas en el tracto intestinal o en el manejo de los proventrículos, en el caso de los rumiantes. Un adecuado seguimiento de las GMP en esta etapa minimiza el riesgo de contaminación con material del tracto digestivo. En este sentido, es fundamental proceder al adecuado atado del esófago y recto, para evitar pérdidas del contenido gastrointestinal. Sin embargo, también pueden agregarse bacterias de las manos de los operarios, paredes, equipos, utensilios y otras canales. Por ejemplo, se han reportado recuentos del orden de 4.45 a 7.08 y 5.34 a 6.45 (log UFC/total superficie) en cuchillos utilizados en la zona del cuereado y en manos de operarios, respectivamente (Rodríguez, 1996).

El enfriado de las canales, con humedad controlada y adecuada velocidad de aire, minimiza el desarrollo bacteriano y contribuye a seleccionar la flora dominante, en estas condiciones la flora que se desarrolla es mayormente Gram negativa y psicrótrofa. Durante los procesos de despiece y preparación de los cortes, las bacterias presentes en tejidos superficiales, manos de operarios, y herramientas pueden ser transferidas a las nuevas superficies recién expuestas. Esto es especialmente crítico en los productos picados o finamente troceados en donde la superficie originalmente externa, puede quedar en el interior de la masa formada. Esto amerita también tomar precauciones especiales desde el punto de vista de inocuidad. El desarrollo y alteración por la biota durante el almacenamiento y transporte de la carne, especialmente bovina, ha sido analizada en detalle (EFSA, 2016). Este estudio señala que *Pseudomonas* y las bacterias lácticas (LAB) son los organismos más relevantes para evaluar el efecto de escenarios específicos de enfriamiento tiempo-temperatura sobre el crecimiento de las bacterias alteradoras bajo condiciones aerobias y anaeróbicas (cortes envasados al vacío), respectivamente.

Lasta y col. (1995) estudiaron la biota y el metabolismo de tejidos grasos bovinos. La grasa de pecho, naturalmente contaminada, alcanzó un recuento de psicrótrofos de 4×10^9 UFC/cm^2 después de 14 días de almacenamiento aeróbico en refrigeración (5°C±1°C), con *Pseudomonas* como el género predominante. Otros microorganismos, tales como *Enterobacteriaceae* y *Brochothrix thermosphacta* proliferaron hasta 2.5×10^8 UFC/cm^2 y 1.6×108 CFU/cm^2, respectivamente. La concentración de glucosa disminuyó hasta aproximadamente un tercio de la concentración inicial durante la primera semana de almacenamiento, así como la concentración de ácido láctico. Los ácidos grasos libres se incrementaron significativamente ($P<0.05$) durante el ensayo. Sin embargo otros índices de deterioro lipídico, tales como TBA y valor de peróxido permanecieron sin cambio. La grasa subcutánea bovina, en las condiciones del ensayo mencionado, tuvo un alto recuento microbiano inicial, y permitió el desarrollo de esa biota.

Dos casos especiales en relación con la ecología microbiana del sustrato son las carnes secas, firmes y oscuras (DFD) y pálidas, blandas y exudativas (PSE). Las carnes DFD se producen por que animales son sujetos a estrés severo pre-faena, por lo que pueden agotar sus reservas de glucógeno, lo que da como resultado una menor producción de ácido láctico y consecuentemente un pH final alto (>6.0). Estas carnes usualmente son más oscuras por la menor concentración de oxihemoglobina debido al mayor nivel de respiración y, consecuentemente, una menor profundidad en la penetración de O_2; son generalmente más firmes y secas. Las carnes DFD se alteran más rápidamente que las carnes con pH normal (Rodríguez, 1996), lo que es función de la ausencia de glucosa. Este fenómeno también ocurre cuando se les envasa al vacío o bajo MAP (envasado en atmósferas modificadas), resultando en la presencia de coloraciones verdosas anormales. La condición DFD ocurre más frecuentemente en vacunos, pero puede darse también en cerdos y otros animales productores de carne.

La carne PSE, se puede presentar en cerdos, pavos y, con menor frecuencia, en bovinos. En este caso se presenta una aceleración del proceso glucolítico *postmortem,* produciendo una brusca caída de pH, aun cuando la temperatura de la canal sea alta. La ocurrencia de este fenómeno está ligada al fenómeno de estrés porcino asociado a ciertas condiciones genéticas. Dependiendo del tipo de cerdo, el gen ligado a PSE puede estar entre un 5 y 20% de la población afectada. Hay controversias respecto del nivel y características de la alteración de las carnes PSE. No obstante, en función a los componentes solubles de bajo peso molecular en las carnes de pH normal y las PSE, las últimas podrían comportarse de manera semejante a las de pH normal en términos de la selección de la flora dominante.

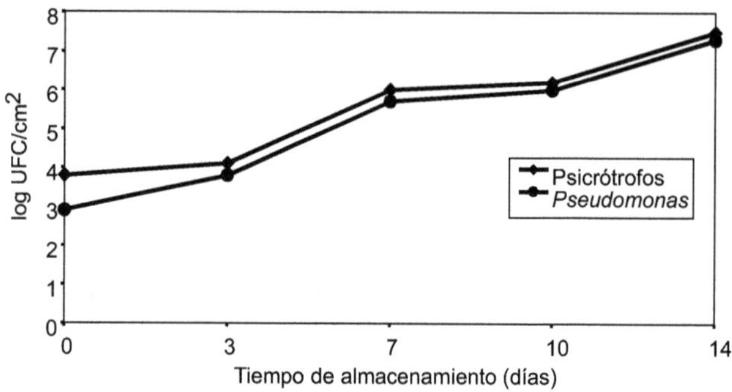

Figura 10. Curva de crecimiento de microorganismos psicrótrofos y *Pseudomonas* en carne bovina, envasada en película permeable al oxígeno y mantenida a 1°C (Rodríguez y col., 1993).

Rodríguez y col. (1993) estudiaron carne normal en condiciones comerciales, utilizando materia prima proveniente de establecimientos que siguen GMP tanto en áreas de faena como en despiece, y almacenando los cortes a 1°C en películas permeables al oxígeno. Los autores reportaron que se obtuvo una vida útil óptima, medida en términos de recuento microbiano y de caracteres sensoriales (Figura 10).

Con el mismo enfoque, pero en condiciones de envasado al vacío (EV), los cortes pueden alcanzar una vida útil de más de noventa días (Masana y Rodríguez, 2006).

Tabla 9. Perfil bacteriano en cortes de carne bovina en países seleccionados (Masana y Rodríguez, 2006).

País	Tipo de corte	Tipos de micro-organismos	Población (valores medios) (log UFC/cm^2)
Argentina	lomo	mesófilos lactobacilos	4.20 (0)*– 6.33 (90) 2.39 (0) – 6.09 (90)
Canadá	*boxed beef*	psicrótrofos lactobacilos	7.43±0.43 (8) 6.76±0.24 (8)
Estados Unidos	al vacío	mesófilos psicrótrofos	1.20 (0) – 3.30 (14) 2.20 (0) – 3.30 (14)
Inglaterra	lomo	psicrótrofos lactobacilos	4.2 (0) – 7.5 (60) 2.75 (0) – 7.4 (60)
Nueva Zelanda	**lomo**	psicrótrofos lactobacilos	3.2 (0) – 6.75 (90) 5.75 – 7.0 (90)

* Entre paréntesis tiempo de almacenamiento en días

Rodríguez (2014) exploró el efecto combinado del pH de la carne, la temperatura, la atmósfera gaseosa. El autor concluyó que estos factores producen una selección de la biota que mejor se adapta al medioambiente ecológico, dado por el envasado al vacío y la refrigeración consistente, produciendo un efecto de barrera y deteniendo el crecimiento microbiano. Estos efectos, sumados a una carga microbiana inicial baja en los cortes de carne vacuna y películas con buena impermeabilidad al O_2 usadas como envase primario, contribuyen a la extensión de la vida útil del producto (Rodríguez, 2014).

En todos estos estudios se señala la importancia de mantener la cadena de frío ya que si se interrumpe, rápidamente aparecen defectos, primero en el color y luego en el olor del producto. El papel de la refrigeración en el transporte y almacenamiento de la carne ha sido confirmado en un exhaustivo estudio en la Unión Europea, utilizando ensayos de microbiología predictiva (EFSA, 2016). Es importante destacar que el envase al vacío es la tecnología que ha contribuido al desarrollo y mantenimiento exitoso del comercio internacional de carne bovina entre los países del Cono Sur de América y la Unión Europea por más de cuatro décadas (Paton y col., 2008).

Biota alterante en productos cárnicos procesados

En las carnes procesadas los microorganismos pueden provenir, no solamente de la propia materia prima, sino también de los ingredientes tales como especias, sal, azúcar, entre otros. Especial cuidado merecen las carnes curadas mediante la inyección de salmuera, en este caso debe cuidarse especialmente la calidad microbiológica de la solución de cura a emplear.

El deterioro de los alimentos, es considerado un fenómeno ecológico que conlleva cambios en la disponibilidad de nutrientes, durante el desarrollo bacteriano (proceso microbiano) sin importar el origen del alimento (animal o vegetal). Esto es aplicable tanto a las carnes frescas como a los productos cárnicos procesados. La dominancia de un proceso microbiano en particular, depende de los factores que incidan o persistan en el procesamiento, transporte o almacenamiento del alimento (Figura 11).

Los ecosistemas en los alimentos constan de cinco factores de determinantes ecológicos: intrínsecos, de procesamiento, extrínsecos, implícitos y de efecto emergente (Mossel, 1983; Nychas y col., 2008). Estos factores influencian la consolidación de un determinado proceso microbiano, y determinan la velocidad a la que se llega a la población máxima. El microorganismo resultante se conoce como microorganismo alterador efímero / específico (MAE) (*ephemeral / specific spoilage microorganism*, o ESO). Por ejemplo, aquellos microorganismos capaces de adoptar varias estrategias. Las estrategias ecológicas desarrolladas por los MAE son consecuencias de las determinantes ambientales (por ejemplo, estrés, pH, temperatura, limitación de nutrientes u O_2), que les permiten proliferar en todos los nichos disponibles (Tabla 10).

Las determinantes mencionadas constituyen un nicho ecológico virtual de n dimensiones, en el cual cada microorganismo es influenciado en el (micro) espacio y tiempo (Boddy y Wimpenny, 1992). Este enfoque es importante para entender los cambios que ocurren en el producto a lo largo de la cadena alimentaria, "del campo a la mesa". En la práctica los científicos y tecnólogos asociados a las industrias alimentarias deben tratar de modificar o controlar algunos o todos los parámetros señalados (temperatura, tiempo) para extender la vida útil de los productos (Nychas y Panagou, 2011; Sofos y col., 2013). La Tabla 10 muestra a los grupos bacterianos más comunes asociados a los MAE en diferentes matrices cárnicas.

Los métodos de control de la alteración microbiana se categorizan de acuerdo a los siguientes enfoques tecnológicos:

- Métodos que se centran en la prevención de la contaminación inicial, área de faena y despiezado (Sistemas de Gestión de la Inocuidad, GMP, HACCP)
- Inactivación de los microorganismos que pudieran estar presentes en la carne (utilización de vapor, ácidos orgánicos, entre otros)
- Uso de condiciones de almacenamiento que prevengan o reduzcan el nivel de desarrollo de los microorganismos en

el producto (películas, refrigeración, atmósferas modificadas, CO_2, envasado al vacío).

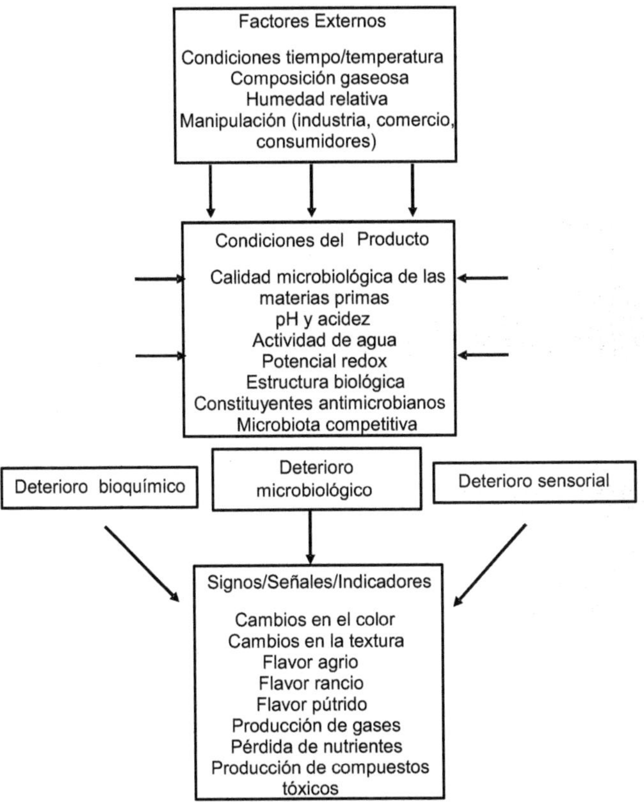

Figura 11. Procesos de deterioro (alteración) de alimentos cárnicos (Adaptado de Nychas y Panagou, 2011).

Tabla 10. Asociaciones microbianas. Microorganismo alterador específico, MAE (microorganismo alterante específico). Parámetro: Implícito–Intrínseco, biótico (Adaptado de Nychas y Panagou, 2011).

Producto	Condición	Microorganismo
Carnes rojas y pollo	aerobiosis, refrigeración	*Pseudomonas spp., P. fragi, P. fluorescens, Lactobacillus sakei*
	Vacío, atmósferas modificadas, refrigeración	*bacterias ácido lácticas Enterobacteriaceae, Hafnia alvei, Lactobacillus sakei L. curvatus*
	Carne bovina en aerobiosis, 5°C	*Pseudomonas spp. B. thermosphacta, Lactobacillus Sakei, L. curvatus, Leuconostoc Mesenteroides, H. alvei, Enterobacter amnogenus*
	Carne bovina y porcina, vacío	*Clostridium esterteticum, C. algidicarnis*
	Cordero	*Clostridium esterteticum, C. algidicarnis*
	canales de pollo	*Clostridium gasigenes, C. algidixylanolyticum, P. fragi; P. lundensis, P. fluorescens* variedades A, B. C, *Pseudomonas* tipo *lundensis, Pseudomonas* tipo *fluorescens*
	Carne DFD, EV, atmósferas con alto contenido de O_2	*Serratia liquefaciens, Hafnia alvei, Shewanella Putrefaciens, B. thermosphacta*
	Cerdo al vacío	*Clostridium algidicarnis;*
	Carne fresca, alto pH	*Shewanella putrefaciens*
	Carne fresca y pollo	*Acinetobacter johnsonii, A. lowfii*

Tabla 10. Asociaciones microbianas (continúa)

Producto	Condición	Microorganismo
Productos cárnicos	cocidos al vacío	*Lactobacillus sakei,* *Leuconostoc citreum;*
	En atmósferas modificadas	*Leuconostoc gasicomitatum* *L. oligofermentans*
	Jamón y pechuga de pavo en rebanadas al vacío	*Leuconostoc mesenteroides* subesp. *mesenteroides*
	Morcilla al vacío/atmósferas modificadas	bacterias ácido lácticas especialmente *Leuconostoc mesenteroides*

Por lo anterior, es necesario conocer los factores de preservación y almacenamiento para lograr la inhibición o inactivación de la biota presente. Entre otros, el sistema de cocción en bolsas es utilizado tanto por la industria como por la gastronomía. En este proceso la carne es envasada al vacío, cocida a temperaturas de pasteurización en bolsas de plástico flexibles, y comercializadas en el mismo envase. El sistema evita el ingreso de microorganismos durante el proceso o recontaminación y, con una cadena de frío adecuada, como consecuencia la vida útil aumenta considerablemente, conservando los atributos sensoriales del producto.

Presencia de algunos microorganismos patógenos

El impacto de EMA integra a los organismos de interés con su impacto en salud pública e industria, como en el caso de *Listeria monocytogenes*, *Escherichia coli* productor de toxina Shiga (STEC) *y Clostridium botulinum*. La Tabla 4 describe a los tres principales factores que influyen en el desarrollo de los patógenos más frecuentes en carnes y productos cárnicos, temperatura, pH y a_a (ICMSF, 1995; Doyle y Buchanan, 2013). *Salmonella* spp., STEC, *L. monocytogenes* y *Y. enterocolitica* son los patógenos más relevantes al evaluar el efecto del enfriamiento de canales de ungulados domésticos en el crecimiento microbiano y el riesgo asociado al consumidor. Investigadores de la Unión Europea realizaron el modelado del crecimiento de estos patógenos (utilizando modelos de *E. coli* genérico para predecir el crecimiento de STEC) en la superficie de canales de bovinos y porcinos, aplicando curvas teóricas de enfriamiento (EFSA, 2014a). Se concluyó que era posible aplicar regímenes efectivos de refrigeración de canales en la planta faenadora, siendo a temperatura superficial, más que la temperatura interna del cuarto posterior, el indicador más relevante del efecto del enfriamiento en crecimiento microbiano, ya que la mayoría de la contaminación bacteriana ocurre en la superficie de la carne. Utilizando el mismo criterio, se investigó el impacto del tiempo de almacenamiento entre la faena y el picado de la carne vacuna sobre el crecimiento de patógenos bacterianos usando también modelos predictivos (EFSA, 2014b). Se obtuvieron combinaciones tiempo-temperatura de almacenamiento que permiten predecir el crecimiento de *Salmonella*, STEC, *L. monocytogenes* y *Y. enterocolitica*, para poder obtener un producto seguro.

L. monocytogenes puede desarrollarse a temperaturas de refrigeración, en contraste con otros patógenos de origen alimentario. Comparado con *Salmonella*, es menos sensible al calor. El gran problema es que fácilmente forma biopelículas, manteniéndose adherido en lugres de difícil acceso, por lo que es fundamental conducir programas adecuados de limpieza y sanitización.

C. botulinum, produce esporas termo resistentes ampliamente difundidas en el medio ambiente, que en ausencia de oxígeno germinan, crecen y excretan toxinas. Está asociado frecuentemente a conservas caseras de baja acidez, entre estas las conservas cárnicas o que contengan carne. *C. botulinum* no se desarrolla en condiciones de acidez (pH inferior a 4.6), y por lo tanto la toxina no se genera en alimentos ácidos, aunque pH bajo no degrada a las toxinas ya existente. Las combinaciones de baja temperatura de almacenamiento y contenidos de sal, y/o pH bajo se utilizan para prevenir el crecimiento de la bacteria o la formación de la toxina.

STEC puede sobrevivir fermentación, secado y almacenamiento en embutidos secos-fermentados (pH 4.5), hasta 2 meses a 4°C, lo que se demostró en ensayos de desafío. No presenta específicamente termo resistencia. Sin embargo, hay un efecto del contenido graso en el medio en los valores D. Por ejemplo, $D_{57.2}$=5.3 min (30.5% grasa); $D_{62.8}$=0.47 min (30.5% grasa); $D_{57.2}$=4.5 min (17-20% grasa); $D_{62.8}$=0.40 min (17-20% grasa).

CONCLUSIONES

Es fundamental conocer la dinámica de los microorganismos en los alimentos de importancia en la salud pública y el comercio. El enfoque de la Ecología Microbiana de Alimentos proporciona valiosos elementos y herramientas en esa línea. Propiciar la aplicación de procedimientos de inhibición del desarrollo microbiano, profundizar los usos de los modelos predictivos y de evaluación del riego microbiológico, utilizar las herramientas tecnológicas de procesamiento y gestión de la calidad, incluyendo estudios de vida útil y ensayos de desafío en el desarrollo y diseño de productos, contribuyen a mejorar la seguridad de la carne y los productos cárnicos.

El avance en la genómica y la proteómica ha permitido conocer los genes que se expresan de forma diferente cuando las bacterias se hallan formando biopelículas. Esto, a su vez, abre la posibilidad de identificar estrategias de control de estas biopelículas con compuestos inhibidores o supresores del *quorum sensing,* las moléculas que facilitan la comunicación entre las bacterias de la comunidad respectiva.

En las tendencias y actitudes del consumidor en función de los nuevos estilos de vida, se identifica la importancia creciente de determinados atributos que reflejan la calidad en los alimentos. El mayor interés se relaciona con dos aspectos: la importancia cada vez mayor que se brinda a la relación entre salud y alimentos, y el interés de los consumidores acerca del origen y los procesos de producción de los alimentos que consume (inocuidad). El consumidor globalizado e informado exige calidad y seguridad, los cuales a su vez son factores críticos para contribuir al progreso del sector cárnico, el mejoramiento de la competitividad de las cadenas de valor respectivas y el mantenimiento y eventual acceso a nuevos mercados.

BIBLIOGRAFÍA

Aaslyng, M.D., Vestergaard, C., Koch, A.G. 2014. The effect of salt reduction on sensory quality and microbial growth in hotdog sausages, bacon, ham and salami. Meat Science, 96, 47–55.

Annous, A.B., Fratamico, P.M., Smith, J.L. 2009. Quorum sensing in biofilms: why bacteria behave the way they do? Scientific Status Summary. Journal of Food Science, 74, 1. www.ift.org

Akbas, M.Y. 2015. Bacterial biofilms and their new control strategies in food industry. En: The Battle Against Microbial Pathogens: Basic Science, Technological Advances and Educational Programs. Méndez-Vilas, A. (ed.). Formatex Research Center, Badajoz, España. http://www.microbiology5.org/vol1.html

Bai, J.A., Rai, V.R. 2011. Bacterial quorum sensing and food industry. Comprehensive Reviews in Food Science and Food Safety, 10, 184-194.

Baranyi, J., Roberts, T.A. 1994. A dynamic approach to predicting bacterial growth in food. Int. Journal of Food Microbiology, 23, 277-294.

Board, F.G., Jones, D., Kroll, R.G., Pettipher, G.L. 1992. Ecosystems: Microbes: Food. Journal of Applied Bacteriology, 73, 1S-178S.

Boddy, L., Wimpenny, J.W.T. 1992. Ecological concepts in food microbiology. Journal of Applied Bacteriology Symposium Supplement, 73, 23-S-38-S.

Brul, S., van Gerwen, S., Zwietering, M. 2007. Modelling microorganisms in food. Woodhead Publishing Limited and CRC Press. Florida.

Bureau of Microbial Hazards. 2012. *Listeria monocytogenes* Challenge Testing of Refrigerated Ready-to-Eat Foods. Food Directorate, Health Products and Food Branch. Canada.

Busta, F.F., Smith, L.B. 1976. Bacterial injury and recovery. 29th Annual Reciprocal Meat Conference of the American Meat Science Association.

Chen, J.H., Ren, Y., Seow, J., Liu, T., Bang, W.S., Yuk, H.G. 2012. Intervention technologies for ensuring microbiological safety of meat: Current and future trends. Comprehensive Reviews in Food Science and Food Safety, 11, 119-132.

Chirife, J., Buera, M.P. 1996. Water activity, water glass dynamic, and the control of microbiological growth in foods. Critical Reviews in Food Science and Nutrition, 36, 465-513.

Codex Alimentarius Commission (Codex). 1999. Proposed draft principles and guidelines for the conduct of microbiological risk assessment. ALINORM, 99/13, Appendix IV.

ComBase. 2017. A Web Resource for Quantitative and Predictive Food Microbiology.
http://www.combase.cc/index.php/en/

Davidson, P.M., Taylor, T.M., Schmidt, S. 2013. Chemical preservatives and Natural Antimicrobial Compounds. En: Food Microbiology: Fundamentals and Frontiers. Doyle, M.P., Buchanan, R.L. (eds.). ASM Press, Washington.

Decho, A.W. 2013. The EPS matrix as an adaptive bastion for biofilms: Introduction to special issue. International Journal of Molecular Science, 14, 23297-23300.

Doyle, M.P., Buchanan, R.L. 2013. Food Microbiology: Fundamentals and Frontiers. ASM Press, Washington.

EFSA Panel on Biological Hazards (BIOHAZ). 2011. Scientific Opinion on the evaluation of the safety and efficacy of lactic acid for the removal of microbial surface contamination of beef carcasses, cuts and trimmings. EFSA Journal, 9(7), 2317.35.

EFSA Panel on Biological Hazards (BIOHAZ). 2011. Scientific Opinion on Irradiation of food (efficacy and microbiological safety). EFSA Journal, 9(4), 2103. www.efsa.europa.eu/efsajournal.

EFSA Panel on Biological Hazards (BIOHAZ). 2014a. Scientific Opinion on the public health risks related to the maintenance of the cold chain during storage and transport of meat. Part 1 (meat of domestic ungulates). EFSA Journal, 12(3), 3601

EFSA Panel on Biological Hazards (BIOHAZ). 2014b. Scientific Opinion on the public health risks related to the maintenance of the cold chain during storage and transport of meat. Part 2 (minced meat from all species). EFSA Journal, 12(7), 3783

EFSA Panel on Biological Hazards (BIOHAZ). 2016. Growth of spoilage bacteria during storage and transport of meat. Scientific Opinion. EFSA Journal, 14(6), 4523. www.efsa.europa.eu/efsajournal

Farkas, J. 2006. Irradiation for better foods. Trends in Food Science and Technology, 17, 148–152.

Food Standards Australia / New Zealand. 2016. Compendium of Microbiological Criteria for Food. ISBN: 978-0-642-34594-3.

Forsythe, S.J. 2002. The microbiological risk assessment of food. Blackwell Science.

Galli, L., Brusa, V., Rodríguez, R., Signorini, M., Oteiza, J.M., Leotta, G.A. 2016. *Escherichia coli* in food products. En: *Escherichia coli* in the Americas. Torres, A.G. (ed.). Springer.

Giaouris, E., Heir, E., Hébraud, M., Chorianopoulos, N., Langsrud, S., Møretrø, T., Habimana, O., Desvaux, M., Renier, S., Nychas, G-J. 2014. Attachment and biofilm formation by foodborne bacteria in meat processing environments: Causes, implications, role of bacterial interactions and control by alternative novel methods. Meat Science, 97, 298–309.

Gill, C.O., Jones, S.D.M., Tong, A.K.W. 1991. Application of a temperature function integration technique to assess the hygienic quality of a process for spray chilling beef carcasses. Journal of Food Protection 54, 731-736.

Gill, C.O. 1996. Extending the storage life of raw chilled meats. Meat .Science, 43S, S99-S109.

Gill, C.0., Greer, G.G., Dilts, B.D. 1998. Predicting the growth of *Escherichia coli* on displayed pork. Food Microbiology, 15, 235-242.

Gill, A.O., Gill, C.O. 2009. Packaging and the shelf life of fresh red and poultry meats. En: Food Packaging and Shelf Life: A Practical Guide. Robertson G.L. (ed.).. Taylor and Francis Group. Boca Raton, Florida.

Gould, G.W. 1992. Ecosystems approaches to food microbiology. Journal of Applied Bacteriology, 73, 58S-68S.

Gould, G.W., Leistner, L. 2005. Update on Hurdle Technology Approaches to Food Preservation. En: Antimicrobials in Food. Davidson, M., Sofos, J.N., Branen, A.L. (eds.). CRC Press. Florida.

Henney, J.E., Taylor, C.L., Boon, C.S. 2010. Strategies to Reduce Sodium Intake in the United States. National Academies Press, Washington.

International Commission on Microbiological Specifications for Foods. 1980a. Microbial Ecology of Foods. Vol. 1: Factors affecting life and death of microorganisms. Academic Press, Nueva York.

International Commission on Microbiological Specifications for Foods. 1980b. Microbial Ecology of Foods. Vol. 2: Food commodities. Academic Press, Nueva York.

International Commission on Microbiological Specifications for Foods. 1996. Microorganisms in Foods. 5. Microbiological specifications of food pathogens. Blackie Academic and Professional. Londres, Reino Unido.

International Commission on Microbiological Specifications for Foods. 1998. Microorganisms in Foods. 6. Microbial ecology of food commodities. Aspen Publishers, Maryland.

James, S.J., James, C. 2022. Meat refrigeration. Woodhead Publishing Limited. Cambridge, Reino Unido.

Jay, J.M., Loessner, M.J., Golden, D.A. 2005. Modern Food Microbiology. Springer. Nueva York.

Jagannath, A., Tsuchido, T. 2003. Predictive microbiology: A review. Biocontrol Science, 8(1), 1-7.

Johnson, E. 2013. *Clostridium botulinum*. En: Food Microbiology: Fundamentals and Frontiers. Doyle, M.P. Buchanan, R.L. (eds.). ASM Press. Washington.

Kalchayanand, N., Sikes, A., Dunne, C. P., Ray, B. 1998. Interaction of hydrostatic pressure, time and temperature of pressurization and pediocin AH on inactivation of foodborne bacteria. Journal of Food Protection, 61(4), 425-431.

Kim, G.H., Breidt F., Fratamico, P., Oh. D.H. 2015. Acid resistance and molecular characterization of *Escherichia coli* O157:H7 and different non-O157 Shiga toxin-producing E. coli serogroups. Journal Food Science, 80(10), M2257-64.

Komitopoulou, E. 2011. Microbiological challenge testing of food. En: Food and Beverage Stability and Shelf Life. Kilcast, D., Subramaniam, P. (eds.). Woodhead Publishing. Cambridge, Reino Unido.

Lasta J., Rodríguez, H.R., Zanelli, M., Margaría, C. 1992. Bacterial counts from bovine carcasses as an indicator of hygiene at slaughtering places. A proposal for sampling. Journal of Food Protection, 55, 271-278.

Lasta J., Pensel, N., Masana, M., Rodríguez, H.R., García, P.T. 1995. Microbial growth and biochemical changes on naturally contaminated chilled subcutaneous adipose tissue aerobically stored. Meat Science, 39, 149-158.

Leistner, L., Rodel, W. 1976. The stability of intermediate moisture foods with respect to microorganisms. En: Intermediate Moisture Foods. Davies, R., Birch, G.C., Parker, K.J. (eds.). Applied Science Publishers. Londres, Reino Unido.

Leistner, 2000. Basic aspects of food preservation by hurdle technology. International Journal of Food Microbiology, 55, 181-186.

Leistner, L., Gould, G.W. 2002. Hurdle technologies: Combination treatments for food stability, safety and quality. Springer-Food Engineering Series.

Masana, M., Eisenschlos, C., Rodríguez, H.R., Lasta J., Fondevilla, N. 1995. Foot-and-mouth disease virus inactivation in beef frankfurters using a biphasic cooling system. Food Microbiology, 112, 373-380.

Masana, M.O., Melamed, C., Lasta, J., Silvestre, A. 1997. Effect of sodium lactate on the heat resistance of *Listeria monocytogenes* in a meat paste. Proceedings, 43rd Internat. Congress of Meat Science and Technology.

Masana, M. O., Meichtri, L. H., Rodríguez, H. R., Kaupert, N. 2000. Automated turbidimetry to estimate injury of *Salmonella newport* cells after irradiation in frozen poultry. Proceedings 46th International Congress of Meat Science and Technology. Buenos Aires, Argentina.

Masana, M.O., Baranyi, J. 2000. Growth/no growth interface of *Brochothrix thermosphacta* as function of pH and water activity. Food Microbiology, 17, 485-493.

Masana, M., Rodríguez, R. 2006. Ecología Microbiana. En, Ciencia y Tecnología de Carnes. Hui, Y.H., Guerrero Legarreta, I., Rosmini. M. (eds.). Editorial Limusa. Ciudad de México.

Masana, M.O., Barrio, Y., Palladino, P.M., Vaudagna, S.R. 2015. High pressure treatments combined with sodium lactate to inactivate *Escherichia coli* O157:H7 and spoilage microbiota in cured beef carpaccio. Food Microbiology, 46, 610-7.

Meichtri, L., Neira, S., Rodríguez, R, Grigioni, G., Lasta, J. 1999. Shelf life of refrigerated modified atmosphere retail-packaged aged beef. Proceedings 45th International Congress of Meat Science and Technology.

Montville, T.J., Matthews, K.R. 2013. Physiology, growth, and inhibition of microbes in foods. En: Food Microbiology: Fundamentals and Frontiers. Doyle, M.P., Buchanan, R.L. (eds.). ASM Press, Washington.

Montville, T.J., Chikindas, M.L. 2013. Biological control of foodborne bacteria. En: Food Microbiology: Fundamentals and Frontiers. Doyle, M.P., Buchanan, R.L. (eds.). ASM Press, Washington.

Mossel, D.A.A., Ingram, M. 1955. The physiology of the microbial spoilage of foods. Journal of Applied Microbiology p. 232-268.

Mossel, D.A.A. 1983. Essentials and perspectives of the microbial ecology of food. En: Food Microbiology: Advances and Prospects. Society for Applied Bacteriology Symposium Series, No 11. Roberts, T.A., Skinner, F.A. (eds.). Academic Press. Londres, Reino Unido.

Mossel, D.A.A., Struijk, C.B. 1992. The contribution of microbial ecology to management and monitoring of the safety, quality and acceptability (SQA) of foods. Journal of Applied Bacteriology Symposium Supplement, 73, 1S-22S.

National Advisory Committee on Microbiological Criteria for Foods (NACMCF). 2010. Parameters for Determining Inoculated Pack/Challenge Study Protocols. Journal of Food Protection, 73(1), 140–202.

Neetoo, H., Chen, H. 2014. Alternative Food Processing Technologies. En: Food Processing: Principles and Applications. Clark, S., Jung, S., Lamsal, B. (eds.). John Wiley and Sons.

Nychas, G-J.E, Skandamis, P.N, Tassou,C.C., Koutsoumanis, K.P. 2008. Meat spoilage during distribution. Meat Science, 78, 77–89.

Nychas, J-J.E., Panagou, E. 2011. Microbiological spoilage of foods and beverages. En: Food and Beverage Stability and Shelf-life. Kilcast, D., Subramaniam, P. (eds.). Woodhead Publishing. Cambridge, Reino Unido.

Ockerman, H., Rodríguez, R., Pensel, N. 1992. Attachment of spoilage bacteria to beef muscle tissue. Proceedings 38th International Congress of Meat Science and Technology.

Olley, J., Ratkowsky, D. A. 1973. The role of temperature function integration in monitoring fish spoilage. Food Technology in New Zealand, 8, 13-17.

O′Sullivan, M.G. 2011. The stability and shelf life of meat and poultry. En: Food and Beverage Stability and Shelf-life.

Kilcast, D., Subramaniam, P. (eds.). Woodhead Publishers. Cambridge, Reino Unido.

O´Sullivan, M.G., Kerry, P.G. 2009. Sensory and quality properties of packaged meat. En: Improving the Sensory and Nutritional Quality of Fresh Meat. Kerry, J.P., Ledward, D.A. (eds.). Woodhead Publishers. Cambridge, Reino Unido.

Paton, D.J., Sinclair, M., Rodríguez, R. 2011. Evaluación cualitativa del riesgo de propagación de la fiebre aftosa asociado al comercio internacional de carne de bovino deshuesada. Serie Técnica OIE, Vol. 11. Organización Mundial de Sanidad, Animal, OIE, Paris.

Ratkowsky, D.A., Ross, T., McMeekin. T.A., Olley, J. 1991. Comparison of Arrhenius-type and Belehradek-type models for prediction of bacterial growth in foods. Journal of Applied Bacteriology, 71, 452-459.

Roberts, T.A., Jarvis, B. 1983. Predictive modeling of food safety with particular reference to *Clostridium botulinum* in model cured meat systems. En: Food Microbiology: Advances and Prospects. Roberts, T.A., Skinner, F.A. (eds.). Academic Press. Nueva York.

Rodríguez, H.R. 1990. Effect of lactic acid and nisin during the attachment of spoilage bacteria to sterile beef muscle tissue. MSc thesis. Graduate School. The Ohio State University.

Rodríguez, H.R., Lasta J., Margaría, C., Gallinger, M.M., Artuso, C. 1992. Combined processes to inhibit *Clostridium botulinum* toxin production in a beef product stored at room temperature. Proceedings 38th International Congress of Meat Science and Technology.

Rodríguez, H. R., Lasta, J. A., Mallo, R., Marchevsky, N. 1993. Low-dose gamma irradiation and refrigeration to extend shelf life of aerobically packed fresh beef round. Journal of Food Protection, 56, 505-509.

Rodríguez, R. 1996. Higiene y sanidad de las carnes de consumo. Estudios de la Academia Nacional de Ciencias de Buenos Aires. Instituto Estudios Interdisciplinarios en Ciencia y Tecnología. Buenos Aires, Argenttina.

Rodríguez, H.R., Suarez Rebollo, M.P., Rivi, A., Lasta, J. A. 1996. Microbiology and keeping quality of refrigerated vacuum packed beef kept for extended storage. Proceedings 42th International Congress of Meat Science and Technology. Lillehammer, Noruega.

Rodríguez, R., Ockerman, H., Bolondi, A., Lasta, J. 1997. Bacterial attachment on to meat and meat related surfaces. Proceedings 43rd International Congress of Meat Science and Technology.

Rodríguez, R. 1999. La higiene de los alimentos y la salud humana: Significación de los productos de origen animal. Serie de la Academia Nacional de Agronomía y Veterinaria N° 28:51-59. Argentina.

Rodríguez, H.R., Meichtri, L.H., Margaría, C.A., Pensel, N.A., Rivi, A., Masana, M. O. 2000. Shelf-life evaluation of refrigerated vacuum packaged beef kept for extended storage. Proceedings 46th International Congress of Meat Science and Technoloy. Buenos Aires, Argentina.

Rodríguez, R. 2006. Calidad integral de alimentos y ecología microbiana. Anales de la Academia Nacional de Agronomía y Veterinaria.
http://sedici.unlp.edu.ar/handle/10915/29129

Rodríguez, R. 2014. Estabilidad y vida útil de cortes de carne vacuna envasados al vacío y mantenidos en condiciones de refrigeración por largos períodos de almacenamiento. Aspectos tecnológicos y productivos en Argentina. Informe Técnico Dirección de Inocuidad de Productos de Origen Animal, SENASA, Argentina.

Rosmini, M.R., Frizzo, L., Zogbi, A. 2008. Meat products with low sodium content: Processing and properties. En: Technological Strategies for Functional Meat Products Development. Fernández López (ed.). Argentina.

Ross. T., McMeekin. T.A 1994. Predictive microbiology. International Journal of Food Microbiology, 23, 241-264.

Setlow, P., Johnson, E.A. 2013. Spores and their significance. En: Food Microbiology: Fundamentals and Frontiers. Doyle, M.P., Buchanan, R.L. (eds.). ASM Press, Washington.

Shaffner, D.W. 2008. Microbial risk analysis of foods. ASM Press. Washington.

Simoes, M., Simoes, L.C., Vieira, M.J. 2010. A review of current and emergent biofilm control strategies. LWT - Food Science and Technology, 43, 573–583.

Skandamis, P.N., Nychas, G-J.E. 2012. Quorum sensing in the context of food microbiology. Applied and Environmental Microbiology, 78(16), 5473–5482.

Sofos, J.N., Flick, G., Nychas, G-J., O'Bryan, C.A., Ricke, S.C., Crandall, P.G. 2013. Meat, Poultry, and Seafood. En: Food Microbiology: Fundamentals and Frontiers. Doyle, M.P., Buchanan, R.L. (eds.). ASM Press, Washington.

Stringer, S.C., Pin, C. 2005. Microbial risks associated with salt reduction in certain foods and alternative options for preservation. Technical Report. Institute of Food Research. Norwich, Reino Unido.

Suárez Rebollo, M. P., Rodríguez, H. R., Masana, M., Lasta J. 1997. Sodium propionate to control *Clostridium botulinum* toxinogenesis in a shelf stable product by using combined processes including irradiation. Journal of Food Protection, 60, 771-776.

Van Derlinden, E., Mertens, L., Van Impe, J.F. 2013. Predictive Microbiology. En: Food Microbiology: Fundamentals and Frontiers. Doyle, M.P., Buchanan, R.L. (eds.). ASM Press. Washington.

Vogeleer, P., Tremblay, Y.D.N., Mafu, A.A., Jacques, M., Harel, J. 2014. Life on the outside: role of biofilms in environmental persistence of Shiga-toxin producing *Escherichia coli*. Frontiers in Microbiology. Volume 5.

Wesceie, A.M., Gurtler, J.B., Marks, B.P., Ryser, E.T. 2009. Stress, sublethal injury, resuscitation, and virulence of bacterial foodborne pathogens. Journal of Food Protection, 72(5),1121-1138.

Whiting, R.C., Buchanan, R.L. 1993. A classification of models in predictive microbiology-a reply to K.R. Davey. Food Microbiology, 10, 175-177.

Whiting, R.C., Masana, M.O. 1994. *Listeria monocytogenes* survival model validated in simulated uncooked-fermented meat products for effects of nitrite and pH. Food Science, 59(4), 760-762.

Whiting, R.C., Oriente, J.C. 1997. Time to turbidity model for non-proteolytic type B *Clostridium botulinum*. International Journal of Food Microbiology, 35, 49-60.

Yousef, A.E., P.D. Courtney. 2003. Basics of stress adaptation and implications in new-generation foods. En,: Microbial Stress Adaptation and Food Safety. Yousef, A.F., Juneja, V.J. (eds.). CRC Press. Boca Raton, Florida.

Yousef, A.E., Balasubramaniam, V.M. 2013. Physical methods of food preservation. En: Food Microbiology: Fundamentals and Frontiers. Doyle, M.P., Robert L., Buchanan, R.L. (eds.). ASM Press. Washington.

Zwietering, M.H., Jongenburger, I., Rombouts, F.M., Van't Riet, K. 1990. Modelling of the bacterial growth curve. Applied Environmental Microbiology, 56, 1875-1881.

World Health Organization (WHO). 2007. *Legionella* and the prevention of legionellosis. Ginebra, Suiza.

CAPÍTULO 6.

CONTAMINACIÓN DE CARNES POR TOXINAS BACTERIANAS, RESIDUOS QUÍMICOS Y FÁRMACOS

Marcelo Raúl Rosmini Garma [1] e Isabel Guerrero Legarreta [2]

[1] Departamento de Salud Pública Veterinaria. Facultad de Ciencias Veterinarias. Universidad Nacional del Litoral. Esperanza, Provincia de Santa Fe, Argentina. [2] Departamento de Biotecnología, Universidad Autónoma Metropolitana, Unidad Iztapalapa, Ciudad de México. Autora para correspondencia: Isabel Guerrero Legarreta: isabel_guerrero_legarreta@yahoo.com

INTRODUCCIÓN

La inocuidad alimentaria se refiere a las acciones o actividades necesarias en las cadenas productivas de alimentos, desde la producción de la materia prima hasta el consumo, que garanticen alimentos seguros, íntegros, legítimos y aceptables por el consumidor. Estas acciones son necesarias para resguardar las fuentes de producción y el medio ambiente, prevenir enfermedades y promover la salud de la población.

El comercio internacional y la globalización han propiciado la formación de grandes bloques comerciales, lo que hace necesaria la homogenización de criterios de control de calidad e inocuidad alimentaria. A pesar de las diferencia de sistemas de producción entre los países miembros de un mismo bloque comercial, existen principios fundamentales de inocuidad que deben observarse por el hecho de manejar materiales altamente perecederos dirigidos a la satisfacción de una necesidad primaria.

Los alimentos no procesados etiquetados como "naturales" no pueden contener ningún saborizante o condimento artificial, ni ingredientes químicos, colorantes o conservantes, o ningún otro ingrediente artificial o sintético. Además, el producto y sus ingredientes sólo deben haber sido procesados mínimamente. Con base en este concepto, la mayor parte de la carne fresca y productos cárnicos no se consideran naturales. En la producción primaria y en la transformación de carnes se emplean adjuntos y aditivos que, intencionalmente o no, ingresan al producto. Por tanto, la contaminación de carnes y productos cárnicos por compuestos químicos es de varios orígenes, desde fármacos no autorizados o en dosis no autorizadas suministrados en el manejo *antemortem*; toxinas producidas por microorganismos que ingresan a la carne durante la matanza y faenado; contaminantes durante el procesamiento de productos; y compuestos originados por recontaminación en las diversas etapas del procesamiento y almacenamiento.

Por lo tanto, todas las etapas de producción y procesamiento, junto con los riesgos inherentes a estas, necesariamente deben estar sujetos a control dentro de la cadena de producción, considerando los métodos y procesos para la reducción de riesgos en todas las etapas del manejo de este tipo de alimentos.

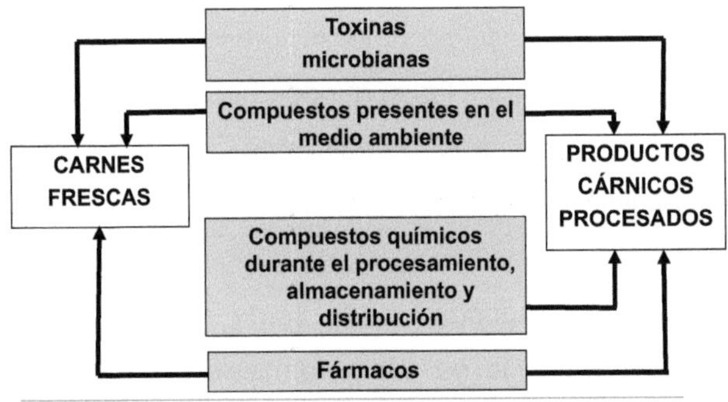

Figura 1. Posibles orígenes de contaminación química en carnes frescas y procesadas.

TOXINAS BACTERIANAS

Debido a la calidad y abundancia de los biocomponentes de la carne, esta es un material fácil de colonizar por un amplia variedad de microorganismos, los cuales se seleccionados en función a factores implicados en la microecología del sistema. La vida de anaquel de un producto perecedero generalmente se determina por el tipo y número de microorganismos presentes inicialmente (Masana y Rodríguez, 2006). Además, la proliferación microbiana contribuye a la producción o modificación de compuestos de diversas familias químicas, aunque en relación a la inocuidad de la carne y productos procesados, los dos tipos de compuestos de origen microbiano que deben de considerarse son las toxinas microbianas y los indicadores de la presencia microbiana. Los primeros son el resultado de la presencia de patógenos productores de toxinas; los segundos pueden ser compuestos deseables en algunas condiciones, o indicadores de descomposición.

Por lo tanto, la seguridad de la carne se determina por la presencia o ausencia de microorganismos patógenos o sus toxinas, el número de patógenos, y el control esperado o destrucción de estos agentes. Por otra parte, el nivel de microorganismos alterantes refleja la calidad microbiológica o integridad de la carne así como la efectividad de las medidas utilizadas para el control y destrucción de tales microorganismos. La población microbiana en la carne es de cuatro tipos (Zamudio, 2006):

• Microorganismos patógenos: amenazan la salud del hombre, la de los animales o la de ambos y originan zoonosis

- Microorganismos deteriorantes: no son patógenos pero sus productos metabólicos causan alteraciones en los alimentos que afectan la aceptación y vida de anaquel.

- Microorganismos tolerables; no participan en alteraciones de la salud ni en la descomposición de los productos; desarrollan una actividad metabólica muy baja o no pueden multiplicarse en las condiciones que se encuentra la carne.

- Microorganismos benéficos: su metabolismo influyen positivamente en las materias primas o productos terminados, contribuyendo con ello a mejorar o asegurar la calidad.

A continuación se hará referencia a las características de las toxinas bacterianas de los patógenos más relevantes en la industria cárnica. La incidencia de infecciones microbianas se aborda en otros capítulos. Como las bacterias causantes de intoxicaciones alimentarias son de origen diverso, las toxinas producidas tienen estructuras y formas de acción variadas.

Toxinas de *Escherichia coli* enterohemorrágica (ECEH)

Las cepas de *Escherichia coli* enterohemorrágica o verotoxigénica (ECEH) se encuentran en las heces de bovinos y cabras, por lo que el microorganismo productor ingresa a la carne durante las operaciones de matanza carentes de higiene. La toxina es similar a una shiga toxina (STEC, *Shiga*

Toxin Escherichia coli), según el Comité Internacional de Sistemática de Procariotes (ICSB, 2017), debido a que es similar a una toxina citotóxica producida por *Shigella dysenteriae*, también llamadas "Toxinas Shiga". Su estructura tiene dos subunidades: A y B. La subunidad B es un pentámero que se une a un glucolípido específico en la célula del hospedador; posteriormente la unidad A se une al ribosoma interrumpiendo la síntesis de proteína (ICBS, 2019).

Toxinas botulínicas

Clostridium botulinum es un anaerobio formador de esporas que ingresa a la carne y productos cárnicos crudos conservados por salado o ahumado por manejo inapropiado, o enlatados que han sido sujetos a tratamiento térmico deficiente, o debido a recontaminación. La adición de nitritos y nitratos reduce en gran medida la proliferación de *C. botulinum*, aunque es necesario aplicar normas tecnológicas estrictas, como la esterilización botulínica, para asegurar su ausencia (2.52 min a 120°C). Aunque el calentamiento a 75-80°C por 5 min destruyen las células vegetativas, las esporas pueden proliferar; estas necesitas temperaturas más altas para su destrucción. pH inferior a 4.5 destruyen las células vegetativas y las esporas (CDC, 2011), aunque este nivel de acidez no es común en carnes con excepción de carnes fermentadas. Las diferentes cepas de *C. botulinum* producen siete formas inmunológicamente distintas de neurotoxina botulínica, TbA a TbG. Las de mayor toxicidad para humanos son las toxinas A, B y E, y para animales las C y D. La estructura de la toxina consiste en un péptido termolábil compuesto por dos cadenas (ligera y pesada) unidas por un puente disulfuro. En su forma natural está ligada a proteínas que la protegen de la acción de los jugos gástricos, formando complejos de 900 kDa o más. Es soluble en agua, inodora, insípida e incolora. Las toxinas botulínicas ocasionan sequedad de boca, náuseas y vómitos, y parálisis muscular progresiva que puede llegar a ser causa de muerte al afectar la función respiratoria. La dosis letal en humanos (extrapolada de experimentos en simios) es 0.09 a 0.15 picogramos (0.09 a 0.15x10^{-12} g)/70 kg, por vía intravenosa, 0.7 a 0.9 picogramos (0.7 a 0.9x10^{-12} g/70 kg), por inhalación, o 70 µg por vía oral. La toxina puede ser inactivada por medio de calor usando 85°C por 5 min, con formaldehído, soluciones de sosa, agua con jabón, o con los métodos usuales de potabilización del agua (clorinación, aireación, etcétera) (EFSA, 2009).

Toxinas de *Clostridium perfringens*

Clostridium perfringens es un patógeno con un alto grado de intercambio genético, encontrado con frecuencia en carne. Es anaerobia, con forma de bastón, Gram positiva y formadora de esporas. Se encuentra en el intestino de humanos y animales, en el suelo y en el agua, de donde pasa a alimentos, prolifera sobre todo en carnes con tratamiento térmico deficiente. La toxi-tipificación es el método más empleado de clasificación de *C. perfringens*. Existen cinco cepas: A, B, C, D y E, cada capa produce un espectro único de toxinas, aunque son ocho las toxinas consideradas letales, 4 de ellas son las más importantes: α, β, ε y ι. Su patogenicidad se debe a que, además, puede producir toxinas citotóxicas, una enterotoxina o CPE causante de diarrea en humanos y animales, una toxina NetB relacionada con enteritis necrótica en aves, y enzimas del tipo colgenasas e hialuronidadad, entre otras. Debido a que la estructura general es una proteína de bajo peso molecular, el calentamiento a 60°C por 5 min destruye su actividad biológica, es además sensible a pH extremos (EFSA, 2010; Kiu y Hall, 2018).

Toxinas de *Bacillus cereaus*

Bacillus cereus es un bacilo Gram positivo, esporulado, anaerobio facultativo y motil. Prolifera generalmente durante la recontaminación postproceso, si el producto no se enfría con rapidez, por lo que aunque se trata de una intoxicación ligera, es muy común. Compite con *Salmonella* y *Campylobacter* en el tracto gastrointestinal; este hecho permite que algunas cepas inofensivas de *B. cereus* se empleen como probióticos para la reducción de patógenos en gallinas, conejos y cerdos (Charlampopoulos y Rastall, 2009).

B. cereus produce dos tipos de enterotoxinas: termolábil y termoestable, debido a que puede crecer en un amplio intervalo de temperaturas sin que se desnaturalice la estructura proteica. La toxina termolábil es diarreogénica, se produce durante el crecimiento vegetativo del microorganismo en el intestino delgado de donde pasa al alimento; se encuentra principalmente en verduras y carnes contaminadas. La forma emética o termoestable se produce por células que crecen una vez que ingresan al (CDC, 2011). Ambos tipos de patologías no son graves y persisten un máximo de 24 horas, por lo cual el número de brotes epidémicos ha sido subestimado (EFSA, 2010).

Toxinas de *Staphylococcus aureus*

La intoxicación estafilocócica producida por *Staphylococcus aureus* es la más importante a nivel mundial, 20% de los brotes de intoxicación por alimentos los producen las toxinas de este microorganismo Gram positivo, no motil, facultativa, no esporulado. Se desarrolla entre 7 y 48°C, con un óptimo a 35°C, y pH entre 4.5 y 9.0. La contaminación en las carnes ocurre durante la matanza, aunque el desarrollo del microorganismo es en la etapa postproceso, al almacenar a 10 a 45°C y con alta actividad de agua (entre 0.95 y 1.0) (Zamudio, 2006). Su presencia en alimentos indica falta de higiene durante la matanza y la elaboración de productos cárnicos. El efecto patogénico se origina por la activación de linfocitos produciendo citotoxinas y ocasional choque tóxico, o por intoxicación debida a las enterotoxinas estafilocócica secretada por la bacteria. *S. aureus* produce varias toxinas: citotoxinas (hemolisinas α, β, δ, toxinas γ, y leucocidina PV), enterotoxinas A, B, C y D, toxinas exfoliativas y toxina 1 del síndrome de choque tóxico. Además, producen varias enzimas (proteasas, lipsa y hialuronidasas) que destruyen los tejidos, facilitando la expansión de la infección (Brooks y col., 2011; ICSB, 2019). La estructura general de las toxinas se compone de varias cadenas proteicas de 26 a 29 kDa, resistentes a enzimas proteolíticas, como tripsina y pepsina, lo que permite que ingrese intacta en el tracto digestivo (EFSA, 2010).

COMPUESTOS QUÍMICOS PRESENTES EN EL MEDIOAMBIENTE

De todos los contaminantes de alimentos, los que han recibido mayor interés son los de naturaleza química, y dentro de estos los pesticidas. La mayoría producen efectos tóxicos severos en animales y humanos, aún en dosis pequeñas. En la mayoría de los países altamente industrializados, el riesgo de contaminación de alimentos por pesticidas es muy bajo. Sin embargo, debido a que fueron usados por mucho tiempo, algunos de ellos persisten en el ambiente. Asimismo, en países en desarrollo aún se emplean en alguna medida, debido a su alta eficiencia en el control de plagas e insectos, entre otros, además que el uso de tecnologías más sofisticadas para control de plagas es costosa y difícil de adquirir. Los insecticidas más usados en plantas y animales son de muy diversos grupos químicos y modo de acción (Fung y col., 2001; Food Safety and Inspection Service, 2001). A continuación se describen los más empleados en países en vías de desarrollo.

Carbamatos

Se usan como insecticidas, herbicidas o funguicidas. Su estructura química consiste en grupo carbámico sustituido que le imparte el grado de toxicidad debido a que inhibe la acción de la acetilcolina-estearasa. No se presentan problemas graves de contaminación en carnes por estos compuestos, aunque pueden estar presentes en este alimento.

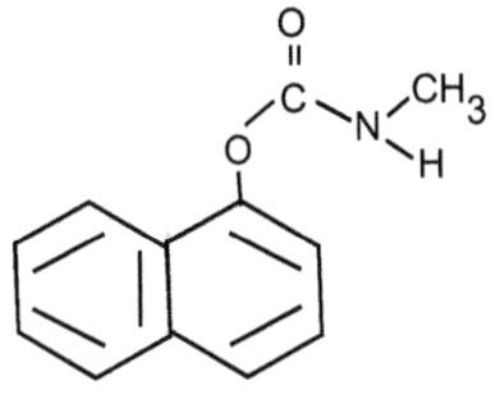

Figura 2. Carbaril

Organoclorados

Se desarrollaron en la década de 1940; a este grupo pertenecen el DDT (dicloro difenil tricloroetano), aldrin, endrin, dieldrin y haptaclor. El DDT se desarrolló para controlar, en forma muy eficiente, al mosquito del paludismo. Debido a que se acumula en el organismo, su uso se prohibió en 1970 en varios países; como no hay ningún sustituto con igual eficiencia se sigue produciendo en algunos países como China, India y Rusia. Estos compuestos son neurotóxicos y sumamente persistente en el ambiente. Tienen potencial teratogénico, carcinogénico y alteran al sistema endocrino al imitar la acción de algunas hormonas.

DDT

ALDRIN

HEPTACLOR

Figura 3. Organoclorados más comunes

Organofosforados

Aunque se sintetizaron desde los años 1800, se empezaron a usar como insecticidas hasta los años 1900. Todavía se usan como herbicidas, funguicidas, acariciadas e insecticidas, tanto en cultivos como en bovinos y aves. Al igual que los carbamatos, su toxicidad se debe a que inhiben la acción de la acetilcolina-estearasa. Se degradan rápidamente y por tanto no se acumulan en la grasa de los animales ni en el medio ambiente, aunque su uso está estrictamente reglamentado. El más empleado es el paratión (O,O-dietil-O-4-nitro-feniltiofosfato).

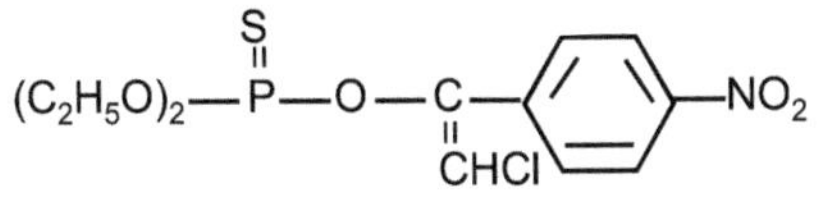

Figura 4. Paratión.

Piretroides

Son derivados sintéticos de las piretrinas, insecticidas naturales extraídos de algunos crisantemos. Tienen baja toxicidad, aunque causan irritación en la piel. Se emplean en frutas y hortalizas, así como en animales para el abasto.

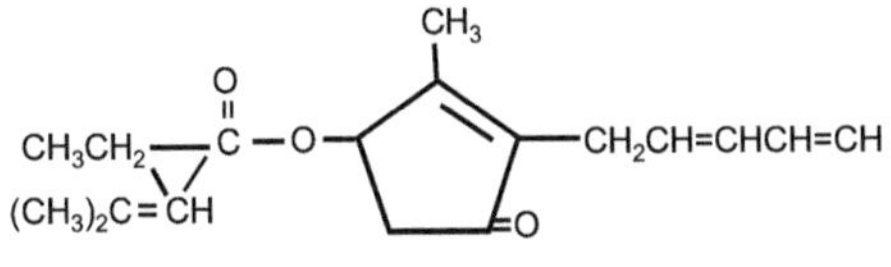

Figura 5. Piretroide

Bifenilos

Debido a que son compuestos muy estables a la acción química y térmica, además de no ser flamables, se emplearon en transformadores eléctricos, componentes electrónicos y extintores de incendios, por lo que los están presentes en los equipos de este tipo, muchos de ellos aún en uso; de allí han migrado a suelos, agua y animales. Su producción se suspendió en 1974, pero como son compuestos persistentes en la naturaleza aún se encuentran en el medio ambiente, por lo que pueden ingresar a la cadena alimentaria. En los humanos causa irritación de la piel, alteraciones en el hígado y, posiblemente, retraso neurológico y cognoscitivo en niños. Asimismo, pueden imitar la acción de algunas hormonas, de ahí su acción contaminante.

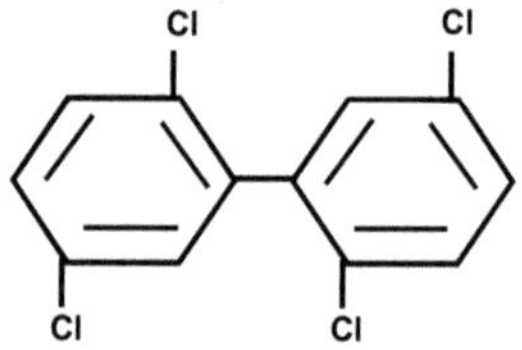

Figura 6. Tetracloruro de bifenilo

Dioxina y furanos

Se originan por la combustión de compuestos orgánicos que contienen cloro, como los encontrados en incineradores municipales, combustión de gasolina con plomo, diesel y madera. Son, además, subproductos de las plantas de fabricación de papel y pulpa. Aunque las dioxinas ya no se emplean, aún persisten en el medio ambiente en cantidades muy pequeñas; son de importancia en la salud debido a que tienen alta toxicidad. Son solubles en grasa y estables a la acción química. Al igual que los bifenilos, tienen propiedades similares a las de algunas hormonas ocasionando alteraciones en las funciones reproductivas, así como desórdenes neurológicos e inmunes. Se han reportado casos de contaminación por dioxinas en huevo, lácteos, pollos, y productos de carne porcina y bovina, originada en alimento para animales formulado con grasa contaminada por dioxinas.

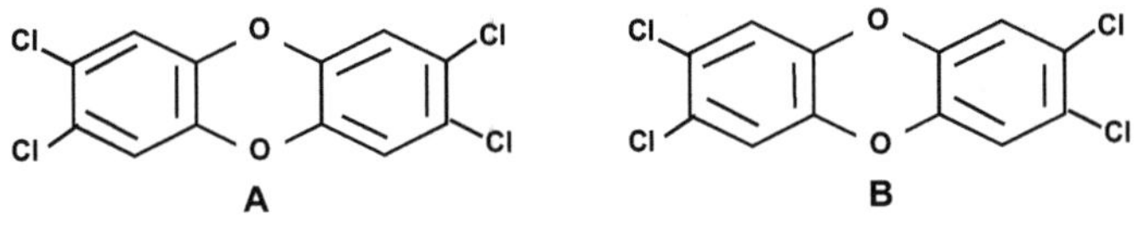

Figura 7. Doxinas y furanos: A) 2,3,7,8–teracloro dibenceno-p-dioxina; B) 2,3,7,8–tetracloro furano

COMPUESTOS QUÍMICOS ADQUIRIDOS DURANTE EL PROCESAMIENTO

Durante la elaboración de productos cárnicos, es factible que se produzcan o ingresen compuestos químicos considerados como contaminantes. Sin embargo, la aplicación de buenas prácticas de manufactura (GMP) previene que estos se encuentran en el producto final en cantidades que excedas las normativas de países o regiones, muy estrictas considerando la posible toxicidad de estos compuestos. Los principales tipo de contaminantes durante el procesamiento son las aminas biogénicas, las aminas heterocíclicas, los hidrocarburos policíclicos y las nitrosaminas.

Aminas biogénicas

Un grupo de compuestos químicos considerados como indicadores de descomposición bacteriana en alimentos proteicos son las aminas biogénicas que se producen por la acción de descarboxilasas microbianas sobre amino ácidos. Sin embargo, además de asociarse con los olores a descomposición, tienen un efecto negativo sobre el sistema cardiovascular (Guerrero Legarreta, 2009).

Las aminas biogénicas más abundantes en carnes son: cadaverina (pentametilen diamina), putrescina (1,4-diaminobutano), espermidina [N-(3-aminopropil) butan-1,4-diamina], histamina [2-(3H-imidazol)etanamina], triptamina [3-(2-aminoetil) indol], agmantina (β-fenil-etilamina), ornitina (ácido 2,5-diaminovalerico), tiramina (4-hidroxi-fenilamina) y espermina [N,N'-bis(3-aminopropil)butana-1,4-diamina]. Los principales microorganismos productores de descarboxilasas en carne son *Enterobacteriaceae, Bacillaceae,* algunas especies de *Lactobacillus, Pedicococcus* y *Streptococcus.*

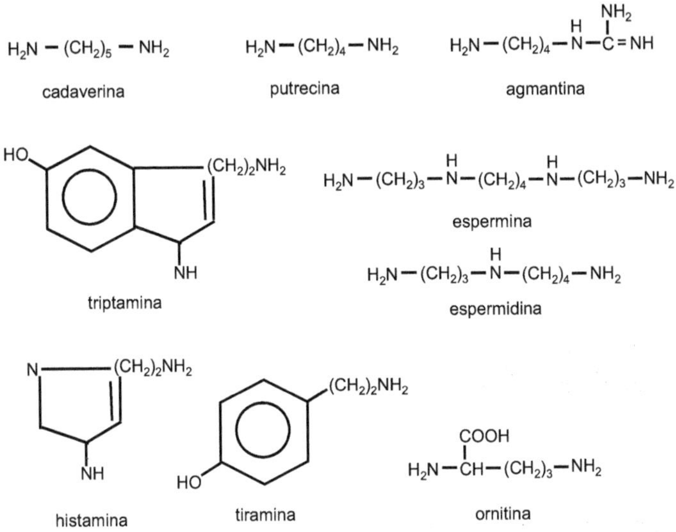

Figura 8. Estructura química de las principales aminas biogénicas presentes en carnes

Aminas heterocíclicas

Algunos aminoácidos (triptofano, fenilalanina, lisina, ácido glutámico) en la superficie de carnes asadas se pirolizan cuando se exponen a temperaturas elevadas, produciendo varios tipos de aminas heterocíclicas, como pirrolidina y piperidina, potencialmente cancerígenas. Aunque el factor más importante para su generación es la temperatura, también influyen el tiempo y la forma de aplicación del calor, por tanto la producción de aminas heterocíclicas varía ampliamente entre los diferentes tipos de carne y productos cárnicos. El asado de carne a fuego directo (*barbecue*, "a la estaca", etcétera) es el método que promueve mayor cantidad de estos compuestos, responsables en parte del color y sabor a carnes asadas (Guerrero Legarreta y García Barrientos, 2011).

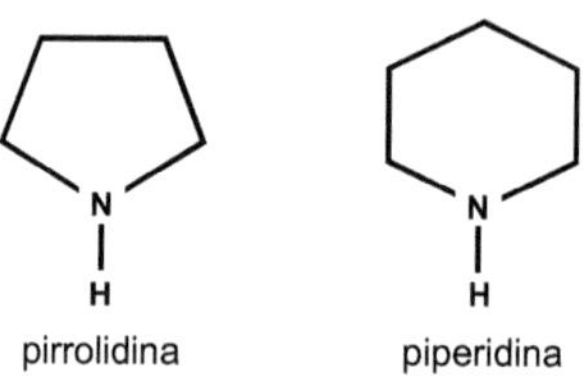

Figura 9. Aminas heterocíclicas

Nitrosaminas

Son compuestos cancerígenos formado a temperaturas elevadas por la reacción entra aminas secundarias (aminoácidos) y óxidos de nitrógeno o ácido nitroso, originado por las reacciones del nitrito o nitrato añadidos a los productos cárnicos. En la mayoría de los productos cárnicos las nitrosaminas están presentes en concentraciones muy bajas. Sin embargo, por su potencial carcinógeno la concentración de nitrosaminas en el producto final está estrictamente legislada (Guerrero Legarreta, 2010).

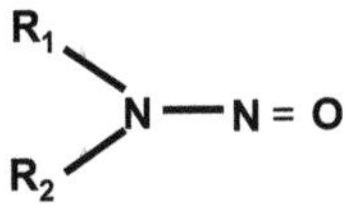

$$R_1 \diagdown$$
$$N - N = O$$
$$R_2 \diagup$$

Figura 10. Fórmula general de las nitrosaminas

Hidrocarburos policíclicos

Son compuestos altamente cancerígenos, como antraceno y benzopireno, entre otros, que se producen al quemar combustibles o compuestos orgánicos. Están presentes en algunas formas de humo, por lo que ingresan a carnes y productos cárnicos ahumados. Pueden eliminarse del humo haciéndolo pasar por filtros de varios tipos. Las carnes asadas tienen concentraciones muy altas de estos compuestas debido a que se producen por pirólisis de carbohidratos, péptidas y lípidos. En el medioambiente, se encuentran como resultado de la contaminación por combustibles fósiles. Ingresan al organismo humano y animal por inhalación o ingestión, una vez ingeridos se activan en el hígado produciendo compuestos que interactúan con las proteínas o con el ADN. La unión covalente a este último ocasiona mutaciones, cáncer e inmunosupresión.

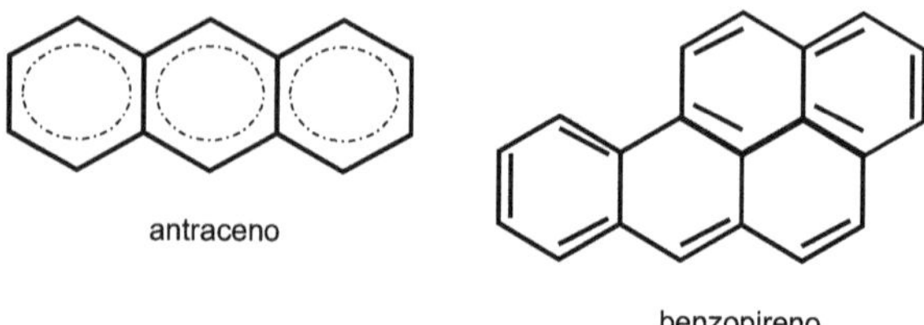

Figura 11. Hidrocarburos policíclicos

FÁRMACOS

La producción comercial de animales de carne ha incluido el uso de fármacos para aumentar la conversión a carne, y para prevenir enfermedades. Sin embargo, existe la preocupación de la presencia de tales fármacos en la carne consumida por humanos, afectando a la salud. Aunque existe una variedad muy amplia de fármacos disponibles a nivel comercial, a continuación se mencionan los más comunes.

Antibióticos y sulfonamidas

Los antibióticos son los fármacos más empleados a nivel terapéutico y subterapéutico para prevenir enfermedades y aumentar la eficiencia en la producción de carne. Hay oposición generalizada en el uso de estos debido al posible desarrollo de resistencia de algunas bacterias y a antibióticos en humanos. Las β-lactamas son un grupo de antibióticos, naturales o sintéticos, usados contra infecciones como colibaciliosis, enteritis bacteriana, salmonelosis, etcétera. La penicilina es una de estas β-lactamas usadas en animales productores de carne; otras β-lactamas son ampicilina, amoxicilina, cloraxilina, cefapirina y ceptifluoro.

Los aminoglucósidos son aminoazúcares que interfieren con la síntesis de proteínas, se usan en forma terapéutica y profiláctica, algunos ejemplos son estreptomicina, apramicina, dihidroestreptomicina, gentamicina y neomicina. Como estos se excretan a través de los riñones, se acumulan en ese órgano. El clorafenicol y fármacos análogos inhiben la formación de la pared celular bacteriana y pueden causar ciertos tipos de anemia en humanos sensibles a este fármaco. El florofenicol no causa los mismos efectos, por lo que es más usado. Las tetraciclinas, aisladas de cepas de *Streptomyces*, son antibióticos de espectro amplio, inhiben la síntesis de proteínas en la célula bacteriana. Los más usados en animales son tetraciclina, oxitetraciclina y clortetraciclina; se emplean terapéuticamente y para aumentar la ganancia de peso. Los macrólidos, aislados también de *Streptomyces*, son muy eficientes contra algunas cepas de *Listeria*, los más usados en animales de abasto son eritromicina y tilosina. De acción similar son las lincosamidas como lincomicina y pirlimicina (Turnipseed, 2001).

Las sulfonamidas, aunque no son técnicamente antibióticos, se emplean ampliamente para prevenir enfermedades infecciosas; son derivados de sulfamidas con capacidad bacteriostática interfiriendo con la síntesis de ácido fólico, empleadas para prevenir mastitis, diarreas, difteria en bovinos, y neumonía, bronquitis y septicemia en cerdos

Antiparasíticos

Los más empleados son los benzimidasoles que pueden aumentar la ganancia en peso en cerdos. Las avermectinas son aislados de *Streptomyces avermitilis*, la más empleada es ivermectina, eprinomectin y derivados sintéticos de moxidectina. Levamisol es un antiparasítico de amplio espectro empleado en bovinos, porcinos, ovinos y otras especies animales; tetrahidrpirimidinas se usa en cerdos para el tratamiento de *Ascaris*. Los organofosfatos (por ejemplo Diclorvos) se usan tanto como antiparasítico como en uso externo.

Hormonas y promotores de crecimiento

El uso de hormonas para aumentar la ganancia en peso de animales de abasto es un tema muy controversial. Las hormonas de ocurrencia natural como estradiol, progesterona y testosterona se han administrado a animales para favorecer la relación músculo/grasa. Los compuestos sintéticos como acetato de melengestrol, acetato de trenbolona y dietilstilbestrol, así como el zeranol de origen vegetal, imitan la acción de las hormonas naturales. El uso de estos compuestos en animales de abasto se ha prohibido en la Unión Europea desde 1978; en Estados Unidos se permiten algunos siempre que el productor siga los procedimientos de tratamiento y suspensión establecidos por agencias gubernamentales. Los corticosteroides, derivados de la cortisona producida en la corteza adrenal, tales como dexametasona, prednisolona, betametasona se usan con fines terapéuticos como antinflamatorios, pero no se permiten como promotores del crecimiento.

Las somatotropinas, producidas naturalmente por la glándula pituitaria y que regulan procesos tales como la producción de leche o la relación músculo/grasa también son producidas por técnicas de ADN recombinante. Se permiten en Estados Unidos, pero no en la Unión Europea.

Los β-agonistas (clenbuteron, cimetrol, ractopamina y otros) son promotores de crecimiento muy potentes, aumentando el contenido muscular de la canal hasta en un 25%. Debido a posibles riesgos a la salud humana, su uso es muy controversial; han sido prohibidos en la Unión Europea y otros países, como Estados Unidos y Argentina (Rosmini y Signorini, 2006).

Otros fármacos

Los tranquilizantes y antinflamatorios también se emplean en animales productores de carne; comúnmente se les administran a los animales antes del sacrificio, como es el caso de tranquilizantes que se emplean para reducir la agresividad de porcinos durante el transporte; por tanto pueden subsistir residuos en la canal. La Unión Europea establece límites máximos; Estados Unidos permite el uso de algunos tranquilizantes para controlar la agresividad de cerdos pequeños. Los antinflamatorios no esteroidales no se permiten en animales productores de carne, aunque Estados Unidos permiten algunos como flunixina para usos terapéuticos en bovinos, sin embargo, en algunos casos se usa para disfrazar a animales enfermos (Solomon, 2001).

CONCLUSIONES

El incremento de la eficiencia en la producción de alimentos, particularmente de carnes, ha hecho necesario el uso de aditivos y adjuntos. Paralelamente, numerosos compuestos químicos ingresan a los productos alimentarios en forma accidental o intencionada en las diversas etapas de la cadena productiva. En muchos casos –la mayoría– el uso de los aditivos facilitan la conservación y el procesamiento de los alimentos. Sin embargo, debido al posible enmascaramiento de defectos, la extensión de su vida útil en forma artificial, u otras acciones ilegales, los reglamentos y limitaciones en el uso de adjuntos y aditivos alimentarios son muy estrictas. La inocuidad de los alimentos incluye las acciones o actividades dentro de la cadena productiva, desde la producción primaria hasta la distribución y el consumo, para garantizar productos inocuos, íntegros, legítimos y aceptables por el consumidor. Además de los compuestos adicionados intencionalmente, los que ingresan en forma accidental deben ser limitados a través de las buenas prácticas de manufactura, y de programas de análisis de riesgos y control de puntos críticos. El estricto cumplimiento de estos asegura la reducción en el ingreso de contaminantes químicos a niveles seguros para el consumidor.

BIBLIOGRAFÍA

Brooks, G.F., Carroll, K.C, Butel, J.S., Morse, S.A., Mietzner, T.A. 2011. *Staphycoloccus*. En: Microbiología Médica. Jawetz E. (ed.). McGraw Hill.

CDC (Center for Disease Control). 2011. Estimates of foodborne Illness in the United States http://www.cdc.gov/foodborneburden/clostridium-perfrnen.htm

Charlampopoulos, D., Rastall, R. 2009. Prebiotics and Probiotics: Science and technology. Springer.

Cruz Monterrosa, R., Guerrerro Legarreta, I. 2011. Postmortem handling. En: Handbook of Meat and Meat Processing. Y.H. Hui (ed.). CRC Press, Boca Raton, Florida.

EFSA (European Food Safety Authority). 2009. Microbiological Contaminants in Food in the European Union 2004-2009.
http://www.efsa.europa.eu/en/supporting/doc/249e.pdf

EFSA (European Food Safety Authority). 2010. The European Union Summary Report on Trends and Sources of Zoonotic Agents and Food-borne Outbreaks in 2010
http://www.efsa.europa.eu/en/efsajournal/doc/2597.pdf

Errington, J. 2003. Regulation of endospore formation in *Bacillus subtilis*. Nature Reviews in Microbiology, 1:117-126.

ICSB (International Committee on Systematics of Prokaryotes). 2019. http://ijs.sgmjournals.org/

Food Safety and Inspection Service (United States of America). 2001. Principios básicos de la Preparación de Alimentos Seguros.
http://www.fsis.usda.gov/

Food Safety and Inspection Service (United States of America). 2003. Inocuidad de la carne de cerdo, desde el criadero hasta la mesa del consumidor.
http://www.fsis.usda.gov/

Fung, D., Hajmeer, M., Kastner, C., Kastner, J., Marsden, J., Penner, K., Phebus, R., Scott Smith, J., Vanier, M. 2001. Meat safety. En: Meat Science and Application. Y.H. Hui,W.K. Nip, R.W. Rogers, O.A. Youg (eds.). Marcel Dekker, Nueva York.

Guerrero Legarreta, I. 2009. Capítulo 22. Meat spoilage detection. En: Handbook of Processed Meat and Poultry Analysis. Nollet, L., Toldrá, F. (eds.). CRC Press. Boca Raton, Florida.

Guerrero Legarreta, I. 2010. Spoilage detection of meat by-products. En: Handbook of Analysis of Edible Animal By-Products. L. Nollett, F. Toldrá (eds.). CRC Press. Boca Raton, Florida.

Guerrero Legarreta, I., García Barrientos, R. 2011. Thermal technology. En: Handbook of Meat and meat Processing. Y.H. Hui (ed.). CRC Press, Boca Raton, Florida.

Guerrero Legarreta, I., Pérez Chabela, M.L. 2011. Slaughtering operations and equipment. En: Handbook of Meat and Meat Processing. Y.H. Hui (ed.). CRC Press, Boca Raton, Florida.

Kiu, R., Hall, L.J. 2018. An update on the human and animal enteropathogenic *Clostridium perfringens*. Emerging Microbes and Infections, 7: 1-15

Masana, M., Rodríguez, R. 2006. Ecología microbiana. En: Ciencia y Tecnología de Carnes. Y.H. Hui, I. Guerrero, M. Rosmini (eds.). Noriega Editores, Ciudad de México.

Rosmini, M., Signorini, M. 2006. Manejo antemortem. En: Ciencia y Tecnología de Carnes. Y.H. Hui, I. Guerrero, M. Rosmini (eds.). Noriega Editores, Ciudad de México.

Solomon, M.B. 2001. Meat Biotechnology. En: Meat Science and Application. Y.H. Hui, W.K. Nip, R.W. Rogers, O.A. Youg (eds.). Marcel Dekker, Nueva York.

Turnipseed, S.B. 2001. Drug residues in meat: emerging issues. En: Meat Science and Application. Y.H. Hui,W.K. Nip, R.W. Rogers, O.A. Youg (eds.). Marcel Dekker, Nueva York.

Zamudio, M. 2006. Microorganismos patógenos y alterantes. En: Ciencia y Tecnología de Carnes. Y.H. Hui, I. Guerrero, M. Rosmini (eds.). Noriega Editores, Ciudad de México.

CAPÍTULO 7.

EVALUACIÓN DE LA CALIDAD SENSORIAL DE LA CARNE

María Elena Carranco Jáuregui, Silvia Carrillo Domínguez y María de la Concepción Calvo Carrillo

Departamento de Nutrición Animal "Dr. Fernando Pérez-Gil Romo", Instituto Nacional de Ciencias Médicas y Nutrición Salvador Zubirán, Ciudad de México, México. Autora para correspondencia: María Elena Carranco Jáuregui: rexprimero@hotmail.com

INTRODUCCIÓN

El término "calidad" en la industria alimentaria, se puede definir como el conjunto de características higiénicas, nutrimentales, fisicoquímicas y sensoriales que proporciona un alimento para la satisfacción del consumidor. Algunos autores la han clasificado en tres grupos:

a) La calidad alimentaria engloba aspectos higiénicos, nutricionales, así como el suministro y/o conservación de nutrimentos, proteínas, minerales y vitaminas de los alimentos;

b) La calidad tecnológica relacionada con el estudio de la materia prima o los productos intermedios a utilizar en el desarrollo de nuevos productos para que se adapten bien a un determinado proceso de fabricación, y

c) Calidad sensorial u organoléptica, este componente es muy importante pero subjetivo, variable en el tiempo y en el espacio, y según los individuos en una situación determinada, cada consumidor espera de un alimento sensaciones gustativas, olfativas, táctiles, visuales, hasta auditivas bien determinadas (Multon, 1988; Coerduza y col., 2004; SAGARPA, 2013) (Tabla 1).

Tabla 1. Percepción de los sentidos y su interacción.

Percepción de los sentidos	Interacción
Vista	Color, apariencia, textura rugosidad
Olfato	Olor, aroma, sabor
Gusto	Gusto, sabor
Tacto	Temperatura, peso, textura y rugosidad
Oído	Textura, rugosidad

La definición del concepto "Calidad sensorial" ha evolucionado con el paso de los años. En la década de 1940, cuando se iniciaba la tecnificación en la producción de alimentos, y con ella el intento de controlar los procesos desde el punto de vista puramente químico o microbiológico, la calidad sensorial de los alimentos era considerada de poca o nula importancia (Sancho y col., 1999). Al paso del tiempo fue evidente la necesidad de disponer de otros datos para asegurar la calidad y aceptación de los alimentos. Es en el periodo de1950 a 1970 se empezó a dar mayor importancia a la calidad sensorial definiéndose los atributos primarios que la integran: aspecto (tamaño, forma, color, etcétera), sabor (aroma, gusto) y textura (Figura 1). Se plantearon entonces los problemas de su medición y control, así como el desarrollo y adaptación de las pruebas sensoriales al control de calidad de los alimentos. Durante este periodo se tenía la idea de que la calidad sensorial implicaba solo aspectos (Figura 1)

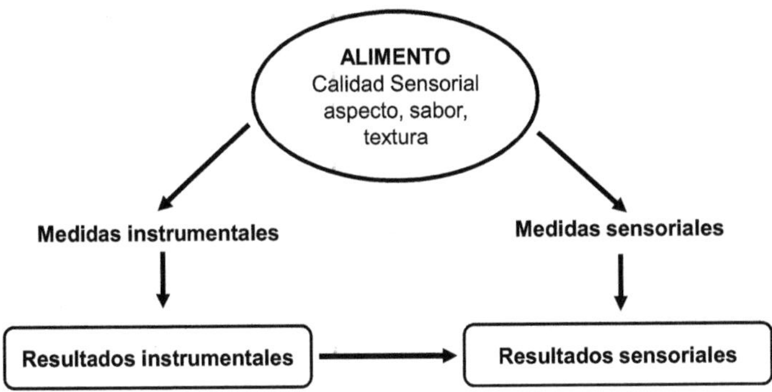

Figura 1. Medida de la calidad sensorial predominante en el periodo 1950-1970. Adaptado de Sancho y col. (1999)

A partir de 1970 se inició una nueva etapa en la que se realizó la revisión y modificación del concepto de calidad sensorial. Algunos autores consideraban que la calidad sensorial de un alimento dependía principalmente de las características del alimento mismo; otros, sin embargo, establecían que estaba ligada principalmente a las preferencias de los consumidores. Sin embargo, si solo fuese lo primero, la definición de la calidad dependería de los criterios de un grupo de expertos y podría considerarse relativamente constante durante un determinado periodo de tiempo; mientras que si fuese lo segundo, la calidad estaría relacionada directamente con las preferencias de los consumidores y por ello, habría que considerarla variable y muy dependiente del contexto (Molnar, 1995; Cardello, 1995). Con estos supuestos, se llegó a la conclusión de que la calidad sensorial de un alimento no es solo una característica propia del alimento, sino el resultado de una interacción entre el alimento y el consumidor. Por ello, actualmente se define a la calidad sensorial como "la sensación humana provocada por determinados estímulos procedentes del alimento, mediatizado por las condiciones fisiológicas, psicológicas y sociológicas de las personas o grupo de personas que la evalúan" (Figura 2) (Sancho y col., 1999; Coerduza y col., 2004).

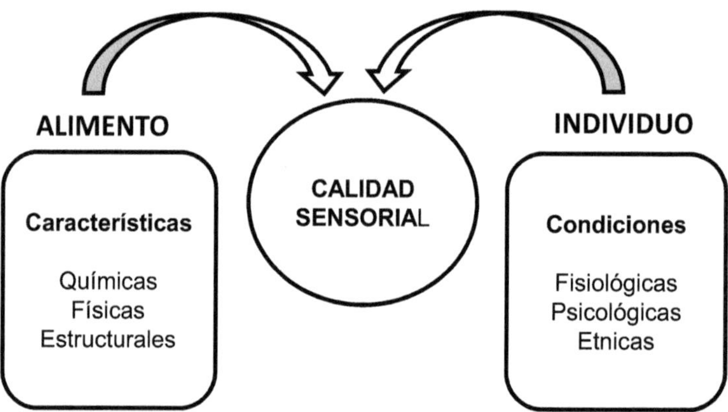

Figura 2. Concepto actual de la calidad sensorial.
Adaptado de Sancho y col. (1999)

Se ha establecido que el proceso sensorial se inicia por la presencia de un estímulo físico o químico que actúa sobre los receptores sensoriales externos e internos. Existen seis clases de estímulos: mecánicos, térmicos, luminosos, acústicos, químicos y eléctricos. Cada uno de estos da lugar a una sensación caracterizada por su calidad, intensidad, extensión, duración y sensación de agrado o rechazo (Sancho y col., 1999). Los estímulos son medidos por métodos físicos o químicos, pero las sensaciones solo pueden ser medidas por métodos psicológicos. La percepción se define como "la capacidad de la mente para atribuir información sensorial a un objeto externo a medida que la produce". Dicho de otra manera, el consumidor recibe los estímulos del mundo exterior, los transmite a través de un nervio conductor y los transforma en sensaciones, las que se interpretan e integran con otras sensaciones y con la experiencia anterior conformando la percepción (Sancho y col., 1999). La secuencia de percepciones que tiene un consumidor hacia un alimento es la siguiente: color, olor, textura percibida por el tacto, luego el sabor y por último el sonido al ser masticado o ingerido.

Son tales los avances y conocimientos que se han logrado en esta área, que actualmente la evaluación sensorial no solo es una herramienta importante para evaluar la calidad de los alimentos, se ha convertido en una disciplina científica, donde el juez o panelista puede ser comparado con un instrumento, ya que mide objetivamente con los sentidos, usa métodos exactos, recibe entrenamiento y participa en un panel cuyos resultados pueden analizarse estadísticamente. No existe ningún otro instrumento que pueda reproducir o reemplazar la respuesta humana (Manfuga, 2007). Es tal la situación que el Instituto de Tecnología de Alimentos de Estados Unidos (Institute of Food Technology) así la reconoce, y la define como "la disciplina científica utilizada para evocar, medir, analizar e interpretar las reacciones a aquellas características de alimentos y otras sustancias, que son percibidas por los sentidos de la vista, olfato, gusto, tacto y oído (IFT, 1975). Por ello, al igual que los análisis fisicoquímicos y microbiológicos, la evaluación sensorial no solo permite conocer la opinión y aceptación del consumidor respecto a un alimento o producto, sino también realizar investigaciones para elaborar e innovar nuevos productos, asegurar la calidad de los mismos, así como favorecer su promoción y venta de acuerdo a las expectativas y necesidades del consumidor y del mercado (Guerrero y col., 2000; Coerduza y col., 2004). Puesto que es una ciencia, como tal debe prestarse especial atención a la precisión, exactitud y sensibilidad de los métodos y técnicas empleadas, a fin de evitar posibles vías de error, dando así confiabilidad y validez a los resultados obtenidos. Para lograr esto, es imprescindible que las pruebas se lleven a cabo en condiciones controladas, establecer diseños experimentales, métodos de prueba y análisis estadísticos apropiados

(Anzaldúa-Morales y col., 1983; Lawless y Heymann, 1998; Watts y col., 1992).

CONDICIONES GENERALES PARA LLEVAR A CABO UNA EVALUACIÓN SENSORIAL

Definir las condiciones y forma de degustación de un alimento o producto homogéneo no suele presentar problemas al ser evaluado, sin embargo cuando se evalúan productos heterogéneos se complica esta evaluación, ya que el alimento o producto tiene normalmente un tratamiento previo de cocción, como es el caso de la carne, por lo que el proceso de evaluación puede ser difícil de controlar (Lluís, 2002). En general, la prueba debe llevarse a cabo en condiciones reguladas, es decir las muestras a estudiar requiere condiciones uniformes, como el tamaño a evaluar, el horario de la evaluación, las instalaciones o laboratorios y los jueces. Al controlar estos aspectos controlados se aseguran resultados más confiables (Lawless y Haymann, 2010; Witting de Penna, 2001).

La muestra

De forma habitual, deben respetarse los horarios y lugar de trabajo en donde se llevan a cabo las evaluaciones, asimismo se estandariza la cantidad de muestra a degustar y el recipiente en que se presenta. En el caso de la carne, estos dos últimos aspectos son difíciles de controlar, ya que el producto se cocina en piezas completas y posteriormente se corta. Es por tanto importante cortar las muestras en lo más homogéneas posible en cuanto al tamaño y composición visual.

Otro problema que se a menudo se o presenta en este tipo de muestras es el poco tiempo disponible para degustar antes de que la muestra se enfríe. Generalmente los trozos de carne se evalúan en caliente, por lo que es necesario utilizar algún sistema de calentamiento que garantice que la temperatura de degustación sea igual para todos los jueces. Un factor que no debe quedar de lado es la forma de la muestra de carne (grosor, alto y ancho), importante para determinar el tiempo de cocción del mismo y, por lo tanto, la intensidad de algunos atributos tales como que el sabor a hígado o sangre no se presenten.

Para los productos que se evalúan en frío como jamón, salchichas, salamis, etcétera, el grosor y tamaño de los cortes debe ser lo más homogéneo para evitar en lo posible diferencias principalmente en textura. Para obtener muestras lo más homogéneas posible, se puede seccionar a los trozos de carne congelados o muy fríos con una cortadora de embutidos y así asegurar que el grosor sea uniforme. Sin embargo, y debido a que una gran cantidad de alimentos son de composición heterogénea, no es fácil controlar los parámetros a medir ya que estos dependen del producto que se trate. Por lo tanto, se debe eliminar esa heterogeneidad mediante diseños experimentales en bloques, considerando los factores externos al alimento que aumentan la variabilidad, *per se* existente en un producto heterogéneo a evaluar (Lluís, 2002). Una vez seleccionado el diseño experimental que reduce el error experimental, se deben de tomar en cuenta otros aspectos en cuanto al alimento y/o preparación de éste, como los enumerados en la Tabla 2.

Evaluación de muestras de carne

La calidad sensorial está dada por parámetros muy variables y fácilmente modificables, que a la vez son objetivos y mensurables, intrínsecos a la propia naturaleza de la carne, y determinantes en el momento clave de todo proceso productivo-tecnológico. Es decir, en el lapso de la compra a la ingestión. Las características sensoriales que influyen en la palatabilidad de la carne son, principalmente: la textura, la jugosidad, el aroma/sabor (*flavor*) y el color. Por su parte, estos atributos se determinan por la especie, la raza, la edad, el sexo, la dieta y el manejo post mortem, entre otros.

Tabla 2. Aspectos importantes a considerar en el alimento y/o preparación (Lira, 2007).

Preparación de la muestra	Emplear utensilios que no interfieran con el alimento (gusto, olor, apariencia).
Temperatura	Servir el alimento a la misma temperatura a todos los jueces, evitando afectar el sabor, consistencia y aceptabilidad.
Cantidad de la porción	Depende del tipo de alimento y propósito del estudio. La cantidad sugerida es de un bocado. Es preferible servir un poco más y siempre la misma cantidad.
Preparación y conservación	Utilizar la misma cantidad de cada uno de los ingredientes, mismo tiempo y temperatura de preparación y cocción así como tiempo y temperatura de conservación.
Utensilios para presentar la muestra	De preferencia utilizar envases (vasos, platos, cubiertos y otros) sin color (transparentes) o blanco y del mismo tamaño.
Instrucciones a jueces	Se puede tener una guía prediseñada antes del inicio de la evaluación, así se tendrá la misma información.
Porciones	Servir porciones al azar, al menos que el diseño experimental indique que se desea conocer el efecto del orden de servido.

En general, los principales atributos que se evalúan en muestras de carne y subproductos son: apariencia, color, jugosidad, olor, sabor, suavidad al masticar y aceptación total.

Textura

La textura de un alimento es el conjunto de sensaciones distintas y multidimensionales, por lo que es difícil obtener una definición de la misma. Anzaldúa-Morales (1994) propuso la siguiente definición "Textura es la propiedad sensorial de los alimentos que es detectada por los sentidos del tacto, la vista, el oído, y que se manifiesta cuando un alimento sufre una deformación".

Dentro de los atributos de la textura destaca la dureza, siendo éste más variable en la carne de vacuno (AMSA, 2015) y menos variable en la de cerdo, cordero y ternera. La dureza de la carne cocinada se atribuye principalmente al tejido conectivo y a las proteínas contráctiles (March, 1977; Miller, 1994). Según Hill (1966) la solubilidad del colágeno es el factor fundamental en la dureza de la carne; sin embargo Young y Braggins (1993) señalan que la concentración de colágeno es determinante en la medición de la dureza de la carne ovina por un panel sensorial, mientras que la solubilidad está más relacionada con la fuerza de corte. También influyen en la textura el número y tamaño de los haces de fibras musculares contenidas en el músculo, por ejemplo en el ganado vacuno estos fibras son de mayor tamaño que en cordero o cerdo.

Jugosidad

La jugosidad de la carne cocinada se percibe desde dos puntos de vista: a) la impresión de humedad durante las primeras mordidas, producida por la liberación rápida de fluidos, y b) la liberación lenta de suero y al potencial efecto estimulador de la grasa en la producción de saliva (Sañudo, 1992).

Durante la cocción ocurre una rápida salida de jugo, acelerada por la contracción del colágeno y la desnaturalización de las proteínas, llegando las pérdidas a 50%. La jugosidad de la carne cocinada de las diferentes especies partes anatómicas de los animales varía enormemente. Si, como se mencionó, la sensación de jugosidad de la carne cocinada está relacionada más con el contenido de grasa, entonces la mayoría de los parámetros que condicionan el contenido de grasa intramuscular se refleja en esta percepción de jugosidad (Onega, 2003).

La jugosidad y la dureza están íntimamente relacionadas, ya que a menor dureza más rápido y con mayor volumen se liberan los fluidos al masticar. En carnes duras la jugosidad es mayor y más uniforme si la liberación de jugo y grasa es lenta. El parámetro más importante que influye sobre la jugosidad de la carne es el proceso de cocción. La pérdida de fluidos es función casi lineal de la temperatura entre 30 y 80°C, y puede llegar a valores del orden de 40% del peso inicial de la carne. El grado de cocción no afecta la capacidad de retención de agua del tejido muscular, aunque debe tomarse en cuenta no solo el tiempo, también el tipo de cocción en función de la temperatura, de la presencia de agua, del calor directo, del tamaño, del grosor y de la preparación previa de la pieza (Onega, 2003).

"Flavor"

El *"flavor"* de un alimento corresponde al conjunto de impresiones olfativas y gustativas provocadas al momento del consumo. Este término engloba por una parte al olor del alimento, ligado a la presencia de compuestos volátiles; por otra parte, se incluye en *flavor* el sabor, que tiene su origen en algunas sustancias solubles. Estos compuestos químicos están presentes en pequeñas concentraciones que no afectan el valor nutricional pero sí la aceptabilidad. El *flavor* se percibe al momento del consumo, desarrollándose antes de la introducción del alimento en la boca, durante la masticación y después de la deglución (Onega, 2003).

La carne cruda fresca de animales jóvenes tiene un olor débil, no así la carne de animales maduros y viejos que presentan un olor más fuerte. La identificación de la especie con respecto al *flavor* de la carne roja, en el caso de bovinos y ovinos, es relativamente fácil si se efectúa en caliente. Sin embargo, esta operación en más difícil cuando se analizan carnes blancas como ternera, cerdo y aves. Esta se puede explicar a que estas últimas son más magras con poca grasa intramusculares (Onega, 2003).

La temperatura y tiempo de almacenamiento también influyen en el *flavor*. La carne a 18°C se mantiene un *flavor* agradable por más tiempo que en aquellas que se refrigeran entre -9 y -12°C, aunque depende del músculo y especie considerados. El almacenamiento prolongado y en condiciones desfavorables causa el desarrollo de aromas proteolíticos por descomposición de proteínas, olores acres o pútridos por crecimiento microbiano, o por la oxidación de las grasas que dan origen a olores rancios. Asimismo, al cocinar la carne se desarrolla un aroma más intenso que el presente en la carne cruda; esto depende del método de cocción, tipo de carne y tratamiento previo al calentamiento. Un factor importante del *flavor* es la raza, cuya influencia está aún en discusión (Onega, 2003).

Color

El color es uno de los atributos más importantes al momento de comprar un alimento, ya que la apariencia se considera casi como único parámetro que el consumidor asocia con la calidad. En cuanto al color de la carne o producto cárnico, este es influenciado por el pH y las características externas del músculo, así como por el manejo *antemortem* y durante la matanza del animal, el tiempo de almacenamiento de la carne, los ingredientes utilizados en formulaciones en el caso de productos procesados y por las condiciones de procesamiento del mismo.

En la evaluación sensorial de la carne, el color puede ser un atributo subjetivo, ya que cada juez o panelista lo percibe de manera personal y diferente. Sin embargo, los jueces entrenados llevan a cabo una evaluación objetiva, ya que son capaces de distinguir más tonalidades de un color que cuando son evaluados por individuos no entrenados, como los consumidores (Carduza y col., 2017). Los jueces evalúan la aceptabilidad, proporción de rojo, el tono y grado de preferencia, haciendo hincapié en la necesidad de que los jueces hayan sido previamente entrenados, sobre todo si la prueba elegida de medición de color está formada por términos descriptivos elaborados, como la luminosidad y la saturación (Mac Dougall y Rhodes, 1972; Strange y col., 1974;

Harrison y col., 1978; Riley y col., 1980). Asimismo, los jueces son capaces de evaluar otros atributos como la estructura del músculo, el contenido de pigmento, la cantidad o color de la grasa, la presencia de colágeno y las pérdidas de jugo. Billmeyer y Salzaman (1966) concluyen que las personas en general difieren en su respuesta individual ante la visualización de colores y la interpretación de aspectos del color definidos subjetivamente.

Asimismo, el número limitado de observaciones que se pueden llevar a cabo en determinado tiempo, conlleva a cambios de color si estas observaciones se prolongan en tiempo, y por lo tanto se obtendrán puntuaciones diferentes entre observadores (Barton, 1968). Para evitar en lo posible estas variaciones, se deben tener en cuenta las mismas condiciones de análisis en todas las evaluaciones, como la iluminación del laboratorio, la presentación del producto a evaluar, las condiciones de cocción, etcétera.

INSTALACIONES Y AMBIENTE DE TRABAJO

Para disminuir las variaciones y mejorar la sensibilidad en las pruebas, es recomendable cumplir con los siguientes criterios (Anzaldúa-Morales, 1994; Onega, 2003):

•   Las condiciones externas de una sala de cata (iluminación, olores, ruidos, etcétera) influyen los resultados obtenidos de la evaluación, por lo que es necesario, en lo posible, estandarizar todas estas condiciones para obtener resultados reproducibles

• El color de las paredes y del ambiente debe ser blanco o blanco hueso.

• Controlar la iluminación, de preferencia utilizar luz natural o iluminación monocromática para reducir señales visuales cuando la situación lo requiera.

• Tener buena ventilación y áreas de prueba libres de olores, en silencio o sin de ruidos molestos.

• El área de preparación de las muestras debe estar separada de la zona de pruebas,

• Los jueces nunca deben ver la preparación de las muestras;

• El área de preparación debe contar con todos los equipos y utensilios necesarios.

JUECES

La selección y el entrenamiento de las personas que toman parte en las pruebas de evaluación sensorial son factores de los que depende en gran parte el éxito y la validez de estas. Los jueces o panelistas se seleccionan con base a su desempeño en las tareas sensoriales exigidas, deben de recibir una capacitación en la aplicación de métodos de examen requeridos. La capacitación sensorial incluye:

1.   Selección de los jueces en función de su agudeza sensorial básica y su aptitud para describir sus percepciones en forma analítica. Deben de poseer capacidad analítica que les permita familiarizarse con los procedimientos de examen. Además, es necesario que tengan capacidad de reconocimiento e identificación los atributos sensoriales en sistemas de alimentos complejos. El seguimiento del desempeño del evaluador y la coherencia de sus decisiones analíticas se lleva a cabo mediante evaluaciones periódicas de las decisiones sensoriales (CAC/GL, 1999).

2.   Para su capacitación, el evaluador debe:

- No sufrir de anosmia (incapacidad para percibir olores)
- No sufrir de ageusia (capacidad de percibir sabores básicos).
- Tener visión normal que sea capaz de detectar los colores en forma coherente.
- Ser capaz de aprender denominaciones para percepciones (olores, sabores, aspectos, texturas).
- Ser capaz de definir los estímulos sensoriales y vincularlos a un producto.

Por lo tanto, la validación de la eficacia de la capacitación sensorial y de la coherencia de las evaluaciones sensoriales se realiza mediante un seguimiento continuo de las decisiones sensoriales adoptadas por el evaluador (CAC/GL, 1999). El número de jueces requerido para realizar una determinada prueba de análisis sensorial se decide con base en varios factores, entre los que se encuentran el objetivo de la prueba, el procedimiento a seguir y el entrenamiento que ello implica, la variabilidad del producto y la repetitividad y coherencia de los resultados de los jueces. Si el panel es pequeño, los resultados pueden ser excesivamente dependientes de los juicios particulares. Sin embargo, paneles sensibles, de tamaño pequeño y muy entrenados ofrecen una mayor capacidad de percepción y resultados más uniformes que los de mayor tamaño con un menor entrenamiento, y por consiguiente, menos sensibles a la prueba.

En general, cuanto mayor es la variabilidad intrínseca del producto, mayor debe ser el tamaño del panel requerido para conseguir un determinado resultado con significación estadística. Sin embargo, también es posible reclutar numerosos jueces y entrenarlos de forma que se obtengan diferencias mínimas estadísticamente significativas. El analista sensorial debe tener presente que es poco probable que tales diferencias tengan importancia práctica.

En las pruebas de diferencia, cuanto mayor sea el número de jueces mayor será la posibilidad de rechazo de la hipótesis nula. En dichas pruebas, además de considerar la posibilidad de fracaso para detectar una diferencia cuando realmente existe (negación falsa), es igualmente importante considerar la posibilidad de registrar diferencias cuando no existen (afirmación falsa).

En muchos casos se ofrecen dos valores para determinadas pruebas, uno para los "jueces" y otro, inferior, para los "jueces seleccionados", es decir, aquellos jueces con una sensibilidad y capacidad probadas que han superado una cierta selección específica en cuanto a precisión sensorial y, por tanto, muestran probablemente una mayor capacidad de diferenciación y coherencia. Para asegurar que, en el momento de realizar una prueba existen siempre jueces disponibles, se recomienda que el director del panel cuente con una reserva de jueces de 50% mayor como mínimo al número requerido.

Una vez seleccionados los jueces, éstos deben ser específicos y claros respecto a las sensaciones e intensidades para describir cada atributo (color, olor, sabor, *flavor*), discriminar claramente las muestras, no ser redundantes y tener habilidad descriptiva efectiva con un vocabulario amplio (Sánchez y Albarracín, 2010).

Para lo anterior, se han desarrollado vocabularios especializados para carnes cocinadas de pollo, cerdo y res siendo los atributos empleados olor, *flavor*, sabor y sabor residual (Tabla 3).

Tabla 3. Vocabulario específico según atributo y especie (Sánchez y Albarracín, 2010).

Especie	Olor	Flavor	Sabor	Sabor residual
Todas	cartón, linaza, sulfuroso, fresco, grasoso, nueces, pasto	carne cocinada, carne fresca, pescado, rancio.	umami, metálico, amargo, dulce, salado, ácido	astringente
Pollo	cartón, linaza, sulfuroso, tostado, cocinado	carne cocinada, rancio, aceitoso, apanado, tostado, nueces.	umami, metálico, amargo, dulce, salado, ácido	astringente
Res	caramelo, linaza, sulfuroso, fresco, tostado, cocinado	carne cocinada, metálico, a carne de pollo, láctico (yogurt), rancio, aceitoso, apanado, tostado.	umami, metálico, amargo, dulce, salado, ácido	láctico (yogurt), metálico.
Cerdo	cartón, linaza, sulfuroso, fresco	carne cocinada, pescado, rancio, aceitoso, apanado, nueces.	umami, metálico, amargo, dulce, salado, ácido	astringente

PRUEBAS EMPLEADAS EN EL ANÁLISIS SENSORIAL

La evaluación sensorial es una herramienta de importancia para establecer características físico químicas y de aceptación de los alimentos. Los criterios para la selección de estas pruebas van de la mano con el objetivo que se persigue en el proceso analítico. Éstas deben de responder o ajustarse al objetivo planteado. La clasificación más común y de mayor difusión agrupa a las pruebas en tres grupos: a) discriminatorias, b) descriptivas y c) aceptación o afectividad. También se han dividido en: a) pruebas analíticas, que incluyen a las pruebas descriptivas y las discriminatorias, y b) pruebas afectivas que se subdivide en hedónicas y de aceptación. Se presenta a continuación la primera clasificación por ser la más difundida y la que permite establecer los criterios de selección de una manera más simple y completa.

Pruebas discriminatorias

Son las que permiten encontrar diferencias significativas entre las muestras o entre muestras y algún patrón de referencia. Los datos obtenidos permiten cuantificar dicha diferencia. Se dividen en: pareada, triangular, dúo-trio, comparaciones apareadas, comparaciones múltiples, y de ordenación.

Prueba pareada

El objetivo de ésta es determinar cuál de las muestras de alimentos que se presentan al consumidor es la que se prefiere. En general, se evalúan dos muestras; es de utilidad para: a) definir el gusto del consumidor, b) para comparar un producto que ya está posicionado en el mercado contra uno nuevo, c) como apoyo para el departamento de control de calidad. Esta prueba puede ser del tipo uni o bilateral. En la primera se presentan muestras con diferencias, pero se quiere determinar si el juez o panelista logra identificarlas. En la segunda no se tiene la certeza de que haya diferencia entre las muestras o se puede considera que ambas son iguales. Se presenta a continuación la hoja de respuesta para una prueba pareada

HOJA DE RESPUESTA PARA UNA PRUEBA PAREADA

Nombre del evaluador ___________________   Fecha ____________

Producto a evaluar

____

Pregunta

____

Instrucciones:

____

Clave de la muestra_______ Indique si hay o no diferencia entre las muestras___________________

Clave de la muestra_______ Indique si hay o no diferencia entre las muestras ______________

¿Cuál prefiere? __________

Muchas gracias
____

La interpretación de los resultados se realiza relacionando el número de jueces que participaron en la prueba, el nivel de significancia establecido, y el número mínimo de respuestas correctas para que exista diferencia significativa entre las dos muestras, aplicando una tabla de significancia.

Prueba triangular

Se presentan al panelista tres muestras codificadas, de las cuales dos son iguales y una es diferente, y se solicita a éste que identifique la muestra diferente. Las muestras se colocan en la forma de un triángulo y se indica el orden a seguir para su evaluación. Para incrementar la reproducibilidad de los datos y reducir el sesgo o tendencia del juez se ha sugerido realizar esta prueba con seis combinaciones de las dos muestras, es decir, si se codifican las muestras como B y C, las combinaciones son: BCC, BBC, BCB, CBB, CCB, CBC. Por las características de esta prueba es conveniente realizarla con, al menos, seis evaluadores y en seis sesiones.

Esta prueba es adecuada para el área de control de calidad aplicable entre lotes, al cambiar algún ingrediente en la formulación de productos cárnicos o en la selección de jueces. Se presenta a continuación la hoja de respuesta para una prueba pareada triangular.

Para interpretar los resultados, se asignan valores numéricos a los grados de diferencia y se calcula el promedio que indica cuáles muestras se distinguieron más de la muestra control.

HOJA DE RESPUESTA PARA UNA PRUEBA TRIANGULAR

Fecha	Panelista
Producto	
Objetivo de la prueba	

Instrucciones. Pruebe las tres muestras presentadas tantas veces como desee, empezando por la muestra situada a su derecha. Cuando este seguro, señale cual es la diferente.

Referencia de la muestra:	Igual o diferente	¿Cuál prefiere?
Referencia de la muestra:	Igual o diferente	
Referencia de la muestra:	Igual o diferente	

Prueba dúo-trio

En esta prueba se presentan al evaluador tres muestras, de las cuales una está marcada con una R, que corresponde a la muestra de referencia, y las otras dos están codificadas. Se solicita que identifique cuál de las dos muestras es idéntica a la muestra R. Esta prueba es adecuada para evaluar un número reducido de muestras. Se presenta a continuación la hoja de respuesta para una prueba dúo-trío

HOJA DE RESPUESTA PARA UNA PRUEBA DÚO-TRÍO

Nombre del evaluador _________________________Fecha ___________

Producto a evaluar

____

Instrucciones: Frente a usted hay una muestra de referencia marcada con R, y dos muestras identificadas con claves. Una de las muestras es idéntica a R y la otra es diferente.

¿Cuál de las muestras marcadas es diferente a R? Márquela con una X.

      750   438

Comentarios:

____

Muchas gracias

____

En esta prueba se conoce previamente cuál es la respuesta correcta, por lo que se suman los aciertos y se establece la relacionan entre el número de jueces con la información de la tabla de significancia para pruebas de dos muestras, ya sea para una prueba de una o dos colas.

Comparaciones apareadas

Esta prueba se emplea para comparar varias muestras que se presentan en parejas, se determinándose la magnitud de las diferencias existentes entre ellas. Se presenta la hoja de respuesta para una prueba de comparaciones apareadas

HOJA DE RESPUESTA PARA UNA PRUEBA DE COMPARACIONES APAREADAS

Nombre del evaluador _________________ Fecha _______________

Producto a evaluar

Instrucciones: Pruebe las muestras y compárelas en cuanto a la
<u>(Variable a evaluar)</u>

Marque con una X donde corresponda

(   ) 385 es extremadamente más (variable) que 830

(   ) 385 es mucho más (variable) que 830

(   ) 385 es ligeramente más (variable) que 830

(   ) No hay diferencia

(   ) 830 es ligeramente más (variable) que 385

(   ) 830 es mucho más (variable) que 385

(   ) 830 es extremadamente más (variable) que 385

Comentarios:

____
Muchas gracias
____

La asignación de valores numéricos a los descriptores se realiza de la siguiente forma: valores positivos del 3 al 1 cuando se haya elegido el primer código como más intenso. Se asignan valores negativos del 1 al 3 cuando la propiedad que se mide sea más intensa en la segunda muestra. A la respuesta de indiferencia se le asigna el valor de 0 (cero), por lo que los números son: +3, +2, +1, 0, -1, -2, -3.

Prueba de comparaciones múltiples

Ésta se aplica cuando se tienen varias muestras a evaluar, se realiza una comparación simultánea contra una muestra estándar, referencia o patrón.

Es adecuada cuando se busca determinar las variaciones en una formulación, cuando se sustituye un ingrediente, al cambiar de empaque, y cuando hay modificaciones en las condiciones del proceso, entre otros.

Se indica cuál es la muestra referencia y se realiza la comparación. El manejo estadístico es a través de un análisis de varianza y el resultado se compara con un valor F de tablas al nivel de significancia que se haya establecido.

Para definir la diferencia significativa mínima se puede aplicar la prueba de Tukey y así determinar que muestra o muestras son diferentes.

HOJA DE RESPUESTA PARA UNA PRUEBA DE COMPARACIONES MÚLTIPLES

Nombre del evaluador _____________________ Fecha _______________

Producto a evaluar

____

Instrucciones: En el plato que se le ha entregado hay cinco muestras de salchicha y se busca comparar la textura de éstas. Pruebe cada una de las muestras y compárelas contra la muestra R e indique su respuesta, marcando con una X, de acuerdo con las oraciones que se presentan.

Muestra	159	963	593	742
Más dura que R	____	____	____	____
Igual que R	____	____	____	____
Menos dura que R	____	____	____	____
Indique cuál es la diferencia				
Nada	____	____	____	____
Ligera	____	____	____	____
Moderada	____	____	____	____
Mucha	____	____	____	____
Muchísima	____	____	____	____

Comentarios:

____

Muchas gracias

Prueba de ordenamiento

En este tipo de prueba se presentan a los jueces tres o más muestras, cada una con una característica diferente; se pide colocar en orden creciente o decreciente dicha propiedad. Es conveniente verificar que las indicaciones a seguir en la evaluación sean suficientemente claras para que se entendieron de forma correcta.

HOJA DE RESPUESTA PARA UNA PRUEBA DE ORDENAMIENTO

Nombre del evaluador _________________________ Fecha ___________
Producto a evaluar

____

Instrucciones: Se le han entregado cinco muestras de salchichas identificadas con claves. Pruébelas y acomódelas de menor a mayor intensidad de sabor ahumado. Después de probar cada muestra enjuague su boca con un poco de agua.

MENOR SABOR AHUMADO   ___________

                        ____

                        ____

                        ____

MAYOR SABOR AHUMADO   ___________
Comentarios:

____

Muchas gracias

____

Esta prueba tiene la característica de ser rápida y permite evaluar un número considerable de muestras. Los datos obtenidos sólo pueden compararse entre sí. El manejo estadístico de los resultados puede realizarse a través del uso directo de tablas de totales de intervalos o a través del análisis de varianza de datos transformados usando las tablas de Fisher y Yates.

Pruebas descriptivas

Estas permiten al evaluador describir, comparar y valorar las características de las muestras, tomando en consideración las categorías definidas previamente. El objetivo se centra en la definición y medición de las propiedades de los alimentos. Como se busca la objetividad, los jueces deben de recibir un entrenamiento programado y estandarizado.

Estas pruebas incluyen: pruebas de calificación con escalas no estructuradas; con escalas de intervalo; con escala estándar o proporcional con estima de magnitud; medición de atributos respecto al tiempo; y determinación de perfiles sensoriales o análisis descriptivos.

Calificación con escala no estructurada

Cuando se habla de una escala no estructurada, se hace referencia a que sólo se marcan los puntos extremos de ésta, es decir, un mínimo y un máximo sobre una línea recta. El juez debe marcar con una cruz o raya vertical la intensidad del atributo que se está evaluando en el alimento. Sin embargo, no hay necesidad de definir los atributos. Esta prueba es muy sencilla y confiable, siempre y cuando los jueces hayan recibido entrenamiento. Se ha sugerido utilizar escalas con una longitud entre 12 y 15 cm. Para la interpretación de resultados es necesario hacer la transformación de las lecturas (longitudes a partir del mínimo hasta donde el evaluador hizo la marca), dividiéndolas entre la longitud total de la escala y multiplicándola por un factor para obtener cifras fácilmente manejables.

Calificación con escalas de intervalos

Ésta es similar a la anterior pero incluye, además de los puntos extremos, uno o más puntos intermedios de tal forma se reduce la posible subjetividad del juez. En general puede contar de tres o más puntos. Como parte del formato se deben incluir instrucciones detalladas para cada uno de los rubros de la escala. El criterio para determinar el número de puntos para ésta depende de las variable a medir y la exactitud que se desea.

HOJA DE RESPUESTA PARA UNA PRUEBA DE CALIFICACIÓN CON ESCALA NO-ESTRUCTURADA

Nombre del evaluador _________________ Fecha _________________

Producto a evaluar ____

Instrucciones: Se le están entregando tres muestras de Jamón americano a las cuales se les va a evaluar el gusto SALADO empleando la escala que se indica. El mínimo corresponde a "nada de sal" (MN) y el máximo a "muchísima sal" como la referencia que se le está entregando (MAX). Valore la concentración de sal de cada muestra y marque con una cruz sobre la línea de la escala, en donde usted crea que corresponde para cada muestra y escriba encima de la raya la clave de la muestra respectiva.

	Muestras:	749	981	525

MIN

MAX

Comentarios:

Muchas gracias

El reto para quien diseña la prueba radica en encontrar la forma correcta y adecuada para definir los puntos intermedios. Por ejemplo, para medir dureza se pueden utilizar los siguientes descriptores (Anzaldúa-Morales y col., 1983):

Escala de tres puntos	Escala de cuatro puntos	Escala de seis puntos	Escala de nueve puntos
1 Ligeramente duro	1 Ligeramente duro	1 Ligeramente duro	1 Sumamente blando
2 Moderadamente duro	2 Moderadamente duro	2 Moderadamente duro	2 Muy blando
3 Muy duro	3 Bastante duro	3 Duro	3 Ligeramente firme
	4 Muy duro	4 Bastante duro	4 Moderadamente firme
		5 Muy duro	5 Muy firme
		6 Extremadamente duro	6 Moderadamente duro
			7 Bastante duro
			8 Muy duro
			9 Sumamente duro

Cuando se utiliza la escala con nueve puntos, la diferencia entre cada subgrupo es difícil de establecer, ya que la diferencia entre una muestra muy blanda o sumamente blanda queda a la consideración del juez. Por lo que esta puede ser una determinación subjetiva. Para estos casos es conveniente dar una capacitación a los jueces empleando muestras de referencia que les proporcione un patrón de comparación. En el caso de evaluación de color se puede hacer uso de escalas estandarizadas que presenten un abanico de color o tarjetas con pequeños cuadros de colores codificados para compararlos contra el producto a evaluar.

Prueba con escala estándar o proporcional con estima de magnitud

A diferencia de la prueba anterior, con ésta prueba se pide al juez que indique la intensidad del atributo, aunque no se incluyen las descripciones. Al aplicar este tipo de escalas no es necesaria la capacitación de los jueces, solamente se hace la comparación con muestras estandarizadas que representan la intensidad del atributo a evaluar. En algunas ocasiones las muestras se presentan en charolas giratorias donde se colocan las muestras referencia en la orilla y en el centro se ubican las muestras a evaluar. Se solicita a los jueces probar o tocar las muestras de referencia para ir asociando las características físicas con los descriptores asignados.

Las escalas varían entre países, así como los alimentos que sirven de referencia. Esta prueba utiliza para medir textura, sabor y olor. Anzaldúa-Morales y col. (1994) han propuesto una serie de alimentos autóctonos de México para estructurar escalas estandarizadas para diversos atributos, por ejemplo para masticabilidad, fracturabilidad, dureza, desmoronamiento, etcétera.

Medición de atributos respecto al tiempo

Son diversas las propiedades sensoriales cuya percepción depende del tiempo, por ejemplo, el olor. Este fenómeno se presenta con ciertos atributos que se detonan después de haber consumido el alimento, y se conoce como percepción retardada, medido a través de esta prueba. Otra característica que se incluye en este grupo de mediciones es la persistencia de la sensación o regusto del alimento. Este tipo de pruebas se ha aplicado principalmente para sabor, olor y aroma.

Determinación de perfiles sensoriales o análisis descriptivo

Es una prueba más compleja que las que se han descrito, y permite describir las diferentes percepciones sensoriales con una serie de términos o descriptores colocados en una escala medible. Las palabras a utilizar en la descripción de un perfil pueden establecerse a través del consenso de jueces expertos o puede utilizarse un vocabulario libre; la primera opciones la más utilizada. Esta actividad se realiza en las primeras sesiones tomando en consideración el tipo de muestra y los atributos a evaluar. Ya con los descriptores definidos, se procede a la capacitación de los jueces utilizando alimentos o productos que puedan servir de estándares de referencia para establecer el enlace entre el descriptor y lo que significa sensorialmente. Cuando se ha logrado esta capacitación, el responsable de la evaluación sensorial deberá diseñar la hoja de evaluación o plantilla adecuada de forma que contenga los descriptores a evaluar y la escala que genere la magnitud de esta característica. Ya lista la propuesta, se aplica con los jueces para dar validez al formato que se propone. Se pueden utilizar escalas estructuradas y no estructuradas y los descriptores se pueden ordenar de acuerdo al procedimiento de degustación, es decir, primero lo visual, luego lo olfativo y por último el gusto. Para que el análisis descriptivo sea exitoso, es necesario que los jueces reciban un buen entrenamiento con los estándares de referencia que permitan desarrollar o aplicar una terminología adecuada e intervalos de intensidad para cada variable a estudiar (Rainey, 1986). El manejo estadístico de los datos obtenidos se puede realizar por análisis de varianza, estableciendo las interacciones entre muestras y evaluadores (Noble, 1993b).

Los resultados se pueden presentar en forma de histograma de las medias acompañadas de los intervalos de confianza, o en la forma de un gráfico de radar o araña, que es el más utilizado ya que da una visión rápida de los descriptores y sus relaciones. Esta prueba se emplea para el desarrollo de nuevos productos, cuando hay una reformulación o un cambio de ingredientes, en control de calidad o al determinar la vida útil de éstos.

Perfil de sabor

Se utiliza para detectar los cambios en el sabor de algún producto. Se requiere de ocho a diez jueces capacitados. El procedimiento a seguir es el siguiente:

1. Diseño del formato u hoja de evaluación con los descriptores adecuados para sabor, asociados a una escala numérica que indique el nivel en el que está presente dicha característica. La escala de intensidad puede ser:
   0. ausencia total
   1. casi imperceptible
   2. ligeramente perceptible
   3. semiperceptible
   4. altamente perceptible
   5. extremadamente perceptible.

2. Aplicación de una prueba descriptiva para el umbral de percepción del sabor, utilizando muestras de referencia para confirmar la selección adecuada de los descriptores. Las instrucciones a seguir durante la

evaluación deben ser claras y concisas, y se solicita que se lleven a cabo al pie de la letra. Esta actividad se puede realizar de forma individual para tener la certeza de que se cumple el objetivo y complementar con otra prueba similar con todo el grupo de jueces. Esta actividad se deberá repetir hasta tener la certeza de que la capacitación ha sido un éxito, por lo que se puede intuir que los datos que se obtendrán posteriormente serán reproducibles. No hay que olvidar que para este tipo de prueba se requiere de una muestra estándar.

3. Habiendo verificado la estandarización en conocimientos, aplicaciones y descripciones generados por los jueces, se procede con la aplicación del perfil de sabor de la muestra a través de un formato u hoja de evaluación con los descriptores establecidos y asociados a la escala seleccionada.

4. Los datos obtenidos por atributo se comparan entre muestra estandarizada y muestra a evaluar. Es conveniente realizar un gráfico que permita visualizar de manera clara los resultados obtenidos.

Por ejemplo, para definir el sabor de carne de diversas especies, como pollo, res o cerdo, los descriptores empleados son: umami, metálico, amargo, dulce, salado y ácido. Para el sabor residual pueden emplearse los términos astringente, láctico, metálico.

HOJA DE RESPUESTA PARA UNA PRUEBA DE PERFIL DE SABOR

Prueba Perfil de Sabor

Nombre del evaluador_________________ Fecha:_______________

Producto a evaluar: ____

Instrucciones: Se le está entregando una muestra de Salami a la cual se va a evaluar el perfil de sabor empleando los descriptores que se enlistan. Para que usted establezca la intensidad de cada característica, se le pide marcar con X en la escala que se presenta.

Descriptores	Ausente	Ligero	Moderado	Intenso	Extremadamente intenso
Umami					
Metálico					
Amargo					
Dulce					
Salado					
Ácido					
Astringente					

Comentarios:

____

Muchas gracias

____

Perfil de Textura

El término textura, en la evaluación sensorial, se puede definir como la propiedad sensorial de los alimentos que es detectada por los sentidos del tacto, la vista y el oído, y que se manifiesta cuando el alimento sufre deformaciones. Se miden los atributos, características o propiedades de la textura del alimento.

Esta prueba se emplea en el desarrollo, mejoramiento o reformulación de productos, control de calidad y determinación de la vida útil, principalmente. Brandt (1963) estableció los patrones para evaluar cada una de las características de la textura de los alimentos.

La terneza, firmeza, dureza, cohesividad, jugosidad y masticabilidad son atributos de la palatabilidad y están vinculados con el esfuerzo o la fuerza que se ejerce al morder la muestra. En general los descriptores van de lo suave a lo duro en una escala que permita determinar esa intensidad (Sánchez y Albarracín, 2010).

HOJA DE RESPUESTA PARA UNA PRUEBA DE PERFIL DE TEXTURA

Prueba Perfil de Textura

Nombre del evaluador_______________   Fecha:________________

Producto a evaluar: ____

Instrucciones: Se le está entregando una muestra de Salchicha tipo asador a la cual se va a evaluar el perfil de textura empleando las propiedades que se enlistan. Para que usted establezca la intensidad de cada propiedad, se le pide marcar con X en la escala que se presenta.

Propiedad	Ninguno	Suave	Moderado	Fuerte	Duro
Cohesividad					
Jugosidad					
Masticabilidad					
Terneza					
Dureza					

Comentarios:

____

Muchas gracias.

Análisis cuantitativo

Esta prueba tiene como objetivo evaluar varios atributos sensoriales de un alimento (sabor, textura y apariencia), por lo que se combinan una escala de categorías y una prueba de perfiles. El procedimiento a seguir es igual a lo antes descrito para los perfiles de sabor y textura. Se da inicio con la definición de atributos a evaluar, se selecciona el alimento referencia y después se aplica la evaluación del producto. Cada juez debe asignar un valor a la intensidad percibida.

Pruebas de aceptación o afectividad

Las muestras son clasificadas en relación con la preferencia o nivel de satisfacción del juez. Se requiere de la participación de, al menos, 30 jueces no entrenados, consumidores o compradores del tipo de alimento o producto que se está evaluando. Este grupo de pruebas comprende las de preferencia, y pruebas de medición del grado de satisfacción y aceptación

Prueba de preferencia

El objetivo de la prueba es que el juez indique cual de dos muestras que está evaluando es la que prefiere. Las instrucciones deben ser muy claras indicando el orden que se debe seguir para probar u oler las muestras; se puede solicitar también el motivo por el cual seleccionó determinada muestra. El manejo de los resultados consiste en definir el nivel de significancia, integrar los datos obtenidos de las hojas de respuesta para determinar el número de preferencias por muestra, y comparar los datos obtenidos en la prueba contra lo que indican las tablas de significancia (una o dos colas) para pruebas de dos muestras.

De acuerdo con el número de juicios coincidentes se establece si hay una preferencia o si ambas muestras son aceptadas o rechazadas por igual. Este tipo de prueba es fácil de organizar, no genera fatiga en el evaluador, se realiza en poco tiempo, no hay necesidad de repeticiones y su análisis estadístico es sencillo.

Sin embargo, se obtiene poca información, hay alta probabilidad de error y hay posibilidad de que el juez no indique el porqué de su preferencia. Sin embargo, es de utilidad para el área de desarrollo de alimentos, cuando se realiza una reformulación, control de calidad de los productos o cuando se quiere comparar con muestras de la competencia.

HOJA DE RESPUESTA PARA PRUEBA DE PREFERENCIA

Nombre del evaluador _______________________   Fecha ___________

Producto a evaluar

Instrucciones: Frente a usted hay dos muestras. Primero pruebe la muestra marcada con el número <u>370</u> y después la muestra <u>925</u>.

INDIQUE CUÁL DE LAS DOS MUESTRAS PREFIERE USTED.

Prefiero la

muestra_______________________

¿Por qué la eligió?

Comentarios:

Muchas gracias

Pruebas de medición del grado de satisfacción y aceptación

En éstas se busca medir el nivel de preferencia del juez, por lo que se considera subjetiva. Sin embargo, para incrementar la objetividad se solicita que indique qué tanto "gusto o disgusto" causa el producto. En éstas pruebas se utilizan frases sencillas que corresponden a las escalas hedónicas verbales de 3, 5, 7 y 9 puntos o su presentación gráfica. En la escala hedónica verbal se utilizan frases relacionadas con el nivel de agrado en número impar, donde el punto central corresponde a la indiferencia (ni me gusta ni me disgusta). Para el manejo de la información se procede a asignar un valor numérico a cada una de las frases de tal forma que la frase de indiferencia recibe el valor de cero, mientras que las de "me gusta" tiene valores positivos y las de "me disgusta" son negativos. Al final de la prueba se concentran los resultados sumando los valores conforme la respuesta del consumidor y el número final es el que se usa para el análisis estadístico. La escala hedónica gráfica es también conocida como escala de "caritas" (carne frita de cerdo), donde se colocan imágenes o dibujos que se asocian con las frases convencionales ya mencionadas en la escala verbal. Esta prueba es ideal para jueces de corta edad, personas que no saben leer, o para ejemplificar los conceptos cuando no han quedado claros. La ventaja de esta prueba es que es simple y aplicable a la población consumidora, no es necesario capacitar a los jueces, los datos obtenidos se pueden manejar estadísticamente de forma sencilla e indica los niveles de preferencia. No es conveniente utilizar este tipo de pruebas en el control de calidad debido a que, para dar validez estadística se requiere de un alto número de evaluadores organizados en varias sesiones, por lo que las condiciones de prueba pueden variar y, por consiguiente, afectar estos resultados. El manejo estadístico de las escalas hedónicas, gráficas o verbales, puede realizarse a través de una prueba *t de student*, la prueba F, análisis de varianza o análisis de regresión.

HOJA DE EVALUACION PARA UNA ESCALA HEDONICA

Nombre del evaluador________________ Fecha:__________________

Producto a evaluar: ____

Instrucciones: Se presentan tres muestras para que las pruebe y valore que tanto le agradan o desagradan. Consuma la porción completa antes de tomar una decisión sobre el alimento, posteriormente seleccione el nivel de agrado. Enjuague su boca con agua y espere al menos dos minutos para proceder a probar la siguiente muestra.

Repita las indicaciones descritas para la tercera muestra. Utilice las escalas que se presentan para marcar el nivel de aceptación. Escriba el número o código de cada muestra y marque el punto de la escala que mejor describa su percepción de la muestra.

Los comentarios al respecto serán bien recibidos. No olvide que usted es un juez que puede indicar si la muestra le agrada o no. Una respuesta honesta de su parte nos ayudará a tomar decisiones sobre el producto.

Código:	Código:	Código:
Me gusta muchísimo	Me gusta muchísimo	Me gusta muchísimo
Me gusta mucho	Me gusta mucho	Me gusta mucho
Me gusta moderadamente	Me gusta moderadamente	Me gusta moderadamente
Me gusta poco	Me gusta poco	Me gusta poco
Ni me gusta ni	Ni me gusta ni	Ni me gusta ni me

me disgusta	me disgusta	disgusta
Me disgusta poco	Me disgusta poco	Me disgusta poco
Me disgusta moderadamente	Me disgusta moderadamente	Me disgusta moderadamente
Me disgusta mucho	Me disgusta mucho	Me disgusta mucho
Me disgusta muchísimo	Me disgusta muchísimo	Me disgusta muchísimo

Comentarios:

Muchas gracias.

CONCLUSIONES

Es de suma importancia para la evaluación sensorial, la respuesta del consumidor y el valor de la calidad de la carne y productos derivados de ésta, por lo que por mucho tiempo se ha utilizado como herramienta los sentidos humanos en programas de control de calidad. Es importante que la industria cárnica, así como laboratorios de control de calidad, cuenten con grupos de evaluadores entrenados y capacitados para llevar a cabo este tipo de análisis que sabrán evaluar tanto muestras homogéneas como heterogéneas, utilizar el diseño experimental apropiado para reducir en lo posible errores en la interpretación de resultados y por ende tener una información válida y reproducible.

BIBLIOGRAFÍA

Amerine, M.A., Pangborn, R.M., Roessler, E.B. 1965. Principles of Sensory Evaluation of Food. Academic Press. Nueva York.

American Meat Science Association (AMSA). 2015. Research Guidelines for Cookery, Sensory Evaluation and Instrumental Tenderness Measurements of Meat. American Meat Science Association. Champaign, Illinois.

Anzaldúa-Morales, A. 1994. La Evaluación Sensorial de los Alimentos en la Teoría y la Práctica. Acribia, Zaragoza. www.depa.fquim.unam.mx.

Barton-Gade, P.A. 1980. The measurement of meat quality in the pigs post-mortem. Symposium of Porcine Stress and Meat Quality. Refsnes Gods, Jeloey, Noruega. Agricultural Food Research Society, Noruega.

Coerduza, F., Grigioni G.M., Irurueta, M. 2017. Evaluación Organoléptica de Calidad de la Carne. Instituto de Promoción de la Carne Vacuna. Buenos Aires, Argentina. www.ipcva.com.ar.

Coerduza, F., Grigioni, G.M. Irurueta, M. 2004. Evaluación Organoléptica de Calidad de la Carne. Instituto de Promoción de la Carne Vacuna (IPCV). Buenos Aires, Argentina. www.ipcva.com.ar.

Costell, E. El Análisis Sensorial en el Control y Aseguramiento de la Calidad de los Alimentos: una Posibilidad Real.

Instituto de Investigaciones Abrobiológicas (AGROCSIC). Santiago de Compostela, España.

Damásio, M.H. 1999. Temas de Tecnología de Alimentos. Dirección de Publicaciones y Materiales Educativos, Instituto Politécnico Nacional, Ciudad de México.

Harrinson, A.R., Smith, M.E., Allen, D.M., Hunt, M.C., Kastner, C.L., Kropf, D.H. 1978. Nutritional regime effects on quality and yield characteristics of beef. Journal of Animal Science 54, 790-796.

Hernández, A.E. 2005. Evaluación Sensorial. Facultad de Ciencias Básicas e Ingeniería, Universidad Nacional Abierta y a Distancia. Bogotá, Colombia.

Hill, F. 1966. The solubility of intramuscular collagen in meat animals of various ages. Journal of Food Science 31, 161-166.

Institute of Food Technologists (IFT). 1981. Sensory evaluation guide for testing food and beverage products, and guidelines for the preparation and review of papers reporting sensory evaluation data. Food Technology 35(11), 50-73.

Lawless, H., Haymann, H. 2010. Sensory Evaluation of Food. Principles and Practices. Discrimination testing. Springer Food Science Texts Series. Nueva York.

Liria, D.M.R. 2007. Guía para la Evaluación Sensorial de Alimentos. Proyecto AgroSalud (CIDA 7034161). Lima, Perú. www.es.scribd.com.

MacDougall, D.B., Rhodes, D.N. 1972. Characteristics of the appearance of meat. III. Studies on the color of meat from young bulls. Journal of the Science of Food and Agriculture 23, 637-647.

Marsh, B.B. 1977. The basis of tenderness in muscle foods. Journal of Food Science 42, 295-305.

Miller, R.K. 1994. Quality characteristics. En: Muscle Foods. Meat Poultry and Seafood Technology. Kinsman, D.M., Kotula, A.W., Breidenstein, B.C. (eds.). Chapman and Hall. Nueva York.

Nute, G.R. 1999. Evaluación sensorial de la calidad de la carne de aves. En: Ciencia de la Carne de Ave. Richardson, R.I., Mead, G.C. (eds.). Editorial Acribia, Zaragoza, España.

Multon, J.L. 1988. Aditivos Auxiliares de Fabricación de la Industria Agroalimentaria. Editorial Acribia, Zaragoza, España.

Pedrero, D.L., Pangborn, R.M. 1997. Evaluación de los Alimentos: Métodos Analíticos. Editorial Alhambra Mexicana, Ciudad de México.

Rainey, B.A. 1986. Importance of reference standards in training panelist. Journal of Sensory Studies 1, 149-154.

Riley, R.R., Savell, J.W., Smith, G.C., Shelton, M. 1980. Quality, appearance and tenderness of electrically stimulated lamb. Journal of Food Science 45, 119-121.

Sánchez, I.C., Albarracín, W. 2010. Análisis sensorial en carne. Revista Colombiana de Ciencias Pecuarias 23, 227-239.

Sancho, V.J., Bota, E., de Castro, J.J. 1999. Introducción al Análisis Sensorial de los Alimentos. Universidad de Barcelona. Barcelona, España.

Sancho, J., Bota, E., de Castro, J.J. 2002. Introducción al Análisis Sensorial de los Alimentos. Alfaomega Grupo Editor. Ciudad de México.

Sañudo, C. 1992. La calidad organoléptica de la carne con especial referencia a la especie ovina: factores que la determinan, métodos de medida y causas de variación. Curso Internacional de Producción Ovina. SIA, Zaragoza, España.

Strange, E.D., Benedict, R.C., Gugger, R.E., Metzger, V.G., Swift, C.E. 1974. Simplified methodology for measuring meat color. Journal of Food Science 39, 988-992.

Watts, B.M., Ylimaki, G.L., Jeffrey, L.E., Elias, L.G. 1992. Métodos Sensoriales Básicos para la Evaluación de Alimentos. International Development Research Centre (IDRC-CIID). Ottawa, Canadá.

Witting de Penna, E. 2001. Evaluación Sensorial. Una Metodología Actual para la Tecnología de Alimentos. Biblioteca Digital de la Universidad de Chile. www.mazinger.sisib.uchile.cl/repositorio/lb/ciencias_quimicas_y_farmaceuticas/wittinge01/index.html.

Young, O.A., Braggins, T.J. 1993. Tenderness of ovine Semimembranosus: Is collagen concentration or solubility the critical factor? Meat Science 35, 213-222.

SEGUNDA PARTE

PROCESAMIENTO

CAPÍTULO 8
APLICACIÓN DE CALOR

Isabel Guerrero Legarreta [1] y Marcelo Raúl Rosmini Garma [2]

[1] Departamento de Biotecnología, Universidad Autónoma Metropolitana, Unidad Iztapalapa, Ciudad de México; [2] Departamento de Salud Pública Veterinaria. Facultad de Ciencias Veterinarias. Universidad Nacional del Litoral. Esperanza, Provincia de Santa Fe, Argentina. Autora para correspondencia: Isabel Guerrero Legarreta: isabel_guerrero_legarreta@yahoo.com

INTRODUCCIÓN

La conservación de alimentos por calor es aún el método más económico y eficiente. El objetivo principal del tratamiento térmico es asegurar la destrucción de los microorganismos presentes y la inactivación de las enzimas con el fin de evitar reacciones de deterioro y proliferación de patógenos y microorganismos de descomposición. Dependiendo de la vida de anaquel que se espera del alimento será la severidad del tratamiento; en la cocción hay una eliminación parcial de microorganismos de descomposición e inactivación de enzimas deteriorantes, pero es necesario un método adicional de conservación; en el enlatado se eliminan todos los microorganismos y sus esporas que puedan proliferar durante el almacenamiento y/o producir toxinas, especialmente *Clostridium botulinum* así como la eliminación o inhibición de microorganismos que causen descomposición. El tratamiento térmico que elimina a ambos tipos de microorganismos da como resultado conservas estables y duraderas, sin la necesidad de aplicar condiciones especiales de almacenamiento. Paralelamente, el tratamiento térmico afecta a las características sensoriales y nutricionales alimento.

PROCESOS TÉRMICOS EN ALIMENTOS

Los principios generales que gobiernan a la transferencia de calor y la respuesta de los materiales a la energía calórica se puede aplicar a todos los procesos térmicos, sin embargo cada tipo de procesamiento tiene un objetivo especifico. La severidad de los tratamientos térmicos varía de acuerdo a estos objetivos.

Cocción

El objetivo primario de la cocción es producir alimentos de mejor calidad sensorial. El término "cocción" es muy amplio, e incluye al menos cinco formas de calentamiento: horneado, asado, rostizado, freído, hervido y vaporizado; el método de aplicación del calor depende del tipo de cocción. El horneado, asado y rostizado emplean calor seco y temperaturas altas (más de 100ºC), mientras que el hervido y el vaporizado se llevan a cabo empleando agua en ebullición o vapor. El freído incluye el uso de aceite hirviendo y temperaturas mayores a 200ºC.

La cocción puede considerarse como una forma de conservación en vista que los alimentos cocidos son más durables que los crudos, siempre y cuando se minimice la recontaminación durante el almacenamiento. Para extender la vida útil por cocción deben de ocurrir dos cambios: destrucción o reducción de microorganismos, e inactivación de enzimas responsables del deterioro. Sin embargo otros cambios benéficos también ocurren: la destrucción parcial de toxinas presentes naturalmente en el alimento o debidas al metabolismo microbiano; y la alteración del color, sabor y textura mejorando la digestibilidad de los componentes del alimento.

Escalde

El escalde es un tratamiento aplicado a los tejidos antes del congelamiento, secado o enlatado. Los objetivos de este proceso dependen del que le siga; si se aplica antes del congelado o deshidratado se hace principalmente para inactivar enzimas. Los alimentos no escaldados congelados o secados sufren cambios rápidos en propiedades como color, sabor y valor nutricional, como consecuencia de la actividad enzimática. En carnes, el escalde antes del enlatado elimina gases en el tejido, aumenta la temperatura y limpia; esta eliminación de gases favorece la formación de vacío durante el enlatado o empacado al vacío.

Pasteurización

Aunque es un proceso comúnmente aplicado a materiales fluidos, también se aplica a sólidos. La relación tiempo-temperatura aplicada depende de la resistencia térmica del material y de su sensibilidad al calor. El método de alta temperatura y tiempo corto (HTST), empleado en fluidos, involucra temperaturas altas (71°C) y tiempos cortos (15 segundos para leche), mientras que el método de temperaturas bajas y tiempos largos incluye tratamientos de 62°C por 30 min. En sólidos como embutidos, la pasteurización consiste en calentamiento del producto para alcanzar temperaturas cercanas a los 60°C en el centro del producto. Es aplicada para reducir la población microbiana, o para detener procesos de fermentación láctica en embutidos conservados por este método, una vez que se ha llegado a una concentración de ácido predeterminada. La duración de la pasteurización depende del diámetro del embutido, a mayor diámetro mayor tiempo de penetración del calor.

Este método destruye parte, aunque no todas, las células vegetativas presentes, en consecuencia se usa en alimentos que posteriormente se sujeten a otros medios de conservación que minimicen el crecimiento de los microorganismos que no fueron destruidos. En la mayor parte de los casos, el objetivo de la pasteurización es matar microorganismos patógenos, pero algunas células vegetativas de microorganismos de descomposición pueden sobrevivir. Los métodos empleados en conjunción a la pasteurización son: refrigeración; uso de aditivos químicos, como los nitritos; empaque al vacío, o fermentación.

Esterilización

Un producto estéril es aquel en el que no se encuentra ningún microorganismo viable. El término "esterilización" no es el adecuado cuando se habla de procesamiento térmico de alimentos, debido a que el criterio de esterilidad en estos casos es la inhibición del crecimiento, en condiciones normales de almacenamiento, de células vegetativas y esporas. En alimentos, por tanto, hay una "esterilizada comercial", son "bacteriológicamente inactivos" o son "parcialmente estériles".

MECANISMOS DE TRANSFERENCIA DE CALOR

El procesamiento térmico es básicamente una operación en la que el calor fluye de un cuerpo caliente –el medio de calentamiento– a un cuerpo frío –el alimento–. Como es un proceso dinámico, el flujo de calor es proporcional a la fuerza que lo ocasiona e inverso a la resistencia al flujo; está regido por uno de los siguientes mecanismos de transferencia: conducción, convección y radiación.

Conducción

El calor se trasmite dentro de un cuerpo debido a las vibraciones de moléculas adyacentes siguiendo la ley de Fourier:

$$q = k \, (A\Delta T/ L)$$

donde:

A – Área

ΔT – diferencia de temperaturas

L – espesor del material

k – conductividad térmica del material

Ocurre en sólidos, como trozos sólido en alimentos enlatados o en pastas que gelifican dentro de la lata, como las pastas cárnicas enlatadas.

Convección

Se lleva a cabo en fluidos, se debe al movimiento de densidades diferentes al calentar o enfriar, siguiendo la ley de Newton:

$$q = h \, A \, \Delta T$$

donde:

A - área

ΔT - diferencia de temperatura

h - depende de las propiedades de flujo, tipo de superficie y velocidad de flujo del medio de calentamiento

Por ejemplo, h para los siguientes medios de calentamiento (en kcal /h m^2 °K) (Karel y col., 1975):

gases (natural):   h = 2.5 a 25
agua (forzada):   h = 500 a 5000
vapor en condensación: h = 5000 a 15000

En el enlatado de alimentos como sopas, salsas y salmueras, el calentamiento se lleva a cabo por este proceso, el flujo térmico va del medio de calentamiento –agua o vapor– a través de una barrera –la lata– a un fluido frío dentro de la lata. La propagación de calor es más rápida si se aplica una fuerza externa, como la agitación, reduciendo la diferencia de temperatura a un mínimo.

En algunos productos el mecanismo de transferencia de calor cambia de convección a conducción durante el calentamiento debido al cambio en sus propiedades de flujo. Tal es el caso de los alimentos que tienen una concentración alta de almidón que gelatiniza dentro de la lata, o las emulsiones cárnicas cocidas que forman un gel al calentarse dentro de la lata como las pastas cárnicas enlatadas, lo que cambia la velocidad de calentamiento.

Radiación

En este mecanismo el calor se transmite por ondas electromagnéticas emitidas por un cuerpo y absorbidas por otro. La región del infrarrojo (λ = 0.8 a 400 μm) se usa como medio de calentamiento la energía radiante que se absorbe fácilmente transformándose en calor. Este mecanismo se aplica poco en procesamiento de alimentos, pero sí en preparación de los mismos antes del consumo.

TRANSFERENCIA SIMULTÁNEA DE MASA Y CALOR

El procesamiento térmico que con más frecuencia se lleva a cabo en productos cárnicos es la cocción en hornos. Es el caso de los embutidos en fundas permeables a la humedad, en los cuales se transfiere calor del aire al producto y la humedad del producto al aire, involucrando transferencia de calor y de masa: de calor del medio al embutido y dentro de éste; de masa dentro del embutido y entre el embutido y el medio, en forma de difusión de agua y nutrientes.

Debido a que la fuerza directriz del flujo de calor depende de la diferencia de temperaturas, entre mayor sea esta diferencia será mayor el flujo. La diferencia de temperaturas entre la superficie y el centro de un embutido determina la velocidad de calentamiento. De los tres mecanismos de transferencia de calor, la convección y la conducción son los dos que dominan en un horno; ya que la conducción de calor se efectúa por contacto directo de partícula a partícula, este es el mecanismo dominante en el interior del producto a partir de la superficie en estado transiente, es decir, la temperatura en cualquier punto del producto cambia con el tiempo.

A diferencia de lo que ocurre en el interior del producto, del medio de calentamiento –aire o vapor– hacia la superficie del producto hay un mecanismo de convección si están presentes gradientes de temperatura, produciéndose una convección libre debida a los gradientes de densidad como resultado de la variación de temperatura; el calentamiento es más eficiente en una convección forzada, lograda al emplear algún medio para mover el fluido, como un ventilador.

Si el coeficiente de transferencia a la superficie del producto es muy pequeño, como en el caso de convección libre en aire (2.5 a 25 kcal /h m^2 ^{o}K), el factor limitante es la convección del medio de calentamiento a la superficie del producto. En el caso que el coeficiente de convección sea muy alto como en el calentamiento con vapor en condensación (5000 a 15000 kcal /h m^2 ^{o}K) el factor limitante es la velocidad de conducción dentro del producto.

DESTRUCCIÓN TÉRMICA

Destrucción térmica de microorganismos

La inactivación de microorganismos se calcula con base a la extensión de la vida útil esperada del alimento. Los criterios de destrucción térmica de microorganismos son los siguientes:

a.　Todas células y esporas microbianas capaces de crecer y producir toxinas deben ser eliminadas. Se toma como base, desde el punto de vista sanitario, a *C. botulinum*, el microorganismo más peligroso desde el punto de vista de sanidad alimentaria que, además, produce una toxina medianamente termoestable.

b.　Los microorganismos de descomposición deben de reducirse a un límite que asegure la calidad del alimento en un tiempo determinado. Desde el punto de vista comercial, un alimento es estéril si está libre de *Bacillus stearothermophilus* o *Clostridium perfringens*.

Los esporulados termófilos solo se consideran importantes si el alimento se va a almacenar a temperaturas altas, como es el caso de alimentos producidos para zonas tropicales sin facilidades de refrigeración. El tratamiento térmico que elimina *C. botulinum* y *Clostridium sporogenes* da como resultado un alimento termoestable de larga duración, sin necesidad de otro medio de conservación. Al aplicar calor húmedo a temperaturas ligeramente superiores a las temperaturas máximas de crecimiento, las células vegetativas se destruyen pero las esporas pueden sobrevivir a temperaturas mayores. Por tal motivo, los cálculos de procesos de esterilización se llevan a cabo considerando la supervivencia de esporas. La destrucción de células vegetativas o esporas sigue una relación del tipo:

$$-\frac{dc}{dt} = kc$$

esto es, la concentración de células (dc) disminuye con el tiempo (dt) (como disminuye, el signo negativo) en una proporción directa a la concentración de células viables (c). Esta destrucción es logarítmica, diminuye un ciclo logarítmico (por ejemplo: 10^3 a 10^2) al aumentar linealmente el tiempo. Este cálculo tiene la ventaja de poder comparar las velocidades de muerte entre poblaciones microbiana diferentes, debido a que todos los microorganismos siguen el mismo patrón logarítmico de destrucción.

Destrucción térmica de enzimas

Otro de los objetivos del procesamiento térmico es la inactivación de enzimas, la cual depende de los mismos factores que afectan a la velocidad de inactivación de los microorganismos en vista de que la destrucción de estos se debe a la destrucción de al menos una enzima participante en alguna ruta metabólica microbiana. La estructura proteica se desnaturaliza por efecto del calor alterando las estructuras secundaria y terciaria, y por tanto desordenando a la cadena polipeptídica. Sin embargo algunas isoenzimas, como las peroxidasas, son termoresistentes y pueden causar deterioro en el sabor u olor. En el cálculo de procesos térmicos basados en la inactivación de enzimas se toma como base la enzima más resistente.

Destrucción térmica de nutrientes

A diferencia de la destrucción de microorganismos y enzimas, en los procesos térmicos se desea un mínimo de destrucción de nutrientes, más aún en vista de que los mismos factores que aceleran o inhiben la destrucción de microorganismos también afectan a la destrucción de los nutrientes. Sin embargo, en algunos casos el aumento de temperatura incrementa la inhibición o destrucción de microorganismos pero no se refleja en una mayor destrucción de los nutrientes; este hecho ha permitido el desarrollo de productos a altas temperaturas y tiempos cortos de proceso (HTST) en los cuales se alcanzan temperaturas que destruyen poblaciones microbianas sin alterar considerablemente a las propiedades sensoriales y nutricionales.

PENETRACIÓN DE CALOR EN CARNES

La penetración de calor en alimentos depende de varios factores como la composición y características fisicoquímicas; las condiciones de almacenamiento subsecuentes al procesamiento térmico; las características de transferencia de calor del contenedor; y el medio de calentamiento. Sin embargo, son las propiedades térmicas de un alimento - conductividad térmica y calor específico- así como las propiedades físicas -densidad y geometría- las que establecen la distribución del calor dentro del producto.

La conductividad térmica se mide por la velocidad de flujo térmico a través de un producto y depende en gran parte de la composición de alimento. Los carbohidratos, grasas y proteínas protegen a los microorganismos contra la destrucción térmica debido a sus bajos coeficientes de trasferencia de calor. La conductividad en promedio en carnes es de 1.89 kJ/h m °K (Stiebing, 1992), valor muy bajo comparado con la conductividad de acero inoxidable de 59.47 kJ/h m °K (Green y Maloney, 1997). Debido a la estructura fascícular del músculo estriado, la conductividad en carnes depende de la dirección del flujo calórico: perpendicular a la fibra muscular es de 1.72 kJ/h m °K, a 78% de humedad y 0°C, mientras que a las mismas condiciones en un flujo paralelo a las fibras la conductividad es de 1.76 kJ/h m °K (Pérez y Calvelo, 1984).

La penetración de calor dentro de un contenedor, como salchichas enlatadas o emulsiones cárnicas dentro de una funda, depende del mecanismo de transferencia dentro del alimento. Los alimentos poco viscosos o con partículas pequeñas, como sopas con tozos de carne, tienen mayor penetración de calor debido a que el mecanismo de penetración es por convección. En productos enlatados el mecanismo de convección puede acelerarse si las latas se rotan o agitan, principio que se usa en autoclaves continuas. Los alimentos muy viscosos o sólidos se calientan por conducción el cual es más lento, ejemplo de estos alimentos son los tejidos intactos, como carnes o pescado enlatados.

En una emulsión cárnica, como las salchichas y otros productos finamente picados, la conductividad térmica aumenta con la temperatura de proceso y el contenido de humedad. Durante el calentamiento las propiedades térmicas se alteran debido a que la grasa se funde, las proteínas se desnaturalizan y el agua se evapora. Ya que la emulsión cárnica gelifica, el mecanismo de transferencia cambia de convección a conducción durante el calentamiento; en vista de que la convección es mucho más rápida que la conducción, estos productos tienen un cambio en la velocidad de calentamiento (Valiente, 1997).

EFECTO DE LA ACTIVIDAD DE AGUA, ACIDEZ Y PRESENCIA DE OXÍGENO

Debido a que el proceso térmico tiene como objeto la inhibición un número tal de microorganismos que de como resultado la sanidad y la extensión de la vida útil del producto, toda característica del alimento que afecte la supervivencia microbiana debe ser considerada. Tal es el caso de la actividad de agua, la disponibilidad de oxígeno y la acidez.

La actividad de agua (a_a) está directamente relacionada con el crecimiento microbiano; los productos secos no necesitan procesamiento térmico. El valor límite de a_a para crecimiento de *C. botulinum* es 0.97 para especies psicrótrofas y 0.95 para mesófilas.

Los alimentos esterilizados comercialmente se presentan al consumidor en empaques sellados herméticamente para prevenir recontaminación. En productos de carne curada –cocida o cruda– como salamis cocidos, salchichas empacadas al vacío, mortadelas y pasteles, donde el oxígeno no se elimina totalmente, la conservación se basa en la aplicación de un tratamiento térmico suave junto con otros métodos de conservación como la adición de agentes curantes y/o la refrigeración; sin embargo en estas condiciones pueden estar presentes aerobios como *Bacillus subtilis* o *Bacillus mycoides*, causando descomposición.

El pH es un factor crítico para muchos de los microorganismos responsables de patogenicidad o descomposición de alimentos. Con excepción de las carnes fermentadas o conservadas con vinagre, estos entran en la clasificación de alimentos de baja acidez. Las cepas de *C. botulinum* pueden crecer y producir toxinas a arriba de pH 4.5, valor que divide a los alimentos ácidos y los de baja acidez. En los carnes enlatadas las condiciones anaerobias que prevalecen son las ideales para el crecimiento y producción de toxina de *C. botulinum*. Este microorganismo es también el anaerobio patógeno formador de esporas más termoresistente que puede crecer en alimentos de baja acidez, en consecuencia su destrucción es el criterio de cálculo para el procesamiento térmico de carnes enlatadas. De las cepas de *C. botulinum* que producen toxinas, la más termoresistente son los tipos A y B. La toxina es en extremo potente pero puede ser destruida por exposición por 10 min a 100°C.

Sin embargo, en alimentos de baja acidez el procesamiento puede basarse en la inactivación de esporas más resistentes que *C. botulinum*. Este es el caso del facultativo anaerobio

Bacillus stearothermophilus, las esporas de este microorganismo son 20 veces más resistentes que las de *C. botulinum*, y su germinación produce acidificación del alimento y cantidades moderadas de gas. Sus temperaturas óptimas de crecimiento varían entre 49 a 55°C pero no sobreviven por debajo de 38°C, situación que se logra si el alimento se enfría rápidamente por debajo de 35°C después del tratamiento térmico.

PARÁMETROS DE INACTIVACIÓN DE MICROORGANISMOS

Para calcular la eficiencia de un proceso térmico, se necesitan dos tipos de información básica: la resistencia térmica característica del microorganismo empleado como base del proceso; y la historia de temperatura del producto, como se ha manejado la carne desde la muerte del animal debido a que la flora nativa del alimento puede proliferar a niveles muy altos si se ha sujetado a temperaturas arriba de las inhibitorias.

Para el cálculo de la severidad de procesamiento térmico es necesario definir el tipo y vida útil del alimento. Específicamente hay que considerar la composición del alimento; la población microbiana específica; la termosensibilidad de esta población; la carga microbiana inicial, y la carga final esperada; las condiciones de almacenamiento y el transporte. Se han definido varios parámetros de inactivación, herramientas matemáticas para obtener una relación tiempo-temperatura adecuada al proceso.

Valores D

Debido a que la destrucción microbiana sigue la ecuación 3, como resultado 90% de los microorganismos se destruyen en un intervalo dado a temperatura constante. Este intervalo, diferente para cada especie microbiana, se llama tiempo de reducción decimal o valor D y representa el número de minutos necesarios para destruir el 90% de cierta especie bacteriana a una temperatura constante; la temperatura de referencia se indica como subíndice. Por ejemplo, a 110°C 90% de la población de *C. sporogenes* (10^5 a 10^4) se reduce si el calentamiento se mantiene por 10 min ($D_{110}=10$ min); la misma reducción ocurre a $D_{115}= 3$ min si el calentamiento se lleva a cabo a 115°C; y a $D_{120}=1$ min a 120°C.

A diferentes tiempos de calentamiento el número de microorganismos destruidos aumenta con el tiempo de exposición. Por ejemplo: para disminuir la población 6 ciclos logarítmicos (6D), es necesario calentar a 120°C por 6 min, o 115°C por 18 min, o 110°C por 60 min, o 120°C por 1 min. A este último se le asigna un valor unitario (D=1). La Tabla 1 muestra la letalidad de algunas bacterias asociadas con carnes.

Tabla 1. Letalidad de algunas bacterias asociados con carnes (Manev, 1983; Mathlouthi, 1986; Hanson, 1990; Stiebing, 1992; Thumel, 1995; Ray, 1996)

Microorganismo	Letalidad (min)
Clostridium botulinum	$D_{65} = 0.1$
Vibrio sp.	$D_{70} = 0.3$
Aeromonas hydrophila	$D_{55} = 0.17$
Listeria monocytogenes	$D_{60} = 1.9$
Salmonella sp.	$D_{60} = 0.2$
E.coli 0157:H7	$D_{60} = 4.0$
Staphylococcus aureus	$D_{60} = 0.4$
Bacillus stearothermophilus	$D_{250}=4.0$
Bacillus subtilis	$D_{250}=0.48$ a 0.76
Bacillus cereus	$D_{250}=0.0065$
Bacillus megaterium	$D_{250}=0.04$
Clostridium sporogens	$D_{250}=0.15$
Clostridium botulinum	$D_{250}=0.21$
Clostridium thermosaccharolyticum	$D_{250}=3.0$ a 4.0

Valores Z

La resistencia de un microorganismo al calor se da por valores z: indican la temperatura necesaria para reducir los valores D en 1/10. Por tanto, los valores z están expresados en unidades de temperatura. Por ejemplo: cuando se dice que *C. botulinum* tipo A es z=10°C y $D_{121}=0.2$ min, significando que las misma destrucción se lleva a acabo a 131°C en 0.02 min y a 111°C en 2 min. Al aumentar la resistencia térmica, también aumenta el valor z. Conociendo los valores D y z se puede conocer la relación tiempo/temperatura para la destrucción de cada microorganismo.

El valor z también se obtiene cuando se grafica en escala logarítmica el número de microorganismos sobrevivientes contra el tiempo de exposición a una temperatura dada, obteniéndose una curva de muerte térmica; la pendiente es el valor z, que indica la temperatura necesaria para cambiar el valor D en 1 ciclo logarítmico.

Valores F

Es la suma de todos los efectos destructivos que actúan sobre los microorganismos durante el procesamiento térmico; este valor se usa para comparar la severidad de diferentes tratamientos térmicos en los cuales se destruyen diferentes tipos de microorganismos y esporas, de acuerdo a su resistencia a la temperatura. La Figura 1 muestras los valores F necesarios para destruir consecutivamente algunas poblaciones. Los valores F y D se relacionan entre si, ya que ambos dependen de la destrucción de células:

$$F = D (\log a - \log b)$$

donde:

a - carga inicial de células

b - carga final de células

La letalidad del proceso se calcula de la ecuación:

$$\log (t/F) = (250-T) / Z$$

Para cada minuto de proceso, la letalidad se puede calcular a una temperatura dada, obteniendo una curva, el área bajo la curva representa la letalidad total del proceso.

Los alimentos de baja acidez como la carne y el pescado se calientan a temperaturas que aseguren la reducción de esporas de *C. botulinum* en 12 ciclos logarítmicos o 12D, en este caso se tendría una contaminación de 1 espora de *Cl. botulinum* por gramo de alimento, nivel sumamente bajo que indica que la probabilidad de encontrar una espora de este patógeno es de $1/10^{12}$. Para alcanzar esta reducción se el calentamiento debe ser 12 veces más severo que $D_{121}=0.2$ min, por tanto se debe de calentar por 2.52 min a 120°C. El procesamiento de alimentos a F=2.5 es llamada cocción botulínica.

Ya que la esterilidad comercial debe de llevarse a cabo en todo el contenedor y como el calentamiento no es homogéneo en toda la geometría de la lata, los cálculos de proceso se efectúan considerando la elevación de la temperatura en el punto más frío, el más alejado de la fuente de calor. El valor Fc es la suma de los efectos letales en el punto frío, y son los valores que se indican en la Figura 1.

En todo proceso industrial, se evitan los tratamientos excesivos, tanto por motivos económicos como para reducir los riesgos de deterioro de la calidad. Dependiendo de la vida útil esperada en un producto será la severidad del proceso; a las semiconservas de las cuales se espera una vida útil hasta de 6 meses a menos de 5°C, se les aplica un tratamiento relativamente suave, 65 a 75°C inactivando a no esporulados pero sobreviviendo células de *Streptococcus faecium* y *S. fecalis*, y esporas de *Bacillus* y *Clostridium*.

Las conservas ½ con una vida útil esperada de hasta 12 meses, se procesan a Fc=0.4 sobreviviendo los microorganismos anteriores, además de los psicrófilos esporulados; las conservas ¾ tienen una vida útil de 12 meses a menos de 10°C, se procesan a Fc=0.6 a 0.8, sobreviven además de los microorganismos anteriores las esporas de especies mesófilas de *Bacillus*; sin embargo las esporas de *Clostridium* no se destruyen. Las conservas completas tienen una vida útil hasta de 4 años a 25°C, se procesan a Fc=4.4 a 5.5, destruyéndose además de los microorganismos anteriores, las especies mesófilas de *Clostridium*. Finalmente, las conserva tropicales tienen una vida útil de hasta 1 año a 40°C, se procesan a Fc=12 a 15, destruyendo también a termófilos esporulados.

Figura 1. Valores F para destruir poblaciones en carnes
(Manev, 1983; Stiebing, 1992)

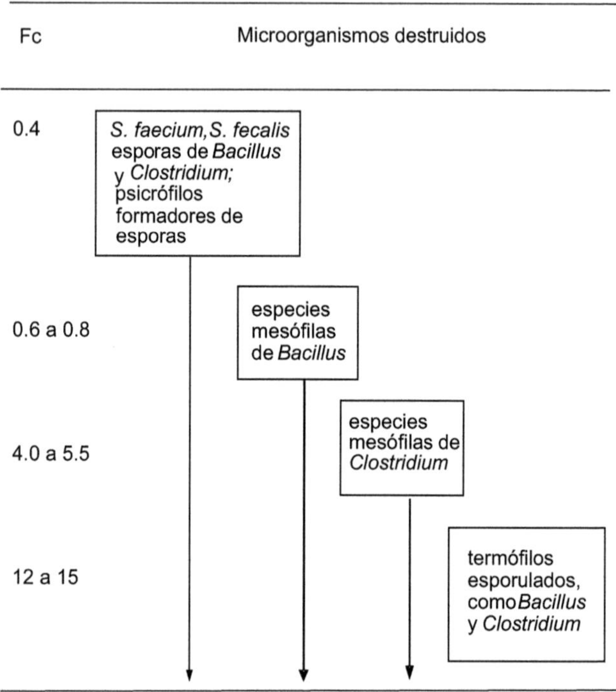

La posición del punto frío también depende del mecanismo de transferencia de calor. En latas sujetas a mecanismos de convección el punto frío se encuentra sobre el eje vertical cerca de la base del contenedor. La agitación de la lata por rotación aumenta la velocidad de transferencia, favoreciendo a la convección. En el caso del calentamiento estático de fluidos o semisólidos tales como piezas de carne en salmuera en que el principal mecanismo es la convección, el punto frío está a 1/3 del fondo de la lata; la agitación tiene poco efecto sobre el aumento de conducción. Cuando se calcula por primera vez un proceso térmico, el punto frío se determina experimentalmente usando termopares. En la mayoría de los casos Fc se calcula calculan para C. *botulinum* y *Clostridium sporogenes*.

Fs es la suma de todos los valores F en cada uno de los puntos del contenedor. Es necesario calentar a temperaturas por arriba de 100°C para producir un efecto letal el cual se incrementa con la temperatura. Como es imposible elevar la instantáneamente la temperatura de todos los puntos de contenedor al mismo tiempo a valores superiores a 100°C, para calcular Fs se aplica el concepto de F=1, la suma de todos los efectos letales actuando en el transcurso de un minuto a 121.1°C. Se emplea un valor z conocido para comparar los tiempos de calentamiento a temperaturas superiores o inferiores a 121.1°C. Si el valor z es de 10°C, significa que se debe aplicar calor a 111.1°C por 10 min para alcanzar el mismo efecto letal o a 131.1°C por 0.1 min. Fc siempre es menor que Fs debido a que el efecto de calentamiento en el centro es menor que en el resto del recipiente.

Como el proceso térmico implica períodos de calentamiento, temperatura sostenida y enfriamiento, y cada fase contribuye a la destrucción de células, Ftotal es el efecto letal total considerando todas las fases del proceso. Un método simple pero preciso para el cálculo del efecto letal durante todas las fases del consiste en la medición con termopares de la temperatura en el punto más frío del recipiente y el cálculo de los valores F correspondientes. La suma de todos los valores F en el calentamiento, en la fase de temperatura sostenida y en el enfriamiento corresponde al valor total de F o Ftotal.

EQUIPO PARA PROCESAMIENTO TÉRMICO

Los procesos de transferencia de calor incluyen un proporcionar o remover a este por métodos físicos. En algunos procesos, el calor se proporciona al alimento para cambiar las características del producto, como ocurre en la cocción, la cual altera el color, textura y sabor. El equipo empleado en los procesos de transferencia de calor varía con la severidad de este.

Escalde

La mayoría de las operaciones de escalde se llevan a cabo poniendo en contacto el producto con agua caliento o vapor, por un tiempo determinado el cual depende de los objetivos del proceso, ya sea inactivación de enzimas o cocción parcial. El escalde por vapor se puede llevar a cabo en lotes, aunque generalmente son procesos continuos. En este proceso el alimento se coloca en capas sobre una banda móvil, la cual se mueve a través de un túnel de vapor o por inmersión en agua.

El proceso en lotes consiste en sumergir el material en agua caliento, entre 90 y 100ºC, por el tiempo requerido. El escalde continuo en agua es de varios tipos: en el de tornillo el material se transporta en un sistema helicoidal, en el de tambor se emplean tambores perforados, o en bandas. El tiempo de residencia depende de la velocidad del transportador o la velocidad de rotación de la hélice o de tambor.

Pasteurización

Debido a que la pasteurización se lleva a cabo a temperaturas menores a 100ºC, los productos sólidos pueden pasteurizarse en el mismo tipo de equipo que se usa para escalde. Para productos cárnicos el método más simple para pasteurizar es en baño de agua. El producto empacado se coloca en tanques de acero y se calienta con agua, al final del proceso se añade agua fría para enfriamiento rápidamente. Un pasteurizador continuo consiste en un tanque largo a través del cual el producto se mueve en una banda.

Cocción

El equipo más común de tratamiento o cocción en carnes es el horno de convección forzada, o cocedor-ahumador debido a que es posible ahumar al mismo que se aplica la cocción; se dividen en dos categorías: en lotes y continuos. En los sistemas en lotes el producto se carga manualmente en el horno, se cuece y manualmente se retira en un solo lote. Los hornos más pequeños en la industria cárnica pueden contener cerca de 180 kg y los más grandes hasta 25,000 kg.

En un horno continuo el producto se carga en un transportador que automáticamente lo lleva a través de una o más zonas de cocción y, en muchos casos, a través de una zona de enfriamiento. Los hornos continuos se pueden subdividir en hornos de soporte móvil en que se usan 1 o 2 cadenas para mover un carro transportador a través del sistema en línea recta o en túnel. Los sistemas con soporte móvil se emplean para para productos grandes como jamones, tocinos o pavos. Los transportadores de banda están diseñados para temperaturas y velocidades de aire altas y para productos de diámetros pequeños o muy delgados como hamburguesas. En este sistema se coloca una sola capa del producto en una banda que lo lleve a través de zonas de calentamiento y enfriamiento en túneles.

El equipo de cocción tradicional está diseñado para usar medios de calentamiento tales como aire forzado, vapor o agua, variando el coeficiente de transferencia de calor por convección de acuerdo al medio que se emplee. Un medio con coeficiente alto, como el agua hirviendo (1500 a 20000 kcal/h m^2 °K) da como resultado una velocidad alta de transferencia de calor por convección del medio de calentamiento a la superficie del producto. Empleando aire caliente, como es el caso de la mayoría de los hornos, la velocidad de transferencia es mucho menor (2.5 a 25 kcal/h m^2 °K), aunque el coeficiente aumenta en convección forzada con un ventilador, el caso más común en los cocedores (10 a 100 kcal/h m^2 °K).

Esterilización comercial

Hay dos métodos básicos de esterilización comercial: procesamiento aséptico en el cual el alimento se calienta hasta condiciones de esterilización comercial, y aún caliente se coloca en contenedores estériles que se sellan; y el enlatado, en el cual el alimento se coloca en el contenedor, se sella y finalmente se esteriliza. En ambos procesos se aplican los mismos principios.

Cuando el alimento se enlata a temperatura baja (alrededor 20°C), se coloca en una autoclave y esta se llena de vapor a temperatura alta (arriba de 100°C), el vapor se condensa dentro del autoclave y el calor latente de condensación se transfiere, a través de la pared de la lata, al producto.

La velocidad de calentamiento de la lata depende de varios factores: i) del coeficiente de transferencia de la superficie de la lata; ii) de las propiedades físicas del producto y del contenedor; iii) de la diferencia entre la temperatura del vapor y la temperatura inicial del producto; y iv) del tamaño del contenedor. Para fines de cálculo, se supone que la transferencia de calor en la superficie es muy grande, y por tanto la única resistencia al calentamiento la presenta el producto.

El procesamiento aséptico consiste en cuatro etapas: preparación del material (limpieza, corte, selección, escalde, etc.); llenado del contenedor; sellado del contenedor; y procesamiento térmico para asegurar esterilidad comercial. Debido a que se emplean temperaturas muy altas en la esterilización aséptica comercial (132 a 175°C) estos procesos son del tipo HTST.

El enlatado se puede llevar a cabo por diferentes procesos, todos ellos regidos por los principios de transferencia de calor ya discutidos. El método de autoclave o retorta fija en lotes es el más antiguo procesamiento térmico de este tipo; consiste en cargar el autoclave, cerrarlo y calentarlo con vapor. La temperatura se regula y controla a lo largo del proceso, determinado por la velocidad de transferencia en los recipientes. El enfriamiento se lleva a cabo cerrando el vapor y añadiendo agua fría al autoclave. La diferencia de presiones se controla para evitar la deformación de latas grandes o el abombamiento de las tapas. Las retortas continuas, por su parte, ofrecen ventajas sobre las de tipo en lotes ya que la velocidad de producción es mayor y los costos de operación menores, además de que, debido a que el producto se agita durante el proceso, la velocidad de transferencia de calor es mayor.

Los tipos de retortas continuas que se emplean son de sello hidráulico, en el cual las latas ingresan al sistema a través de un sello de presión y recorren la retorta a través de una banda en forma helicoidal en la cual se aplican las diferentes etapas térmicas del proceso. Un sistema alternativo consiste en aplicar el vapor por secciones en zonas cerradas por agua en la entrada y salida de la retorta. Un transportador de cadena mueve a las latas en un recorrido en "U". Cuando las latas se mueven hacia abajo, la temperatura aumenta gradualmente, evitando el choque térmico. Después de pasar la parte baja de la "U", las latas entran a una cámara de vapor en las que residen un tiempo predeterminado para alcanzar la esterilidad comercial. La transferencia de calor aumenta debido a que hay un mecanismo de agitación de las latas.

El proceso de enlatado consiste en varias etapas, se basa en el principio de calentamiento de un producto en contenedores sellados.

Llenado: La penetración de calor depende de la relación sólido-líquido y de la distribución del alimento dentro de la lata. En salchichas enlatadas, distribuidas en paralelo a lo largo del eje de la lata ocurre un mecanismo de convección-conducción. El material sólido empacado con espacios se calienta más rápido que el empacado sin espacios; aproximadamente 30% del volumen de la lata debe ser líquido (salmuera) para que se produzca una buena transferencia de calor. La salmuera se añade después de los sólidos para rellenar con líquido todos los espacios, deben además de evitarse las burbujas de aire cuando se llenan las latas con materiales tales como pastas cárnicas. Se debe considerar también 0.5% del volumen de la lata como espacio vacío, ya que la eficiencia del agotamiento depende del volumen de este.

Agotamiento y cerrado: Las carnes y productos cárnicos reaccionan fácilmente con el oxígeno alterando principalmente los pigmentos y las grasas, y modificando el color, sabor y calidad general. Es necesaria la evacuación del aire del espacio vacío y del total del alimento para una buena penetración de calor. Cuando se enlatan piezas grandes de alimento, el agotamiento durante el llenado y cerrado es suficiente para alcanzar la evacuación de aire, sin embargo al enlatar pastas, cárnicas crudas se incorpora aire fácilmente todos los pasos del proceso si este no se lleva a cabo al vacío. Cuando la eliminación de aire es ineficiente se pueden atrapar burbujas pequeñas, provocando fallas en la esterilización. Por otra parte, la evacuación de aire del espacio vacío reduce los riesgos de un aumento en la presión interna durante el calentamiento lo que puede ocasionar explosión o deformación de la lata.

El agotamiento se puede llevar a cabo por calentamiento, mecánicamente o por inyección de vapor. El calentamiento hace que el agua en forma de vapor sustituya al aire en el espacio vacío, si las latas son inmediatamente cerradas; al enfriarse, el vacío es producido debido a la condensación del vapor de agua. Sin embargo, si el espacio vacío es demasiado grande queda aire suficiente para evitar la formación de vacío. Generalmente se aplica un calentamiento a 75 a 95°C inmediatamente antes del llenado y cerrado. Alternativamente, las latas se transportan en una banda sinfín a través de un túnel en el cual se calientan a 85 a 95°C, eliminando el 90% o más del aire en el espacio vacío, dependiendo del tiempo de residencia y la temperatura del túnel de agotamiento. En algunas carnes curadas y enlatadas en las cuales no se ha eliminado totalmente el aire por fallas en el escalde o esterilización puede haber crecimiento de *Bacillus subtilis* y *B. mycoides*.

Esterilización: El procesamiento térmico incluye dos ciclos: calentamiento y enfriamiento. Mientras que el calentamiento se aplica para inactivar enzimas y microorganismos, el enfriamiento se aplica por varias razones tales como facilidad de manejo, y minimización de la alteración de las características sensoriales. Los parámetros y condiciones de proceso ya han sido discutidos.

Calentamiento por microondas

Las microondas son ondas electromagnéticas con frecuencias entre 300 Mhz y 300 Ghz correspondiendo a longitudes de onda entre 1 mm y 1 m. En el uso doméstico e industrial solo se permiten frecuencias entre 915 y 2450 Mhz, siendo estas últimas las más empleadas. Las microondas producen calor debido al cambio rápido del dipolo del agua. Si un alimento se expone a un campo eléctrico, los dipolos se alinean a este, dependiendo de su carga. Debido a que la dirección del campo de las microondas cambia muy rápidamente (5×10^9 veces por segundo) la alineación de los dipolos del agua se altera produciendo fricción que se manifiesta como energía calórica. Al igual que en el calentamiento directo la destrucción de los microorganismos se basa en la inactivación de enzimas y proteínas, y por lo tanto, en la muerte celular.

En el caso de las microondas debe de tenerse especial cuidado en la producción de zonas sobrecalentadas, producidas por absorción de energía a niveles superiores al promedio. El motivo de la existencia de estas zonas es la heterogeneidad de la composición del alimento y de su estructura física. Esto da como resultado la inactivación heterogénea de los microorganismos y alteración de la calidad del producto. Se han diseñado con hornos de microondas en operación continua, aunque la poca penetración de las microondas los confinan a productos muy delgados como tocinos rebanados.

ALTERACIÓN DE LA CALIDAD DE LOS ALIMENTOS DEBIDO AL TRATAMIENTO TÉRMICO.

Aunque el tratamiento térmico da como resultado carnes y productos cárnicos con mayor vida útil, sanitariamente seguros y mejores propiedades sensoriales, su aplicación puede alterar algunas de sus características de calidad, si no se lleva a cabo adecuadamente.

Alteraciones debidas a microorganismos

Cuando hay una demora en el llenado o cerrado de productos empacados, o antes del procesamiento en cualquier tipo de producto cárnico, se produce crecimiento microbiano. El tratamiento térmico no debe retrasarse más de 20 min, de otra forma puede haber proliferación de microorganismos los cuales, si bien son destruidos durante el tratamiento térmico, pueden producir metabolitos termorresistentes que permanecen en la lata.

En enlatados o productos empacados en laminados plásticos al vacío, las alteraciones debidas a microorganismos son causadas por tratamiento térmico insuficiente dando como consecuencia la supervivencia de algunos microorganismos que producen metabolitos que alteran la calidad, como gas que ocasiona abombamiento en las latas o paquetes, o acidificación sin generación de gas. En productos donde hay enfriamiento inadecuado después del tratamiento térmico se tiene el riesgo del crecimiento de microorganismos termófilos al no haber disminuir la temperatura con suficiente rapidez. Si se almacenan las latas en bloques grandes el enfriamiento es muy lento permitiendo el crecimiento de termófilos, por tanto las latas deben de almacenarse en bloques pequeños en lugares bien ventilados, esto debe de observarse especialmente en zonas tropicales con temperatura y humedad relativa altas.

La contaminación microbiana puede ocurrir a través de los cierres de laminados plásticos o latas, procedente del agua de enfriamiento que no tenga la calidad sanitaria adecuada. La recontaminación después del tratamiento térmico es uno de los problemas más comunes ocasionando abombamiento, lo que indica una falla en el sello que permite que la contaminación ingrese, principalmente de cocos, bacilos esporulados y no esporuados.

El primer paso para resolver el problema, al ocurrir estas alteraciones, es identificar al microorganismo responsable, que en muchos casos son bacterias esporuladas. Se deben revisar las condiciones tiempo-temperatura de proceso, la calidad microbiana de la material prima y la sanidad del equipo, agua, etc. Si las alteraciones se repiten en la misma zona de la proceso, se puede deber a falla en las condiciones de operación o defecto en el equipo o periféricos como tuberías y válvulas, que ocasione calentamiento insuficiente. Las alteraciones se puede deber a la distribución del producto, latas o productos en un cocedor causando deficiencia en el calentamiento; si están empacadas muy cercanamente no hay acceso del medio de calentamiento a todas las partes de los contenedores dando como resultado un calentamiento irregular.

Alteraciones químicas

El abombamiento químico se produce a consecuencia de reacciones del material de empaque con el alimento; ocurre principalmente al reaccionar el metal de latas defectuosas en el barniz protector y producir hidrógeno o sulfuro estanoso, produciendo manchas en el producto. La temperatura también acelera reacciones de Maillard, sobre todo en productos procesados.

Alteraciones físicas

Ocurre por el manejo inadecuado del equipo de esterilización, como el aumento rápido de presión en autoclaves o la formación de vacío insuficiente; si las latas se abomban en el extremo inferior la causa es agotamiento insuficiente. Estas alteraciones deforman las latas, principalmente las de formato grande (más de 1 kg), o los sellos superior e inferior.

Las deformaciones físicas también pueden ocurrir si se emplea material sin las especificaciones de espesor. La presencia de aire en la lata aumenta la presión interna durante el calentamiento debido a la expansión del gas; si estas latas se transportan a altitudes mayores se produce un abombamiento aunque se haya procesado adecuadamente; se pierden 2.5 cm de vacío por cada 300 m de disminución de altitud. Inversamente, el agotamiento excesivo produce colapso de la lata. El llenado excesivo de empaques o latas provoca también alteraciones físicas debido a expansión del alimento como en productos cocidos dentro de la lata, como la carne enlatada, o productos que contienen varios ingredientes como carne, frijoles, maíz, arroz, etc. que aumentan de tamaño al cocerse. Aunque no se presenten fallas visibles en los sellos, estas latas se desechan por posibles riesgos de fisuras.

CONCLUSIONES

El procesamiento térmico de cortes completos, de carne procesada y de productos cárnicos da como resultado el aseguramiento de la sanidad, mejor percepción sensorial y nutricional, e incremento de la vida útil. Los equipos más utilizados para el procesamiento térmico de carne y productos cárnicos son los hornos, en donde la transferencia de masa y calor modifica las características fisicoquímicas del producto. El enlatado se emplea en la producción de productos cárnicos destinados a tener una vida de anaquel muy larga, para su almacenamiento en condiciones adversas de alta temperatura, para la distribución y consumo en zonas de poco acceso o para el suministro del alimento en situaciones de desastre. Dado que la aplicación de calor en carnes debe de calcularse teniendo como objetivos fundamentales la sanidad y la vida útil, se debe considerar el tipo y cantidad de microbiota inicial, el tiempo de almacenamiento esperado, y las características ambientales en las cuales se almacenará el producto antes e su consumo.

BIBLIOGRAFÍA

Anderson, M.E., Marshall, R.T. 1990. Reducing microbial populations on beef tissues: Concentration and temperature of an acid mixture. Journal of Food Science 55(4), 903-905.

Bacus, J. 1988. Microbial control methods in fresh and processed meats. En: Proceedings of the Reciprocal Meat Conference.

Barbosa-Canovas, G.V. 2003. Unit Operations in Food Engineering. CRC Press. Boca Raton, Florida.

Barbut, S. 1994. Protein gel ultrastructure and functionality. En: Protein functionality in Food Systems. N.S. Hettiachchy and G.R. Zieglet (Eds.). Marcel Dekker, Nueva York.

Bem, Z., Hechelmann, H. 1995. Chilling and refrigerated storage of meat: Microbiological processes. Fleischwirtschaft International 2, 25-33.

Brewer M.S, Mckeith, F., Martin, S.E., Dallmier, A.W., Meyer, J. 1991. Sodium lactate effects on shelf-life, sensory and physical characteristics of fresh pork sausage. Journal of Food Science 56(5), 1176-1178.

Boyle, M.P. 1990. Meat associated pathogens of recent concern. En: Proceedings of the Reciprocal Meat Conference.

Braun, P., Fehlhaber, K., Klug, C., Kop, K. 1999. Investigations into the activity of enzymes produced by spoilage-causing bacteria: a possible basis for improved shelf-life estimation. Food Microbiology 16, 531-540.

Brown, M.H. 1982. Meat Microbiology. Applied Science Publishers. Londres, Inglaterra.

Buchanan, R.L. 1986. Processed meats as a microbial environment. Food Technoloy 40(4), 134-138.

Footitt, R.J., Lewis, A.J. 1999. Enlatado de Pescado y Carne. Editorial Acribia, Zaragoza, España.

Green, D.W., Maloney, J.O. 1997. Perry's Chemical Engineers' Handbook. Mc. Graw Hill, Nueva York.

Greer, G. 1989. Red meats, poultry and fish. En: Enzymes of Psychrotrophs in Raw Foods. R.C. MacKellar (Ed.). CRC Press. Boca Raton, Florida.

Guerrero Legarreta, I. 1993. Productos cárnicos. En: Biotecnología Alimentaria. M. García Garibay, R. Quintero y A. López Munguía (Eds.). Editorial Limusa, Mexico D.F.

Guerrero Legarreta, I. 2001. Meat Canning Technology. En: Meat Science and Applications. Y.H. Hui, W.K. Nip, R.W. Rogers y O.A. Young (Eds.). Marcel Dekker, Nueva York.

Guerrero Legarreta, I. 2004. Canning. En: Encyclopaedia of Meat Sciences. W.K. Jensen, C. Devine y M. Dikeman (Eds.). Elsevier-Academic Press. Londres.

Guerrero Legarreta, I., Lara, P. 1995. Efectos químicos y microbiológicos de la aplicación de la aplicación de atmósferas modificadas en la conservación de carne fresca. Ciencia 46, 350-369.

Guerrero Legarreta, I., Pérez Chabela, M.L. 1999. Spoilage of Cooked Meats and Meat Products. En: Encyclopedia of Food Microbiology. R.K. Robinson, C.A. Batt y P.D. Patel (Eds.). Academic Press. Londres, Inglaterra.

Guerrero Legarreta, I., Taylor, A.J. 1994. Meat surface decontamination using lactic acid from chemical and microbial sources. Lebensmittel Wissenschaft und Technologie 27, 201-209.

Hanson, R.E. 1990. Cooking Technology. En: Proceedings of the Reciprocal Meat Conference.

Himmelblau, D.M. 1997. Principios Básicos y Cálculos en Ingeniería Química. Pearson Educación. Ciudad de México.

Institute of Food Technologists. 2000. Overarching principles: kinetics of concern for all technologies. En: Kinetics of

Microbial Inactivation for Alternative Food Processing Technologies. Journal of Food Science Supplement, pp. 16-29.

Ju, J., Mittal, G.S. 2000. Relationship of physical properties of fat-substitutes, cooking methods and fat levels with quality of ground beef patties. Journal of Food Processing and Preservation 24, 125-142.

Karlekar, B.V., Desmond, R.P. 1985. Transferencia de Calor. Editorial Interamericana, Ciudad de México.

Knudtson, L., Hartman, P.A. 1993. *Enterococci* in pork processing. Journal of Food Protection 56, 6-9.

Lan, Y.H., Novakofski, J., McCusker, R.H., Brewer, M.S., Carr, T.R., McKeith, F.K. 1995. Thermal gelation of pork, beef, fish, chicken and turkey muscles as affected by heating rate and pH. Journal of Food Science 60(5), 936-940,945.

Ledward, D.A. 1992. Colour of raw and cooked meat. En: The chemistry of muscle-based foods. D.E. Johnson, M.K. Knight y D.A. Ledward (Eds.). Royal Society of Chemistry. Londres, Inglaterra.

Leistner, L. 1985. Hurdle technology applied to meat products of the shelf stable product and intermediate moisture food types. En: Properties of Water in Foods. D. Simatos y J.L. Multon (Eds.). NATO ASI Series. Series E: Applied Sciences-No. 90. Martinus Nijhoff Publishers. Dordrecht, Países Bajos.

Maca, J.V., Maca, J.D., Acuff, G.R. 1997. Microbiological, sensory and chemical characteristics of vacuum-packaged cooked beef top rounds treated with sodium lactate and sodium propionate. Journal of Food Science 62 (3), 586-590, 596.

MacMeekin, T.A. 1982. Microbial spoilage of meats. En: Developments in Food Microbiology. R. Davies (Ed.). Elsevier Applied Science. Londres, Inglaterra.

Manev, G. 1983. La carne y su elaboración. Tomo II. Editorial Científica y Técnica. La Habana, Cuba.

Mathlouthi, M. 1986. Food Packaging and Preservation: Theory and Practice. Elsevier Applied Science Publishers. Londres, Inglaterra.

Mittal, G. S., Blaisdell, J.L. 1984. Heat and mass transfer properties of meat emulsions. Lebensmittel Wissenschaft und Technologie 17(2), 94-98.

Mittal, G.S., Usborne, W.R. 1985. Moisture isotherms for uncooked meat emulsions of different compositions. Journal of Food Science 50, 1576-1579.

Müller, W.D. 1990. The technology of cooked cured products. Fleischwirtschaft International 1, 36-41.

Nychas, G.J., Dillon, V.M., Board, R.G. 1988 Glucose: the key substrate in the microbial changes occurring in meat and certain meat products. Biotechnology and Applied Biochemistry 10, 203-231.

Pérez, M.G.R., Calvelo, A. 1984. Modeling the thermal conductivity of cooked meat. Journal of Food Science 49, 152-156.

Ray, B. 1996. Fundamental Food Microbiology. CRC Press. Boca Raton, Florida.

Russel, A.D. 1982. The destruction of bacterial spores. Academic Press. Londres, Inglaterra.

Schillinger, U., Lucke, F.K. 1987. Identification of lactobacilli from meat and meat products. Food Microbiology 4, 199-208.

Shelef, L.A. 1994. Antimicrobial effects of lactates: a review. Journal of Food Protection 57(5), 445-450.

Stiebing, A. 1992. Tratamiento por calor: conservabilidad. En: Tecnología de Embutidos Escaldados. F. Wirth (Ed.). Editorial Acribia. Zaragoza, España.

Stumbo, C.R. 1973. Thermobacteriology in Food Processing. Academic Press. Nueva York.

Thumel, H. 1995. Preserving meat and meat products: possible methods. Fleischwirtschaft International 3, 3-8.

Tompkin, R.B. 1986. Microbiological safety of processed meat: new products and processes. Food Technology 40(4), 172-176.

Valiente, A. 1997. Problemas de Balance de Material y Energía en la Industria Alimentaria. Noriega Editores, Mexico D.F.

Waites, W.M. 1988. Meat microbiology: a reassessment. En: Developments in Meat Science. R.A. Lawrie (Ed.). Elsevier Applied Science. Londres, Inglaterra.

Welti-Chanes, J., Velez-Ruiz, J.F., Barbosa-Canovas, G.V. 2003. Transport Phenomena in Food Processing. CRC Press. Boca Raton, Florida.

Watson, E.L., Harper, J.C. 1988. Elements of Food Engineering. AVI Publishing Co. Nueva York.

Xiong, Y.L., Blanshard, S.P. 1994. Myofibrillar protein gelation: viscoelastic changes related to heating procedures. Journal of Food Science 59 (4), 734-738.

CAPÍTULO 9.
EMULSIONES CÁRNICAS

Violeta Ugalde Benítez

Consultora independiente. Correspondencia: violetaugalde@gmail.com

INTRODUCCIÓN

Dentro de la amplia variedad de productos que ofrece la industria alimentaria, las emulsiones ocupan un lugar importante, puesto que una gran cantidad de alimentos procesados se caracterizan por ser sistemas de emulsiones. Las distintas y muy particulares características fisicoquímicas y sensoriales exhibidas por los productos alimenticios del tipo emulsión son resultado de los diferentes ingredientes con los que fueron preparados y las interacciones que ocurren entre ellos, consecuencia de las condiciones bajo las cuales fueron producidos. Las emulsiones cárnicas, también llamados productos cárnicos emulsificados o pastas cárnicas son sistemas complejos en los que la grasa ha sido dispersada en un fluido viscoso de proteínas miofibrilares solubilizadas, las cuales han sido extraídas de las fibras musculares de la carne. La importancia de estos productos en la dieta de los países alrededor del mundo radica en su amplio consumo, que va desde productos como las salchichas en sus distintas variedades, hasta los *pâtés*.

EMULSIONES

Una emulsión puede ser definida como un sistema constituido por dos líquidos inmiscibles (generalmente aceite y agua), en el que uno de estos líquidos se encuentra disperso como pequeños glóbulos esféricos en el otro (McClements, 2005). A la fase dispersa se le denomina fase interna y a la fase dispersante o continua, fase externa. En muchas emulsiones alimenticias, el diámetro de los glóbulos suele encontrarse en el intervalo 0.1 a 100 μm, por tanto estos sistemas son considerandos dispersiones coloidales. Los glóbulos de grasa en la leche suelen tener diámetros mayores a 0.2 μm, e incluso pueden presentar diámetros por arriba de 50 μm (Schramm, 2005). En principio, dependiendo qué tipo de líquido forma la fase continua (externa), pueden distinguirse dos tipos de emulsiones: aceite en agua (O/W, por sus siglas en inglés) en la que glóbulos de aceite están dispersos en agua, y agua en aceite (W/O, por sus siglas en inglés) cuando glóbulos de agua se encuentran dispersos en aceite (Schramm, 2005). Ejemplos de alimentos comunes que se caracterizan por ser emulsión O/W son la leche, crema, aderezos, mayonesa, bebidas, sopas y salsas. Por otro lado, la mantequilla y la margarina son ejemplos de emulsiones del tipo W/O (McClements 2005).

Además de las emulsiones convencionales del tipo O/W y W/O, es posible preparar varios tipos de emulsiones múltiples. Estas emulsiones múltiples (o emulsiones dobles) son sistemas dispersos muy complejos que se caracterizan por una baja estabilidad termodinámica. Estos sistemas son "emulsiones de emulsiones", por ejemplo, glóbulos de agua en glóbulos de aceite en agua (agua-en aceite-en agua, W/O/W) o glóbulos de aceite en glóbulos de agua en aceite (aceite-en agua-en aceite, O/W/O), y presentan un elevado potencial para su aplicación en la industria de procesamiento de alimentos al encapsular o proteger componentes alimenticios activos o sensibles al ambiente (anti oxidación), para controlar la liberación de aroma y sabor, o bien para producir alimentos con bajos contenidos de aceite o grasa. La estabilidad de las emulsiones múltiples está influenciada por su composición y depende de las condiciones de emulsificación (Muschiolik, 2007).

El proceso para convertir dos fases inmiscibles separadas en una emulsión, o para reducir el tamaño de los glóbulos en una emulsión preexistente, es conocido como homogenización (McClements, 2005). Los glóbulos resisten la deformación y el rompimiento, porque a ello se opone la presión de Laplace, la cual es mayor cuanto más pequeño sea el diámetro del glóbulo. Debido a lo anterior, se necesita un considerable consumo de energía para producir una emulsión. La energía necesaria para formar y romper los glóbulos se suministra generalmente mediante una agitación vigorosa. La agitación puede generar fuerzas de cizalla suficientemente intensas si la fase continua es muy viscosa, como suele suceder al preparar emulsiones W/O, lo cual da como resultado glóbulos con diámetros de unos pocos micrómetros, no muy pequeños. En una emulsión del tipo O/W, la viscosidad de la fase continua tiende a ser baja; para romper las gotas de aceite se requieren fuerzas de inercia producidas por las rápidas e intensas fluctuaciones de presión ocasionadas por un flujo turbulento (Walstra, 1996).

En la industria de los alimentos, este proceso se lleva a cabo usando equipos mecánicos conocidos como homogeneizadores, que usualmente someten a los líquidos a una agitación mecánica intensa, por ejemplo, agitadores de alta velocidad, molinos coloidales y homogeneizadores de alta presión (McClements, 2005). Estos últimos, que inicialmente fueron construidos para homogenizar la leche, son los más usados, debido a que permiten obtener emulsiones finas con propiedades de textura precisas y altos grados de estabilidad. El principio de la homogenización de alta presión es sencillo: una emulsión gruesa producida con un agitador de alta velocidad es forzada a pasar a alta presión a través de una válvula estrecha.

La combinación de la intensa cizalla, cavitación y condiciones de flujo turbulento en la válvula provoca la ruptura de los glóbulos de grasa. La disminución del tamaño promedio de los glóbulos reduce la velocidad de cremado y aumenta la estabilidad de la emulsión (Desrumaux y Marcand, 2002). Adicionalmente, a los equipos de homogenización de alta presión, en años recientes el ultrasonido de alta potencia se ha convertido en una herramienta eficiente para aplicaciones comerciales a gran escala, como la emulsificación, homogenización, reducción de tamaño de partícula y alteración de la viscosidad.

Un aporte relativamente bajo de energía por la aplicación de ultrasonido (16-100 kHz) puede resultar en la formación de emulsiones muy finas y estables, en alimentos como jugos de frutas, mayonesa y salsa cátsup. Se requiere del uso, si es que es necesario, de muy poco emulsificante adicional para mantener la estabilidad del sistema. Particularmente, para productos como la mayonesa se produce un color blanco excelente, lo que refleja un tamaño de partícula pequeño y una distribución de los glóbulos de la emulsión reducida (Patist y Bates, 2008).

ESTABILIDAD DE EMULSIONES

Las emulsiones son termodinámicamente inestables debido a la energía libre positiva que necesitan para aumentar el área superficial entre las fases de aceite y agua. En consecuencia, tienden a formar fases separadas después de transcurrido un determinado tiempo, las cuales se observan a simple vista como una fase de aceite localizada en la parte superior (densidad menor) de la fase acuosa (densidad mayor) (Decker y col., 2005). Esto se debe a la tendencia de los glóbulos a unirse con sus vecinos una vez que han chocado con ellos, lo cual, eventualmente provoca la separación completa de las fases (McClements, 2005). Sin embargo, es posible encontrar emulsiones resistentes a los procesos de separación de las fases (desemulsificación), estas emulsiones meta-estables, es decir, cinéticamente estables, contienen aceite, agua y un agente emulsificante (estabilizante) que es usualmente un surfactante, una macromolécula o sólidos finamente divididos (Schramm, 2005).

La habilidad que presenta una emulsión para resistir los cambios en sus propiedades a través del tiempo se conoce como estabilidad de emulsión. La medición de la estabilidad de una emulsión involucra el análisis de los cambios ocurridos en la emulsión, como la pérdida de integridad del sistema por la separación de fases debido a los mecanismos de desestabilización en la emulsión (Pearce y Kinsella, 1978). Una emulsión es más estable a medida que los cambios en sus propiedades se producen en una forma mucho más lenta. La estabilidad de la emulsión es dependiente de factores como: (a) tensión interfacial; (b) fuerza mecánica de la película interfacial; (c) repulsiones estéricas; (d) fuerza de atracción de dispersión; (e) volumen de la fase dispersada; (f) tamaño de los glóbulos; (g) diferencias de densidad entre las fases; (h) viscosidad alta (Schramm, 2005).

MECANISMOS DE DESESTABILIZACIÓN DE EMULSIONES

Una emulsión puede volverse inestable debido a diferentes tipos de procesos físicos y químicos. La inestabilidad física se manifiesta como una alteración en la distribución espacial o de organización estructural de las moléculas, mientras que la inestabilidad química se presenta por una alteración en las moléculas que forman a la emulsión.

La velocidad a la que una emulsión pierde su estabilidad y se rompe, así como el mecanismo por el cual el proceso ocurre, es dependiente de su composición y microestructura, así como de los factores ambientales a los que está expuesta durante su tiempo de vida, tales como variaciones en la temperatura, agitación mecánica y condiciones de almacenamiento (McClements, 2005). Los mecanismos de desestabilización de una emulsión son el cremado, la floculación y la coalescencia. Durante la floculación y el cremado se producen cambios en la estructura de la emulsión, pero la distribución en el tamaño de los glóbulos se mantiene sin alteraciones, en contraste con la coalescencia, en la cual la distribución del tamaño de los glóbulos cambia con respecto al tiempo (Tcholakova y col., 2006).

El cremado es el fenómeno de separación gravitacional de las emulsiones que se presenta cuando los glóbulos de menor densidad que la fase líquida que los rodea se desplazan a la parte superior de la emulsión. Las densidades de la mayoría de los aceites (en estado líquido) son menores que la densidad del agua, debido a esto, el aceite tiende a acumularse en la parte superior de la emulsión y el agua en la parte inferior (McClements, 1995). Por lo tanto, los glóbulos en una emulsión O/W tienden a cremar. La velocidad a la que el cremado se produce está regida por la Ley de Stokes y es directamente proporcional al tamaño de los glóbulos de la fase dispersa e inversamente proporcional a la viscosidad de la fase continua o dispersante. En el caso de las emulsiones cárnicas se ha reportado que a menor tamaño de radio de los glóbulos más estable será la emulsión formada (Nawar, 1993).

La floculación es el proceso mediante el cual dos o más glóbulos se acercan para formar un agregado en el que los glóbulos mantienen su integridad individual. Este proceso ocurre como consecuencia de la inhibición de las repulsiones electrostáticas entre los glóbulos en la emulsión debido a la remoción de las cargas eléctricas. Los glóbulos se unen unos con otros, pero se encuentran separados por una fase continua fina. Con la floculación el agregado de glóbulos aumenta de tamaño y con ello la velocidad de sedimentación. Los glóbulos se mueven como un grupo y no de manera individual. La floculación no implica un rompimiento de la película interfacial que rodea al glóbulo, por este motivo, no se espera que el tamaño del glóbulo original cambie (McClements, 1995).

Finalmente, la coalescencia es inducida por el rompimiento de la película fina que separa los glóbulos próximos. Sí en la película se forma un pequeño orificio, los glóbulos convergerán. El rompimiento de la película es un proceso casual, que tiene importantes consecuencias: (a) la probabilidad de coalescencia, cuando es posible, será proporcional al tiempo durante el cual los glóbulos permanezcan próximos. Es por eso que es especialmente probable en los agregados o en las capas de nata. (b) La coalescencia es un proceso de primer orden, a diferencia de la agregación que, en principio, es de segundo orden puesto que es dependiente del tiempo y de la concentración. (c) La probabilidad de que se rompa una película será proporcional a su área. Esto implica que, al aumentar el área de la película, el aplanamiento de los glóbulos al aproximarse promoverán la coalescencia. Los glóbulos de aceite normalmente presentes en las emulsiones del tipo alimenticio no sufren este aplanamiento, porque su presión de Laplace es demasiado alta. Por otro lado, la coalescencia es menos probable cuando los glóbulos en la emulsión son pequeños, la película que separa los glóbulos es más gruesa y la tensión interfacial (γ) es mayor.

Una película con un espesor considerable supone fuerzas repulsivas más intensas o de mayor alcance entre los glóbulos que les conceden una mayor estabilidad contra la coalescencia. La repulsión estérica es especialmente eficaz contra la coalescencia, porque mantiene los glóbulos relativamente distantes. En el caso de la tensión interfacial (γ), puede parecer extraño que entre más alta sea ésta, menos probabilidad presente la emulsión a coalescer, porque para hacer una emulsión se necesita de un surfactante y los surfactantes disminuyen la tensión interfacial. Además, valores de γ más pequeños implican que el sistema tiene menor energía libre superficial. Sin embargo, lo que importa es la energía libre de activación para el rompimiento de la película, que es mayor cuanto mayor sea γ, porque un valor de γ grande dificulta más la deformación de la película y la deformación facilita la ruptura. Estos principios sugieren que las proteínas son idóneas para evitar la coalescencia, lo cual se confirma por la experiencia. Las proteínas no disminuyen mucho el valor de γ y con frecuencia generan repulsiones considerables, tanto eléctricas como estéricas (Walstra, 1996).

Si bien muchos factores involucrados en la estabilidad de una emulsión son de naturaleza termodinámica y química, la estabilidad de una emulsión cárnica puede alcanzarse aumentando la viscosidad de la fase continua, adicionando un emulsificante grado alimenticio y ajustando el tamaño promedio de las partículas de la fase dispersa (McClements, 1995). La estabilidad de una pasta cárnica es función de factores coloidales como la fuerza iónica, la forma de las partículas, la carga de la superficie de la partícula y la distribución del tamaño de partícula (Van Ruth y col., 2002).

EMULSIFICANTES

Un emulsificante es una molécula con actividad de superficie que se adsorbe a la superficie de los glóbulos formados durante la homogenización, formando una membrana que los protege de acercarse lo suficiente unos a otros y agregarse (McClements, 2005). El emulsificante puede ser necesario para facilitar la formación de la emulsión (Schramm, 2005). Muchos emulsificantes son moléculas anfifílicas, es decir, tienen regiones polares y no polares como parte de la misma molécula (McClements, 2005). La habilidad de un emulsificante para facilitar la formación de una emulsión está relacionada con su habilidad para adsorberse a la interfase aceite-agua y estabilizarla. Los emulsificantes reducen la tensión interfacial y la cantidad de trabajo necesario para crear nuevas superficies (Zhang y col., 2009). El emulsificante no es sólo necesario para la formación de la emulsión, sino también para estabilizarla una vez preparada. Es importante distinguir entre estas dos funciones básicas, porque no están relacionadas entre sí. Un emulsificante puede ser idóneo para permitir la formación de glóbulos pequeños, pero no impedir la coalescencia durante un tiempo largo (Walstra, 1996).

Los emulsificantes más utilizados en la industria de los alimentos son proteínas (caseína, proteínas del suero, soya y huevo), polisacáridos, fosfolípidos (de huevo, lecitina de soya), pequeñas moléculas surfactantes como el Tween y partículas sólidas (Decker y col., 2005; McClements, 2007).

La lecitina de soya natural o modificada es un ejemplo claro de fosfolípidos que se usan como estabilizantes y agentes emulsificantes en la industria alimenticia, que permiten obtener productos con atributos aceptables (Pand y col., 2004). Para las emulsiones alimenticias del tipo O/W son de elección como emulsificantes las proteínas (Walstra, 1996), debido a que una de sus propiedades funcionales más importantes es su habilidad para ser dispersadas en una fase acuosa (Mu y col., 2009), son comestibles, tensoactivas y proporcionan una gran resistencia a la coalescencia. Los glóbulos de aceite emulsificados son estabilizados por la acumulación de proteínas en la superficie de los glóbulos, las cuales forman una barrera protectora que previene la coalescencia y el consiguiente rompimiento de la emulsión. La estabilidad de la emulsión es importante y el éxito de un emulsificante es dependiente de su habilidad para mantener la integridad de la emulsión en los pasos siguientes del procesamiento del alimento, como la cocción y el enlatado. Sin embargo, a bajas concentraciones de proteína o radios bajos de proteína/aceite, la proteína presente es insuficiente para saturar la interfase creada durante la emulsificación, la emulsión resultante es altamente inestable y la floculación ocurre.

El grado en el que una emulsión flocula es función de la estructura de la capa de proteína adsorbida y de la calidad termodinámica del solvente involucrado. Los factores que influyen en este fenómeno son la viscosidad de la fases dispersa y continua, la deformabilidad de los glóbulos, el tamaño, las fuerzas interglóbulos, la γ y la movilidad de la película adsorbida. Si la película estabilizante en la interfase aceite-agua se rompe, la coalescencia se presenta y los glóbulos de aceite se combinan para formar un glóbulo esférico de mayor tamaño (Eleousa y Doxastakis, 2006). Las proteínas no pueden usarse en emulsiones W/O por su baja solubilidad en la fase oleosa (Walstra, 1996).

PROTEÍNAS COMO EMULSIFICANTES

Muchas proteínas incluidas la caseína, proteína de soya, proteínas de músculo y de huevo han sido utilizadas en varios productos alimenticios emulsificados (Mine y col., 1991). Sin embargo, las proteínas difieren en su eficacia emulsificante, sobre todo, por su distinta masa molar (Walstra, 1996). Las proteínas de masa molar menor deberían ser más eficaces como emulsificantes, sin embargo, no siempre es conveniente una masa molar baja, ya que los péptidos muy pequeños pueden formar emulsiones proclives a una coalescencia rápida. También debe tenerse en cuenta que las distintas preparaciones proteicas, especialmente los productos industriales, contienen agregados moleculares de diversos tamaños, los cuales aumentan considerablemente la masa molar efectiva y disminuyen la eficacia del emulsificante. Las soluciones de proteína que se disuelven con dificultad no son buenos emulsificantes. Como regla general, las proteínas con solubilidad alta facilitan casi de la misma manera la formación de la emulsión (es decir, la obtención de los glóbulos), si su concentración no es demasiado baja. Otra variable importante es la carga superficial de las proteínas. Si una proteína utilizada como emulsificante muestra una carga superficial alta, se necesita una gran cantidad de proteína para producir una emulsión estable. La carga superficial de una proteína puede depender también, de cómo se prepare la emulsión.

Proteínas de origen vegetal

Los aislados de proteína de frijol de Mucuna juegan un papel importante durante la emulsificación ya que favorecen la formación de emulsiones O/W y estabilizan las emulsiones una vez que han sido formadas, puesto que al ser sustancias con actividad de superficie se desplazan a las interfases aceite-agua, disminuyendo la tensión superficial y facilitando la producción de la emulsión.

La alta solubilidad de los aislados de proteína de frijol de Mucuna y la harina de esta semilla en el intervalo de pH ácido indica que el frijol de Mucuna puede ser útil en la formulación de bebidas proteicas ácidas carbonatadas, además la alta capacidad de emulsificación y estabilidad indican que los aislados de proteína de esta leguminosa pueden servir como un ingrediente potencial en la formulación de varios alimentos, por ejemplo: aderezos para ensaladas, salchichas, productos cárnicos, helados, pastas para pasteles y mayonesa (Adebowale y Adebowale, 2008).

Proteínas de origen animal

Las proteínas de la clara de huevo constituyen una mezcla de materiales de gran importancia para la industria de alimentos, ya que presentan características críticas para la preparación de una gran variedad de alimentos procesados. De manera particular, la ovoalbúmina es la proteína más abundante en la clara y es un ingrediente alimenticio importante con una elevada funcionalidad que incluye propiedades emulsificantes, espumantes y estabilizantes (Mine y col., 1991). Está compuesta por 385 residuos (44 kDa), con una cadena de carbohidratos, cero a dos grupos fosforil, cuatro grupos sulfhidrilo libres y un enlace disulfuro (-S-S-) (Galazka y col., 2000).

Además de las proteínas de la clara, la yema de huevo de gallina ha mostrado ser un excelente emulsificante alimenticio y por lo tanto, ha sido ampliamente utilizado para la preparación desde productos de panadería, hasta salsas frías y aderezos. Las lipovitelinas son el componente principal de la yema de huevo, puesto que representan cerca del 68% de la materia seca total (Daimer y Kulozik, 2009). Se ha reportado que el tratamiento térmico de la yema de huevo puede mejorar sus propiedades emulsificantes, pues se ha observado que las proteínas parcialmente desnaturalizadas pueden adsorberse a la interfase aceite-agua y estabilizar la emulsión de una mejor manera que las proteínas nativas.

Además, las emulsiones preparadas con yema de huevo sometida a tratamiento térmico resultaron menos sensibles a las variaciones de pH y fuerza iónica (Guilmineau y Kulozik, 2006a). Este efecto positivo es atribuido al aumento de la repulsión estérica entre los glóbulos de aceite cuando los agregados de proteína desnaturalizada cubren la interfase aceite-agua (Guilmineau y Kulozik, 2006b).

Proteínas modificadas enzimáticamente

Las proteínas y los concentrados de proteína del suero de leche representan una fuente importante de ingredientes debido a sus propiedades nutricionales, sensoriales y funcionales, entre las que se incluyen principalmente la absorción de agua, formación de geles, emulsificación y espumado. De manera particular, se ha demostrado que la hidrólisis enzimática de la fracción grasa remanente en el suero de leche mejora sus propiedades interfaciales, aumentando la velocidad de adsorción en la interfase aire-agua, disminuyendo el equilibrio en la tensión superficial y elevando el módulo de compresibilidad de las películas formadas en la superficie de agua, lo que resulta en el mejoramiento de las propiedades emulsificantes. El suero resultante que se obtiene al aplicar el tratamiento enzimático, puede ser usado para mejorar la textura de alimentos bajos en grasa (Blecker y col., 1997).

La hidrólisis con pancreatina de aislados de proteína de soya altera el peso molecular de los aislados proteicos, incrementando la hidrofobicidad de superficie y mejorando sus propiedades funcionales, particularmente la solubilidad y la actividad emulsificante. Los productos resultantes de la hidrólisis con pancreatina de aislados de proteína de soya pueden ser empleados como agentes emulsificantes en productos alimenticios como mayonesas y cárnicos (Qi y col., 1997).

Proteínas miofibrilares

En el caso de los productos cárnicos emulsificados, las propiedades tecnológicas de las proteínas juegan un papel importante. Dentro de las proteínas de la carne, las proteínas miofibrilares poseen una elevada funcionalidad emulsionante. Su alta solubilidad e interacciones afectan la unión del aceite y la capacidad de retención de agua, estabilidad, viscosidad, densidad y otras características de importancia en las emulsiones. Las proteínas miofibrilares intervienen en la formación del gel después del tratamiento térmico. La formación del gel contribuye a la obtención de la textura y a la estabilización agua-grasa en los productos cárnicos emulsificados (Zorba y Kurt, 2006). El efecto de las proteínas sarcoplasmáticas en la emulsificación es relativamente bajo (Zorba, 2006), en particular, su efecto en la unión de aceite y capacidad de retención de agua se presenta cuando la fuerza iónica está por debajo de 0.4 M, pero se ve disminuido cuando la fuerza iónica excede ese valor. Finalmente, el rol de las proteínas del tejido conectivo en la emulsificación es insignificante.

Entre las proteínas miofibrilares, la miosina y la actina son las más importantes (Zorba, 2006). Estás proteínas se encuentran presentes en el tejido muscular en porcentajes de cerca del 42 y 16%, respectivamente, y constituyen alrededor del 55 a 60% del total de las proteínas miofibrilares.

El filamento grueso de miosina está formado por cerca de 280 moléculas de unidades individuales de la proteína miosina, que presentan una cola larga y dos cabezas. La cola de la molécula se denomina miosina ligera, mientras que la cabeza es conocida como miosina pesada (Feiner, 2006). La miosina presenta pesos moleculares de entre 200 y 510 kDa (Schut, 1976), aunque también se ha reportado que presenta un peso molecular de 490 kDa (Feiner, 2006), contiene grandes cantidades de residuos de ácido aspártico, ácido glutámico y una pequeña cantidad de residuos de los aminoácidos alcalinos histidina, lisina y arginina. Debido a su composición de aminoácidos se espera que la miosina esté cargada negativamente a pH fisiológico (Schut, 1976).

El filamento delgado de actina está constituido por G-actina monomérica o globular, la cual forma el filamento o fibrilla, F-actina, al encontrarse en conjunto con troponina, tropomiosina y actinina. El peso molecular de la G-actina es de aproximadamente 40 kDa y está constituida por cerca de 350 aminoácidos.

Durante el proceso de obtención de emulsiones cárnicas, debe activarse la mayor cantidad de proteína presente en el músculo, esto se logra mediante la destrucción del sarcolema para liberar a la miosina y a la actina, las cuales son subsecuentemente solubilizadas por acción de las sales y los fosfatos. Las proteínas miofibrilares son de naturaleza fibrosa y se convierten en un líquido viscoso o exudado durante la activación de las proteínas, el cual es posteriormente, el responsable de la emulsificación de la grasa, así como de la inmovilización del agua adicionada. La transformación de proteína fibrosa en exudado ocurre fácilmente en la carne de cerdo y pollo, pero es más difícil en la carne de res y cordero (Feiner, 2006). Diferentes especies presentan distintas características en sus proteínas y estos contrastes pueden deberse a los efectos de interacción (Zorba y Kurt, 2006). Las diferencias en las propiedades funcionales de las proteínas miofibrilares pueden derivarse también de factores inherentes como la estructura de la proteína, la masa molecular y la composición de aminoácidos (Liu y col., 2008).

El nivel de dureza en la carne, basado en los diversos grosores de las fibras presentes entre los diferentes tipos y cortes de carne, explica las diferencias en la solubilidad entre los diversos cortes de una misma especie (Feiner, 2006). Por tanto, las características del producto cárnico emulsificado final pueden ser atribuidas al tipo de músculo (Westphalen y col., 2006). La miosina de músculo rojo consistentemente da como resultado geles débiles, comparados con los obtenidos con proteínas del músculo blanco. Se ha reportado que los geles de proteínas miofibrilares de músculos de pierna de gallina (rojos) producen valores de módulos de almacenamiento bajos (característicos de un gel débil), respecto a los obtenidos con proteínas miofibrilares de pechuga de pollo, independientemente del pH, fuerza iónica y la presencia de antioxidantes.

Las proteínas miofibrilares de pescado poseen propiedades funcionales excelentes y pueden formar emulsiones. Varios productos marinos procesados son manufacturados usando la funcionalidad de las proteínas miofibrilares. Sin embargo, las proteínas miofibrilares de pescado suelen ser menos estables térmica y químicamente comparadas con las de otros vertebrados. La conjugación de estas proteínas con compuestos como el oligosacárido de alginato es una forma efectiva de mejorar sus propiedades funcionales, en particular su habilidad para formar emulsiones (Sato y col., 2003). En el caso de los moluscos, los cuales son organismos invertebrados, la proteína paramiosina constituye el núcleo de los filamentos gruesos rodeados por una capa cortical de miosina. La paramiosina altera considerablemente la textura de los productos marinos emulsificados.

La evaluación de las propiedades fisicoquímicas y funcionales de las proteínas miofibrilares de escalopa, molusco y calamar mostró que el contenido de paramiosina y actomiosina en los músculos de las diferentes especies fue distinto. La actomiosina encontrada en molusco presentó un valor de viscosidad reducida mucho mayor y una menor hidrofobicidad y capacidad de emulsificación con respecto a las otras actomiosinas analizadas. Finalmente, los valores más altos de capacidad de emulsificación se observaron en los extractos de manto de calamar (Mignino y Paredi, 2006).

EMULSIONES CÁRNICAS

Una emulsión cárnica es un sistema bifásico que está constituido por partículas de grasa (fase sólida) suspendidas en una matriz de proteínas solubles en sales y agua (fase líquida). Dispersas en esta fase líquida se encuentran también algunas proteínas insolubles, tejido conectivo, partículas de carne, etcétera (Rust, 1994). La fase líquida es en realidad, un fluido viscoso o exudado (Feiner, 2006).

Las partículas de grasa, están suspendidas en el seno del líquido debido a la formación de una película proteica. Los grupos hidrofílicos de las proteínas se orientan hacia la fase acuosa y los hidrofóbicos hacia la fase grasa, estabilizando la suspensión. Tanto las proteínas miofibrilares como las sarcoplásmicas pueden llevar a cabo esta emulsificación. Sin embargo, las proteínas miofibrilares son adsorbidas en la interfase agua/grasa de manera preferencial. En particular, la miosina libre es la más adsorbida (Feiner, 2006) y se encarga de emulsificar las grasas y retener agua en carnes procesadas. Dicha proteína logra lo anterior, al formar y mantener unida la interfase aceite-agua durante los pasos de la emulsificación (Álvarez y col., 2007).

La cantidad de agua unida dentro del tejido muscular depende en gran medida del espacio disponible entre las fibras de actina y miosina y el valor del pH juega un rol vital. Generalmente, valores de pH por encima y por debajo del punto isoeléctrico dan como resultado un aumento de la capacidad de retención de agua, pero dentro del músculo los niveles por arriba del punto isoeléctrico son de importancia.

Una disminución en el valor de pH cercano al punto isoeléctrico en la carne, resulta en una menor capacidad de retención de agua. En el punto isoeléctrico del complejo actomiosina, a un pH de 5.2, muchos de los grupos COOH están presentes como aniones COO^- y muchos de los grupos NH_2 se encuentran como cationes NH_3^+. Estos iones positivos y negativos se atraen unos a otros y la molécula de proteína se encuentra fuertemente unida. En este punto, la molécula de proteína presenta una carga neta de cero, debido a que existe el mismo número de cargas positivas y negativas en la proteína. Como resultado, sólo una pequeña cantidad de agua puede unirse dentro de las proteínas. Un aumento en el número de cargas, positivas o negativas, aumenta la capacidad de retención de agua, debido a que la proteína no está fuertemente unida, como en el caso del punto isoeléctrico.

Cuando las cargas negativas sobrepasan las cargas positivas, el valor de pH de la proteína se encuentra por encima del punto isoeléctrico y esa condición se manifiesta en una mayor capacidad de retención de agua. Las fibras (filamentos) se repelen y el espacio o hueco entre la actina y la miosina aumenta, lo que permite que se incorpore más agua. En la carne fresca, se puede observar un efecto muy similar a valores de pH por debajo del punto isoeléctrico, cuando las cargas positivas exceden las cargas negativas.

Si los grupos NH_3^+ están presentes en el tejido muscular como grupos neutros NH_2, las fuerzas de unión entre actina y miosina son débiles. Cuando las fuerzas de unión son débiles, grandes cantidades de agua pueden ser inmovilizadas en la estructura de la fibra y esa agua inmovilizada no está disponible libremente pero se encuentra unida con firmeza. Por consiguiente, se presenta una mayor repulsión entre actina y miosina y el efecto de capilaridad también aumenta, el cual contribuye nuevamente con la captación de agua. El impacto positivo del efecto capilar en la capacidad de retención de agua en el tejido muscular termina a un valor de pH cercano a 6.4, en el que las fibras individuales están tan separadas unas de las otras, que el efecto de succión ya no ocurre. En resumen, un valor de pH alto (aumento de cargas negativas) en el tejido muscular crea huecos entre la actina y la miosina, debido a un incremento en las fuerzas de repulsión lo cual, combinado con el efecto capilar, se traduce en una mayor cantidad de agua inmovilizada.

La adición de sales al tejido muscular cambia el número de cargas en las fibras del músculo, esto provoca una hinchazón de la estructura fibrosa y en consecuencia la capacidad de retención de agua también aumenta. La carga positiva de los iones de sodio (Na^+) se une débilmente con las cargas negativas en la proteína. Por otro lado, los iones cloro negativos (Cl^-) se unen fuertemente con la molécula de proteína. La unión ligera de los iones sodio provoca un pequeño movimiento del punto isoeléctrico en la carne hacia un valor de pH menor, cercano a 5.0.

En la mezcla de proteínas, agua retenida y sales, las partículas de grasa son cubiertas por proteína y se forma la emulsión. Después ésta es estabilizada por la desnaturalización proteica asociada al tratamiento térmico. Las proteínas miofibrilares producen un gel fuerte. Las proteínas sarcoplásmicas, sin embargo, dan lugar a geles débiles que no contribuyen a estabilizar el producto (Feiner, 2006).

La estabilidad de una emulsión aumenta cuando las partículas de grasa se vuelven más pequeñas y está presente una cantidad suficiente de proteína para cubrir a todas las partículas de grasa. La temperatura de la emulsión aumenta durante el proceso de corte y homogenización, lo anterior provoca que la tensión en la superficie de las partículas de grasa disminuya. Este descenso en la tensión superficial favorece el proceso de reducción del tamaño de partícula e incrementa el área superficial de las partículas de grasa, en consecuencia, se requiere de una mayor cantidad de proteína para emulsificar los glóbulos de grasa. El aumentar la proporción de tejido magro permite extraer una mayor cantidad de proteínas miofibrilares que actúen como emulsificantes.

Con base en lo anterior, la obtención de una emulsión cárnica estable es dependiente de varios factores y requiere de: (a) una reducción adecuada de los tamaños de partícula de la carne y la grasa, (b) una extracción y dispersión de proteínas miofibrilares y de (c) mantener al mínimo la desnaturalización de las proteínas miofibrilares durante el proceso de cortado de la carne, para así asegurar que éstas cubran de manera óptima los glóbulos de grasa, antes de someter la emulsión a cocimiento (Álvarez y col., 2007).

Se han propuesto dos teorías que explican la estabilización de emulsiones cárnicas: la teoría de emulsión y la teoría de atrapamiento físico. La teoría de emulsión explica que la estabilización de una emulsión cárnica es resultado de la formación de una película de proteína alrededor del glóbulo de grasa, de esta manera el sistema cárnico es catalogado como una emulsión O/W. Por otro lado, la teoría de atrapamiento físico hace énfasis en el papel que ejerce una matriz de proteínas para atrapar a la grasa y mantenerla en la red proteica, durante los procesos siguientes de cortado y cocción (Gordon y Barbut, 1992).

La carne de cerdo (Feiner, 2006) y de res se utiliza extensivamente en los productos cárnicos emulsificados, sin embargo las características de la carne de aves ha generado interés en los productores, debido a que la carne de pollo y pavo presenta propiedades nutricionales altas (Zorba y Kurt, 2006).

Productos como salchichas Frankfurt, bologna, etcétera, son emulsiones que ocupan un lugar importante en la dieta de los países desarrollados (Álvarez y col., 2007), sin embargo, además de los productos cárnicos emulsificados tradicionales, los embutidos untables y el *pâté* de hígado son productos del tipo pasta cárnica (emulsión cárnica) que se manufacturan alrededor del mundo y suelen ser una excelente forma de añadir valor a materiales de bajo costo, ya que la materia prima procesada suele ser hígado y cortes grasos.

Emulsiones cárnicas rebanables

Los embutidos de tipo salchicha son emulsiones cárnicas cocidas y rebanables que se obtienen de carne de cerdo, res o aves (principalmente pavo o pollo) que ha sido finamente picada y mezclada con grasa, agua, hielo y aditivos como sal, nitratos, fosfatos, saborizantes, etcétera. El contenido de grasa en los embutidos emulsificados depende de la legislación de cada país, pero puede encontrarse en el intervalo de 15 a 30%. La carne se emulsifica en una cortadora, durante este paso ocurre la homogenización de los ingredientes que componen a las fases de la emulsión cárnica, las proteínas miofibrilares actúan como emulsificantes, aunque algunas veces se adicionan aditivos como leche descremada, para aumentar la cohesividad y facilitar el rebanado del producto final. El efecto de la sal adicionada a los extractos de proteínas miofibrilares (musculares) mejora la retención de agua y la emulsificación de las partículas de grasa, contribuyendo con la formación de un gel, el cual al someterse a tratamiento térmico se transforma en un producto sólido. Después de mezclar los ingredientes, la emulsión cárnica se embute dentro de tripas naturales o sintéticas. Finalmente, los ingredientes mezclados durante la homogenización se someten a calentamiento en un horno o se cocinan y ahúman en cuartos de ahumado.

Después de la cocción y el ahumado, los embutidos se enfrían empleando duchas de enfriamiento o por inmersión en tanques de agua fría. En los procesos de producción de las salchichas Frankfurt, la tripa sintética se remueve, mientras que en las salchichas polacas y de desayuno se utilizan tripas comestibles que permanecen en el producto. La característica de textura más importante en los embutidos rebanables es la cohesividad, la cual se mide con una prueba de compresión de dos ciclos utilizando un texturómetro o compresímetro (Rosenthal, 2010).

Pastas cárnicas

Salchichas untables de hígado

Si bien las salchichas untables de hígado y los pâtés forman parte de la dieta diaria en algunos países, en otros sólo unos pocos habitantes los consumen de manera habitual. La variedad de productos disponibles es muy grande debido a todas las posibles especias, hierbas y otros materiales como vino oporto y brandy, que se utilizan para brindar sabor a la materia prima. Las salchichas de hígado suelen empacarse en cubiertas, el *pâté* de hígado se almacena en una especie de molde o contenedor. Como el nombre lo indica, se incorpora hígado a estos productos, mientras que otros tipos de *pâtés* están constituidos solamente de carne y grasa. Generalmente, la carne y la grasa utilizada en la producción de salchichas de hígado y *pâté*, se precoce y el hígado crudo actúa como emulsificante. Particularmente, durante la preparación de *pâté* de hígado se forma una pasta cárnica, la cual es un sistema muy parecido a una emulsión, debido a que se encuentran presentes agua y grasa caliente en estado líquido en la pasta cárnica (Feiner, 2006).

Pâté de hígado

La palabra francesa *pâté* significa literalmente, "cubierto en pasta". El *pâté* de hígado puede ser producido de varias formas. Debido a la gran diversidad existente, es muy difícil especificar un solo método que describa mejor el proceso de producción. El *pâté* es un producto cárnico francés de lujo, y el *pâté* de hígado es básicamente una extensión de dicho alimento, basado en las salchichas de hígado. Los productos denominados *rillettes, terrine* y *galantine* son variantes del *pâté* (Feiner, 2006). Las *terrines* están hechos de diferentes ingredientes y poseen varias estructuras, pueden incluir trozos de carne como en el caso de *terrine champagne*, o bien, presentar una estructura de puré como la *terrine de foie de volaille* (hígado de ave). Los ingredientes básicos del *pâte* pueden variar, sin embargo, suele estar hecho de hígado de res, cerdo, pollo o pato, o bien, de mariscos, carne de caza como venado y conejo e incluso vegetales (Feiner, 2006; Guerrero Legarreta, 2010).

El *pâté* de hígado se produce frecuentemente en la misma forma que las salchichas gruesas de hígado, la diferencia radica en la manera de empacar el producto final y el tipo de tratamiento térmico aplicado. La diferencia en el tratamiento térmico se debe a que durante el manejo del material precocido, la mezcla cárnica es semicocida a una temperatura cercana a los 60°C, por lo tanto, la proteína muscular (miofibrilar) no se encuentra completamente desnaturalizada. La inclusión de sal durante el proceso de cortado posterior, solubiliza la proteína no desnaturalizada. Durante el tratamiento térmico, la masa de *pâté* que contiene a la proteína activada del material parcialmente precocido (Feiner, 2006), contribuye con la obtención de una estructura suave y cremosa (Guerrero Legarreta, 2010).

Otro método simple para la preparación de *pâté* es picar carne grasa cruda no tratada con la navaja deseada y mezclarla con sal, especias, leche y huevos. La masa cárnica se mezcla hasta obtener una consistencia gomosa y posteriormente se transfiere a moldes. Es posible adicionar cualquier tipo de condimento, como alcohol, especias o frutos. Muchas veces, el *pâté* se prepara sin nitritos, lo cual le proporciona al producto un carácter tradicional (Feiner, 2006). Si bien, este tipo de productos generalmente se denominan *pâté*, su nombre correcto es pasta o pasta de hígado, precedido del nombre del animal usado para su producción, por ejemplo, *pâté* de hígado de pollo. Los más comercializados son los *pâtés* de hígado de cerdo, seguidos de los de hígado de pato (Guerrero Legarreta, 2010).

Tanto el *pâté* como el *pâté de foie-gras* son productos cárnicos altos en calorías, grasas saturadas, sodio y colesterol, por lo tanto, se han realizado estudios para formular *pâté* con un menor contenido de grasas saturadas. Las preparaciones de *pâté* de hígado de cerdo que involucran reemplazar parcialmente la grasa de cerdo con ácido linoleico conjugado y aceite de oliva mostró que el producto fue estable a la oxidación lipídica durante 71 días de almacenamiento a una temperatura de refrigeración (Martin y col., 2008).

Pâté de foie-gras

El *foie-gras*, término francés para hígado graso, es un producto tradicional preparado únicamente con el hígado hipertrofiado de ganso o pato; dicha hipertrofia se obtiene de suplementar dietas especiales a los animales mediante alimentación forzada. La práctica de la alimentación forzada de gansos para agrandar sus hígados data del año 400 A. C. Para obtener los hígados utilizados en la preparación del foie-gras, los animales son inmovilizados en las granjas y son alimentados con dietas altas en calorías. El hígado obtenido no presenta patología, es solamente un órgano con un contenido de grasa excesivo. Contrario al *pâté*, en la producción de *foie-gras* el hígado no es mezclado con carne u otro ingrediente, solamente es tratado con calor para obtener un producto que cumpla con todas las regulaciones sanitarias. La legislación francesa solicita que al menos el 80% del *foie-gras* sea hígado, esto lo convierte en un producto muy caro.

Los tres tipos comerciales de *pâté de foie-gras* son: *frais* (fresco), *micuit* (semicocido) y *bloc* (bloque reestructurado). Los *mousse* o *puré de foie-gras* son una versión barata y contienen 55% de hígado.

Procesamiento de pastas cárnicas

El ingrediente principal en el *foie-gras* es el hígado picado, el cual debe ser limpiado y liberado de cualquier residuo de tejido conectivo. Los ingredientes cárnicos (víscera y carne magra) son previamente cortado o molidos y cocidos a una temperatura aproximada de 80°C. La grasa se escalda con anterioridad a 65°C y se adiciona posteriormente. De manera alternativa, se pueden incluir sustitutos de grasa a la formulación. El bloque de carne se homogeniza, se añade caldo caliente en este paso de la operación para obtener la textura deseada. En algunos casos, se adicionan proteínas no cárnicas para estabilizar la emulsión, como concentrados de proteína de soya o leche descremada. Una vez que la pasta ha sido homogenizada se agrega el hígado, seguido de especias, hierbas y cualquier otro aditivo, como almendras y trufas. La homogenización durante el cortado forma una emulsión, en la cual las proteínas del hígado son los principales agentes emulsificantes. Sin embargo, en las operaciones comerciales se suelen añadir otros emulsificantes con el objetivo de estabilizar la emulsión, así como plastificantes, por ejemplo sorbitol y glicerol, para mejorar la extensibilidad del producto. A continuación, la pasta cárnica se coloca en latas o contenedores. Debido a que es un material semifluido, es importante evitar la formación y atrapamiento de burbujas durante este paso, ya que el aire reduce la transferencia de calor, lo cual resulta en la obtención de un alimento subprocesado. El aire puede promover también la oxidación de lípidos y pigmentos, reduciendo la calidad del producto final. La relación entre el tiempo y la temperatura, además de los parámetros de producción, es dependiente del contenedor o del diámetro de la lata. En contenedores pequeños (50 mm de diámetro) el calentamiento debe ser de 70 a 74°C detectados en el centro del producto por 41 a 58 minutos. En los formatos grandes (150 mm de diámetro), el calor necesario es de 68 a 70°C durante 314 a 360 min, para un procesamiento completo (Guerrero Legarreta, 2010). Además de eliminar a los microorganismos y garantizar que el producto es seguro, el calor desarrolla características sensoriales como sabor y textura. La emulsión se convierte en un gel, lo cual le proporciona estabilidad al *pâté*, aunque la gran cantidad de grasa contribuye con la extensibilidad característica de este producto cárnico.

En el caso del *pâté de foie-gras*, el alto contenido de grasa (44%), hace que esta pasta cárnica se funda rápidamente, por lo tanto, se sirve frio. El *pâté* de hígado se puede servir frio o tibio. Los chefs recomiendan consumir el *pâté* enlatado una vez que ha sido madurado por tres meses antes de abrir la lata, puesto que el almacenamiento por ese periodo de tiempo favorece el desarrollo de sabor.

Características fisicoquímicas

Al ser alimentos semisólidos, se espera que el *pâté* se consuma como un producto untable, la textura en general y la extensibilidad en particular, son las características fisicoquímicas más importantes. La extensibilidad es una característica de textura de los alimentos del tipo semisólido y está relacionada con el rendimiento al estrés de un material, es decir el estrés mínimo de cizalla requerido para iniciar el flujo (σ_0), inversamente proporcional a σ_0. El desarrollo de métodos para medir la extensibilidad basados en el torque ejercido por una elemento giratorio (Kryscio y col., 2008) y en el punto de rendimiento al estrés del alimento. Daubert y col. (1998) mostró que la propiedad de textura está ligada al rendimiento al estrés de un material, asimismo observó que la deformación en el rendimiento puede ser importante.

EMULSIONES CÁRNICAS BAJAS EN GRASA

En los cárnicos emulsificados bajos en grasa, la fase dispersa ha sido parcial o totalmente reemplazada por otro material que contribuye a la formación de un sistema físico similar a un sistema de dos fases. Los sustitutos de grasa son sustancias como el almidón, hidrocoloides, leche en polvo sin grasa, gomas (pectina, carragenina, gelana, xantana, etcétera) y proteínas de plantas. Otros carbohidratos, como el almidón pregelatinizado, desarrollan instantáneamente una viscosidad estable. Estos ingredientes también proporcionan propiedades gelificantes y de textura, incorporan al jugo y la salmuera, controlan la sinéresis, mejoran la capacidad de rebanado y aumentan el rendimiento del producto. Los cogelificantes proteína-polisacáridos permiten una reducción del contenido de grasa. Los trabajos desarrollados sobre el efecto de la fibra con alto contenido de celulosa en la reducción de grasa de *pâté* de hígado encontraron que el producto desarrollado tenía características mejoradas de sabor y textura comparado con el *pâté* original (Kaack y col., 2006).

Uno de los problemas principales con las pastas bajas en grasa es desarrollar buenas características de extensibilidad. Sin embargo, un producto untable bajo en grasa preparado con soya mostró propiedades de extensibilidad superiores y se mantuvo en buen estado por cerca de tres meses, a temperatura de refrigeración. La formulación de dicho producto incluía leche descremada en polvo, citrato de sodio para aumentar la habilidad de flujo y disminuir la pérdida de aceite del producto final, carragenina y goma guar que aumentan efectivamente la extensibilidad, plastificantes como el sorbitol y glicerol que favorecen la viscosidad, el sabor y la textura características, además de annatto y β-caroteno que actuaron como colorantes (Patel y Gupta, 2006).

La patente estadounidense 5693350 describe el proceso para preparar *pâté* de carne con bajo contenido de grasa. En la descripción de la patente, la expresión "*pâté* con bajo contenido en grasa" se utiliza para designar a los productos que contienen un porcentaje de grasa menor a 10%. La formulación incluye carne magra en 40 a 80% (3 a 8% de grasa), hasta 15% de sustituto de grasa, 15 a 50% de agua adicionada, 1.2 a 2.4% de sales de nitrito y hasta 0.3% de fosfatos. Los autores reportan que la emulsión cárnica se somete a digestión proteolítica y cocción, posteriormente a una presión hidrostática (>400,000 kPa) por tiempo suficiente hasta obtener un contenido de unidades proteasa/g en *pâté*<4.5. El producto presenta una mejor extensibilidad o untabilidad comparado con los *pâtés* tradicionales (Fernández y col., 1997).

CONCLUSIONES

Una gran cantidad de alimentos procesados se caracterizan por ser sistemas coloidales del tipo emulsión. Las distintas y muy particulares características fisicoquímicas y sensoriales exhibidas por los productos alimenticios emulsificados son resultado de los diferentes ingredientes con los que fueron preparados y las condiciones bajo las cuales fueron producidos, ya que el procesamiento de los alimentos tipo emulsión influye de manera significativa en las interacciones que ocurren entre las moléculas que constituyen a los componentes empleados para formar el alimento emulsificado. Dentro de la variedad de emulsiones que ofrece la industria alimentaria, las emulsiones cárnicas llamadas productos cárnicos emulsificados ocupan un lugar importante en el mercado, debido a que se consumen de manera extensiva alrededor del mundo, principalmente en la presentación de embutidos rebanables, como salchichas Frankfurt y boloña, y en menor medida como emulsiones untables, representadas por las pastas cárnicas como salchichas untables de hígado y los *pâtés*.

En las emulsiones cárnicas, las proteínas miofibrilares (musculares) actúan como emulsificantes que favorecen el recubrimiento de las partículas de grasa en una red proteica solubilizada por la adición de sales, la cual atrapa agua y favorece la formación de un gel, que al ser sometido a tratamientos térmicos permite la obtención de productos que presentan texturas de semisólidas a sólidas. La estabilidad de las emulsiones cárnicas es dependiente de factores relacionados con el tamaño de partícula de la carne y la grasa presentes en la mezcla de ingredientes, la dispersión de las proteínas miofibrilares y la desnaturalización controlada de las mismas durante el cortado de la carne, para así asegurar que las proteínas cubran de manera óptima los glóbulos de grasa antes de someter la emulsión a tratamientos térmicos (cocimiento). Los porcentajes de grasa que se adicionan a las emulsiones cárnicas varían en función a la formulación utilizada para producir un determinado tipo de producto. De esta manera, se pueden encontrar emulsiones cárnicas altas en grasa como las pastas cárnicas de hígado, ricas en grasas saturadas, cuya característica sensorial más importante es la extensibilidad o untabilidad. Sin embargo, atendiendo a las tendencias de consumo se han desarrollado productos cárnicos emulsificados clasificados como bajos en grasa, en los que la grasa saturada animal ha sido parcialmente sustituida por grasas de origen vegetal, adicionando ingredientes adicionales como gomas y estabilizantes, para mantener las características de textura deseadas en las emulsiones cárnicas.

BIBLIOGRAFÍA

Adebowale, Y.A., Adebowale, K.O. 2008. Emulsifying properties of Mucuna fluor and protein isolates. Journal of Food Technology 6, 66-79.

Blecker, C., Paquot, M., Lamberti, I., Sensidoni, A., Lognay, G., Deroanne, C. 1997. Improved emulsifying and foaming of whey proteins after enzymic fat hydrolysis. Journal of Food Science 62, 48-52.

Daimer, K., Kulozik, U. 2009. Oil-in-water emulsion properties of egg yolk: Effect of enzymatic modification by phospholipase A2. Food Hydrocolloids 23, 1366-1373.

Daubert, C.R., Tkachuk, J.A., Troung, V.D. 1998. Quantitative measurement of food spreadability using the vane methods. Journal of Texture Studies 29, 427-435.

Decker, E.A., Warner, K., Richards, M.P., Shahidi, F. 2005. Measuring antioxidant activity effectiveness in food. Journal of Agricultural and Food Chemistry 53, 4303-4310.

Desrumaux, A., Marcand, J. 2002. Formation of sunflower oil emulsions stabilized by whey proteins with high-pressure homogenization (up to 350 MPa): effect of pressure on emulsion characteristics. International Journal of Food Science and Technology 37, 263-269.

Eleousa, A.M., Doxastakis, I.G. 2006. Emulsifying and foaming properties of *Phaseolus vulgaris* and *coccineus* proteins. Food Chemistry 98, 558-568.

Feiner, G. 2006. Meat Products Handbook: Practical Science and Technology. Woodhead Publishing Limited. Abington. Cambridge, Reino Unido.

Fernández, I., Juillerat, M.A., Mandava, R. 1997. Process for preparing a meat pate having a low fat content. U.S. patent 5693350.

Galazka, V.B., Dickinson, E., Ledward, D.A. 2000. Emulsifying properties of ovalbumin in mixtures with sulphated polysaccharides: effects of pH, ionic strength, heat and high-pressure treatment. Journal of the Science of Food and Agriculture 80, 1219-1229.

Guerrero Legarreta, I. 2010. Canned Products and Paté. En: Handbook of Meat Processing. F. Toldrá (Ed.). Wiley-Blackwell. Hoboken, Nueva Jersey.

Guilmineau, F., Kulozik, U. 2006a. Impact of thermal treatment on the emulsifying properties of egg yolk. Part 1: Effect of the heating time. Food Hydrocolloids 20, 1105-1113.

Guilmineau, F., Kulozik, U. 2006b. Impact of thermal treatment on the emulsifying properties of egg yolk. Part 2: Effect of the environmental conditions. Food Hydrocolloids 20, 1114-23.

Kaack, K., Lærke, H.N., Meyer, A. S.2006. Liver paté enriched with dietary fiber extracted from potato fibre as fat substitutes. European Food Research and Technology 223, 267-272.

Kryscio, D.R., Sathe, P.M., Lionberger, R., Yu, L., Bell, M.A., Jay, M., Hilt, J. Z. 2008. Spreadability measurements to assess structural equivalence (Q_3) of topical formulations. A technical note. AAPS PharmSciTech 9, 84-86.

Liu, R., Zhao, A., Xiong, S., Qiu, C.G., Xie, B.J. 2008. Rheological properties of fish actomyosin and pork actomyosin solutions. Journal of Food Engineering 85, 173-179.

Martin, D., Ruiz, J., Kivikari, R., Puolanne, E. 2008. Partial replacement of pork fat by conjugate linoleic acid and/or olive oil in liver pâtés: effect on physicochemical characteristics and oxidative stability. Meat Science 80, 496-504.

McClements, D.J. 2005. Food Emulsions: Principles, Practices, and Techniques. CRC Press. Nueva York.

McClements, D.J. 2007. Critical review of techniques and methodologies for characterization of emulsion stability. Critical Reviews in Food Science and Nutrition 47, 611-649.

Mignino, L.A., Paredi, M.E. 2006. Physico-chemical and functional properties of myofibrillar proteins from different species of molluscs. LWT-Food Science and Technology 39, 35-42.

Mine, Y., Noutomi, T., Haga, N. 1991. Emulsifying and structural properties of ovalbumin. Journal of Agricultural and Food Chemistry 39, 443-446.

Mu, T.H., Tan, S.S., Chen, J.W., Xue, Y.L. 2009. Effect of pH and $NaCl/CaCl_2$ on the solubility and emulsifying properties of sweet potato protein. Journal of the Science of Food and Agriculture 89, 337-342.

Muschiolik, G. 2007. Multiple emulsions for food use. Current Opinion in Colloid and Interface Science 12, 213-220.

Nawar, W. 1993. Lípidos. En: Quíımica de los Alimentos. Fennema, O. (Ed.). Editorial Acribia. Zaragoza, España.

Patel, A.A., Gupta, S.K. 2006. Studies on a soy-based low-fat spread. Journal of Food Science 53, 455-459.

Pearce, N.K., Kinsella, J.E. 1978. Emulsifying properties of proteins: evaluation of turbidimetric technique. Journal of Agriculture and Food Chemistry 26, 716-723.

Rosenthal, A.J. 2010. Texture profile analysis. How important are the parameters? Journal of Texture Studies 41, 672-684.

Rust, R.E. 1994. Productos embutidos. En: Ciencia de la Carne y los Productos Cárnicos. Prince, J.F., Schweigert, B.S. (Eds.). Editorial Acribia. Zaragoza, España.

Sato, R., Katayama, S., Sawabe, T., Saeki, H. 2003. Stability and emulsion-forming ability of water-soluble fish myofibrillar protein preparated by conjugation with alginate oligosaccharide. Journal of Agricultural and Food Chemistry 51, 4376-4381.

Schramm, L.L. 2005. Emulsions, Foams, and Suspensions: Fundaments and Applications. Editorial Wiley-VCH Verlag GmbH & Co. Weinheim, Alemania.

Schut, J. 1976. Meat Emulsions. En: Food Emulsions. Friberg, S. (Ed.). Marcel Dekker. Nueva York.

Tcholakova, S., Denkov, N.D., Ivanov, I.B. 2006. Coalescence stability of emulsions containing globular milk proteins. Advance in Colloid and Interface Science 123-126 (Special Issue), 259-293.

Patist, A., Bates, D. 2008. Ultrasonic innovations in the food industry: From the laboratory to commercial production. Innovative Food Science and Emerging Technologies 9, 147-154.

Qi, M., Hettiarachchy, N.S., Kalapathy, U. 1997. Solubility and emulsifying properties of soy protein isolates modified by pancreatin. Journal of Food Science 62, 1110-1115.

Van Ruth, S.M., King, C., Giannouli, P. 2002. Influence of lipid fraction, emulsifier fraction and mean particle diameter of oil-in-water emulsions on the release of 20 aroma compounds. Journal of Agricultural and Food Chemistry 50, 2365-2371.

Walstra, P. 1996. Dispersed systems: basic considerations. En: Food Chemistry, Fennema, O. (Ed.). Marcel Dekker. Nueva York.

Westphalen, A.D., Briggs, J.L., Lonergan, S.M. 2006. Influence of muscle type on rheological properties of porcine myofibrillar protein during heat-induced gelation. Meat Science 72, 697-703.

Zhang, T., Jiang, B., Mu, W., Wang, Z. 2009. Emulsifying properties of chickpea proteins isolates: influence of pH and NaCl. Food Hydrocolloids 23, 146-52.

Zorba, O. 2006. The effects of the amount of emulsified oil on the emulsion stability and viscosity of myofibrillar proteins. Food Hydrocolloids 20, 698-702.

Zorba, O., Kurt, S. 2006. Optimization of emulsion characteristics of beef, chicken and turkey meat mixtures in model system using mixture design. Meat Science 73, 611-618.

CAPÍTULO 10.
LA DESHIDRATACIÓN EN EL PROCESAMIENTO DE PRODUCTOS CÁRNICOS

Liliana Ruiz-Valadez, Alicia Grajales-Lagunes, José Enrique González-Ramírez, Miguel Angel Ruiz-Cabrera

Laboratorio de Ingeniería en Alimentos, Facultad de Ciencias Químicas Universidad Autónoma de San Luis Potosí. Autor para correspondencia: Miguel Angel Ruiz Cabrera: mruiz@uaslp.mx

INTRODUCCIÓN

La deshidratación ha sido desde la antigüedad, la operación unitaria más utilizada por el hombre para la conservación de sus alimentos. Consiste en la remoción del agua contenida en un material húmedo (sólido, semisólido, líquido) mediante la aplicación de energía térmica con la finalidad de obtener un producto de humedad reducida y estable a las condiciones ambientales.

La deshidratación ha sido muchas veces confundida con el proceso de concentración. Aunque ambos procesos persiguen el mismo objetivo, es decir, disminuir la cantidad de agua en un alimento fresco, difieren en la forma de hacerlo así como en el producto final alcanzado. En el deshidratado, como producto final siempre se obtiene un sólido con un contenido de humedad del orden de 2-10% (base húmeda), mientras que la concentración genera como producto final una solución concentrada, una dispersión o un semisólido con un contenido de agua significativamente más elevado (Devahastin, 2000; Mujumdar, 2007). La deshidratación genera productos más duraderos con vida comercial más larga como resultado de la reducción de la actividad de agua (a_a) del alimento. Así también, la deshidratación induce una disminución drástica de la masa y volumen del alimento, disminuyendo costos de transporte y almacenamiento, ya que se evita el uso de sistemas de refrigeración o adición de conservadores para mantenerlos en buen estado antes de ser consumidos.

En la industria alimentaria se dispone de una gran cantidad de secadores; destacando los secadores de bandejas, rotatorios, de lecho fluidizado, tipo flash y por aspersión (Mujumdar, 2007). Debido a ello, para una selección correcta del secador deben considerarse algunos aspectos primordiales como el estado físico del alimento, sensibilidad del producto a la temperatura y estabilidad oxidativa, así como el tiempo de secado. Por ejemplo, para alimentos sólidos y semisólidos pueden utilizarse los secadores de bandejas, liofilizadores y secadores de lecho fluidizado o lecho fijo, mientras que para alimentos líquidos debe utilizarse primordialmente un secador por aspersión o liofilizador. Para productos cuya temperatura máxima de operación es de 30°C y con posibilidades de oxidación, se recomienda trabajar a vacío o con atmósferas inertes. Para tiempos de secado cortos, del orden de minutos, se recomiendan secadores continuos, mientras que para procesos de secado superiores a una hora es recomendable el secado por lotes.

Los métodos convencionales de secado más utilizados en la industria alimentaria, tales como la liofilización, el uso de superficies calientes y contacto con aire caliente, se clasifican primordialmente en base a la forma en la que se suministra calor al material húmedo (Devahastin, 2000). La energía puede ser suministrada por convección mediante secadores directos utilizando aire u otro fluido de arrastre; por conducción, donde el calor es transferido a la muestra por contacto indirecto a través de una superficie sólida (secadores indirectos) y por radiación o de forma volumétrica, es decir, colocando el material húmedo en un microondas o dentro de un campo electromagnético de radiofrecuencia.

La elaboración de productos cárnicos de humedad intermedia, como embutidos fermentados, jamones curados, salami, peperoni, mortadella, charqui, cecina, tasajo, carne molida, carne salada, machaca etcétera, son productos elaborados desde la antigüedad como una manera tradicional para preservar la carne (Chang y col., 1996; Chenoll y col., 2007; Arnau y col., 2007). En la mayoría de estos productos, se utiliza sal, azúcar y humo como agentes conservadores en combinación con la deshidratación, siendo esta última la etapa limitante del proceso en términos de tiempo y energía, ya que en estos alimentos los procesos de secado son muy lentos y se requiere de varios días para obtener un producto estable (Collignan y col., 2001; Sebastian y col., 2005; Schmidt y col., 2008). La actividad de agua (a_a) final alcanzada con el secado en productos cárnicos de humedad intermedia puede variar entre 0.60 y 0.90, con lo cual no se requiere de embalaje impermeable a la humedad o condiciones de refrigeración para su distribución y almacenamiento (Chang y col., 1996).

Aunque en algunos países como Francia, España, Italia, Estados Unidos, entre otros, se utilizan cámaras de secado en condiciones de convección natural, en otras partes del mundo todavía se utiliza el secado al sol para la elaboración de productos cárnicos de humedad intermedia. Sin embargo, este último se caracteriza por ser un proceso dependiente de las condiciones climáticas, carente de control en la calidad del producto deshidratado por la presencia de polvo, roedores, crecimiento de hongos, entre otros.

Por otro lado, la deshidratación demanda un alto consumo de energía, tiempo de secado largo el cual puede provocar daños térmicos en el producto, que son considerados aspectos críticos en el ámbito industrial y científico (Sagar y Kumar, 2010). En este contexto, el objetivo del presente capítulo es actualizar la información más relevante sobre los procesos de secado utilizado y prometedor para la producción de productos cárnicos de humedad intermedia. Por tanto, se presenta una descripción a detalle de los métodos convencionales de secado así como la utilización de algunos pretratamientos, métodos novedosos y de energías alternativas que han permitido disminuir el tiempo y consumo de energía del proceso, así como mejorar la calidad de los productos deshidratados.

MÉTODOS CONVENCIONALES DE SECADO

Liofilización

La liofilización ha sido utilizada como una técnica de deshidratación para obtener un producto final de alta calidad debido a la ausencia de oxígeno y baja temperatura a la cual se realiza. Este método se basa en la sublimación de una fracción de hielo desde el alimento congelado. Por lo tanto, es necesario tener temperaturas y presiones muy bajas. Es decir, por debajo del punto triple (0.0098°C, 0.64 kPa) el cual se da en condiciones de temperatura y presión a las que pueden coexistir en equilibrio las tres fases de una sustancia pura: sólida, líquida y gaseosa. El liofilizado tiene dos características importantes: una virtual ausencia de aire durante el proceso previniendo el deterioro debido a la oxidación, y el secado a una temperatura inferior a la ambiente. Por lo tanto, los productos que se descomponen o sufren cambios en su estructura, textura, apariencia y/o aromas como consecuencia de temperaturas altas, pueden secarse al vacío con un daño mínimo.

El producto deshidratado presenta una estructura porosa, sin deformación lo cual facilita una rápida y casi completa rehidratación (Krokida y col., 2002). El proceso de sublimación es mucho más eficiente a bajas presiones (vacío), debido a que el agua se extrae bajo el impulso de un gradiente de presión total (Biswal y Bozorgmehr, 1992).

La calidad de los productos liofilizados es afectada por las características de la materia prima, como el grado de madurez de un producto vegetal, y por las condiciones de operación, como la presión de la cámara, la velocidad de calentamiento y la velocidad de congelación (Chokri y René, 1997). Algunos de los productos comerciales obtenidos por liofilización son extractos de café y té, verduras, frutas, carnes y pescado. A pesar de todas las ventajas indicadas, el liofilizado ha sido siempre reconocido como el proceso más caro para la obtención de productos deshidratados.

Secado por contacto con superficies calientes

En este tipo de secadores la energía calorífica es transferida a la muestra por contacto indirecto a través de una superficie sólida. Consisten en cilindros de metal huecos, que rotan o giran sobre un eje horizontal y son calentados interiormente con vapor, agua caliente u otro medio de calentamiento (Figura 1).

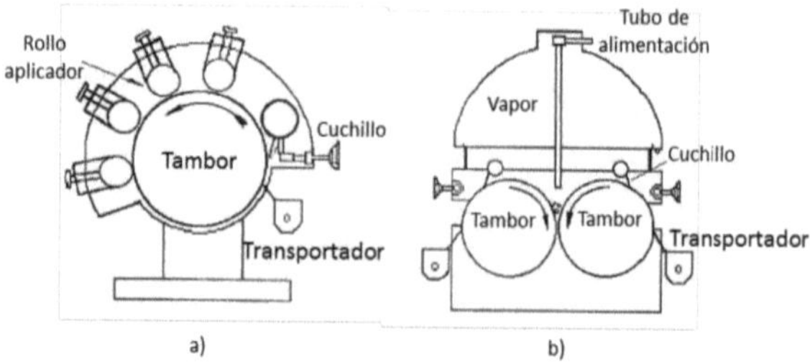

Figura 1. (a) Tambor rotatorio simple (b) Tambor rotatorio doble (Tang y col., 2003).

El alimento a deshidratar debe estar en forma líquida o como pasta y que pueda aplicarse a la superficie del tambor, ya sea por inmersión o por aspersión. Los secadores de tambor rotatorio fueron desarrollados en la década de 1990 y se han utilizado en la industria alimenticia para el secado de una gran variedad de productos como leche, cereales, pastas, frutas y vegetales (Vallous y col., 2002). Los productos a secar son extendidos mecánica y uniformemente en forma de capa delga

(0.5 a 2 mm espesor) sobre la superficie exterior de los cilindros.

Debido a que la adherencia del producto es rápida, los tiempos de residencia van de algunos segundos hasta las decenas de segundos para reducir la humedad hasta un contenido final menor al 5% (base seca), con eficiencias energéticas que varían entre el 60–90% (Mujumdar, 2007).

Un secador rotatorio puede tener una velocidad de producción de entre 5 y 50 kg/h m^2, dependiendo del tipo de producto, contenido inicial y final de humedad y otras condiciones de operación. Para materiales sensibles al calor se emplean secadores rotatorios al vacío para reducir la temperatura de secado. Estos sistemas son similares a los rotatorios antes mencionados, pero los tambores se encuentran dentro de cámaras a vacío (Tang y col., 2003).

Las ventajas de este método de secado es que es posible obtener productos con una buena porosidad y elevada capacidad de rehidratación, se pueden deshidratar materiales de elevada viscosidad que no se pueden secar fácilmente con otros métodos, además de ser sistemas de fácil escalamiento (Vallous y col., 2002). El tiempo de residencia es corto y puede ajustarse con la velocidad a la que giran los tambores, lo que permite que la mayoría de las cualidades nutritivas y organolépticas del producto tratado sean retenidas. Sin embargo, para productos con un elevado contenido de azúcares se dificulta la remoción del producto seco de la superficie del tambor, provocando pérdida de sabor y color. Estos secadores está limitado para materiales salinos o materiales corrosivos, debido a las picaduras que pueden causar en las superficies de los tambores (Tang y col., 2003).

Secado con aire caliente

El secado con aire caliente o de bandejas es el método más utilizado a nivel industrial como método de secado por convección (Devahastin, 2000; Krokida y col., 2002). Consiste en una cámara donde, con ayuda de un ventilador, se hace circular una corriente continua de aire caliente la cual fluye sobre la superficie del alimento colocado sobre bandejas perforadas (Figura 2). La velocidad del aire caliente dentro del secador tiene como función principal, proveer la energía térmica necesaria para evaporar la humedad del producto, además deservir como medio acarreador de humedad saliente del material (Pavan, 2010).

Es un método de secado es relativamente sencillo y simple, por lo cual tiene amplia aplicación industrial. Su ventaja radica, en términos de proceso, en poder controlar correctamente las condiciones de operación, como velocidad, temperatura, humedad del aire y superficie del producto expuesta (Miranda, 2003).

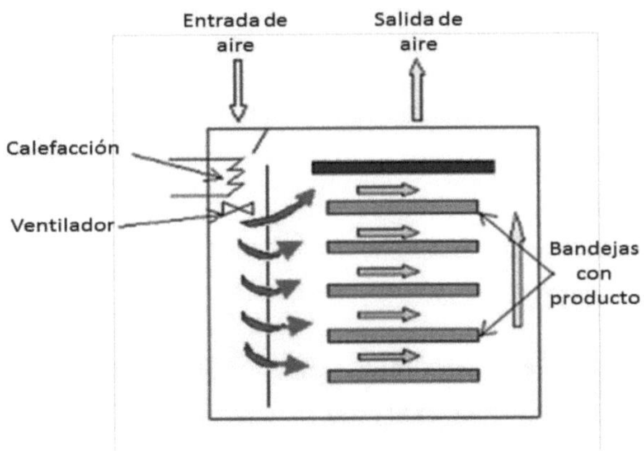

Figura 2. Diagrama esquemático de un secador de bandejas
(Miranda, 2003).

Las temperaturas de operación son del orden de 40-80°C, por lo que puede causar importantes cambios en las propiedades físicas de los alimentos, como color, textura y contracción del producto final, además de producir cambios químicos que afectan sabor, olor y contenido nutricional (Sagar y Kumar, 2010).

Cuando se tiene un alimento con un alto contenido de humedad, la velocidad del aire ejecuta un trabajo importante, sobre todo durante las primeras etapas de secado, teniendo en cuenta que a mayor velocidad, mayor será la tasa de evaporación y menor el tiempo de secado y viceversa. Por lo tanto, para asegurar un secado rápido y uniforme es indispensable una circulación de aire fuerte y regular. Generalmente se utilizan velocidades de entre 1 y 3 m/s o velocidades mayores para alimentos con elevado contenido de humedad, o la combinación de rampas de velocidades al inicio del proceso, disminuyéndolas a medida que decrece el contenido de humedad, con lo cual se aceleran los tiempos de secado conservando una buena calidad del producto final (Chua y col., 2001).

FENÓMENOS DE TRANSPORTE, ASPECTOS ENERGÉTICOS Y DE CALIDAD EN EL PROCESO DE SECADO

La deshidratación de alimentos es una operación compleja en la que intervienen fenómenos de transportes, como la transferencia de energía encargada de proveer el calor latente de evaporación y cambiar de fase a la humedad dentro del producto, así como la transferencia de masa que consiste en el movimiento del agua, tanto en el interior como en la superficie del alimento. La velocidad de deshidratación está gobernada por la velocidad a la cual estos procesos toman lugar.

La transferencia de calor del aire caliente hacia el producto húmedo puede ser por convección, conducción, radiación o la combinación de estos. La transferencia de calor interna es generalmente muy rápida en comparación con la transferencia de calor externa, por tanto la transferencia de calor durante el secado se analiza de manera externa. En contraste, la transferencia de masa depende ya sea del movimiento de humedad dentro del sólido o del movimiento del vapor de agua desde la superficie del alimento hacia la corriente de aire. Sin embargo, la transferencia de masa interna es la que gobierna en los procesos de secado.

Debido a la complejidad de este proceso, no existe una teoría generalizada para explicar el mecanismo del movimiento de humedad de manera interna, por lo que ha sido analizado como un fenómeno difusivo. Sin embargo, puede afirmarse que la transferencia interna de humedad está gobernada por la naturaleza del alimento incluyendo composición química y estructura, por la temperatura, presión y particularmente por el contenido de humedad. Por otro lado, la transferencia externa de humedad a partir de la superficie del alimento hacia el seno del aire depende de la actividad de agua superficial, de la humedad del aire, flujo de aire, presión y del área expuesta por el material alimenticio.

Asimismo, el secado ha sido reconocido como una de las operaciones unitarias de alto consumo de energía en la separación sólido-líquido. Algunos países como Estados

Unidos, Canadá y Francia, destinan de 10 a 25% de su energía a deshidratar una gran gama de productos, aunque pueden alcanzarse valores hasta de 35 a 50% en fábricas de papel y textileras (Mujumdar, 2007; Kudra y Mujumdar, 2009). El alto consumo de energía en los procesos de secado se debe al alto calor latente necesario para la vaporización del agua el cual puede variar de 2500 a 2257 kJ/kg de agua en un intervalo de temperatura de 0 a 100 °C.

Otro aspecto importante que contribuye al alto consumo de energía en el secado es la baja eficiencia que se alcanza en los secadores. Por ejemplo, en los secadores por aspersión se alcanza una eficiencia térmica que oscila entre 20 y 50%, en los de tambor rotatorio entre 35 y 78%, mientras que en los secadores de bandejas se obtienen las eficiencias térmicas más bajas, variando entre 15 y 35 % (Mujumdar, 2007).

El consumo de energía también varía en función de las propiedades térmicas y físicas del material. Un ejemplo típico de un proceso ineficiente puede ser el secado de leche por aspersión (eficiencia térmica 50%), en el que se requieren alrededor de 5300 kJ/kg de agua para deshidratar leche de 50% base húmeda, para obtener un producto final de 3 a 4% base húmeda.

En lo que concierne a aspectos de calidad en los alimentos deshidratados, el proceso de secado de alimentos no solo afecta el contenido en agua del alimento, también puede promover diversas transformaciones físicas (contracción o encogimiento, endurecimiento, expansión), transformaciones químicas (enzimáticas, caramelización, reacciones de Maillard o pardeamiento, oxidación lipídica) así como cambios nutricionales (pérdida de vitaminas, sabor, aromas y degradación de aminoácidos) que pueden alterar las propiedades sensoriales y organolépticos de los productos terminados.

Por lo tanto, el sector científico, industrial y tecnológico se han visto obligados a desarrollar técnicas innovadoras dirigidas a la aceleración de los procesos de secado para disminuir los tiempos de proceso, el consumo energético y a integrar tecnologías ecológicas con la finalidad de ofrecer al consumidor productos de calidad en términos nutricionales y de apariencia (Sagar y Kumar, 2010).

En este contexto, las limitaciones de los procesos convencionales de secado están siendo superadas mediante la utilización de pretratamientos, utilización de energías renovables (energía solar, eólica, geotérmica, biocombustibles) y a través de la implementación de nuevos métodos de deshidratación como el secado por ventana refractante (RW), con vapor sobrecalentado (SSD) y métodos híbridos de secado.

PRETRATAMIENTOS UTILIZADOS EN SECADO

Un pretratamiento tiene como objetivo acelerar la pérdida de humedad de un alimento al complementar algún método convencional de secado, como el aire caliente, la liofilización o el secado con superficies calientes. Con lo cual se reducen los tiempos del secado mismo, así como el consumo energético y, en algunos casos, se mejora la calidad del producto terminado (Sagar y Kumar, 2010). Estos pretratamientos también son conocidos como procesos de deshidratación parcial, como el caso particular del secado osmótico. Algunos ejemplos de los pretratamientos del secado son la descompresión instantánea controlada (proceso DIC), el espumado (*foaming*), el tratamiento osmótico, la aplicación de pulsos eléctricos, el ultrasonido, entre otros más. A continuación se presenta una breve descripción de algunos de los pretratamientos más relevantes en el área de secado de alimentos.

Tratamiento osmótico

El tratamiento osmótico de frutas, vegetales y carnes se realiza por inmersión del alimento en una solución hipertónica u osmótica de azúcar, sal, sorbitol, lactosa, glicerol, glucosa, fosfatos, agentes curantes, etcétera. Específicamente, el tratamiento osmótico ha sido definido como una técnica de pre-procesamiento para la eliminación parcial de la humedad del alimento (Shi y Le Maguer, 2001). La fuerza impulsora para la difusión del agua del tejido hacia la solución osmótica es debida a la alta presión osmótica generada por la solución hipertónica. La difusión de agua es también acompañada por contra-difusión simultánea de los solutos presentes en la solución osmótica hacia el tejido del alimento. Puesto que la membrana responsable para el transporte osmótico no es perfectamente selectiva, otros solutos presentes en el alimento, como ácidos orgánicos, azúcares reductores, minerales y vitaminas pueden ser eliminados hacia la solución osmótica (Shi y Le Maguer, 2002; Arthey y Ashurst; 2001; Erle y Schubert, 2001).

Sin embargo, durante la inmersión las muestras tratadas pueden perder o ganar humedad, dependiendo de la concentración de la solución osmótica, como es el caso del pretratamiento de productos cárnicos. Schmidt y col. (2008) reportaron que durante el tratamiento osmótico de tiras de pechuga de pollo con soluciones salinas a concentraciones de 15 y 20% (p/v) la carne tuvo pérdidas de humedad, mientras que al emplear soluciones salinas a menos de 10% (p/v) se obtuvo el efecto contrario. De esta manera, el tratamiento osmótico puede provocar la deshidratación o hidratación en los alimentos (Schmidt y col., 2008).

Espumado (*foaming*)

El espumado, o *foaming,* es considerado como un pre-tratamiento de secado para deshidratar leche concentrada; fue patentado por Campbell y col. (1917), citado por Ratti y Kudra (2006). Durante la última década, esta tecnología ha recibido una renovada atención debido a su capacidad para deshidratar productos termo sensibles y susceptibles a la pérdida de compuestos volátiles durante el secado. Para ello, el alimento (líquido, semilíquido, pasta) es aireado hasta obtener una espuma estable la cual es posteriormente deshidratada por secado convencional. En este sentido, han surgidos términos técnicos como *foam-mat drying* para referirse al deshidratado en capa delgada de material espumado en secadores de bandeja; *foam-spray drying* para el deshidratado de materiales espumados en secadores por atomización; o *foam-microwave drying* para el secado con ayuda de microondas.

Los alimentos espumados son definidas como un sistema bifásicos consistentes en burbujas de gas dispersas en un volumen relativamente pequeño de líquido con una densidad final de entre 300–600 kg/m^3 (Ratti y Kudra, 2006). El espumado ha sido empleado exitosamente en algunos productos como pulpa de mango, jugo de tamarindo, plátano y huevo líquido para disminuir los tiempos de secado convencional con aire caliente. Rajkumar y col. (2007) redujeron el tiempo de secado de pulpa de mango en 50% utilizando el espumado como pretratamiento. Las velocidades de secado en materiales espumados es mayor que en los materiales no espumados, lo cual es atribuido al incremento del área interfacial de los materiales espumados y al incremento de la difusividad del agua en la matriz (Dattatreya y col., 2010). Debido a que la densidad de los materiales espumados es menor que los no espumados, la masa de carga en los secadores con materiales espumados es también menor (Ratti y Kudra, 2006).

Entre otros beneficios adicionales del espumado está que, una vez evaporada el agua del sistema espumado, se crea una estructura porosa lo cual provee una textura más funcional al producto deshidratado, como en caso de hojuelas de plátano. Algunos atributos de calidad, en términos de retención de propiedades físicas y químicas, se han observado en pulpa de mango, tomate, leche de soya (Dattatreya y col., 2010; Ratti y Kudra, 2006; Kadam y col., 2010).

Descompresión instantánea controlada (DIC)

La descompresión instantánea controlada o proceso DIC por sus siglas en francés (*Décompression Instantanée Controllée*) es un tratamiento hidrotermomecánico de tipo HTST (*High Temperature for Short Time*) combinado con una descompresión instantánea al vacío (Louka y col., 2004). En el proceso DIC (Figura 3), el producto es inicialmente sometido a vacío en la cámara de procesamiento (2) mediante una bomba de vacío (5); posteriormente se trata térmicamente mediante inyección de vapor (1) hasta alcanzar una presión del vapor determinada, seguida de una caída de presión abriendo la válvula de descompresión (3) hasta alcanzar la presión de vacío y, finalmente, alcanzar la presión atmosférica. Para lograr la descompresión de una manera adecuada, se recomienda que el volumen del tanque de vacío (4) sea al menos 50 veces el volumen de la cámara de procesamiento. Los parámetros como la presión de vapor y la temperatura de saturación, el tiempo de proceso y el contenido de humedad de las muestras, son esenciales en el proceso DIC. En la cámara de procesamiento se pueden utilizar presiones desde la atmosférica con temperaturas de saturación de 100°C, hasta 650 kPa a 162°C y tiempos de exposición de 7 a 23 segundos.

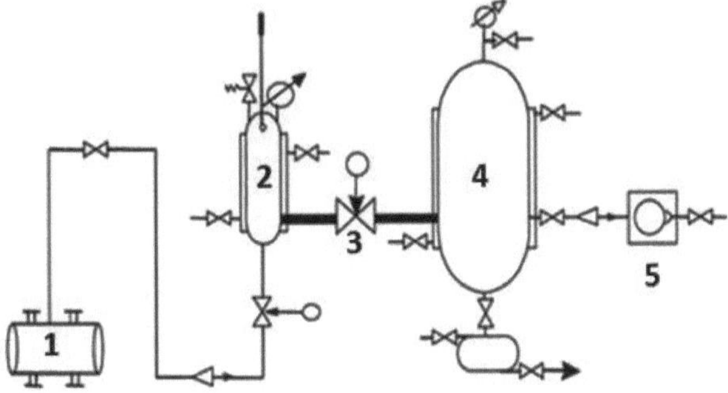

Figura 3. Diagrama esquemático de un equipo DIC: 1. Generador de vapor; 2. Sección de pretratamiento; 3. Válvula de descompresión; 4. Tanque de vacío; 5. Bomba de vacío (Louka y col., 2004).

Este tratamiento induce paralelamente un cambio en la microestructura de los productos tratados debido a los cambios súbitos, de presurización hermética a descompresión a presión atmosférica (*explosion puffing*), lo que facilita la extracción posterior del agua por aceleración de expansión volumétrica, dando lugar a un incremento de porosidad (Louka y col., 2004).

El proceso DIC es empleado a nivel industrial para productos alimentarios termo sensibles, como es el caso de filetes de pescado y pimiento, donde las propiedades nutricionales y organolépticas del producto terminado se mantienen con poca alteración (Louka y col., 2004; Téllez y col., 2012).

Ultrasonido

Esta metodología ha tenido amplia aplicación en últimos 10 años en la industria de alimentos. La reducción del tiempo de secado se debe a que las ondas ultrasónicas causan una serie rápida de compresiones y extensiones alternadas, de forma similar a la de una esponja cuando es exprimida y liberada repetidamente (efecto esponja). Las fuerzas involucradas en este fenómeno mecánico promueven la creación de canales microscópicos en el alimento, facilitando así la eliminación de agua (Fernandes y Rodrigues, 2007; Lucio-Juárez y col., 2013).

En medios líquidos el ultrasonido produce un fenómeno de cavitación, originado por la fluctuación de presión sufrida por un líquido cuando una onda ultrasónica lo atraviesa, dando como resultado la formación de microjets. Cuando estos se producen cerca de una superficie sólida, pueden provocar una ligera ruptura o fisura, cuyo daño se puede considerar insignificante debido a que cubre un área muy pequeña. Sin embargo, durante un tratamiento con ultrasonido se generan millones de burbujas presentando el mismo fenómeno, por lo que el daño total puede ser significativo (Mason y col., 1996; Lucio-Juárez y col., 2013).

El ultrasonido puede ser empleado por contacto directo, a través del aire, y por inmersión de la muestra en agua o en solución hipertónica. Sin embargo, su empleo a través del aire todavía tiene grandes dificultades técnicas. Sabarez y col., (2012), deshidrataron rodajas de manzana con aire caliente utilizando un equipo de secado con equipo ultrasónico integrado. El ultrasonido en éste caso fue aplicado a través del aire a dos diferentes niveles de poder (75 y 90 W), las muestras se deshidrataron con aire a 60°C y una velocidad de 1 m/s. Se encontró que el ultrasonido provocó una expansión y contracción de las células en la fruta (efecto esponja), creando micro canales que facilitaron la salida del agua desde el interior de la manzana. De este modo, en las muestras tratadas con ultrasonido (90 W) se redujo el tiempo de secado en 25% en comparación a las muestras deshidratadas solamente utilizando aire caliente.

El ultrasonido también ha sido utilizado por Cárcel y col., (2007) para acelerar la transferencia de sal y agua durante el proceso de curado por salmuera en muestras de lomo de cerdo. Se encontró que mientras más alta fue la intensidad del ultrasonido, mayor cantidad de agua fue captada por las muestras y el incremento de sal fue proporcional a la intensidad de ultrasonido aplicado.

Uso de fuentes de energía renovables

En el entorno natural se presentan fenómenos de los cuales puede obtenerse grandes cantidades de energía. El viento, las mareas y la radiación solar son los ejemplos más representativos. La energía eólica ha sido utilizada ampliamente como fuente alternativa para producir electricidad a gran escala. En este caso, la energía eléctrica se produce haciendo girar las turbinas mediante corrientes de aire. Se estima que la energía eólica sería capaz de satisfacer la demanda de energía mundial para muchos años en el futuro. Sin embargo, los altos costos de instalación de las turbinas, ha impedido su implementación en algunas regiones y el número de granjas de viento que se pueden instalar en el mundo es todavía limitado.

Una situación similar ha ocurrido con otras fuentes de energías alternativas, entre los cuales están los biocombustibles, la fusión y fisión nuclear, la energía generada por olas y por las corrientes marinas, cuyo desarrollo a gran escala se limita por los costos de instalación, operación y, en algunos casos, por los bajos rendimientos en términos de producción de energía (Pitz-Paal, 2008).

Por otro lado, una de las fuentes de energía más abundante en la naturaleza es el sol; la industria alimentaria no ha sido la excepción en la búsqueda de alternativas para su aprovechamiento en el proceso de secado. El secado al sol por exposición directa del producto a la radiación solar ha sido la técnica más utilizada por el hombre desde la antigüedad para la conservación de una gran variedad de alimentos, como pescados, carnes, frutas y verduras. Ha sido un proceso ventajoso desde el punto de vista energético debido a que la energía solar es una fuente de energía poderosa y abundante, que no requiere de instalaciones costosas para su disponibilidad y uso.

A pesar de lo anterior, el secado al sol presenta múltiples desventajas en términos de calidad, ya que los alimentos se encuentran expuestos a daño por animales, contaminación ambiental, crecimiento microbiano, y degradación física y química, aunado a que este proceso no es uniforme ni controlable (Belessiotis y Delyannis, 2011; Janjai y Bala, 2012; Venkata Raman y col., 2012).

Para el aprovechamiento de la energía solar se han diseñado una gran variedad de colectores, ya sea aprovechando la convección natural del aire o forzándolo para hacer circular el calor por todo el sistema, denominados secadores solares de convección natural y forzada, respectivamente (Chua y Chou, 2003; Venkata Raman y col., 2012). En los ventiladores de convección forzada se han incorporado medios externos, como ventiladores y bombas para mover el aire caliente desde el colector solar hacia el alimento. Estos son accionados por medio de electricidad, combustible o paneles fotovoltaicos, creando sistemas 100% ecológicos. Sin embargo, debido a la heterogeneidad del flujo de aire dentro de la cámara de secado y que el ángulo de incidencia de radiación solar máxima es solamente 90°, la mayoría de los secadores solares acoplados a colectores de placa plana propuestos en la literatura han sido de bajo desempeño.

NUEVOS MÉTODOS DE DESHIDRATACIÓN

Como se indicó, los métodos convencionales de secado tienen varias limitaciones, destacándose que la calidad final del no es uniforme debido a la sobreexposición al medio secante, largos tiempos de secado debido al contacto ineficiente entre el medio secante y el producto a secar, los cambios indeseables en la textura del producto causado por una exposición prolongada al medio de secado, los cambios significativos de color en comparación al producto original, causados por reacciones de pardeamiento enzimático, reacciones redox, cambios de atributos químicos, reológicos y sensoriales. En este sentido, en la literatura también han sido propuestos métodos novedosos de secado como el secado con ventana refractante (RW), la liofilización a presión atmosférica, la aplicación de radiación infrarroja, el secado con vapor sobrecalentado (SSD) y la utilización de métodos híbridos que consiste en la combinación de dos o más métodos en un mismo proceso.

Secado con Ventana refractante (RW)

La tecnología de ventana refractante o RW por sus siglas en inglés (*Refractance Windows*) fue desarrollada para el deshidratado de productos termo sensible. La Figura 4 muestra un diagrama de este tipo de proceso.

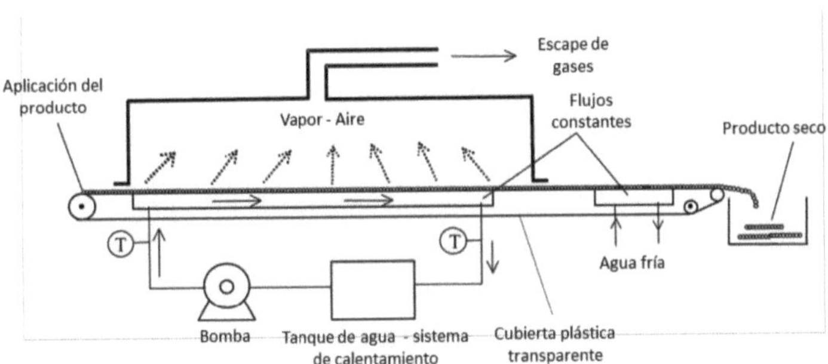

Figura 4. Sistema de secado de ventana refractante (Nindo y col., 2007).

Con esta tecnología pueden secarse productos como pulpas, pastas, láminas delgadas y jugos concentrados. Sin embargo, ha sido utilizado principalmente para el deshidratado de jugos y frutas (Abonyi y col., 2002; Nindo y Tang, 2007; Ochoa-Martínez y col., 2012). Estos son colocados sobre una película de Mylar® formando películas de espesores de entre 1–3 mm;

la cinta plástica se calienta con agua en circulación a 95-97°C. De esta manera, en la tecnología RW predominan tres tipos de transferencia de calor: (*i*) conducción del agua del baño al producto a través de la película plástica, (*ii*) radiación del agua del baño caliente al producto a través de la película plástica, la cual es selectiva para maximizar la absorción de calor, y (*iii*) convección del producto al aire de la atmósfera (Nindo y Tang, 2007).

Al final de la cinta transportadora se utiliza agua fría o a temperatura ambiente para disminuir la temperatura del producto deshidratado por debajo de su temperatura de transición vítrea, facilitar su raspado y recuperar el producto. Cabe mencionar que con este método de secado la temperatura alcanzada por el alimento puede ser del orden de 70°C, necesitando tiempos cortos de secado (3–5 minutos), los que dependen del espesor de la película formada por producto (Ochoa-Martínez y col., 2012).

Cabe resaltar que el sistema de RW no permite contaminación cruzada al estar bien definida la separación entre el medio de calentamiento y el producto. Frecuentemente el sistema RW tiene una eficiencia térmica elevada, variando entre 52 y 77%, considerablemente mayor que las obtenidas de métodos como tambor rotatorio, aspersión y secado con aire caliente (Nindo y Tang, 2007). Con el secado RW se obtienen productos deshidratados que retienen el color y el contenido vitamínico, de forma similar con los productos obtenidos por liofilización (Nindo y Tang, 2007).

Secado con vapor sobrecalentado (SSD)

El secado con vapor sobrecalentado, o SSD por sus siglas en inglés (*Superheated Steam Drying*), se desarrolló para el deshidratado de productos termo resistentes como el carbón, la madera, el papel, etcétera. Sin embargo, ha cobrado interés en los últimos años para el deshidratado de alimentos como papas, plátano, camarones, hierbas, especias y vegetales, entre otros (Mujumdar, 2007; Nimmol y col., 2007; Deventer y Heijmans, 2001; Uengkimbuan y col., 2007).

El vapor sobrecalentado consiste en vapor de agua calentado por encima de su temperatura de saturación a presión constante. Este tiene la capacidad de permear los materiales y ceder su calor sensible al producto para cambiar de fase y eliminar el agua presente en el alimento. De tal manera que el vapor sobrecalentado actúa como fluido de calentamiento y fluido de arrastre durante el secado (Deventer y Heijmans, 2001). El uso de SSD como método de secado para productos alimenticios conlleva adicionalmente una serie de beneficios, entre los más importantes es que puede conducirse a eficiencias térmicas elevadas, del orden de 50–80%. Lo anterior es atribuido a los elevados coeficientes de transferencia de calor y al incremento de las velocidades de secado en los periodos de temperatura constante. Este último se cumple siempre y cuando la temperatura de vapor esté por encima de la temperatura de inversión (temperatura más allá a la cual la velocidad de secado de SSD es mayor que la velocidad de secado con aire caliente).

Por otro lado, durante la aplicación de vapor sobrecalentado se crea un ambiente libre de oxígeno, ideal para productos sensibles a reacciones de oxidación y combustión. Además, los sistemas SSD pueden ser diseñados para recolectar y condensar el vapor generado, en donde los compuestos tóxicos, contaminantes y/o costosos son recolectados para posteriormente ser eliminados, reduciendo así las emisiones al medio ambiente. Adicionalmente, durante el procesamiento con vapor sobrecalentado se llevan otros procesos como blanqueamiento, pasteurización, esterilización y desodorización de productos alimenticios. Los productos son parcialmente cocinados, lo cual puede ser un beneficio potencial en las propiedades de textura final.

Como desventajas del proceso SSD están: (1) el escalamiento del SSD, especialmente para operaciones continuas con entrada y salida de producto, necesitan de extrema atención para reducir las pérdidas de vapor que puedan llegue a desestabilizar el sistema; (2) el vapor sobrecalentado puede condensarse en superficies con temperaturas inferiores a los 100°C, sobre todo a presión atmosférica, induciendo la formación de burbujas. Esto sucede en la primera etapa del secado al entrar en contacto con la superficie fría del producto; (3) con la finalidad de maximizar el aprovechamiento energético, es necesario contar con sistemas que mantengan la temperatura/presión en el nivel ideal de operación.

A pesar de la posibilidad de usar SSD a presión atmosférica, este método se ve limitado cuando es aplicado para deshidratar materiales de elevada termo sensibilidad, debido que el vapor sobrecalentado alcanza temperaturas elevadas que pueden provocar daños térmicos y estructurales al producto. Por lo que una alternativa es operar a presiones reducidas, con lo cual la calidad del producto se mejora. Con el uso de vapor sobrecalentado por debajo de la presión atmosférica (<1 atm) se reduce la temperatura de ebullición de la humedad del producto, sin la necesidad aplicar temperaturas superiores a 100°C (Suvarnakuta y col., 2005).

Speckhahn y col. (2010) compararon el secado con aire caliente y con vapor sobrecalentado en la deshidratación de carne magra con 74.6% de humedad y 2.5% de grasa. Los parámetros de secado considerados fueron temperatura y velocidad de flujo en ambos medios de calentamiento (130,

160, 180°C, y 35, 45, 55 kg/h) y el espesor de la muestra (3, 6, 9 mm). Los resultados indicaron que el aire caliente produce endurecimiento en las superficies de las muestras, el cual tiene efecto en el tiempo de secado haciéndolo más prolongados en comparación a los obtenidos con vapor sobrecalentado. Se observó también que la disminución de la temperatura y la velocidad del fluido de arrastre, tanto aire como vapor sobrecalentado, disminuyeron el efecto de endurecimiento con lo cual se redujo el tiempo de secado y mejoró el aspecto de los productos cárnicos. La temperatura interna de la carne se incrementó rápidamente durante el secado con vapor sobrecalentado debido a la condensación inicial y a la elevada capacidad calorífica del vapor, lo cual resulta en velocidades de secado elevadas y periodos prolongados de velocidad constante, lo que condujo a menor contenido de humedad en menor tiempo de secado.

MÉTODOS HÍBRIDOS DE SECADO

La tendencia actual para optimizar los procesos de secado se dirige al uso de métodos híbridos o *Hybrid Drying*, los cuales son el resultado de la combinación de dos o más nuevas tecnologías con el objetivo de potencializar los beneficios individuales de cada proceso (Chou y Chua, 2001; Sagar y Kumar, 2010; Kowalski y Rajewska, 2009). Chou y Chua (2001) publicó una revisión extensa de las nuevas tecnologías híbridas de secado para alimentos termo sensibles. La combinación de secado con aire caliente y por liofilización para producir zanahoria y calabaza deshidratada produjo alimentos con calidad final similar a las muestras liofilizadas; el tiempo de secado y el consumo total de energía se redujeron en 50% al comparar con la liofilización. Los costos de inversión elevados, las pérdidas de compuestos volátiles responsables de los aromas y la degradación de textura son algunos inconvenientes del secado con microondas. Sin embargo, ese tipo de secado combinado con un método de secado convencional ha permitido reducir el tiempo de proceso, incrementar la calidad del producto final y minimizar los requerimientos energéticos (Mujumdar y Law, 2010).

Kowalski y Rajewska (2009) reportaron también la utilización de métodos híbridos, donde implementaron la combinación del secado con aire caliente, con microondas y radiación infrarroja para la deshidratación de caolín granulado, así como la utilización de aire caliente como primera etapa de un proceso de secado, seguido de la aplicación de microondas y vacío para producir frutas y verduras deshidratadas de alta calidad (Beaudry y col., 2003).

En el caso particular de elaboración de productos cárnicos de humedad intermedia, la combinación más utilizada ha sido el tratamiento osmótico y el secado con aire caliente (Collignan y col., 2001; Chenoll y col., 2007; Chang y col., 1996). Sin embargo, debido a las propiedades inherentes del vapor sobrecalentado como fluido secante y a las múltiples propiedades de calidad final que se han logrado en el producto, también ha cobrado interés particular la utilización del secado con vapor sobrecalentado o la combinación de este con aire caliente para la deshidratación de carne (Uengkimbuan y col., 2006; Nathakaranakule y col., 2007; Speckhahn y col., 2010; Sa-adchom y col., 2011).

Nathakaranakule y col., (2007) probaron el método de secado híbrido aplicando solamente vapor sobrecalentado, y vapor sobrecalentado más aire caliente en pechugas de pollo. Para ello utilizaron muestras en forma de láminas de 0.03 m espesor x 0.3m largo x 0.3 m ancho. Se evaluó el efecto de tres temperaturas de vapor sobrecalentado, 120, 140 y 160°C, en muestras de carne estandarizadas a dos contenidos de humedad inicial distintas, 42.8 y 66.7% (base seca). En la Figura 5 se muestran las cinéticas de secado con vapor sobrecalentado y vapor sobrecalentado más aire caliente.

Estos experimentos demostraron que es más difícil remover la humedad de las muestras estandarizadas al menor contenido de humedad (42.8% base seca). Además, identificaron que durante el secado con vapor sobrecalentado y aire caliente se presentan tres etapas. En la primera etapa se presentó una condensación del vapor sobre la superficie de las muestras; esta condensación fue menor mientras mayor sea la temperatura de vapor sobrecalentado. Por ello, el tiempo necesario para eliminar la película de condensado fue menor. Este efecto de condensación de vapor también fue reportado por Rordprapat y col., (2005) durante el secado de granos de arroz con vapor sobrecalentado en un sistema de lecho fluidizado.

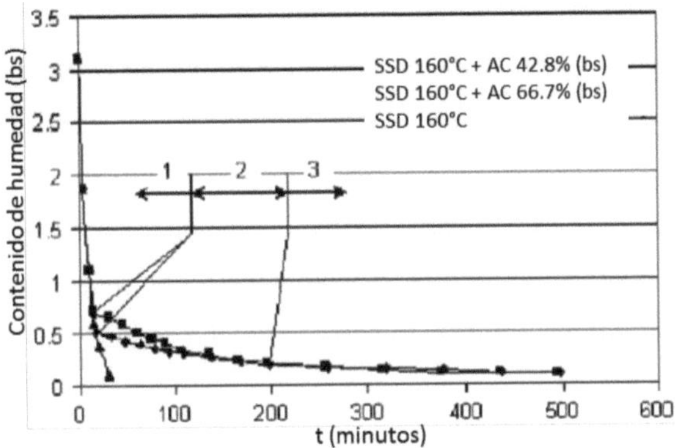

Figura 5. Cinéticas de secado de pechuga de pollo utilizando secado con vapor sobrecalentado y la combinación de vapor sobrecalentado y aire caliente (Nathakaranakule y col., 2007)

En la segunda etapa de secado se presentó el efecto del contenido de humedad intermedio (contenido de humedad al finalizar la primera etapa) en la velocidad de secado. En este caso, la velocidad estuvo ligada a los elevados contenidos de proteína, las cuales al haber sido sometidas a temperaturas elevadas (>90°C) se desnaturalizaron, lo que provocó la formación de matrices de gel que atraparon a las moléculas de agua, lo que dificultó su extracción rápida.

En la tercera etapa se visualizó la diferencia de velocidades de secado entre las dos muestras, la cual fue menor para la muestra con un menor contenido de humedad inicial. Esto fue debido a que la eliminación de humedad de los productos de menor contenido de humedad fue cada vez más difícil, independientemente de la estructura del material a secar, ya que estas muestras tuvieron una mayor área de contacto en la primera etapa de secado, incrementándose el área del gel. Este efecto fue similar en las muestras tratadas con vapor sobrecalentado a 160°C, en las cuales se necesitaron alrededor de 8.3 horas para la reducción de humedad de 76 % hasta 16% (base seca).

Se ha reportado un color más uniforme y brillante, y una mejor capacidad de rehidratación en muestras de carne tratada con vapor sobrecalentado en comparación a los obtenidas utilizando solamente aire caliente (Uengkimbuan y col., 2006; Nathakaranakule y col., 2007). Durante el secado de carne vacuna, la ausencia de oxígeno del vapor sobrecalentado condujo a la prevención o minimización de reacciones de oxidación de lípidos, resultado en valores de peróxido bajos. Además, cambios no deseados de calidad como malos sabores y malos olores escasamente se desarrollaron durante el secado con vapor sobrecalentado, incluso cuando se aplicaron temperaturas altas y tiempos largos de secado (Speckhahn y col., 2010).

CONCLUSIONES

El método convencional para la producción de productos cárnicos de humedad intermedia generalmente se utiliza en combinación con tratamiento osmótico con sales, azúcares, sales curantes, entre otros, seguido del secado con aire caliente. La problemática con este método de secado radica en tiempos de residencia largos, del orden de días, para disminuir el contenido de humedad y obtener productos estables. En este contexto, uno de los retos en el área de deshidratación de alimentos es el desarrollo de técnicas innovadoras que permitan acelerar el proceso con la finalidad de reducir el consumo de energía, el tiempo de residencia, las emisiones contaminantes al ambiente y producir alimentos deshidratados acorde a los estándares demandados por los consumidores. Los costos de energía se han elevado, por tanto la eficiencia energética debe ser un criterio clave en la selección, diseño y operación de los secadores. El uso de energía renovable (solar, eólica, geotérmica) necesita ser examinado a profundidad con la finalidad de reducir el uso de combustibles fósiles en el proceso de deshidratado. Un sistema óptimo de secado debe ser económicamente rentable, con tiempos de secado cortos y que provoquen el mínimo daño al producto. Se necesita todavía de mucha investigación y desarrollo para hacer de los nuevos métodos de secado comercialmente atractivos, ya que muchos están todavía a nivel laboratorio. El modelado matemático y la simulación computacional deben considerarse como herramientas fundamentales para proveer información relevante en diferentes situaciones de secado, con el fin de minimizar experimentos a nivel laboratorio y planta piloto. El uso de métodos híbridos de deshidratación, como la combinación del vapor sobrecalentado y aire caliente, podrían ser una alternativa para la elaboración de productos cárnicos con características de calidad apropiadas, como color, capacidad de rehidratación, minimización de reacciones de oxidación de lípidos y diminución de los tiempos de proceso.

BIBLIOGRAFÍA

Abonyi, B.I., Feng, H., Tang, J., Edwards, C.G., Chew, B.P., Mattinson, D.S., Fellman J.K. 2002. Quality retention in strawberry and carrot purees dried with Refractance WindowTM system. Journal of Food Science 67(2), 1051-1056.

Arnau, J., Serra, X. Comaposada, J., Gou, P., Garriga, M. 2007. Technologies to shorten the drying period of dry-cured meat products. Meat Science 77, 81–89.

Arthey, D., Ashurst, Philip. 2001. Fruit Processing. Second Edition, Aspen Publication. Estados Unidos.

Beaudry, C., Raghavan, G.S.V., Rennie T.J. 2003. Microwave finish drying of osmotically dehydrated cranberries. Drying Technology 21 (9), 1797-1810.

Belessiotis, V., Delyannis, E. 2011. Solar drying. Solar Energy 85, 1665-1691.

Biswal, R.N., Bozorgmehr, K. 1992. Mass transfer in mixed solute osmotic dehydration of apple rings. Transactions of the American Society of Agricultural Engineers 35, 257-260.

Cárcel, J.A., Benedito, J., Bon, J., Mulet, A. 2007. High intensity ultrasound effects on meat brining. Meat Science 76, 611-619.

Chang, S.F., Huanga, T.C., Pearson, A.M. 1996. Control of the dehydration process in production of intermediate-moisture meat products: a review. En: Advances in Food and Nutrition Research. Taylor S. L. (ed.). Academic Press. Estados Unidos.

Chenoll, C., Heredia, A., Seguí, L., Fito, P. 2007. Application of the systematic approach to food engineering systems (SAFES) methodology to the salting and drying of a meat product Tasajo. Journal of Food Engineering 83:258–266.

Chokri, H., René, F. 1997. Determination of freeze-drying process variables for strawberries. Journal of food Engineering 32, 133-154.

Chou, S.K., Chua, K.J. 2001. New hybrid drying technologies for heat sensitive foodstuffs. Trends in Food Science & Technology 12, 359–369.

Chua, K.J., Chou, S.K. 2003. Low-cost drying methods for developing countries: a review. Trends in Food Science & Technology 14, 519-528.

Chua, K.J., Mujumdar, A.S. Hawlader, M.N.A., Chou, S.K., Ho, J.C. 2001. Batch drying of banana pieces-effect of stepwise change in drying air temperature on drying kinetics and product colour. Food Research International 34, 721–73.

Collignan, A., Bohuon, P., Deumier, F., Poligné, I. 2001. Osmotic treatment of fish and meat products. Journal of Food Engineering 49, 153-162.

Dattatreya, M.K., Wilson, R.A., Kaur, S. 2010. Determination of biochemical properties of foam-mat dried mango powder. International Journal of Food Science and Technology 45, 1626-1632.

Devahastin, S. 2000. Mujumdar's practical guide to industrial drying: principles, equipment and new developments, Editorial, Mc Gill University Montreal, Canada.

Deventer, H.C., Heijmans, R.M. 2001. Drying with superheated steam. Drying Technology 19 (8), 2033-2045.

Erle, U., Schubert, H. 2001. Combined osmotic and microwave vacuum dehydration of apple and strawberries. En: Osmotic dehydration and vacuum impregnation: Application in Food Industries. Fito, P., Chiralt, A., Barat, J.M., Spiess,W., Behsnilian, D., (eds). Technomic Publishing Company. Estados Unidos.

Fernandes, F.A.N., Rodrigues, S. 2007. Ultrasound as pre-treatment for drying of fruits: Dehydration of banana. Journal of Food Engineering 82, 261-267.

Janjai, S., Bala, B. K. 2012. Solar drying dechnology. Food Engineering Reviews 4, 16–54.

Kadam, D.M. Wilso, R.A., Kaur, S. 2010. Determination of biochemical properties of foam-mat dried mango powder. International Journal of Food Science and Technology 45, 1626-1632.

Kowalski, S.J., Rajewska, K. 2009. Effectiveness of hybrid drying. Chemical Engineering and Processing: Process Intensification 48, 1302-1309.

Kowalski, S.J., Rajewska, K. 2009. Effectiveness of hybrid drying. Chemical Engineering and Processing 48, 1302-1309.

Krokida, M.K., Maroulis, Z.B., Marinos, D. 2002. Heat and mass transfer coefficients in drying: Compilation of literature data. Drying Technology 20(1), 1-18.

Louka, N., Haddad, J. Juhel, F., Allaf, K. 2004. A Study of dehydration of fish using successive pressure drops (DDS) and controlled instantaneous pressure drop (DIC). Drying Technology 22(3), 457-478.

Lucio-Juárez J.S., Moscosa-Santillán, M., González-García, R., Grajales-Lagunes A., Ruiz-Cabrera, M.A. 2013. Ultrasonic assisted pre-treatment method for enhancing mass transfer during the air-drying of habanero chili pepper (*Capsicum chinense*). International Journal of Food Properties 16, 867-881.

Mason, T.J., Paniwnyk, L., Lorimer, J.P. 1996. The use of ultrasound in food technology. Ultrasonics Sonochemistry 3, S253-S260.

Miranda, G.A. 2003. Influencia de la temperatura, el envase y la atmósfera en la conservación de uvas pasas y de albaricoques deshidratados. Tesis Doctoral. Universidad de Valencia, Valencia, España.

Mujumdar, A.S. 2007. Handbook of industrial drying. CRC Press. Estados Unidos.

Mujumdar, A.S., Law, C.L. 2010. Drying Technology: Trends and applications in postharvest processing. Food Bioprocess Technology 3, 843-852.

Nathakaranakule, A., Kraiwanichkul, W., Soponronnarit, S. 2007. Comparative study of different combined superheated steam drying techniques for chicken meat. Journal of Food Engineering 80, 1023-1030.

Nimmol, C. Devahastin, S., Swasdisevi, T., Soponronnarit, S. 2007. Drying of banana slices using combined low-pressure superheated steam and far-infrared radiation. Journal of Food Engineering 81, 624-633.

Nindo, C.I., Tang, J. 2007. Refractance Window dehydration technology: A novel contact drying method. Drying Technology 25, 37-48.

Ochoa-Martínez, C.I., Quintero, P.T., Ayala, A.A., Ortiz, M.J. 2012. Drying characteristics of mango slices using the Refractance Window™ technique. Journal of Food Engineering 109, 69-75.

Pavan, M.A. 2010. Effects of freeze drying, Refractance Window drying and hot-air drying on the quality parameters of açaí. Tesis de Maestría. University of Illinois at Urbana-Champaign, Urbana, Illinois. Estados Unidos.

Pitz-Paal, R. 2008. Concentrating power solar. En: Future energy, improved, sustainable and clean options for our planet. Letcher, T.M. (ed). Elsevier. Reino Unido.

Rajkumar, P., Kailappan, R., Viswanathan. R., Raghavan, G.S.V., Ratti, C. 2007. Foam mat drying of alphonso mango pulp. Drying Technology 25, 357-365.

Ratti, C., Kudra, T. 2006. Drying of foamed biological materials: Opportunities and challenges. Drying Technology 24, 1101-1108.

Rordprapat, W., Nathakaranakule, A. Tia, W., Somchart S. 2005. Comparative study of fluidized bed paddy drying using hot air and superheated steam. Journal of Food Engineering 71, 28–36

Sa-adchom, P., Swasdisevi T., Nathakaranakule, A., Soponronnarit, S. 2011. Drying kinetics using superheated steam and quality attributes of dried pork slices for different thickness, seasoning and fibers distribution. Journal of Food Engineering 104, 105-113.

Sabarez, H.T., Gallego, J.A., Riera, E. 2012. Ultrasonic-assisted convective drying of apple slices. Drying Technology 30, 989-997.

Sagar, V.R., Kumar, S.P. 2010. Recent advances in drying and dehydration of fruits and vegetables: a review. Journal of Food Science and Technology 47 (1), 15-26.

Schmidt, F.C., Carciofi, B.A.M., Laurindo, J.B. 2008. Salting operational diagrams for chicken breast cuts: Hydration–dehydration. Journal of Food Engineering 88, 36–44

Sebastian, P., Bruneau, D., Collignan, A., Rivier, M. 2005. Drying and smoking of meat: heat and mass transfer modeling and experimental analysis. Journal of Food Engineering 70, 227–243.

Shi, J. X., Le Maguer, M. 2001. Stability of lycopene in tomato dehydration. En Osmotic dehydration and vacuum impregnation: Application in Food Industries. Fito, P.,

Chiralt, A., Barat, J.M., Spiess,W., Behsnilian, D., (eds.). Technomic Publishing Company. Estados Unidos.

Speckhahn, A., Srzednicki, G., Desai, D.K. 2010. Drying of beef in superheated steam. Drying Technology 28, 1072-1082.

Suvarnakuta, P., Devahastin, S., Soponronnarit, S., Mujumdar, A.S. 2005. Drying kinetics and inversion temperature in a low-pressure superheated steam-drying system. Industrial & Engineering Chemistry Research 44, 1934-1941.

Tang, J., Feng, G., Shen, G.Q. 2003. Drum drying. Enciclopedia of Agricultural, Food and Biological Engineering, 211-214.

Téllez, C., Sabaha, M.M., Montejano, J.G., Sobolika, V., Martínez, C.A., Allafa, K. 2012. Impact of instant controlled pressure drop treatment on dehydration and rehydration kinetics of green moroccan pepper (*Capsicum annuum*). Procedia Engineering 42, 978-1003.

Uengkimbuan, N., Soponronnarit, S., Prachayawarakorn, S., Nathkaranakule, A. 2006. A comparative study of pork drying using superheated steam and hot air. Drying Technology 24, 1665-1672.

Vallous, N.A., Gavrielidou, M.A., Karapantsios, T.D., Kostoglou, M. 2002. Performance of a double drum dryer for producing pregelatinized maize starches. Journal of Food Engineering 51, 171-183.

VenkataRaman SV, Iniyan S., Goic R. 2012. A review of solar drying technologies. Renewable and Sustainable Energy Reviews16, 2652-2670.

CAPÍTULO 11

PRODUCTOS CÁRNICOS DE HUMEDAD INTERMEDIA. CONSERVACIÓN DE CARNE EN ALGUNAS REGIONES DE MÉXICO

Alicia Grajales Lagunes y Miguel Angel Ruiz Cabrera

Facultad de Ciencias Químicas Universidad Autónoma de San Luis Potosí. Autora para correspondencia: Alicia Grajales Lagunes: grajales@uaslp.mx

INTRODUCCIÓN

La mayor frescura y óptima calidad de los alimentos es en el momento de su cosecha o matanza. Para mantener estas características en los que serán consumidos posteriormente, es necesario conservarlos. El término conservación se puede definir como "la forma de mantener algún material sin que sufra una alteración negativa de sus cualidades nutritivas y organolépticas" (Badui, 1988). La conservación de alimentos es una actividad del hombre desde épocas remotas para evitar la pérdida de calidad y alargar su vida útil; su deterioro es consecuencia de diversas reacciones del propio alimento: de origen químico (reacciones de Maillard, oxidación de vitaminas y grasas), de origen enzimático (pardeamiento enzimático, lipolisis, proteólisis) (Cheftel, 1999), o por alteraciones externas como la acción microbiana. La conservación de alimentos se lleva a cabo utilizando diferentes métodos, dentro de los más comunes están los tratamientos térmicos (pasteurización, esterilización, refrigeración, congelación, secado, liofilización) los conservadores químicos (empleo de antioxidantes y ácidos para), los métodos de barrera o tecnología de obstáculos, o los métodos combinados (Caps y Abril, 2003). En la actualidad existen nuevas tecnologías emergentes utilizadas en la industria alimentaria para complementar los métodos tradicionales o para sustituirlos totalmente. Entre estos están: altas presiones, pulsos eléctricos, ultrasonido, encapsulación y calentamiento ohmico (Rahman, 2003). El uso adecuado de los métodos convencionales y las nuevas tecnologías depende del alimento a conservar, en función de la variabilidad en su composición química y estructura. Este capítulo trata de la conservación de alimentos de origen animal, en especial de carnes aplicando el concepto de humedad intermedia.

CONSERVACIÓN DE CARNE

La carne es un alimento altamente perecedero; está constituida principalmente de agua (75-80%), proteínas (15-20%), lípidos (2.5-3%), sustancias minerales no proteicas (1%) y sales minerales (1%) (Lawrie, 1998). Esta composición hace que se presenten reacciones enzimáticas que, después de un determinado tiempo, son indeseables debido a que contribuyen a la descomposición del producto. Además, debido a los nutrientes presentes, pH y actividad de agua (a_a), la carne es un medio óptimo para el crecimiento de microorganismos como *Enterococcus* y *Clostridium*, que alteran la textura al producir gas y ablandamiento, , o *Clostridium botulinum*, altamente patógeno. Durante el almacenamiento de la carne en condiciones inadecuadas se producen aminas biogénicas (putrescina, cadaverina), compuestos tóxicos y responsables del desagradable olor de carne en estado de descomposición (Aguilar-Morales, 2012).

Es importante resaltar que la descomposición de la carne, ya sea por reacciones endógenas o por crecimiento microbiano, depende de la humedad y la temperatura de almacenamiento, así como de las condiciones de higiene y seguridad de manejo previo al sacrificio y los tratamientos que se realicen hasta llegar al consumidor.

Así, con el fin de prolongar la vida de anaquel de la carne y los productos cárnicos, desde la antigüedad se han aplicado técnicas como la adición de sales y azúcares, el secado solar y el ahumado (Rao, 1997). Hasta la fecha, países como España, México y otros países de Latinoamérica y Medio Oriente, se utilizan estos métodos, ya sea de manera individual o combinados para la elaboración y conservación de alimentos de humedad intermedia.

HUMEDAD INTERMEDIA EN LA CONSERVACIÓN DE CARNE

La relación entre el contenido de agua y el crecimiento microbiano fue estudiada inicialmente en la conservación de alimentos por Scott (1957). Las técnicas para el desarrollo de alimentos de humedad intermedia fueron introducidas en la década de 1970, con la producción de alimentos de humedad intermedia para mascotas. Posteriormente, bajo este mismo concepto, se introdujeron en el mercado los alimentos de humedad intermedia para consumo humano (Karel, 1976; Burrows y Barker, 1976; Leistner y Rodel, 1976).

El principio fundamental para la elaboración de alimentos de humedad intermedia se basa en la reducción del contenido de agua a un nivel que inhiba el crecimiento microbiano. La cantidad de agua disponible que requieren los microorganismos para su crecimiento se conoce como actividad de agua (a_a), la cual se define como la relación que existe entre la presión de vapor del alimento y la presión de vapor del agua pura a la misma temperatura (Rao, 1997). El intervalo de a_a considerado para los alimentos de humedad intermedia es variado, oscila entre 0.6-0.9, que equivale a una humedad relativa de 60-90% a temperatura ambiente (Leistner, 1987). La Tabla 1 muestra la a_a mínima requerida para la colonización y crecimiento de poblaciones microbianas en alimentos de humedad intermedia.

Tabla 1. Actividad de agua (a_a) mínima para el crecimiento microbiano en alimentos de humedad intermedia

a_a	microorganismos proliferantes
0.90	*Clostridium botulinium, Lactobacillus, Listeria monocytogenes*
0.87	levaduras y *Staphylococcus aureus*
0.80	*Saccharomyces* spp., mohos *(Penicilium)*
0.75	mohos xerófilos *(Aspergillius, Saccharomyces,*
0.65	*Candida*
0.60	levaduras osmófilas *Saccharomyces rouxii;* mohos, como *Aspergillus Echinulatus, Monascus bisporus.*

Adaptado de Leinster y Rodel (1976); Cheftel (1992).

En los alimentos de humedad intermedia aún hay crecimiento de patógenos, por tanto es gran importancia considerar el nivel de a_a para reducir su crecimiento.

La aplicación del principio de humedad intermedia para la conservación de carne y productos cárnicos ofrece diversas ventajas: estabilidad de su vida útil a temperatura ambiente, conservación de energía, desarrollo de nuevos productos con mejor textura, estructura, sabor y aroma (Rao, 1997), además que pueden ser consumidos sin ser rehidratados. Gracias a estas ventajas se han desarrollado productos cárnicos y carnes como alimentos de humedad intermedia en varios países. Su producción varía de acuerdo a las condiciones climáticas, económicas y tecnológicas de cada país; sin embargo, son una alternativa viable para la conservación de carnes en los países en vías de desarrollo, así como para el desarrollo de nuevos productos.

PAPEL DE LAS PROTEÍNAS EN LOS PRODUCTOS CÁRNICOS DE HUEMEDAD INTERMEDIA

Todos los procesos de elaboración de productos cárnicos secados-salados de humedad intermedia están basados en la relación agua-proteínas-sal, y en el mecanismo de la solubilidad de proteínas. Las proteínas del músculo se dividen de acuerdo a su solubilidad. Las solubles en soluciones salinas diluidas son las proteínas sarcoplásmicas; las solubles en soluciones salinas concentradas son las proteínas miofibrilares. Finalmente, las insolubles en soluciones salinas, aún en las concentradas son las estromas o proteínas del tejido conectivo (Lawrie, 1998). Por lo tanto cuando se le agrega sal al músculo estriado en cantidades pequeñas (cerca de 2%), las únicas proteínas que se solubilizan son las sarcoplásmicas (Gil y col., 1999). Para que las proteínas miofibrilares se solubilicen se necesita mayor concentración de sal, aproximadamente 4%. Por tanto, a bajas concentraciones de sal se produce la solubilización (o *salting-in*) de algunas proteínas. Según Viera y col. (2006) y Machado y col. (2007), el *salting-in* es la unión adicional de sal por parte de la fracción hidrofílica de las proteínas, resultando en una resolubilización de estas por el aumento de la carga eléctrica, lo cual genera repulsión electroestática en la cadena proteica. Cuando hay un exceso de sal, ésta compite con las proteínas por el agua, produciendo deshidratación de la carne.

Por otro lado, el color rojo cereza característico que se forma durante la etapa de salado es debida a la oxidación de la mioglobina (proteína responsable de la coloración roja de la carne) para dar lugar a la formación de la meta mioglobina (Dubé y col., 2000).

PRODUCCIÓN DE CARNES Y PRODUCTOS CÁRNICOS DE HUMEDAD INTERMEDIA

Las carnes y los productos cárnicos de humedad intermedia se definen como aquellos parcialmente deshidratados con una concentración de sólidos adecuada para unirse con el agua e inhibir el crecimiento de bacterias, levaduras y hongos. Las carnes de humedad intermedia se caracterizan por tener una textura jugosa, y sabor, olor y apariencia agradable. Son alimentos seguros y estables a temperatura ambiente, pueden presentarse listos para el consumo, o necesitar una preparación fácil y rápida. Estas características se logran al elaborar el producto una a_a adecuada (Rao, 1997). Los productos de a_a intermedia obtienen al combinar cantidades establecidas de sal con un proceso de secado. Como la sal solo presenta un efecto inhibitorio a altas concentraciones, el proceso de salado es inadecuado por si solo como método de conservación en productos alimenticios, por lo que debe incluirse un proceso de secado (Albarracín, 2009). El proceso tradicional para la elaboración de carnes de humedad intermedia es relativamente sencillo, por lo que permite un fácil control de proceso, lo que fundamentalmente consiste en mantener la concentración de sal adecuada, así como estandarizar los tiempos y temperatura de secado. Sin embargo, en algunas regiones este proceso sigue careciendo de control del proceso, lo que conlleva a amplia variabilidad en la calidad del producto terminado.

Proceso de salado

Este fue desarrollado por las culturas china y egipcia (200 a.C.) permitiendo la conservación y abastecimiento de alimentos perecederos, como carne y pescado, en épocas de escasez (Gallart y col., 2005). Se basa en la reducción de la a_a de la carne o del producto cárnico con el fin de disminuir crecimiento microbiano. Además, permite el desarrollo del sabor/olor (*flavor*) característico de los productos secados y madurados. La sal más utilizada es el cloruro de sodio (NaCl) o sal común, debido a que una de sus principales propiedades es el realce del sabor y el *flavor* del producto, además de incrementar la capacidad de retención de agua, desarrollar la textura y estabilizar a los compuestos pigmentantes durante el secado y maduración (Van Hekken y Strange, 1993; Poulanne, 2001). Cabe mencionar que el proceso de elaboración de productos salados varía de acuerdo a la tradición del área de producción, pero el salado es una etapa fundamental (Albarracín, 2009). El proceso tradicional de salado consiste en el cubrimiento o frotado de la materia prima con sal, la cual es parcialmente disuelta y drenada por el líquido que se extrae del alimento como consecuencia de mecanismos osmóticos y de difusión. El objetivo es que al producto ingrese suficiente cantidad de sal para proporcionar la estabilidad necesaria en la siguiente etapa del proceso, y garantizar la conservación a temperatura ambiente (Albarracín, 2009). Las condiciones del proceso de salado tradicional han sido establecidas de manera artesanal y se siguen utilizando en los diferentes países para la elaboración y conservación de productos cárnicos regionales.

Un método de salado alternativo es en salmuera, donde la materia prima es colocada dentro de una solución salina con una determinada de sal (Barat y col., 2005, 2006; Gallart-Jornet y col., 2007; Bellagha y col., 2007). Una ventaja de este método es que permite reducir los tiempos de salado por la presolubilización de la sal. El salado por inyección es un método alternativo, utilizado especialmente en la elaboración de productos cárnicos. La inyección de salmuera se lleva a cabo insertando agujas al producto para difundir la solución salina de manera más rápida y uniforme. Varios autores (Townsend y Olson, 1994; Casiraghi y col., 2007; Bencze Rora y col., 2004; Birkeland y col., 2007) indican que el salado por inyección puede ser aplicado para tener contenidos de sal homogéneos en músculos en estado *prerigor* de salmón atlántico. Por lo que es un método factible para el salado en los músculos que reciben este proceso antes de la instalación del *rigor mortis*.

ELABORACIÓN DE PRODUCTOS CÁRNICOS TRADICIONALES DE ALGUNAS ZONAS DE MÉXICO

Cecina

La palabra cecina procede del latín *siccina*, que significa "carne seca". En castellano antiguo se conocía como *chacina*, y en castellano moderno se conoce como cecina. La cecina mexicana es un producto cárnico tradicional de humedad intermedia, elaborado con los músculos de pierna de bovino, principalmente *Biceps femoris, Semitendinosus* y *Semimembranosus*, que constituyen la "pulpa negra" y el "cuete", cortes tradicionales mexicanos. Este producto es elaborado en diferentes estados de México, principalmente en los estados de Oaxaca, Guerrero, San Luis Potosí, Morelos y en la Ciudad de México. El proceso de elaboración es muy variable, dependiendo de las tradiciones de cada lugar. En algunas regiones se adiciona vinagre, aceite o naranja agria, además de sal. Sin embargo, la adición de sal y el corte delgado de la carne (5 mm de espesor) son comunes a todos los procesos (Reyes Cano y col., 1995), aunque en algunas regiones ya no se realiza el proceso de secado, únicamente se comercializa como una carne salada. La Figura 1 muestra el proceso general de elaboración de la cecina. Las principales recomendaciones para elaborar cecina son: partir de carne magra (pH entre 5.5 y 5.8); controlar estrictamente la cantidad de sal, el tiempo y la temperatura de secado para reducir la a_a y evitar el desarrollo microbiano.

Reyes-Cano y col. (1994) estudiaron las características bioquímicas, microbiológicas y sensoriales de la cecina elaborada en la Ciudad de México y en los estados de México, Morelos, Oaxaca y Guerrero. Esta investigación colaboró con la identificación de las formulaciones y los procesos, llevando al conocimiento de los diferentes aspectos de una tradicional carne de humedad intermedia mexicana. Las muestras de cecina se obtuvieron durante seis meses, para cada una se obtuvo la información de la formulación y del proceso de elaboración. Los autores señalan que el proceso de elaboración en los diferentes estados es generalmente el mismo, la mayor variación es el tipo y cantidad de ingredientes. Después de la etapa de salado la cecina se coloca en tablas de madera o colgadas de 4 a 24 horas para llevar a cabo el secado, aunque en esta etapa no se tiene un control estricto sobre el tiempo y la temperatura.

En el caso de la cecina preparada en la Ciudad de México y en el estado de Guerrero, después del secado se adiciona aceite de cártamo; enseguida las piezas son dobladas para su comercialización.

La cecina elaborada en el estado de Oaxaca, después del secado, se deja en reposo 1 hora aproximadamente; la cecina se dobla para su distribución. El producto elaborado en el estado de Morelos, durante el secado se le adiciona vinagre, posteriormente se le adiciona grasa y se dobla para su comercialización. Los autores indican que no se tiene ningún control en la adición de los diferentes ingredientes, el tiempo de preparación, ni en la etapa de secado. Los parámetros fisicoquímicos de las muestras estudiadas se muestran en la Tabla 2.

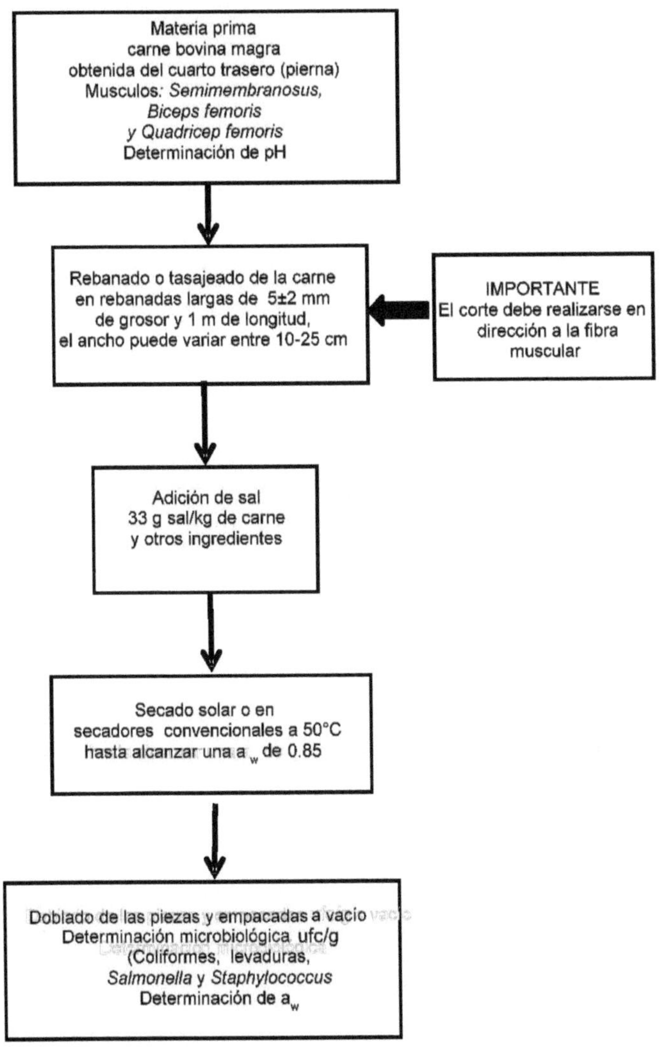

Figura 1. Proceso general de elaboración de la cecina

Tabla 2. Parámetros fisicoquímicos de muestras de cecina.
Reyes-Cano y col. (1994)

Origen de la muestra	humedad[d] (%)	cloruro[a,d] (%)	a_a[d]	proteína[a,d] (%)	grasa[a,d] (%)	color[b,d]	textura[c,e]
Cd México	62.9	9.8	0.90	62.5	11.0	8.9	13.3
Guerrero	61.5	9.2	0.90	56.7	19.2	19.6	16.5
Morelos	64.5	8.1	0.89	57.4	18.2	12.0	15.6
Oaxaca	64.7	10.0	0.89	60.4	7.7	8.7	17.4
carne fresca	74.5	-	0.98	72.3	11.9	25.7	20.3

[a] = base seca; [b] = unidades de reflectancia; [c] = máxima fuerza de corte en kg$_f$;
[d] = promedio de 18 repeticiones; [e] = promedio de 60 repeticiones

De los datos mostrados en la Tabla 2 se concluye que no hubo diferencia significativa en humedad, contenido de proteína y a_a entre las muestras evaluadas, pero si hubo diferencias con respecto a la carne fresca. La a_a presentó valores abajo del límite superior para considerar que las muestras estudiadas son alimentos de humedad intermedia, de acuerdo con Leistner y Rodel (1976). Asimismo, estos resultados indicaron que las muestras de cecina procedentes de los estados de Morelos y Guerrero tuvieron mayor contenido de grasa que las obtenidas en la Ciudad de México, posiblemente debido a que en la elaboración de cecina en Morelos y Guerrero se incorpora grasa y aceite de cártamo, respectivamente, posterior al proceso de secado. El color rojo de las muestras de cecina fue menos intenso que en la carne fresca, debido a la oxidación de mioglobina por la adición de sal, la deshidratación parcial y la exposición al aire. Es importante resaltar que las muestras de cecina que presentaron coloración más intensa fueron las obtenidas de los estado de Morelos y Guerrero, a las cuales se les incorporó grasa o aceite de cártamo después del secado, lo que indica que, además de la lubricación, la grasa podría proteger el pigmento de reacciones de oxidación.

La textura fue más suave en cecina que en la carne fresca, aunque se observó variabilidad en las cecinas; la obtenida de la Ciudad de México fue la más suave. Estas diferencias en textura se deben a factores como edad y alimentación del animal; falta de control del proceso; tipo de musculo utilizado; y tiempo de almacenamiento del producto terminado. Es importante resaltar que el proceso de maduración de la carne se lleva a cabo durante el almacenamiento y juega un papel importante en la textura, debido a la proteólisis que ocurre (Lawrie, 1998).

En todos los casos, las poblaciones microbianas de las muestras de cecina están por encima de lo permitido por la Norma Oficial Mexicana para carne cruda (Dirección General de Normas, 1986) (Tabla 3), lo que pudo deberse a la falta de higiene y control de la materia prima y durante el proceso de elaboración. Sin embargo, los microorganismos patógenos como *Salmonella* y *Staphylococcus aureus* estuvieron ausentes en todos los casos.

El análisis sensorial se llevó a cabo con jueces semientrenados; estos no encontraron diferencias significativas entre las muestras con respecto a jugosidad, color, sabor, salinidad y suavidad. A pesar de la variabilidad de los procesos y de la materia prima, Reyes Cano y col. (1994) no reportan diferencias significativas en el contenido de humedad, proteínas y a_a, lo que pudo deberse a amplias desviaciones estándar no reportadas.

Tabla 3. Poblaciones microbianas en cecina de bovino
(Reyes Cano y col., 1994)

Origen de la muestra	Población microbiana log (ufc/g)						Presencia de Salmonella
	mesófilos	coliformes	mohos	levaduras	halófilos	S. aureus	
Ciudad de México	9.255	3.041	3.079	7.397	np	nd	nd
Oaxaca	7.477	4.792	3.792	5.716	nd	nd	nd
Guerrero	8.939	4.886	4.875	7.000	nd	nd	nd
Morelos	9.653	4.079	3.322	7.672	nd	nd	nd
Carne cruda (DGN)	7.000[1]	--	--	--		3.698[3]	
Carne fresca (DGN)	6.301[2]	--	--	--			

Según la Norma Oficial Mexicana (DGN-Dirección General de Normas):
[1] 10×10^6 ufc/g; [2] 20×10^5 ufc/g; [3] 50×10^2 ufc/g

nd – no detectado

Reyes Cano y col. (1995) llevaron a cabo otro estudio en donde la cecina fue elaborada en condiciones controladas. En este, la materia prima se obtuvo en un rastro de la Ciudad de México, utilizando los músculos *Biceps femoris* y *Quadricep femoris*, extraídos de bovinos de entre 3 y 4 años de edad. La carne se almacenó a 0°C durante 2 horas. Se prepararon dos tipos de cecina, de acuerdo a las metodologías que se describen a continuación:

Muestra 1	Muestra 2

- Corte 5 mm espesor, dirección de las fibras musculares

Inmersión por 4 horas en 15% solución salina (1:2 carne/solución)	Inmersión por 4 horas en la solución salina (15.9% sal, 19% glicerol, 0.6% propilenglicol, 0.1% sulfito de sodio y 0.1% de bisulfito de sodio)

- Secado: 50°C por 1 hora

- a_a final=0.85

- Empaque al vacío en poliestireno-polietileno (0.02 m espesor)

- Almacenamiento a 4, 25 y 35°C durante 4 meses

Se analizaron mensualmente: pH, color, nitrógeno soluble y análisis microbiológicos. El pH después del salado fue 5.3; a los 4 meses el pH de la muestra 1 fue pH (a 25 y 35°C) y 5.5 (a 4°C). Las diferencias se debieron a actividad proteolítica que aumenta con la temperatura produciéndose mayor concentración de nitrógeno. El pH de la muestra 2 fue 5.5 a las tres temperaturas, debido a que el glicerol actuó como humectante en formando enlaces con las proteínas, inhibiendo parcialmente a las reacciones proteolíticas; la concentración de nitrógeno soluble fue menor en la muestra 2.

El color en la muestra 1 cambio de café oscuro a claro, mientras que en la muestra 2 el color cambió de café claro a rojo en almacenamiento a 35°C. Sin embargo, Obanu y Ledward (1975) señalaron que en productos cárnicos de humedad intermedia se aprecian cambios de color de grisáceo a amarillo pálido, característico de la carne cocida. La diferencia en color pudo deberse a la inclusión de glicerol en la formulación.

Las poblaciones microbianas obtenidas en el estudio se muestran en la Tabla 2. Desde el punto de vista sanitario, en ningún producto final hubo crecimiento de coliformes, levaduras, *Salmonella* o *Staphylococcus aureus*, crecimiento moderado de mohos y en la muestra 2 crecimiento moderado de halófilos. Estos resultados denotan un buen control de la materia prima y del proceso.

Los reportes en la literatura acerca de productos cárnicos de humedad intermedia en México son escasos, aunque si existen reportes sobre productos de este tipo de alimentos elaborados en España, Chile y Francia. Lo que permite concluir que no se ha estandarizado el proceso de elaboración de cecina en diferentes regiones donde se elabora, lo que conllevaría a obtener productos con calidad constante sanidad adecuada.

Tabla 4. Poblaciones microbianas en cecina con inmersión en dos tipos de salmueras y almacenada por 4 meses a 5, 25 y 35°C (Reyes Cano y col., 1995).

Muestra	Temperatura de almacenamiento (°C)	Población microbiana log (ufc/g)					Salmonella
		Coliformes	Halófilos	S. aureus	mohos	levaduras	
Materia prima (carne cruda)		3.602	2.954	nd	4.037	2.602	nd
Muestra 1*	4	nd	nd	nd	$\leq$1.301	nd	nd
	25	nd	nd	nd	$\leq$2.000	nd	nd
	35	nd	nd	nd	$\leq$1.698	nd	nd
Muestra 2**	4	nd	nd	nd	$\leq$1.301	nd	nd
	25	nd	1.698-2.954	nd	$\leq$2.000	nd	nd
	35	nd	1.602-2.146	nd	$\leq$1.698	nd	nd

* Inmersión por 4 horas en salmuera (15% solución salina); secado a 50°C

** Inmersión por 4 horas en salmuera (15.9% sal, 19% glicerol, 0.6% propilenglicol, 0.1% sulfito de sodio, 0.1% bisulfito de sodio); secado a 50ºC
nd – no detectado

Elaboración de cecina en el estado de Morelos

En las diferentes regiones mexicanas en las que se lleva a cabo la elaboración de cecina es con base en tradiciones pasadas de generación en generación. Tal es el caso de la cecina elaborada en Yecapixtla, estado de Morelos (http//:click.wordpress.com), una de las más prestigiadas y considerada como platillo emblemático del mencionado estado del centro de México. Anualmente se celebra la Feria Internacional de la Cecina. La Figura 2 muestra el proceso de elaboración de cecina en Yecapixtla.

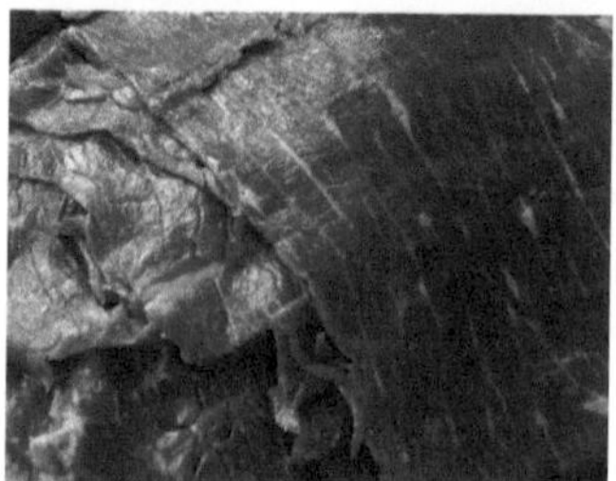

Figura 2. Elaboración de cecina en Yecapixtla, estado de Morelos, México. 1) salado; 2) secado; 3) producto final

El proceso es completamente artesanal; se utiliza carne de pierna de bovino magra, cortada en secciones delgadas ("tasajeado"). Generalmente, de un kilogramo de carne se obtiene una pieza de un metro de largo. Posteriormente la carne se coloca en una mesa de salado (Figura 2) que se realiza manualmente con sal fina de mesa fina: por cada 30 kg de carne se utiliza 1 kg de sal. La carne salada se coloca en un lugar abierto sobre una madera donde se lleva a cabo el secado solar que toma entre 3 y 30 minutos. El tiempo exacto de secado lo conocen los productores a través del cambio de color de la carne de "rojo cereza" a "moreno canela". Cuando un lado de la carne adquiere el color deseado, ésta se voltea.

El tiempo preciso se estima por la experiencia del productor. Esta etapa también está basada en la experiencia y es; si se prolonga la carne será demasiado seca y dura. Si la cantidad de sal no fue suficiente, la carne sufrirá descomposición, que se manifiesta por un color verde. Cuando la carne adquiere el color y la humedad deseada de acuerdo a la experiencia, esta se dobla sobre sí misma y almacena a la sobra por aproximadamente durante 20 minutos. Finalmente se separa, se enfría y adiciona manteca de cerdo en la superficie para obtener el color y la apariencia deseada. El empaque se lleva a cabo en bolsas de plástico y se comercializa directamente, o se almacena en congelamiento que, de acuerdo a los productores, no altera las propiedades sensoriales. Los productores estiman que los fines de semana venden hasta 1,000 kg de cecina.

Elaboración de la cecina en la Huasteca Potosina

Otra región donde se elabora este producto es la Huasteca Potosina, estado de San Luis Potosí, en el centro-norte, en los municipios de Tanquían de Escobedo, Xilitla, Tampamolón Corona, Tamazunchale y San Martín Chalchicuautla. En algunos casos la elaboración de este producto es la única fuente de ingresos para las familias. El proceso de elaboración es muy variable dentro de la misma región o municipio, ya que depende de la experiencia y tradiciones familiares. La materia prima es similar a de la cecina de Yecapixtla. También se realiza una etapa de tasajeado para obtener piezas muy delgadas. Sin embargo, el salado es característico de la zona al adicionar sal seguido de la incorporación de jugo de naranja agria (*Citrus aurantium*). Además, después del salado se comercializa inmediatamente, sin llevar a cabo un secado. Bajo estas condiciones el producto tiene una vida de anaquel de aproximadamente 1 semana en refrigeración. En algunas ocasiones el producto se elabora únicamente adicionando sal y posteriormente deshidratando por secado solar hasta observar el cambio de color indicado anteriormente. Los productores de la región indican que las cantidades de sal y de jugo de naranja son con base a su experiencia. Estos mismos productores reportan que su producto no es estable a pesar del proceso de conservación, la descomposición del producto es muy rápida debido a que se mantiene a temperatura ambiente (35-40°C) por la falta de equipo de refrigeración. La baja estabilidad del producto es debida a las condiciones higiénicas durante su elaboración, en algunas ocasiones muy escasas; al no existir un control del secado no se obtiene la reducción deseable de la a_a. El costo de la cecina en esta región oscila entre 8 y 10 dólares (US) por kilogramo. Es un producto muy apreciado en todo el estado de San Luis Potosí.

Otras regiones de México donde se elabora la cecina

Además de los estados de Morelos y San Luis Potosí, la cecina se elabora en los estados de Puebla (municipio de Atlixco), Oaxaca y Guerrero, en la zona sur de México. La cecina elaborada en estas regiones es un platillo típico. En Atlixco, Puebla también se realiza anualmente una Feria de la Cecina, en el mes de agosto. La forma de elaboración es artesanal y similar a lo mencionado anteriormente. Otros estados que comercializan cecina son Jalisco, Veracruz, Estado de México, Guanajuato y Querétaro entre otros, que elaboran cecina regionalmente, o la adquieren de estados en donde existe la mayor producción.

Elaboración de cecina enchilada

En el estado de Oaxaca también se elabora la cecina enchilada, otro platillo muy típico de esta región. A diferencia de la cecina tradicional, esta se elabora con carne de cerdo y los cortes son más gruesos (8-10 mm). Inicialmente se agrega sal a la carne y se deja en reposo durante 36 horas en refrigeración, posteriormente se retira el exceso de sal con agua tibia y se adiciona el condimento (chile ancho, chile guajillo, pimienta, clavo, ajo y orégano). Posteriormente el secado se lleva a cabo en las piezas de carne colgadas.

La cecina elaborada en la región sur del estado de Veracruz, se elabora un tipo de cecina, la carne de Chinameca, la cual es originaria del municipio del mismo nombre; es un producto típico de la cocina veracruzana. El proceso de elaboración de la carne de Chinameca es similar al de la cecina enchilada. También se prepara a partir de carne de cerdo (lomo); los cortes son de un espesor entre 8-10 mm. Posteriormente se adiciona el condimento, elaborado principalmente con achiote, y se deja reposar por un determinado tiempo para que adquiera el color rojo típico de esta carne. Finalmente se ahúma y se cuelga para llevar a cabo el secado. Al igual que la cecina, este producto también es una carne semi-seco. Es importante resaltar que la elaboración de este producto también está basada en la experiencia y no existe ningún control sanitario (comunicación personal).

Elaboración de tasajo

El tasajo es una carne vacuna salada, comenzó a producirse en América Latina desde el Siglo XIX, cerca del Rio de la Plata en Argentina. Este producto era enviado a la Habana, Cuba, para alimentar a los esclavos africanos. La ruta del envío del producto entre Argentina y Cuba era denominada "el sendero del tasajo" (Sluyter, 2010). En la actualidad, el tasajo se sigue produciendo en Cuba como una versión muy similar al charqui, un producto tradicional de los países andinos.

Tradicionalmente, la elaboración del tasajo en Cuba se basa en el salado de la carne y posterior secado al sol. Este proceso de secado puede durar hasta tres semanas (Chenoll y col., 2007). El producto final tiene mayor similitud a la cecina mexicana que al tasajo que se produce en México. El proceso de elaboración del tasajo cubano ha sido ampliamente estudiado y estandarizado industrialmente.

A nivel industrial, el salado del tasajo producto se realiza en dos etapas: la etapa inicial consiste en un salado húmedo por inmersión en una solución saturada de cloruro de sodio (NaCl) al 21% durante 8 horas a 4°C; posteriormente se lleva a cabo el salado seco con adición de NaCl hasta alcanzar la sal superficial seca un peso constante. Esta etapa también se lleva a cabo a 4°C. Finalmente, procede al secado con aire caliente a 60°C, hasta alcanzar 50% de pérdida de peso. El objetivo de realizar las etapas de salado de diferente manera es para evitar la cristalización de la sal (Andújar, 1999). Este autor reportó la disminución de la a_a del producto a través de las etapas de secado. Estos valores fueron:

carne cruda	$a_a = 0.99$
después del salado en húmedo	0.84
después del salado en seco	0.75
después del secado en aire caliente	0.75
producto final	0.75

En México el tasajo es conocido como un trozo de carne vacuna salada, de espesor aproximado de 2 a 3 cm. Se produce en los estados de Oaxaca (principalmente en el Valle Central) y Chiapas (en la zona de la Frailesca y meseta Comiteca). Su elaboración se lleva a cabo a partir de los músculos de la pierna, lomo o costilla, dependiendo de la región donde se elabore. Su producción es completamente artesanal, el salado se realiza en seco adicionando sal a la carne para posteriormente secarlo al sol. En estos estados es un platillo muy apreciado por sus habitantes y el turismo. A diferencia de la cecina, este producto únicamente se comercializa en restaurantes típicos y en mercados, pero no se encuentra disponible en los grandes supermercados.

Elaboración de la machaca

La machaca es un producto cárnico seco y deshebrado típico de la región del norte de México; se produce principalmente en los estados de Nuevo León, Tamaulipas, Sonora y Coahuila. El proceso de producción es suficientemente estandarizado; alrededor de 70 empresas en el norte del país que se dedican a la elaboración de este producto. La Figura 5 muestra el dicho proceso, de acuerdo a la Procuraduría Federal del Consumidor de México (Profeco) (www.profeco.gob.mx). Es importante que secado se realice a un máximo de 50°C, para evitar el endurecimiento de la carne. Este producto se consume tradicionalmente mezclado con huevo, un platillo típico del Norte de México. La tradición indica que en la época prehispánica los pueblos originarios de esta región consumían un producto similar elaborado con carne de venado, adicionado con huevos de codorniz. Actualmente el kilogramo de machaca cuesta entre 16 y 20 dólares US.

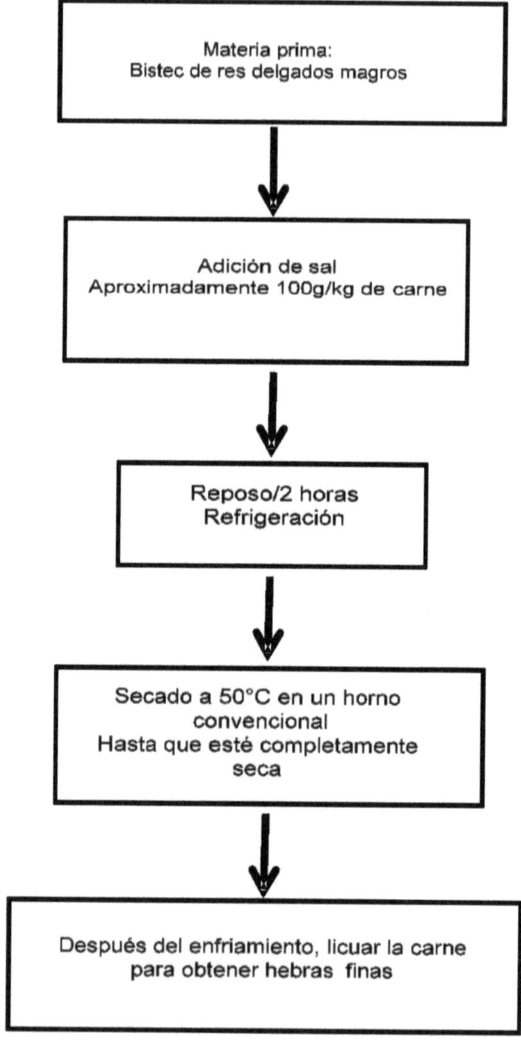

Figura 5 Proceso de elaboración de la machaca (www.peofeco.gob.mx).

Elaboración del chito

El chito es también un producto cárnico seco-salado elaborado a partir de carne de cabra o sus crías. Su principal producción es en la zona caprícola del sur del país que, comprende el estado de Oaxaca y parte del estado de Puebla. En Puebla la elaboración y el consumo de chito ha incrementado como un aspecto cultural paralelo a la matanza de cabritos en la zona de Tehuacán, durante los meses de octubre y noviembre (Serrano-Ojeda, 2010). Se prepara con tiras de carne, las cuales son saladas y deshidratadas por secado solar.

CONSIDERACIONES PARA LA ELABORACIÓN DE PRODUCTOS CÁRNICOS DE HUMEDAD INTERMEDIA

Materia prima

La primera consideración para la elaboración y conservación de los productos cárnicos de humedad intermedia es el tipo de materia prima. En algunas ocasiones se emplea carne "caliente" obtenida, inmediatamente después del antes de la instalación del *rigor mortis*. Otra opción es el uso de carne en la cual se haya resulto el *rigor mortis*, aproximadamente 24 horas después del sacrificio. En caso de emplearse carne congelada, es necesario verifica en qué momento se congeló; si fue congelada durante *rigor mortis* (Locker, 1960) se provocará la contracción por frío, lo que conduce a obtener una carne extremadamente dura y de mala calidad. Si se emplea carne congelada después de la resolución del *rigor mortis*, aunque no ocurrió una contracción por frío, la carne es menos jugosa que una carne fresca (Chang y col., 1996). La mejor opción es utilizar carne fresca después del *rigor mortis* (después de 24 horas de sacrificio), que no ha sido congelada.

Con respecto al pH, no se recomienda utilizar como materia prima a carnes con miopatías como PSE (pálida, suave y exudativa) con pH menor a 5.5, DFD (oscura firme y seca) la cual tiene pH 6.0 o superior. En la carne PSE el pH puede causar desnaturalización parcial de las proteínas, lo que ocasiona que y la capacidad de retención de agua sea baja (Bendall y Swatland, 1988). En carnes DFD, la capacidad de retención de agua es elevada, pero fácilmente hay crecimiento de microorganismos patógenos o de descomposición.

Salado y Secado

Se recomienda estandarizar ambas etapas en relación a cantidad y método de adición de sal adicionada, así como tiempos y temperaturas de secado, lo que se logra a través de la medición de temperatura en el centro de la muestra (50°C).

Control de calidad del producto terminado

El control correcto de los parámetros del proceso producirá un alimento con características de calidad determinados y corroborados por un control de calidad estricto. Se debe determinar el color, olor, textura, a_a, entre otros parámetros fisicoquímicos de calidad, además de un control sanitario, de acuerdo a lo recomendado por las autoridades regionales e internacionales. Controlando estos factores se tendrá un producto de mejor calidad y con mayor apertura de mercado.

CONCLUSIONES

El proceso de elaboración de los productos cárnicos de humedad intermedia es relativamente sencillo; a la fecha no solamente se utiliza con el objetivo de conservar la carne, también para obtener una mayor variedad de alimentos cárnicos en el mercado. El proceso de elaboración es similar en los diferentes países donde se lleva a cabo. Consta de una etapa de salado (secado osmótico) y de secado. En México la elaboración de este tipo de productos sigue siendo artesanal, con amplia variabilidad en la calidad del producto. Por lo tanto, el desarrollo a escala industrial de productos cárnicos de humedad intermedia necesita de estandarización en el control de procesos y garantizar la inocuidad. La etapa de secado es crítica y necesita de mayores estudios. El secado solar es ampliamente utilizado por sus bajos costos, aunque la aplicación de secadores híbridos mejoraría considerablemente la calidad del producto final al incorporar al secado solar controles de temperatura, velocidad del aire y tiempos de secado. Paralelamente, es necesario llevar a cabo estudios de color, textura, a_a, propiedades sensorial y características sanitarias.

BIBLIOGRAFÍA

Aguilar-Morales, J. 2012. Métodos de Conservación de Alimentos. Editorial Red de Tercer Milenio. Tlanepantla. Estado de México.

Albarracín, W. 2009. Salado y Descongelado Simultáneo en Salmuera para la Obtención de Jamón Curado de Cerdo de Raza Ibérica. Tesis Doctoral. Universidad Politécnica de Valencia. Valencia, España.

Andujar, G. 1999. Mejoramiento de la Tecnología Tradicional de Elaboración del Tasajo. Tesis Doctoral. Universidad de la Habana. La Habana, Cuba.

Badui, S. 1988. Diccionario de Tecnología de los Alimentos. Editorial Alhambra Mexicana. Ciudad de México.

Barat, J. M., Grau R., Ibáñez, J.B., Fito, P. 2005. Post-salting studies in Spanish cured ham manufacturing. Time reduction by using brine thawing–salting. Meat Science, 69, 201-208.

Barat, J.M., Grau, R., Ibáñez, J.B., Pagán, M.J., Flores, M., Toldrá, F., Fito P. 2006. Accelerated processing of dry-cured ham. Part I. Viability of the use of brine thawing/salting operation. Meat Science, 72:, 757-765.

Bellagha, S., Sahli, A., Farhat, A., Kechaou, N., Glenza, A. 2007. Studies on salting and drying of sardine (*Sardinella aurita*): Experimental kinetics and modeling. Journal of Food Engineering, 78, 947-952.

Bencze Røra, A.M., Furuhaug, R., Fjæra, S.O., Skjervold, P.O. 2004. Salt diffusion in pre-rigor filleted Atlantic salmon. Aquaculture, 232, 255-263.

Bendall, J.R., Swatland, H.J. 1988. A review of the relationships of pH with physical aspects of pork quality. Meat Science, 24, 85-126.

Birkeland, S., Akse L., Joensen, S., Tobiassen, T., Skåra, T. 2007. Injection Salting of pre rigor Fillets of Atlantic salmon (*Salmo salar*). Journal of Food Science, 72, 29-35.

Burrows, I., Barker, D. 1976. Intermediate moisture petfoods. In Intermediate Moisture Foods. Davies R., Birch G.G., Parker K.J. (eds.). Applied Science. Londres.

Casiraghi, E., Alamprese, C., Pompei C. 2007. Cooked ham classification on the basis of brine injection level and pork breeding country. LWT, 40, 164-169.

Casp, A., Abril J. 2003. Procesos de conservación de alimentos. Editorial Mundi-Prensa. Madrid, España.

Chang, S.F., Huang, T.C., Pearson, A.M. 1996. Control of the dehydration process in production of intermediate-moisture meat products: a review. En: Advances in Food and Nutrition Research. Taylor S.L. (ed.). Academic Press. Estados Unidos.

Cheftel, J.C. 1992. Introducción a la Bioquímica y Tecnología de los Alimentos. Editorial Acribia, España.

Cheftel, J.C. 1999. Introducción a la Bioquímica y Tecnología de los Alimentos. Vol. I y II. Editorial Acribia. Zaragoza, España.

Chenoll, C., Heredia, A., Seguí, L., Fito, P. 2007. Application of the systematic approach to food engineering systems (SAFES) methodology to the salting and drying of a meat product: Tasajo. Journal of Food Engineering, 83, 258-266.

DGN (Dirección General de Normas) (1986). Norma Oficial Mexicana para carne fresca y carne molida. Ciudad de México.

Dubé, D., Andujar, G. 2000. Cambio de coloración de los productos cárnicos. Instituto de Investigaciones para la Industria Alimentaria. La Habana, Cuba.

Gallart-Jornet, L., Barat J.M., Rustad, T., Erikson, U., Escriche, I., Fito, P. 2007. A comparative study of brine salting of Atlantic cod (*Gadus morhua*) and Atlantic salmon (*Salmo salar*). Journal of Food Engineering, 79, 261-270.

Gallart-Jornet, L., Escriche, I., Fito P. 2005. La salazón del pescado: una tradición mediterránea. Editorial UPV. Valencia, España.

Gil, M., Guerrero, L., Sárraga, C. 1999. The effect of meat quality, salt and ageing time on biochemical parameters of dry-cured *Longissimus dorsi* muscle. Meat Science, 51, 329–337.

Karel, M. 1976. Technology and application of new intermediate moisture foods. In Intermediate Moisture Foods. Davies R., Birch G.G., Parker K.J. (eds.). Applied Science, Londres.

Lawrie, R.A. 1998. Composición y estructura del músculo. En: Ciencia de la Carne. Editorial Acribia. Zaragoza, España.

Leistner, L. 1987. Shelf stable products and intermediate moisture foods based on meat. En: Water Activity: Theory and Applications to Foods. Rockland L.B., Beuchat, L.R. (eds.). Marcel Dekker. Nueva York.

Leistner, L., Rodel. W. 1976. The stability of intermediate moisture foods. En: Intermediate Moisture Foods. Davies R., Birch G.G., Parker K.J. (eds.). Applied Science, Londres.

Locker, R.H. 1960. Degree of Muscular Contraction as a factor in tenderness of beef. Food Research, 25, 304-307.

Machado, F.F., Coimbra, J.S.R., Garcia Rojas E.E., Minim, L.A., Oliveira, F.C., Sousa R.C.S. 2007. Solubility and density of egg white proteins: effect of pH and saline concentration. LWT, 40, 1304-1307.

Norma Oficial Mexicana NOM-120-SSA1-1994 Bienes y Servicios. Prácticas de Higiene y Sanidad Para el Proceso de Alimentos, Bebidas no Alcohólicas y Alcohólicas. Ciudad de México.

Obanu, Z.A., Ledward, D.A. 1975. On the nature and reactivity of the haematin complexes present in intermediate moisture beef. International Journal of food Science and Technology, 10, 675-680.

Puolanne, E.J., Ruusunen, M.H., Vainionpä, J.I. 2001. Combined effects of NaCl and raw meat pH on water-holding in cooked sausage with and without added phosphate. Meat Science, 58, 1-7.

Rahman, M. 2003. Manual de Conservación de los Alimentos. Editorial Acribia. Zaragoza, España.

Rao, N. 1997. Intermediate moisture foods based on meats a review. Food Reviews International, 13, 519-551.

Reyes-Cano, R. Dorantes-Álvarez, L., Hernández-Sánchez, H. y Gutiérrez -López, G. F. 1994. A traditional intermediate moisture meat: beef cecina. Meat Science, 36, 365-370.

Reyes-Cano, R. Dorantes-Álvarez, L., Hernández-Sánchez, H. y Gutiérrez-López, G. F.1995. Biochemical changes in an intermediate moisture cecina-like meat during storage. Meat Science, 40, 387-395.

Scott, W. 1957. Water relations of food spoilage microorganisms. Advance in Food Research, 7, 83-127.

Serrano-Ojeda, L. 2010. Análisis del Sistema de Producción de Cabras con Fines Lecheros en la Región de Libres Puebla. Tesis de Maestría. Colegio de Posgraduados. Puebla, Puebla México.

Sluyter, A. 2010.The Hispanic Atlantic's tasajo trail. Latin American Research Review, 45, 98-120.

Townsend, W., Olson D.G. 1994. Las carnes curadas y su procesado. En: Ciencia de la Carne y de los Productos Cárnicos. Price J., Schweigert B. (eds.). Editorial Acribia. Zaragoza, España.

Van Hekken, D.L., Strange, E.D. 1993. Functional properties of dephosphorilated bovine whole casein. Journal of Dairy Science, 76, 3384-3391.

Vieira, C.R., Biasutti, E., Capobiango, M., Afonso, W., Silvestre M. 2006. Effect of salt on the solubility and emulsifying properties of casein and its tryptic hydrolysates. Ars Pharmaceutica, 47, 281-292.

Consultas en línea:

www.profeco.gob.mx

http//:click.wordpress.com. Entrevista a los productores de Yecapixtla, Morelos.

CAPÍTULO 12.

CARNE DE SOL

Maria Lúcia Guerra Monteiro[1,2,3], Eliane Teixeira Mársico[1],
Zander Barreto Miranda(†) [1], César Aquiles Lázaro de la Torre[4]
y Carlos Adam Conte-Junior[1,2,3]

† In memoriam

[1] Departamento de Tecnología de Alimentos, Universidad Federal Fluminense, Rio de Janeiro, Brasil; [2] Instituto de Química. Universidad Federal de Rio de Janeiro, Brasil; [3] Núcleo de Análisis de Alimentos (NAL-LADETEC), Universidad Federal de Río de Janeiro, Brasil; [4] Laboratorio de Farmacología y Toxicología Veterinaria, Facultad de Medicina Veterinaria, Universidad Nacional Mayor de San Marcos, Lima, Perú. Autor para correspondencia: Carlos Adam Conte-Júnior: conte@iq.ufrj.br / conte@pq.cnpq.br

INTRODUCCIÓN

El proceso de obtención de la carne de sol surgió en el siglo XVI como una alternativa para la conservación del exceso de producción de carne bovina, así como respuesta a las limitaciones económicas de algunos productores ante la carencia de sistemas de refrigeración. Este método de conservación consiste básicamente en utilizar sal para deshidratar la carne, proceso que puede variar dependiendo del tiempo en que la carne es salada y secada, conforme a las expectativas del consumidor (corto o largo plazo) (Carvalho Júnior, 2002). La producción de la carne de sol se convirtió en una práctica cultural en la región noreste de Brasil debido al clima favorable y la disponibilidad de sal.

Cuando se inició la producción en esta región, ganó importancia hasta convertirse en un producto tradicional, básico en la cocina de esta zona, desarrollándose diversas formas de preparación: frita, asado, a la parrilla, entre otras. Es un acompañamiento común de numerosos platillos regionales, como los preparados con leche, mandioca frita o asada, o frijoles, variando de acuerdo a los hábitos alimenticios de cada población. En la actualidad, este producto es un alimento consumido por diversos grupos socioeconómicos, muy apreciado por sus características de sabor agradable y textura suave (Gouvêa y Gouvêa, 2007).

La carne de sol es uno de los principales derivados de la carne bovina producida en Brasil. Los estados Rio Grande del Norte y Ceará son los mayores productores debido a que sus condiciones climáticas son favorables para el proceso de deshidratación (Gouvêa y Gouvêa, 2007). Aunque el producto es consumido en todo Brasil, los mercados de las regiones sur y sureste muestran una menor preferencia (Carvalho Júnior, 2002). Se estima que el aumento del consumo de la carne de sol en las regiones sur, sureste y centro oeste, así como la participación en estos mercados son limitados debido a la calidad sanitaria y a su corta vida comercial. Por este motivo, diversos autores han señalada que la expansión comercial de la carne de sol está directamente supeditada a la mejora del proceso de fabricación, la promoción de una producción industrial, el aseguramiento de la calidad sanitaria, el mejoramiento de las características sensoriales y la optimización del tiempo y proceso de elaboración (Carvalho Júnior, 2002; Souza, 2005). En la actualidad la elaboración de la carne de sol aún sigue criterios regionales tradicionales; en algunos casos con técnicas rudimentarias y muchas veces en condiciones sanitarias inadecuadas (Mennucci, 2009). Hasta el momento no existe un reglamento técnico brasileño que defina los criterios fisicoquímicos y microbiológicos, o un manual descriptivo de su preparación.

Asimismo, la Regulación de la Inspección Industrial y Sanitaria de Productos de Origen Animal (RIISPOA) del Ministerio de Agricultura, Ganadería y Abastecimiento (MAPA) de Brasil no contempla a la carne de sol dentro de sus normas. Por lo tanto, una de las primeras acciones que se deben implementar, es el establecimiento de parámetros que normen la cadena de producción.

DEFINICIÓN DE LA CARNE DE SOL

Existen varias definiciones para la carne de sol. Souza (2005) la define como un producto semiseco, conservado por la acción de la sal, producido con carne bovina y con un procesamiento artesanal que consiste en la salazón, seguido de secado por exposición del producto al aire libre o ambiente ventilado. Azevedo y Morais (2005) describen la carne de sol como un producto tradicional, de preparación rudimentaria y con gran potencial de comercialización, principalmente en las regiones norte y nordeste del Brasil. Debido a sus características específicas, este producto ha conquistado el paladar de numerosos consumidores brasileños, por este motivo se hace necesaria la implementación de sistemas que aseguren su calidad.

CARACTERÍSTICAS DE LA CARNE DE SOL

Es considerado como un alimento altamente nutritivo y calórico, con un alto porcentaje de proteínas, además de una buena aceptación debido a su color rojizo brillante. Como se indicó, es derivado de la carne bovina, preferentemente de animales con altos niveles de grasa. Esta característica hace que el periodo de validez comercial sea más prolongado en comparación con la carne fresca (Nóbrega y Schneider, 1983; Ramos y col., 2007). Su composición química aproximada es la siguiente: proteínas (20%), minerales (6%), grasa (5%), humedad (65 a 70%), cloruro de sodio, NaCl (5 a 6%). La actividad de agua (a_a) aproximada es 0.92, lo que indica que el producto no es totalmente deshidratado, por lo que es factible el desarrollo de microrganismos. Estos parámetros permiten que, si las condiciones de comercialización no son sanitariamente eficientes, tales como embalaje y refrigeración insuficiente, existe mayor riesgo de contaminación microbiana (Nóbrega y Schneider, 1983; Lima y ShimokomaNClki, 1998; Felício, 2002; Nóbrega Ramos y col., 2007; Farias, 2010). Conforme a lo señalado por Carvalho Júnior (2002), aunque la carne de sol sea uno de los principales derivados de carne bovina salada producida y consumida en el Brasil, sigue representando riesgos para la salud pública, debido a las condiciones higiénico sanitarias deficientes y/o inadecuadas en la etapa de obtención del materia prima, a la ausencia o condiciones deficientes de refrigeración, y a las bajas concentraciones de NaCl el cual podría inhibir el crecimiento de *Pseudomonas* sp. en mayores concentraciones, pero no a las que se encuentran en la carne de sol. De hecho, esta concentración de sal es favorable para la multiplicación de bacterias Gram-positivas, como las pertenecientes al género *Staphylococcus* sp. (Silva, 1991).

Además de los factores de susceptibilidad al deterioro microbiano, no existe estándar de identidad y calidad, así como legislación específica que definen las instalaciones y procedimientos adecuados para la preparación de la carne de sol. Por lo tanto, no hay estadísticas oficiales acerca del volumen de fabricación, así como una estandarización de la técnica de elaboración. Estas características explican la variedad que existe en el mercado donde se encuentran una serie de productos con diferentes características fisicoquímicas, sensoriales (apariencia, sabor y color) y con diferentes periodos de vida útil. En este contexto, es necesario establecer parámetros legales inherentes al proceso de fabricación del producto, desde la adquisición de la materia prima hasta la obtención del producto final, enfatizando la seguridad y sanidad para los consumidores y estandarización del método de elaboración (Ramos y col., 2007). Hay que destacar que la garantía de mantenimiento del mercado de carnes consiste en el suministro de productos con estándares de calidad para la seguridad y la satisfacción de los consumidores (Bressan y Pérez, 2000).

Se han llevado a cabo diversos estudios que comprueban y mejoran el procesamiento tecnológico de la carne de sol en varias regiones de Brasil (Costa y Silva, 1999; Sabadini y col., 2001; Carvalho Júnior, 2002; Ambiel, 2004; Souza, 2005; Moreira y col., 2007). Ramos y col. (2007) valoraron las condiciones higiénicas sanitarias en la producción y comercialización de la carne de sol en la región de Itapetinga-BA. Los resultados demostraron que 73.3% de los establecimientos de procesamiento de carne visitados producían carne de sol, de estas 63.6% no contaba con sistemas de inspección sanitaria, 27.3% eran inspeccionados por organismos municipales y solo 0.1% contaban con inspección federal. También constató que 71% de los establecimientos almacenaban y comercializaban el producto a temperatura ambiente y en locales con presencia de vectores (moscas), factores que favorecen la multiplicación microbiana y comprometen la salud de los consumidores.

Costa y Silva (2001) encontraron valores medios de actividad de agua de 0.94 ± 0.02 en muestras de carne de sol obtenidas en establecimientos con y sin inspección. Asimismo, los autores resaltaron las variaciones en los niveles de NaCl y de actividad de agua, evidencia de la ausencia de estandarización en el proceso de elaboración. Finalmente, sugieren la adopción de técnicas de conservación más eficaces, en vista de la alta susceptibilidad de contaminación en todo lo proceso de fabricación.

Teniendo en cuenta los parámetros físicoquímicos, microbiológicos y sensoriales de la carne de sol, Lira (1998) constató una amplia variación en la cantidad de NaCl (de 4.69 a 8.45%) utilizado en el procesamiento de salazón, afectando significativamente la composición química, donde la utilización de mayores concentraciones de NaCl fueron determinantes para la reducción de los niveles de humedad, proteína total y colágeno, así como en la elevación de la concentración minerales, cloruros y grasa. Nóbrega y Schneider (1983) encontraron valores de NaCl de 4.9%, mientras que Norman y col. (1983) observaron valores entre 5 y 6% de NaCl, mientras que Silva (1991) detectó una variación entre 2.9 y 11.9% de esta sal. Además, la calidad fisicoquímica de la carne de sol comercializada en tiendas y supermercados de João Pessoa – PB fue evaluada por Costa y Silva (1999), quienes encontraron valores relativamente altos de actividad de agua en todas las muestras (0.898 – 0.967). Sin embargo, los autores percibieron variaciones en las concentraciones de NaCl (3.73 a 9.79%) los cuales son insuficientes para reducir la actividad de agua, presentando un ambiente propicio para la multiplicación microbiana.

Además del efecto del NaCl y de la actividad de agua en la composición química y en los parámetros microbiológicos de la carne de sol, Sabadini y col. (2001) observaron que estos valores interfieren significativamente en las características sensoriales, principalmente en el color. Los mismos autores comprobaron que los niveles de actividad de agua iniciales se redujeron más rápidamente durante el proceso de salazón en seco, en contraste con salazones con exceso de humedad final.

Moreira y col. (2007) observaron que el tipo de procesamiento (artesanal o industrial) influye en la preferencia del consumido;

la carne producida artesanalmente tuvo mayor índice de aceptación.

Estos antecedentes, sumados al hecho que los consumidores demandan alimentos de fácil preparación, naturales y sin conservadores químicos, demuestran que la estandarización del proceso de fabricación de la carne de sol es relevante para la obtención de un producto final con calidad higiénico-sanitaria (Shimokomaki y col., 2006). Por lo tanto, el gran desafío de la industria de carne de sol es la producción con aditivos naturales y métodos de conservación que favorezcan la calidad nutricional, sensorial y prolonguen la validez comercial (Souza, 2003; Ambiel, 2004).

En este contexto, Carvalho Júnior (2002) desarrolló un producto cárnico similar a la carne de sol, con 4% de NaCl, ligeramente deshidratado, envasado al vacío y almacenado a 4°C. Algunas ventajas de este producto son que el tiempo de preparación es de menos de 20 minutos, con un periodo de validez comercial de 4 semanas. Asimismo, Souza (2003) investigó las propiedades de la adición de ácidos orgánicos para conservar y prevenir el desarrollo de microorganismos indeseables, mostrando resultados alentadores. Ambiel (2004) también elaboró un producto similar a carne de sol, donde se probaron diferentes concentraciones de lactato y de NaCl, además de un riguroso control de la materia prima, de la temperatura de salazón (4°C) y con embalaje al vacío. Los resultados demostraron una validez comercial entre 6 a 9 semanas en función de la cantidad de lactato y de NaCl. Se concluyó que la utilización de lactato en combinación con NaCl en la fabricación de un producto similar a la carne de sol puede tener efectos positivos en los parámetros físicoquímicos, sensoriales y microbiológicos, mejorando la calidad y validez comercial del producto.

Souza (2005) estudió el efecto de la combinación de NaCl con lactato y diacetato de sodio en la elaboración de carne de sol. Los resultados demostraron que la utilización de 3% de lactato de sodio junto con 3% de NaCl y 0.15% de diacetato de sodio ocasionó la reducción de humedad, pH y actividad de agua interna y superficial del producto, por lo tanto redujo la proliferación de patógenos. Además, se observó que la carne producida en esta forma tenía una validez comercial de 10 semanas en refrigeración (4°C).

POSIBLES ALTERACIONES DURANTE EL ALMACENAMIENTO

La rancidez puede ser de tipo hidrolítico u oxidativo, ambas ocurren por alteración de la fracción grasa, causando pérdida de calidad de la carne de sol. La rancidez oxidativa ocurre en la presencia de oxígeno, el cual se une a los dobles enlaces de las grasas saturadas generando peróxidos, con posterior formación de hidroperóxidos y compuestos secundarios responsable por la generación de olores y sabores desagradable.

Otra consecuencia de la rancidez oxidativa es la degradación de vitaminas liposolubles y ácidos grasos esenciales (Cecchi, 2003). La rancidez es una de las consecuencias del almacenamiento prolongado de carnes, ocurre en presencia de pequeñas cantidades de oxígeno. Además de los olores y sabores desagradables y la degradación de compuestos nutritivos, varios productos de la oxidación de la grasa son considerados cancerígenos (Oliveira y col., 2006). Por otra parte, la rancidez hidrolítica es caracterizada por la descomposición de grasas debida a la acción de la enzima lipasa con formación de ácidos grasos libres, generando también olores y sabores desagradables, principalmente cuando la fracción grasa está compuesta por ácidos grasos de bajo peso molecular. La rancidez hidrolítica se puede acelerar en presencia de la luz y el calor (Cecchi, 2003).

Otra alteración que ocurre en la carne de sol son los cambios de color por efecto de la adición de NaCl (Bobbio y Bobbio, 1984; Seideman, 1984). Este compuesto promueve la oxidación del pigmento mioglobina (coloración roja) generando

la formación de metamioglobina (coloración marrón –café–)
(Teixeira y col., 2011).

El deterioro del producto y la multiplicación de bacterias
patógenas causantes de intoxicaciones alimentarias es otra
alteración que puede ocurrir en la carne de sol, ya que este
producto es un medio óptimo para el desarrollo de varios
grupos microbianos, especialmente *Staphylococus aureus*
(Evangelista, 1994; Hazelwood y McLean, 1998). Además, la
carne de sol tiene características intrínsecas (pH, humedad y
concentración de NaCl) que, sumadas a las condiciones
higiénicas deficientes en las podría comercializarse, aumentan
el riesgo de contaminación y proliferación microbiana (Silva,
1991).

PRODUCTOS SALADOS Y SEMI DESHIDRATADO CARACTERÍSTICOS DEL BRASIL

La carne de sol, el charqui y el *jerked beef* son los principales
productos de carne bovina salados y desecados producidas
en el Brasil (Souza, 2005). En el procesamiento de estos, las
carnes son deshuesadas, cortadas o fileteadas en capas de 3
a 5 centímetros llamadas "mantas" (Figura 1) y finalmente
saladas (Gomez, 2006).

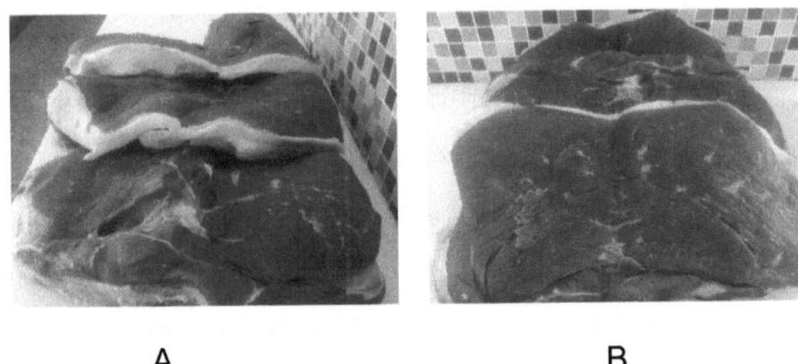

Figura 1. Carne de sol en mantas. A) Vista lateral; B) Vista de frente.
Imágenes cedidas por M.V. Simplicio Alves de Lima.

Proceso de fabricación de la carne de sol

La elaboración de la carne de sol incluye las siguientes etapas
(Lira y Shimokomaki, 1998; Pinto y col., 2002; Ambiel, 2004;
Gomez, 2006; Shimokomaki y col., 2006) (Figura 2):

1) Obtención de la materia prima. Se utiliza carne del cuarto
trasero, como bola de lomo y garrón (corvejón) deshuesados.

2) Preparación. Se lleva a cabo el fileteado de las masas
musculares con el propósito de obtener cortes de 3 a 5
centímetros de espesor.

3) Salazón. Existen varios diversos métodos de salazón:

- Salazón por masajeado de sal (gruesa, fina, o
  intermedia) en la superficie de la carne.

- Salazón húmeda que consiste en la inmersión de los
  cortes de carne en una salmuera con 25% de NaCl
  durante 40 minutos, o en la inyección de la salmuera en
  el interior de los cortes empleando agujas.

- Salazón seca por formación de pilas en las que se intercalan mantas con capas de sal gruesa; estas pilas se mantienen por 24 a 48 horas; en esta forma, la carne libera agua que ioniza a la sal. Así, este proceso tiene características iniciales de salazón seco y características finales de salazón húmeda. En este método, la salazón será solamente seca si se drena el fluido liberado de la carne.

Esos tratamientos conllevan a que se obtengan productos con diferentes características químicas, microbiológicas y sensoriales.

4) Masajeado. Se aplica de 3 a 5 veces, invirtiendo las pilas para uniformar al proceso de salazón.

5) Escurrimiento de la salmuera (opcional).

6) Lavado. Se realiza en tanque con agua corriente para eliminar el exceso de sal de la superficie de la carne, evitando el desarrollo de microrganismos halófilos;

7) Secado/tapado. Se lleva a cabo por exposición de las mantas al sol durante 6 a 8 horas y posterior tapado de estas con lonas impermeables durante 40 a 42 horas para evitar la reabsorción de humedad. Generalmente se aplican tres ciclos del sol y tapado. Sin embargo, en muchos casos el secado se realiza por exposición al aire en tendederos con o sin acción del sol. Más aún, en algunas regiones el secado se lleva a cabo en la sombra. El tiempo de secado varía de dos horas a cinco días y, por consiguiente, los productos poseen diferentes

contenidos finales de humedad y NaCl, y como consecuencia, validez comercial variable.

8) Embalaje. Es común que se empleen sacos de yute o bolsas de laminados plásticos. El embalaje al vacío puede ser opcional u obligatorio.

9) Comercialización.

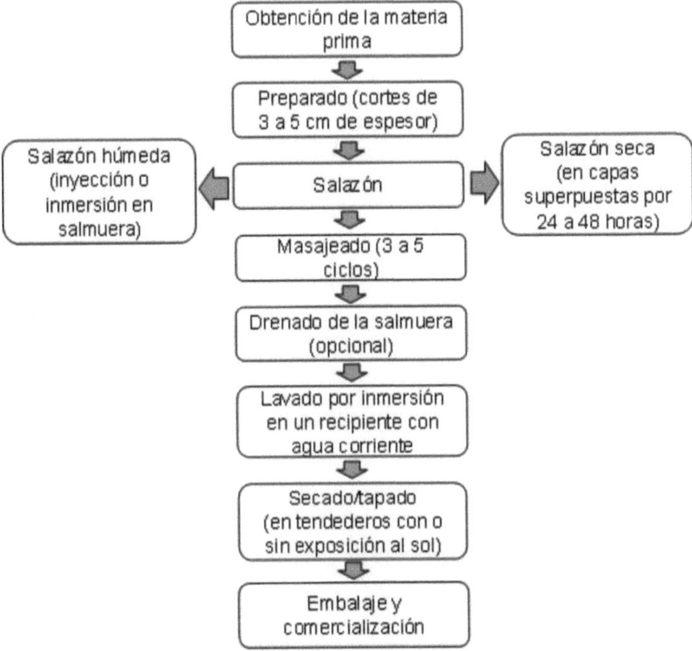

Figura 2. Etapas en la elaboración de carne de sol (Adaptado de Lira y Shimokomaki, 1998; Pinto y col., 2002; Ambiel, 2004; Gomez, 2006; Shimokomaki y col., 2006).

Sucintamente, el procesamiento de la carne de sol generalmente es realizado con la utilización de carne fresca, deshuesada y/o fileteadas, tratada con un leve proceso de salazón (30 kg de sal para 250 kg de carne, o 5 a 6% de sal) esparcida por toda la superficie de la manta, con el fin de lograr la máxima distribución (Ambiel, 2004). La reducción del espesor del músculo por el manteamiento tiene como objetivo la aceleración de la penetración de NaCl y la salida de humedad (Carvalho Júnior, 2002). Después del proceso de salazón (4 a 8 horas o un máximo de 12 a 16 horas) las mantas se colocan en bandejas de plástico o en pilas por un período de cuatro horas. Durante este paso, hay una mayor penetración de la sal y eliminación de un exudado. Posteriormente las mantas son extendidas en los tendederos, por un período máximo de dos horas. Después del secado, la carne es colectada y enfriada por una hora a temperatura ambiente. Finalmente, el producto es envasado en sacos de yute o bolsas de plástico. Es importante señalar que en algunos procedimientos las mantas son lavadas antes del proceso de secado (Ambiel, 2004).

Si bien es cierto que este producto lleva el nombre de "sol", raramente es expuesto al sol durante el proceso de deshidratación. Generalmente el secado es hecho en espacios cubiertos y ventilados, permitiendo una deshidratación gradual y semicontrolada. Se debe resaltar que la mayor producción de la carne de sol es artesanal, existiendo muchas variaciones en el proceso como el tipo y porcentaje de sal usada e inclusive la utilización de otras especies como ovinos o caprinos (Figura 3) (Lira y Shimokomaki, 1998; Shimokomaki y col., 2006).

A   B

Figura 3. A) Carne de sol ovina. Desecación en un sitio cubierto con plástico para evitar el ingreso de moscas, vista lateral. B) Carne de sol caprina con embalaje al vacío. Imágenes cedidas por Julia Figueiredo Crescêncio de Souza.

Debido a lo anterior, cada vez más establecimientos comerciales optan por comprar este producto a centros de producción industrial en lugar del producido de forma artesanal. En el procesamiento industrial, después de la obtención de los cortes, se realiza una limpieza para retirar diversos tejidos (aponeurosis, nervios, exceso de grasa, coágulos de sangre, entre otros). La salazón, inversión de las pilas, escurrimiento de la salmuera, embalaje primario al vacío y embalaje secundaria en cajas son hechos con control de temperatura (10ºC). Finalmente, los productos son almacenados en cámaras frías (0 a 7ºC) hasta alcanzar una temperatura interna de 7ºC. Además, todos los equipos e instrumentos utilizados durante el proceso de fabricación industrial son higienizados y desinfectados frecuentemente por inmersión en agua a 82.5ºC. Por lo tanto, la carne de sol producida industrialmente posee mejor estandarización de la calidad fisicoquímica, microbiológica y validez comercial (45 días) que la artesanal.

Diferencias entre carne de sol, charqui y *jerked beef*

Debido a la similitud en los procesos de obtención de esos productos, la mayor parte de la población identifica al charqui, al *jerked beef* y a la carne de sol genéricamente como cecina. Sin embargo, existen diferencias en el proceso de elaboración, la materia prima, la composición química y la validez comercial (Carvalho Júnior, 2002; Ambiel, 2004). Las principales diferencias se refieren a la cantidad y tipo de sal utilizada, el tipo de salazón (seco o húmedo), el tiempo de salado y secado, la fermentación de haberla, y los cortes de carne utilizados (Lira, 1998).

A diferencia de la carne de sol, el charqui y *jerked beef* están sujetos a una legislación nacional específica. El charqui debe contener en el máximo 45% de humedad y 15% de minerales en su porción muscular, con aceptación de tolerancia de ± 5% (Brasil, 1952). De acuerdo con la Instrucción Normativa (IN n° 22/2000) del Ministerio de Agricultura, Ganadería y Abastecimiento (MAPA), el *jerked beef* es un derivado del charqui, y es clasificado como carne bovina curada salada y seca, con adición de nitrito de sodio en la salmuera, donde el producto final debe tener en un máximo 55% de humedad en la porción muscular y debe ser envasado al vacío (Brasil, 2000). Además, el procesamiento de charqui y jerked beef tienen como objetivo principal la reducción de la actividad de agua en los tejidos por la adición de NaCl y el secado.

El charqui es un producto de carne salada y secada al sol, siendo una buena fuente de proteína animal. Además, no requiere de la cadena de frío para su conservación (Gomez, 2006 y Shimokomaki y col., 2006). Este producto es típico de Brasil, es muy probable que haya sido el primer producto de carne industrializada en la historia de este país (Facco, 2002). Debido a la necesidad de expandir la oferta de productos, la industria alimentaria brasileña innovó el proceso productivo de ciertos productos tradicionales para mejorar su calidad e imagen. Así, surgió el *jerked beef,* una versión tecnológicamente mejorada del charqui con la adición de sales de cura al inicio del procesamiento (Shimokomaki y col., 2006).

La principal diferencia en el proceso de fabricación entre el charqui y el *jerked beef* es que este último utiliza únicamente cortes de los cuartos traseros como materia prima, así como inyectoras automáticas de salmuera durante la salazón húmeda, con la presencia de nitrato y/o nitrito, a diferencia del charqui que requiere un ambiente climatizado, haciendo posible la producción de un producto salado más atractivo para los consumidores, siendo obligatoria la embalaje al vacío (Carvalho Júnior, 2002). Los nitratos y/o nitritos son utilizados para mantener el aroma, prevenir el crecimiento de microrganismos y desarrollar el color rosa a rojo, atributo de los productos curados (Faria y col., 2001). Sin embargo, la utilización de esos aditivos a niveles altos puede generar graves problemas a la salud humana, pues el nitrito ingerido en exceso puede actuar sobre la hemoglobina e inducir la formación del m-hemoglobina, impidiendo la ejecución de su función normal de transportar oxígeno. La reacción del ion nitrito con aminas y amidas del medio puede dar origen a sustancias conocidas como nitrosaminas y nitrosamidas, consideradas como carcinogénicas, mutagénicas y teratogénicas (Melo Filho y col., 2004).

Aunque existen diferencias en el proceso tecnológico, el charqui y *jerked beef* tienen características similares, como una concentración de sal de 15 a 20%, humedad de 45 a 50%, y actividad de agua de 0.70 a 0.80 (Lira y Shimokomaki,

1998). En comparación, la carne de sol tiene menor concentración de NaCl (5 a 6%), mayor porcentaje de humedad (65 a 70%) y actividad de agua de 0.92, por lo que es un producto de carne parcialmente deshidratado y de conservación limitada, no pudiendo ser clasificado como un producto de humedad intermediaria, como el charqui y el *jerked beef*. Además, la actividad de agua de la carne de sol no es lo suficientemente baja para evitar la proliferación microbiana y, por consiguiente, el deterioro o la producción de toxinas microbianas. En contraste, el charqui y el *jerked beef*, tienen altas concentraciones de NaCl, bajo porcentaje de humedad, y actividad de agua muy baja para permitir el desarrollo bacteriano (Lira y Shimokomaki, 1998; Felício, 2002; Shimokomaki y col., 2006).

La sal utilizada en la producción de la carne de sol es de menor tamaño de grano comparado con la utilizada en la producción de charqui y *jerked beef* (Shimokomaki y col., 2006). Conforme describe Ambiel (2004), las características de cantidad de agua y sal de la carne de sol ocasionan el deterioro más rápido de este producto. El charqui y el *jerked beef* se conservan para consumo durante un periodo de 4 a 6 meses a temperatura ambiente (21 a 31°C, respectivamente), mientras que la carne de sol tiene una validez comercial de cerca de cuatro días a temperatura ambiente (21 a 31°C) y un máximo de 8 días en refrigeración (5°C) (Lira y Shimokomaki,

1998; Shimokomaki y col., 2006). Por lo tanto, hasta la fecha, la carne de sol no ha sido considerada para la comercialización a gran escala (Felício, 2002). En este contexto, la carne de sol, un producto típicamente brasileño, presenta alta potencialidad para la diversificación de productos cárnicos.

CONCLUSIONES

La carne de sol es un producto muy apreciado, considerado como un alimento nutritivo y con amplia aceptación por sus características sensoriales. La elaboración de este producto se ha convertido en una práctica cultural en la región noreste de Brasil por el clima favorable y la disponibilidad de NaCl. Sin embargo, no ha sido producida a gran escala debido a su alta susceptibilidad al deterioro y, por consiguiente, poca vida de anaquel, así como a ausencia de estandarización del proceso de fabricación y parámetros de calidad, aunado a la carencia de legislación específica. Debido al desarrollo de tecnologías relacionadas a métodos de conservación, existe el interés académico e industrial para prolongar la validez comercial de la carne de sol y desarrollar productos similares conservando las características sensoriales originales. Así, la comunidad científica en conjunto con las entidades oficiales, podrán establecer un estándar de calidad para la carne de sol que aumentaría su aceptación, brindaría un producto seguro y expandiría su comercialización en los ámbitos nacional e internacional.

BIBLIOGRAFÍA

Ambiel, C. 2004. Efeitos das concentrações combinadas de cloreto e lactato de sódio na qualidade e conservação de um sucedâneo da carne-de-sol. Dissertação de Mestrado. Universidade Estadual de Campinas. São Paulo, Brasil.

Azevedo, A.R.P., Morais, T.V.M. 2005. A. A tecnologia da produçao da carne de sol e suas implicações nos aspectos higiênicos-sanitários. Revista Nacional da Carne 29, 36-50.

Bobbio, P.A., Bobbio, F.O. 1984. Química do Processamento de Alimentos. Editorial Fundação Cargill. São Paulo, Brasil.

Bressan, M.C., Perez, J.R.O. 2000. Tecnologia de carnes e pescados. Editorial Universidade Federal de Lavras/ Fundação de Apoio ao Ensino, Pesquisa e Extensão. Minas Gerais, Brasil.

Carvalho Júnior, B.C. 2002. Estudo da evolução das carnes bovinas salgadas no Brasil e desenvolvimento de um produto semelhante a carne de sol. Tese de Doutorado. Universidade Estadual de Campinas. São Paulo, Brasil.

Cecchi, H.M. 2003. Fundamentos teóricos e práticos em analise de alimentos. Editorial Unicamp. São Paulo, Brasil.

Costa, L.E., Silva, A.J. 2001. Avaliação microbiológica da carne de sol elaborada com baixos teores de cloreto de sódio. Ciência e Tecnologia de Alimentos 21, 149-153.

Costa, L.E., Silva, A.J. 1999. Qualidade sanitária da carne de sol comercializada em açougues e supermercados de João Pessoa – PB. Boletim CEPPA 17, 137-144.

Evangelista, J. 1994. Alimentos. Um estudo abrangente. Editorial Atheneu. São Paulo, Brasil.

Facco, E.M.P. 2002. Parâmetros de qualidade do charque relacionados ao efeito da suplementação de vitamina E na dieta de bovinos da raça Nelore em confinamento. Dissertação de Mestrado. Universidade Estadual de Campinas. São Paulo, Brasil.

Faria, J.A.F., Felício, P.E., Neves, M.A., Romano, M. 2001. A formação de estabilidade de cor de produtos cárneos curados. Revista de Tecnologia de Carnes 3, 16-22.

Farias, S.M.O.C. 2010. Qualidade da carne de sol comercializada na cidade de João Pessoa – PB. Dissertação de Mestrado. Universidade Federal da Paraíba. João Pessoa, Brasil.

Felício, P.E. 2002. Carne de sol – produto artesanal, de consumo regional, tem potencial para ser fabricado e comercializado no país todo. Revista ABCZ 8, 158-159.

Gomez, C.H.M.P. 2006. *Jerked beef* fermentado – desenvolvimento de nova tecnologia de processamento. Dissertação de Mestrado. Universidade Estadual de Londrina. Paraná, Brasil.

Gouvêa, J.A.G., Gouvêa, A.A.L. 2007. Dossiê técnico: tecnologia de fabricação da carne de sol. Rede de tecnologia da Bahia – RETEC/BA. Editorial Rede de Tecnologia da Bahia. Bahia, Brasil.

Hazelwood, D., MCLEAN, H.C. 1998. Manual de Higiene para Manipuladores de Alimentos. Editorial Varela. São Paulo, Brasil.

Lira, G.M. 1998. Avaliação de parâmetros de qualidade da carne de sol. Tese de Doutorado. Universidade de São Paulo. São Paulo, Brasil.

Lira, G.M., Shimokomaki, M. 1998. Parâmetros de qualidade da carne de sol e dos charques. Higiene Alimentar 12:33-35.

Melo Filho, A.B., Biscontini, T.M.B., Andrade, S.A.C. 2004. Níveis de nitrito em salsichas comercializadas na região metropolitana do Recife. Ciência e Tecnologia dos Alimentos 24, 390-392.

Mennucci, T.A. 2009. Avaliação das condições higiênico-sanitárias da carne de sol comercializada em casas do norte do município de Diadema – SP. Dissertação de Mestrado. Universidade de São Paulo. São Paulo, Brasil.

Ministério da Agricultura, Pecuária e Abastecimento. Departamento Nacional de Produtos de Origem Animal, Brasil. 1952. Regulamento de Inspeção Industrial e Sanitária de Produtos de Origem Animal. Brasília, DF.

Ministério da Agricultura, Pecuária e Abastecimento, Brasil. 2000. Instrução Normativa nº 22 de 31 de Julho de 2000. Anexo II – Regulamento Técnico de Identidade e Qualidade de Carne Bovina Salgada Curada Dessecada ou Jerked Beef. Brasília, DF.Identidade e Qualidade de Carne Bovina Salgada Curada Dessecada ou Jerked Beef. Brasília, DF.

Moreira, R.T., Silva, G.D.N.F., Oliveira, M.R., Ishihara, Y.M., Santos, E.P., Santos, J.G., Souza, S. 2007. Aceitação sensorial da carne de sol comercializada no município de Solânia – PB. Revista Higiene Alimentar 21, 24-25.

Nóbrega, D.M., Schneider, I.S. 1983. A Carne de sol na alimentação. Revista Nacional da Carne 11, 28-29.

Norman, G.A., Oliveira, E.F., Lyra Neto, M.V.C. 1983. Carne-de-sol. A necessidade da modernização das práticas de processamento de um produto tradicional. Revista Nacional da Carne 7, 24-26.

Oliveira, L.M, Sarantópoulos, C.I.G.L., Cunha, D.G., Lemos, A.B. 2006. Embalagens termoformadas e termoprocessáveis para produtos cárneos processados. Polímeros: Ciência e Tecnologia 16, 202-210.

Pinto, M.F., Ponsano, E.H.G., Franco, B.D.G.M., Shimokomaki, M. 2002. Charqui meats as fermented meat products: role of bacteria for some sensorial properties development. Meat Science 61, 187-191.

Ramos, A.L.S., Ramos, E.M., Viana, E.J., Almeida, D.S., Veras, D.V.S., Oliveira, C.P., Fernandes, S.A.A. 2007. Avaliação das condições higiênicas na produção e comercialização da carne de sol na região de Itapetinga – BA. Revista Higiene Alimentar 21, 371-374.

Sabadini, E., Hubinger, M.D., Sobral, P.J.A., Carvalho Júnior, B.C. 2001. Alterações da atividade de água e da cor da carne no processo de elaboração da carne salgada desidratada. Ciência e Tecnologia dos Alimentos 21, 14-19.

Seideman, S.C., Cross, H.R., Smith, G.C., Durland, P.R. 1984. Factors associated with fresh meat color. A review. Journal of Food Quality 6, 211-237.

Shimokomaki, M.; Olivo, R.; Terra, N.N., Franco, B.D.G.M. 2006. Atualidade em ciência e tecnologia de carnes. Editorial Varela. São Paulo, BR.

Silva, M.C.D. 1991. Incidência de *Staphylococcus aures* enterotoxigênicos e coliformes fecais em carne de sol comercializada na cidade do Recife – PE. Dissertação de Mestrado. Universidade Federal de Pernambuco. Recife, Brasil.

Souza, N.L. 2005. Efeito da combinação de sal com lactato e diacetato de sódio nas características sensoriais, físico-químicas, cor e textura de um produto similar a carne de sol. Dissertação de Mestrado. Universidade Estadual de Campinas. São Paulo, Brasil.

Souza, V.G. 2003. Efeito da embalagem em atmosfera modificada e do ácido lático sobre a vida útil de linguiça frescal de frango. Dissertação de Mestrado. Universidade Federal Fluminense. Rio de Janeiro, Brasil.

Teixeira, A.; Pereira, E., Rodrigues, S. 2011. Goat meat quality. Effects of salting, air-drying and ageing processes. Small Ruminant Research 98, 1-3.

Vasconcelos, O. 1986. Por cima da carne-seca. Revista Globo Rural 1, 15-20.

Printed by Books on Demand GmbH, Norderstedt / Germany